全国水利行业"十三五"规划教材

"十四五"时期水利类专业重点建设教材

"十三五"江苏省高等学校重点建设教材（编号：2017-2-011）

水工钢筋混凝土结构
学习指导（第2版）

主　编　汪基伟　冷　飞

中国水利水电出版社
www.waterpub.com.cn
·北京·

内 容 提 要

本书是首届全国优秀教材（高等教育类）《水工钢筋混凝土结构学》（第6版）的配套用书。全书共分12章，前·10章的各章顺序与教材一致，内容与教材对应，每章首先列出本章主要学习内容及学习要求，随后列有主要知识点、综合练习、设计计算三个单元，其中综合练习附有参考答案。第11章介绍了《混凝土结构设计规范》（GB 50010—2010）、《水运工程混凝土结构设计规范》（JTS 151—2011）与《水工混凝土结构设计规范》（NB/T 11011—2022）的主要区别。第12章为水工钢筋混凝土结构课程设计资料及设计任务书。

本书是全国水利行业"十三五"规划教材、"十四五"时期水利类专业重点建设教材、"十三五"江苏省高等学校重点建设教材，除用作水利类专业学生学习钢筋混凝土结构课程的辅助用书外，亦可供任课教师参考。

图书在版编目（CIP）数据

水工钢筋混凝土结构学习指导 / 汪基伟，冷飞主编
. -- 2版. -- 北京：中国水利水电出版社，2023.12
全国水利行业"十三五"规划教材　"十四五"时期水利类专业重点建设教材　"十三五"江苏省高等学校重点建设教材
ISBN 978-7-5226-2296-5

Ⅰ．①水… Ⅱ．①汪… ②冷… Ⅲ．①水工结构－钢筋混凝土结构－高等学校－教学参考资料 Ⅳ．①TV332

中国国家版本馆CIP数据核字(2024)第023541号

书　　名	全国水利行业"十三五"规划教材 "十四五"时期水利类专业重点建设教材 "十三五"江苏省高等学校重点建设教材 **水工钢筋混凝土结构学习指导（第2版）** SHUIGONG GANGJIN HUNNINGTU JIEGOU XUEXI ZHIDAO
作　　者	主编　汪基伟　冷 飞
出版发行	中国水利水电出版社 （北京市海淀区玉渊潭南路 1 号 D 座　100038） 网址：www.waterpub.com.cn E-mail：sales@mwr.gov.cn 电话：（010）68545888（营销中心）
经　　售	北京科水图书销售有限公司 电话：（010）68545874、63202643 全国各地新华书店和相关出版物销售网点
排　　版	中国水利水电出版社微机排版中心
印　　刷	清淞永业（天津）印刷有限公司
规　　格	184mm×260mm　16 开本　21.75 印张　529 千字
版　　次	2018 年 4 月第 1 版第 1 次印刷 2023 年 12 月第 2 版　2023 年 12 月第 1 次印刷
印　　数	0001—3000 册
定　　价	**58.00 元**

第 2 版前言

由河海大学主编的《水工钢筋混凝土结构学》一直为高等学校水利类专业的统编教材，分别于 1979 年、1983 年、1996 年、2009 年、2016 年和 2023 年出版了第 1～6 版。本书第 1 版于 2018 年出版，为以《水工混凝土结构设计规范》（DL/T 5057—2009）为主线编写的《水工钢筋混凝土结构学》第 5 版的配套用书。

最近，国家能源总局颁布了《水工混凝土结构设计规范》（NB/T 11011—2022），以代替《水工混凝土结构设计规范》（DL/T 5057—2009）。和 DL/T 5057—2009 规范相比，NB/T 11011—2022 规范在材料、可靠度水平、计算公式、构造与耐久性要求等方面作了改进。为了反映水工钢筋混凝土学科研究的新进展，同时结合高等学校水利学科专业规范课程及工程教育认证的要求，《水工钢筋混凝土结构学》出版了第 6 版。为与《水工钢筋混凝土结构学》第 6 版配套，我们在第 1 版的基础上编写了本书第 2 版。

水工钢筋混凝土结构课程是水利类专业的主干专业基础课，一般在大三开设，往往是同学们接触的第一门专业基础课。水工钢筋混凝土结构计算理论是在大量试验基础上经理论分析建立的，构造要求更是试验和工程经验的总结，同时还是一门结构设计课程，有很强的实践性，同学们学习时往往觉得内容太多太散，不容易抓住重点和建立系统的概念。本书编写的目的就是帮助同学们理解和掌握钢筋混凝土结构的设计原理和设计方法。

本书共有 12 章，前 10 章的顺序与《水工钢筋混凝土结构学》第 6 版一致，内容与其对应，每章首先列出本章主要学习内容及学习要求，随后列有主要知识点、综合练习、设计计算三个单元。

知识点讲解是本书的特色，其目的是帮助同学们抓住课程重点和系统建立钢筋混凝土结构的概念。对教材已经详细介绍的知识点，侧重于归纳总结、厘清思路；对于教材限于篇幅或当时学生认知未能讲透的知识点，则以整章的角度来详细讲解，同时全书各章知识点前后呼应。

在综合练习单元中，附有大量的选择题、问答题。其中，选择题需作一些思考，经判别后才能给出正确答案；问答题则用于考查同学们分析问题及解决问题的能力。对于有一定难度的选择题及问答题，以"△"号表示。所有问答题在书中均附有答案，选择题则可扫码查看答案，同学们可以根据答题的情况判断自己掌握本门课程的程度。

设计计算单元的题目用于课后练习。我们有针对性地设计了不同题目，其中大部分选自工程实例，有些带"△"号的题目则有一定难度，教师可根据教学要求，从中选取部分题目作为课后的作业。

水工钢筋混凝土结构是依据规范来设计的。各行业有其自身的特点，其规范规定有所不同，但钢筋混凝土结构又是一门以实验为基础，利用力学知识研究钢筋混凝土及预应力混凝土结构的科学，因此各行业之间的设计规范有共同的基础，它们之间的共性是主要的，差异是次要的。为了让同学们了解这层关系，毕业后能尽快掌握其他行业的混凝土结构设计规范，本书专门列出第 11 章"NB/T 11011—2022 规范与我国其他规范设计表达式的比较"。着重从实用设计表达式、受弯构件正截面及斜截面承载力计算、正常使用极限状态的验算等几个方面，分析适用于民用建筑的《混凝土结构设计规范》（GB 50010—2010）和适用于水运工程的《水运工程混凝土结构设计规范》（JTS 151—2011）与《水工混凝土结构设计规范》（NB/T 11011—2022）的不同之处。

由于体制的原因，目前在我国水利水电工程建设中，能源系统与水利系统分别有各自的水工混凝土结构设计规范。这两本规范的设计理论基本相同，但设计表达式却完全不同，构造规定也略有差异。《水工钢筋混凝土结构学》第 6 版是以能源系统的《水工混凝土结构设计规范》（NB/T 11011—2022）为主线、以水利系统的《水工混凝土结构设计规范》（SL 191—2008）为辅线编写的，所以本书也以 NB/T 11011—2022 规范为主展开讨论。同时为方便读者阅读，对 SL 191—2008 规范内容采用不同字体印刷。

钢筋混凝土课程还有一大特点是它的实践性。对于水利类专业而言，学完课程理论部分后往往要进行 1.5~2 周的课程设计。为此我们从工程实例中挑选了一部分素材，编写了钢筋混凝土肋形楼盖设计、水工钢筋混凝土工作桥设计等课程设计资料，列入第 12 章。使用时可根据不同专业、不同学时的要求选取。

考虑到钢筋混凝土课程设计是同学们第一次绘制钢筋混凝土结构施工图，因此在第 12 章还依据《水利水电工程制图标准 基础制图》（SL 73.1—2013）和《水利水电工程制图标准 水工建筑图》（SL 73.2—2013）等制图规范，给出与课程设计相关的制图要求。

　　本书第 1 版的编写人员为河海大学汪基伟、冷飞、蒋勇、丁晓唐，扬州大学夏友明、许萍；全书由汪基伟、夏友明主编。郑州大学李平先教授主审。

　　本书第 2 版的编写人员为河海大学汪基伟、冷飞、陈徐东、蒋勇，全书由汪基伟、冷飞主编。

　　在本书编写过程中，参考了已出版的多种教学参考用书，从中吸收了他们的编写经验，在此谨表谢意。

　　本书的出版除得到江苏省高校品牌专业建设工程一期（PPZY2015B142）的资助外，还得到河海大学重点教材建设项目的资助。

　　本书在编写过程中得到兄弟院校、中国水利水电出版社的大力支持，在此一并表示感谢。对于书中存在的错误和缺点，恳请读者批评指正。热忱希望有关院校在使用本书过程中将意见及时告知我们。

编者

2023 年 8 月

第 1 版前言

由河海大学主编的《水工钢筋混凝土结构学》一直为高等学校水利类专业的统编教材，分别于 1979 年、1987 年、1996 年、2009 年和 2016 年出版了 1～5 版，本书为其第 5 版的配套用书。

水工钢筋混凝土结构课程是水利类专业的主干专业基础课，一般在大三开设，往往是同学接触的第一门专业基础课。水工钢筋混凝土结构计算理论是在大量试验基础上经理论分析建立的，构造要求更是试验和工程经验的总结，同时又是一门结构设计课程，有很强的实践性，同学学习时往往觉得内容太多太散，不容易抓住重点和建立系统的概念。因此，需要有一本和教材配套的学习指导书来帮助理解和掌握钢筋混凝土结构的计算理论和设计方法，为此我们编写了这本学习指导。

本书共有 12 章，前 10 章的章节编排与《水工钢筋混凝土结构学》第 5 版完全一致，每章首先列出本章主要学习内容及学习要求，随后列有主要知识点、综合练习、设计计算 3 个单元。

知识点讲解是本书的特色，其目的是帮助同学抓住课程重点和系统建立钢筋混凝土结构的概念。对教材已详细介绍的知识点，侧重于归纳总结、厘清思路；对于教材限于篇幅或当时学生认知未能讲透的知识点，则以整章的角度来详细讲解，同时全书各章知识点前后呼应。

本书的知识点讲解还与本书主编汪基伟和冷飞共同主持建设的国家精品在线开放课程《水工钢筋混凝土结构学》MOOC 视频（网址：http：//www. icourse163. org/course/ HHU－1002090006）相互配套，但又各有特点。MOOC 是以教材顺序和学生当时的认知来讲解，用于课堂教学后紧随的复习；本书则以整章的角度来讲解，用于一章学完后系统的复习。

在"综合练习"单元中，附有大量的选择题、问答题。其中，选择题需作一些思考，经判别后才能给出正确答案；问答题则为了考查同学们分析问题及解决问题的能力。对于有一定难度的选择题及问答题，以"△"号表示。所有选择题和问答题在书中均附有参考答案，同学可以根据答题的情况判断自己掌握本门课程的程度。

设计计算题用于课后习题。我们有针对性地设计了不同题目，其中大部分选自工程实例，有些带"△"号的题目则有一定难度，教师可根据教学要求，从中选取部分题目作为课后的作业。

水工钢筋混凝土结构是依据规范来设计的。各行业有其自身的特点，其规范规定有所不同，但钢筋混凝土结构又是一门以实验为基础，利用力学知识研究钢筋混凝土及预应力混凝土结构的科学，因此各行业之间的设计规范有共同的基础，它们之间的共性是主要的，差异是次要的。为了让同学了解这层关系，也为同学毕业后能尽快掌握其他行业的混凝土结构设计规范，本书专门列出第11章"DL规范与我国其他规范设计表达式的比较"，着重从实用设计表达式、受弯构件正截面及斜截面承载力计算、正常使用极限状态验算等几个方面，分析适用于民用建筑的《混凝土结构设计规范》（GB 50010—2010）和适用于水运工程的《水运工程混凝土结构设计规范》（JTS 151—2011）与《水工混凝土结构设计规范》（DL/T 5057—2009）的不同之处。

需要说明的是，由于体制的原因，目前在我国水利水电工程中，水利系统与电力系统分别有各自的《水工混凝土结构设计规范》。这两本规范的设计理论基本相同，但设计表达式却完全不同，构造规定也略有差异。《水工钢筋混凝土结构学》第5版教材是以电力系统的《水工混凝土结构设计规范》（DL/T 5057—2009）为主线、水利系统的《水工混凝土结构设计规范》（SL 191—2008）为辅线编写的，所以本书各章节内容除特别说明外，也均以DL/T 5057—2009规范为主展开讨论。

钢筋混凝土结构课程还有一大特点是它的实践性。对于水利类专业而言，学完《水工钢筋混凝土结构学》后往往要进行1.5~2周的课程设计。为此我们从工程实例中挑选了一部分素材，编写了钢筋混凝土肋形楼盖设计、水工钢筋混凝土工作桥设计等课程设计资料，列入第12章。使用时可根据不同专业、不同学时的要求自由选取，以适应增强实践性教学环节的需要。

考虑到钢筋混凝土结构课程设计是同学们第一次绘制钢筋混凝土结构施工图，因此在12章还依据《水利水电工程制图标准　基础制图》（SL 73.1—2013）和《水利水电工程制图标准　水工建筑图》（SL 73.2—2013）等制图规范，给出与课程设计相关的制图要求。

参加本书编写的有河海大学汪基伟、冷飞、蒋勇、丁晓唐，扬州大学夏友明、许萍；全书由汪基伟、夏友明主编。郑州大学李平先教授主审。

在本书编写过程中，参考了已出版的相关多种教学参考用书，从中吸收了他们的编写经验，在此谨表谢意。

本书的出版除得到江苏省"十三五"高等学校重点教材立项建设资助外，还得到江苏省高校品牌专业建设工程一期（PPZY2015B142）的资助。

本书在编写过程中得到兄弟院校和中国水利水电出版社的大力支持，在此一并表示感谢。对于书中存在的错误和缺点，恳请读者批评指正。热忱希望有关院校在使用本书过程中将意见及时告知我们。

编者

2018 年 1 月

目 录

第1章　混凝土结构材料的物理力学性能

钢筋混凝土结构是由混凝土和钢筋两种材料组成共同受力的结构,本章介绍钢筋和混凝土两种材料的物理和力学性能以及两者之间的黏结作用。学习本章时,应着重理解这两种材料的特点和在钢筋混凝土结构中的作用,以及钢筋混凝土结构对这两种材料性能的要求。学完本章后,应掌握混凝土和钢筋两种材料的力学性能、两种材料之间的黏结性能和保证黏结性能的措施,清楚常用的钢筋品种与常用的混凝土强度等级。本章主要学习内容有:

(1) 钢筋的品种。

(2) 钢筋的力学性能。

(3) 混凝土的单轴强度。

(4) 混凝土在复合应力状态下的强度。

(5) 混凝土的变形。

(6) 钢筋与混凝土的黏结。

(7) 钢筋的锚固和接头。

读者在学习本章时可参阅"工程材料"课程的有关内容。

1.1　主　要　知　识　点

1.1.1　钢筋的分类

钢筋按使用用途可分为普通钢筋和预应力筋两类。钢筋混凝土结构中的钢筋和预应力混凝土结构中的非预应力筋为普通钢筋,预应力混凝土结构中预先施加预应力的钢筋为预应力筋。

普通钢筋一般采用热轧钢筋,按表面形状可分为光圆和带肋两类。光圆钢筋的表面是光面的 [图 1-1 (a)],与混凝土之间的黏结力较差;带肋钢筋亦称变形钢筋,与混凝土之间的黏结力较好,有螺旋纹、人字纹和月牙肋三种,螺旋纹、人字纹已被淘汰,目前使用的是月牙肋 [图 1-1 (b)]。

按力学性能可分为软钢和硬钢两类。用作普通钢筋的热轧钢筋为软钢,而用作预应力筋的钢丝、钢绞线、钢棒为硬钢。

1.1.2　常用的热轧钢筋品种与钢筋的表示

本章学习时要熟练掌握用作普通钢筋的热轧钢筋的品种,弄清各品种钢筋的外形和符号表示;用作预应力筋的钢丝、钢绞线和预应力螺纹钢筋可以在学习第 10 章预应力混凝土结构时加强。

（a）光圆钢筋

（b）月牙肋钢筋

图 1－1　光圆钢筋和带肋钢筋

　　在钢筋混凝土结构中常用的钢筋有 HPB300 和 HRB400 两种，表 1－1 给出了它们的钢种、符号和直径范围。

表 1－1　　　　　　　　　　　　　常　用　钢　筋

强度等级代号	钢种	符号	表面形状	力学性能	直径范围/mm
HPB300	热轧低碳钢	Φ	光圆	软钢	6～22
HRB400	热轧低合金钢	Φ	带肋	软钢	6～50

　　HPB300 为光圆钢筋，强度较低，与混凝土的黏结锚固性能较差，控制裂缝开展的能力很弱，一般只用作架立筋、分布筋等构造钢筋，以及吊环、小规格梁柱的箍筋。用作纵向受力钢筋时，若为绑扎骨架，为加强与混凝土的锚固，末端需要加弯钩，但在焊接骨架中则不需要；用作架立筋、分布筋时也不需要。HPB300 钢筋质量稳定，塑性及焊接性能良好，因而吊环采用 HPB300 钢筋制作。

　　HRB400 钢筋的强度、塑性及可焊性都较好。由于强度比较高，为增加钢筋与混凝土之间的黏结力，保证两者能共同工作，钢筋表面轧制成月牙肋，为带肋钢筋。

　　在过去，在水利工程中常用的钢筋是 HRB335 和 HPB235，分别用符号Φ和Φ表示，由于其强度低，目前都已被淘汰，分别被 HRB400 和 HPB300 钢筋代替。

　　在设计图纸中，钢筋的表示方法有两种。当钢筋根数不多时，如梁中纵向钢筋，用"根数＋钢筋等级＋钢筋直径"表示，如 3Φ22 表示 3 根直径 22mm、强度等级 HRB400 的钢筋；当钢筋根数较多时，如宽度较大的板中钢筋、梁中箍筋等，如仍用"根数＋钢筋等级＋钢筋直径"表示的话，钢筋根数太多，工人不方便将每根钢筋的间距排列均匀，故用"钢筋等级＋钢筋直径＋@＋钢筋间距"表示，如Φ8@200 表示强度等级为 HPB300，直径为 8mm 的钢筋以 200mm 间距间隔布置。标出间距，工人就可直接根据间距布置钢筋，方便工人操作。

1.1.3　钢筋的应力-应变曲线与受拉强度限值

　　钢筋按其力学性能可分为软钢和硬钢，它们的应力-应变曲线有很大的区别。

　　1. 软钢的应力-应变曲线

　　软钢的应力-应变曲线如图 1－2（a）所示，从开始加载到拉断可分 4 个阶段：弹性阶段（0a 段）、屈服阶段（bc 段）、强化阶段（cd 段）、破坏阶段（de 段）。软钢的特点是有明显的屈服阶段（bc 段）。

图 1-2（a）中，点 b、点 d 应力为软钢的屈服强度和极限强度，它们是软钢的两个强度指标。由于软钢具有屈服平台（bc 段），当应力达到屈服强度（点 b）后，荷载不增加，应变会继续增大，使得混凝土裂缝开展过宽，构件变形过大，结构构件不能正常使用，所以软钢的受拉强度限值以屈服强度为准，其强化阶段只作为一种安全储备考虑。也就是说，钢筋混凝土结构设计时，钢筋受拉强度采用的是屈服强度，而不是极限强度。

e 点所对应的横坐标称为伸长率，它标志钢筋的塑性。伸长率越大，表示塑性越好。

2. 硬钢的应力-应变曲线

硬钢强度高，但塑性差，脆性大，应力-应变曲线如图 1-2（b）所示，基本上不存在屈服阶段（流幅）。

图 1-2（b）中，点 a 应力与 $\sigma_{0.2}$ 分别称为硬钢的极限强度和协定流限。所谓协定流限是指能使硬钢产生 0.002 永久残余变形的应力，也称"条件屈服强度"。和设计时软钢采用屈服强度而不是极限强度相似，设计时硬钢受拉强度采用的是条件屈服强度，而不是极限强度。条件屈服强度一般相当于极限强度的 70%～90%。对消除应力钢丝、预应力中强度钢丝、钢绞线，《水工混凝土结构设计规范》（NB/T 11011—2022）规范取极限强度的 85% 作为条件屈服强度。

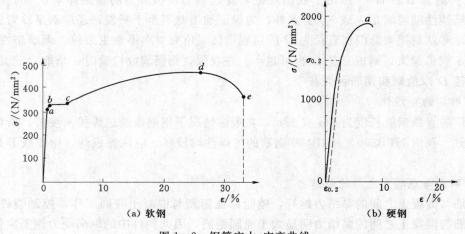

（a）软钢　　　　　　　　　（b）硬钢

图 1-2　钢筋应力-应变曲线

1.1.4　混凝土结构对钢筋性能的要求

混凝土结构对钢筋性能的要求，包括强度、塑性、可焊性，以及与混凝土之间的黏结力 4 个方面。

1. 钢筋的强度

钢筋强度越高，所需的钢筋用量越少，越节约钢材，但混凝土结构中钢筋的强度并非越高越好。在钢筋混凝土结构构件中，若要高强受拉钢筋充分发挥其强度，势必要求构件有过大的变形和裂缝宽度，以使钢筋达到发挥其强度所需的应变。此外，钢筋强度越高，需要的锚固长度就越长。因此，在钢筋混凝土结构中不宜采用高强钢筋，钢筋的设计强度限值宜在 $400\mathrm{N/mm^2}$ 左右，以 HRB400 钢筋为宜。采用 HRB500 钢筋，裂缝宽度不容易控制，锚固也不容易处理。当然，在某些场合为了获得较好的经济效益，也采用 HRB500 钢筋作为纵向受力钢筋，如在大跨度与重荷载梁中。

预应力混凝土结构能应用高强钢筋，但受控于锚固、混凝土与钢筋受力协调的问题，也不能采用过高强度的钢筋，目前预应力筋的最高强度限值约为 $2000\mathrm{N/mm^2}$。

2. 钢筋的塑性

为了使钢筋在断裂前有足够的变形，给出构件裂缝开展过宽将要破坏的预兆信号，要求钢筋有一定的塑性。

钢筋的塑性能力用伸长率 δ 或总延伸率 δ_{gt} 来评定。两者的区别在于：钢筋的伸长率是指钢筋试件上标距为 $5d$ 或 $10d$（d 为钢筋直径）范围内的极限伸长率，记为 δ_5 和 δ_{10}；δ_{gt} 是钢筋达到最大应力（极限强度）时对应的应变。

伸长率 δ 反映了钢筋拉断时残余变形的大小，其中还包含了断口颈缩区域的局部变形，这使得量测标距大时测得的伸长率小，反之则大。此外，量测钢筋拉断后长度时，需将拉断的两段钢筋对合后再量测，这一方面不能反映钢筋的弹性变形，另一方面也容易产生误差。而 δ_{gt} 既能反映钢筋在最大应力下的弹性变形，又能反映在最大应力下的塑性变形，且测量误差比 δ 小，因此近年来钢筋的塑性常采用 δ_{gt} 来检验。在我国，钢筋验收检验时可从伸长率 δ 和总延伸率 δ_{gt} 中两者选一，但仲裁检验时采用总延伸率 δ_{gt}。教材附录 B 表 B-9 给出了我国规范对普通钢筋及预应力筋总延伸率 δ_{gt} 的要求。

钢筋塑性除需满足 δ 或 δ_{gt} 要求外，为保证加工时不至于断裂，还应满足冷弯检验的要求。冷弯就是把钢筋围绕直径为 D 的钢辊弯转 α 角而要求不发生裂纹。钢筋塑性越好，冷弯角 α 就可越大，钢辊直径 D 也可越小。在我国，钢筋验收检验时 α 角取为定值 $180°$，钢辊直径 D 取值则和钢筋种类有关。

3. 钢筋的可焊性

出厂的直条钢筋长度为 9m 或 12m，在很多情况下钢筋需通过焊接来接长，所以要求可焊性好。我国 HPB300、HRB400 钢筋的可焊性均较好。应注意钢丝、钢绞线等是不可焊的。

4. 钢筋与混凝土之间的黏结力

钢筋与混凝土之间的黏结力越好，越能保证钢筋与混凝土共同工作，控制裂缝宽度。带肋钢筋与混凝土之间的黏结力明显大于光圆钢筋，因此构件中的纵向受力钢筋应优先选用带肋钢筋。

1.1.5　混凝土强度

混凝土的力学性能主要包括两部分：一个是混凝土的强度；另一个是混凝土的变形。

1.1.5.1　混凝土强度的影响因素

影响混凝土强度的因素可分为内因与外因。内因包括水泥强度等级、水泥用量、水胶比、龄期、施工方法、养护条件等，当这些内因确定了，混凝土真实的强度也就确定了。

但是当采用试验的方法去获得混凝土的强度值时，所获得的强度值就和所采用的方法有关，采用的方法不同就会得到不同的强度值，即试验结果受到所谓的外因的影响。这些外因包括试验方法、试块尺寸、加载速度等。

1. 试验方法

抗压强度试验时，混凝土试块上下表面与承压板之间的摩擦力越小，试件的横向膨胀越容易，试块越容易破坏，所测得的强度值就越低。因而，当试块上下表面涂有油脂或填以塑料薄片以减少摩擦力时，所测得的抗压强度就较不涂油脂者为小，减小的程度与摩擦力减少的程度有关，而摩擦力减小的程度又与采用的减摩措施有关，实际操作时不容易掌握。为了统一标准，且简单方便，规定在试验中均采用不涂油脂、不填塑料薄片的试块。

2. 试块尺寸

当采用不涂油脂、不填塑料薄片的试块进行受压试验时，试块尺寸越大，试块中部受试块上下表面承压板摩擦力的约束就越小，测得的强度就越低。

3. 加载速度

试验时加载速度越快，试块的变形来不及发生，破坏来不及发生，测得的强度就越高。

1.1.5.2 混凝土立方体抗压强度和强度等级

NB/T 11011—2022 规范规定以边长为 150mm 的立方体，在温度为 20℃±2℃、相对湿度不小于 95％的条件下养护 28d，表面不涂油脂测得的强度为立方体抗压强度，用 f_{cu} 表示。当采用边长不是 150mm 的非标准试块进行试验时，其结果应进行换算。注意，NB/T 11011—2022 规范规定的龄期为固定值（28d），而有些规范［如《混凝土结构设计规范》（GB 50010—2010）］考虑到粉煤灰等矿物掺合料在水泥及混凝土中大量应用，以及近年混凝土工程发展的实际情况，规定的龄期为 28d 或设计规定龄期，也就是试验龄期不限于 28d，可根据设计具体情况确定。

立方体抗压强度 f_{cu} 是随机变量，将具有 95％保证率的立方体抗压强度值称为立方体抗压强度标准值，用 f_{cuk} 表示。强度标准值具有 95％的保证率，也就是说实际强度小于标准值的可能性只有 5％，见图 1−3。

规范将立方体抗压强度标准值 f_{cuk} 作为混凝土强度等级，以符号 C 表示，单位为 N/mm²。例如 C25 混凝土，就表示混凝土立方体抗压强度标准值为 25N/mm²。

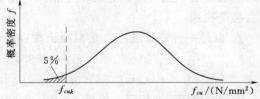

图 1−3　混凝土立方体抗压强度概率分布曲线及强度标准值 f_{cuk} 的确定

在后面章节的学习中可以看到，混凝土结构设计并不采用立方体抗压强度，而是采用轴心抗压强度和轴心抗拉强度，但立方体抗压强度是混凝土最基本的强度指标，这是因为立方体抗压强度测量简单，量测结果稳定，容易获得。立方体抗压强度的作用有：

（1）确定混凝土强度等级。

（2）评定和比较混凝土强度和制作质量。

（3）计算混凝土其他的力学性能指标，如轴心抗压强度、轴心抗拉强度和弹性模量等。

1.1.5.3　混凝土轴心抗压强度

轴心抗压强度采用棱柱体试件测得，又称为棱柱体抗压强度，为单轴受力条件下得到的受压强度，用 f_c 表示。

在实际结构中，混凝土很少处于单向受压或单向受拉状态。工程上经常遇到的都是一些双向或三向受力的复合应力状态，但由于复合应力状态下强度问题的复杂性，现行规范仍以单轴强度进行设计计算。因而，轴心抗压强度 f_c 是承载力计算的一个重要参数。

f_c 随试件高度与宽度之比 h/b 的增大而减小，当 $h/b>3$ 时 f_c 趋于稳定。我国混凝土结构设计规范规定棱柱体标准试件的尺寸为 $150\text{mm} \times 150\text{mm} \times 300\text{mm}$，$h/b=2$。取 $h/b=2$ 既能基本上摆脱两端接触面摩擦力的影响，又能使试件免于失稳。

f_c 与 f_{cu} 大致呈线性关系，可按下列公式进行换算：

$$f_c = \alpha_{c1} \alpha_{c2} f_{cu} \tag{1-1a}$$

$$f_c = 0.88 \alpha_{c1} \alpha_{c2} f_{cu} \tag{1-1b}$$

在上二式中，f_{cu} 均为实验室测得的立方体抗压强度；式（1-1a）中的 f_c 表示实验室测得的轴心抗压强度，而式（1-1b）中的 f_c 表示实际结构的轴心抗压强度。考虑到实际工程中的结构构件与实验室试件之间，制作及养护条件、尺寸大小及加载速度等因素的差异，实验室测得的 f_c 要乘 0.88 折减系数才能表示实际结构的 f_c。α_{c1} 为实验室得到的 f_c 和 f_{cu} 的比值，α_{c2} 用于考虑高强度混凝土的脆性，两者取值都与混凝土强度等级有关。α_{c1} 取值，C50 及以下为常量，C50 以上随强度等级提高而提高；α_{c2} 取值，C40 及以下为 1.0，即不用考虑混凝土脆性，C40 以上随强度等级提高而减小。

1.1.5.4　混凝土轴心抗拉强度

混凝土轴心抗拉强度用 f_t 表示，f_t 远低于轴心抗压强度 f_c，f_t 仅相当于 f_c 的 $1/17 \sim 1/8$（普通混凝土）和 $1/24 \sim 1/20$（高强混凝土），所以混凝土非常容易开裂。各国测定混凝土抗拉强度的方法不尽相同，主要有直接受拉法和劈裂法，我国近年来采用的是直接受拉法。

f_t 也是一种单轴强度，是混凝土构件抗裂验算的一个重要指标，它和 f_{cu} 的关系为

$$f_t = 0.395 \alpha_{c2} f_{cu}^{0.55} (\text{N/mm}^2) \tag{1-2a}$$

$$f_t = 0.88 \times 0.395 \alpha_{c2} f_{cu}^{0.55} = 0.348 \alpha_{c2} f_{cu}^{0.55} (\text{N/mm}^2) \tag{1-2b}$$

和轴心抗压强度相同，在上二式中，f_{cu} 均为实验室测得的立方体抗压强度；式（1-2a）中的 f_t 表示实验室测得的轴心抗拉强度，而式（1-2b）中的 f_t 表示实际结构的轴心抗拉强度。实际结构的 f_t 和实验室测得的 f_t 要差 0.88 的折减系数。

1.1.5.5　混凝土在复合应力状态下的强度

复合应力状态的混凝土强度十分复杂，远未完善解决。对于三向受力状态，受制于试验设备等因素，混凝土的破坏规律尚未得到公认。对于二向受力状态，虽然各家提出的强度公式有所差别，但其变化规律是一致的。

1. 双向正应力作用下强度的变化规律

双向受压时，抗压强度比单向受压的强度为高，最大抗压强度为 $(1.25 \sim 1.60) f_c$，发生在应力比 $\sigma_1/\sigma_2 = 0.3 \sim 0.6$ 之间；双向受拉时，抗拉强度与单向抗拉强度基本相同；一向受拉一向受压时，抗压强度随另一向的拉应力的增加而降低，或者说抗拉强度随另一

向的压应力的增加而降低，见图1-4。

2. 单向正应力 σ 及剪应力 τ 共同作用下强度的变化规律

有压应力存在时，混凝土的抗剪强度有所提高，但当压应力过大时，混凝土的抗剪强度反而有所降低；有拉应力存在时，混凝土的抗剪强度随拉应力的增大而降低。

剪应力的存在使抗压强度和抗拉强度降低，见图1-5。

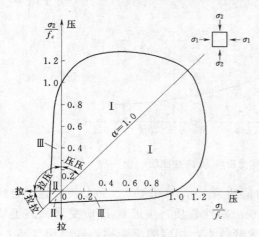

图1-4　混凝土双向应力下的强度曲线　　　图1-5　混凝土的复合受力强度曲线

1.1.6　混凝土结构对混凝土强度等级的要求

在水利水电工程中，钢筋混凝土结构采用的混凝土强度等级分为C20、C25、C30、C35、C40、C45、C50、C55、C60，共9个等级。

混凝土结构对混凝土强度等级的选用，除与结构的用途、所处环境的耐久性要求等有关外，还与结构采用的钢筋的强度等级有关。所采用的钢筋强度等级越高，要求混凝土强度等级也越高。具体有：

(1) 钢筋混凝土结构构件的混凝土强度等级不宜低于C25。

(2) 预应力混凝土结构的混凝土强度等级不宜低于C40，且不应低于C30。

(3) 采用HRB500及以上等级的钢筋或承受重复荷载的钢筋混凝土结构，混凝土强度等级不应低于C30。

这里顺便提一下规范的用词，"应"是"应该这样做"，"宜"是指"希望这样做"，如"预应力混凝土结构的混凝土强度等级不宜低于C40，且不应低于C30"，是指希望采用C40以及其以上混凝土，要求不能采用低于C30的混凝土。

1.1.7　混凝土变形——应力-应变曲线

混凝土变形可分为：荷载引起的变形、温度变化引起的变形（温度变形）和湿度变化引起的变形（干湿变形）；混凝土应力-应变曲线可分为：一次短期加载时的应力-应变曲线、重复荷载作用下的应力-应变曲线、长期加载时的变形曲线。

1.1.7.1　一次短期加载时的混凝土应力-应变曲线

1. 曲线形状与特征点

混凝土一次短期加载时变形性能一般采用棱柱体试件测定，由试验得出的一次短期加载的应力-应变曲线如图 1-6 所示。由于采用棱柱体试件测定，所以峰值应力 σ_0 即为轴心抗压强度 f_c。

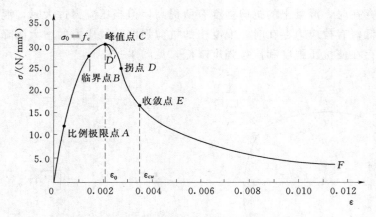

图 1-6　混凝土棱柱体受压应力-应变曲线

在图 1-6 中，点 A 为比例极限点，应力值约为 $(0.3 \sim 0.4)f_c$，$0A$ 段接近于直线，应力-应变关系为线性；AB 段向下弯曲，呈现出塑性性质，接近点 B 应变增长得更快，点 B 称为临界点，应力值约为 $0.8f_c$；点 C 为峰值点，相应的应变称为峰值应变 ε_0，ε_0 随混凝土强度等级的不同在 $0.0015 \sim 0.0025$ 之间变动，结构计算时取 $\varepsilon_0 = 0.002$（普通混凝土）和 $\varepsilon_0 = 0.002 \sim 0.00215$（高强混凝土）；进入点 C 后试件表面出现与加压方向平行的纵向裂缝，试件开始破坏。点 C 以前曲线称为上升段，点 C 以后曲线称为下降段。过点 D 后，曲线从凹向应变轴变为凸向应变轴，故点 D 称为曲线的拐点；点 E 称为"收敛点"，点 E 以后试件中的主裂缝已很宽，内聚力已几乎耗尽，对于无侧向约束的混凝土已失去了结构的意义，故点 E 应变也就是极限压应变 ε_{cu}。

应力-应变曲线中应力峰值 σ_0 与其相应的应变值 ε_0，以及破坏时的极限压应变值 ε_{cu} 是曲线的三大特征值，控制着曲线的形状。ε_{cu} 越大，表示混凝土的塑性变形能力越大，也就是延性（指构件最终破坏之前经受非弹性变形的能力）越好。

2. 影响曲线形状的因素

随着混凝土强度的提高，曲线上升段和峰值应变 ε_0 的变化不是很显著，而下降段形状有较大的差异。强度越高，下降段越陡，材料的延性越差。

3. 曲线的用途与表达式

混凝土的应力-应变曲线是钢筋混凝土结构学科中的一个基本问题，在许多理论问题中都要用到它。如：

（1）混凝土结构非线性数值计算。

（2）正截面承载力计算。在今后章节的学习中可以看到，正截面承载力计算都需要已知构件截面在破坏时的应力图形，而试验无法直接测到应力，只能测到构件截面的应变分布，这时就需通过应力-应变曲线由截面应变求得截面的应力图形。

应力-应变曲线需要用公式来表达，也就是所谓的应力-应变曲线表达式。由于影响因素复杂，所提出的表达式各种各样。一般来说，这些表达式曲线的上升段比较相近，而曲线的下降段则相差很大，有的假定为一直线段，有的假定为曲线或折线。

1.1.7.2　重复荷载作用下的混凝土应力-应变曲线

比较图 1-7 和图 1-6 可知，混凝土在多次重复荷载作用下，其应力-应变的性质与短期一次加载有显著不同，其原因有：

（1）混凝土是弹塑性材料。初次卸载至应力为零时，存在着不可恢复的塑性应变，因此在一次加载卸载过程中，应力-应变曲线形成一个环状。

（2）曲线的性质和加载应力水平有关。应力不大时，重复 5～10 次后，加载和卸载的应力-应变曲线合并接近一直线，同弹性体一样工作，这条直线与一次短期加载时的曲线在原点的切线基本平行。利用这一性质可求得混凝土的初始弹性模量。

应力超过某一限值，经多次循环，应力应变关系成为直线后，重新变弯，试件很快破坏。该限值为混凝土的疲劳强度。

1.1.7.3　长期加载时的混凝土变形曲线

长期加载时，混凝土应变就包括了徐变。徐变在钢筋混凝土结构设计中是一个很重要的概念，在后面的裂缝宽度、挠度、预应力损失等的计算中都要用到徐变的概念。

1. 徐变与松弛的定义

徐变与松弛是一种事物的两种表现形式。混凝土在荷载的长期作用下，应力不变，变形也会随着时间而增长，这种现象称为徐变；如果结构受外界约束而无法变形，结构的应力会随时间的增长而降低，这种现象称为应力松弛。

2. 徐变产生的原因

产生徐变的原因主要有两个：一是水泥石中的凝胶体产生的黏性流动；二是混凝土内部的微裂缝在荷载长期作用下不断发展。在应力较小时，徐变以第一种原因为主；应力较大时，以第二种原因为主。

3. 徐变的特点

徐变在较小的应力时就能发生，且可部分恢复，见图 1-8，这与塑性变形不同。塑性变形主要是混凝土中结合面裂缝的扩展延伸引起的，只有当应力超过了材料的弹性极限后才发生，而且是不可恢复的。

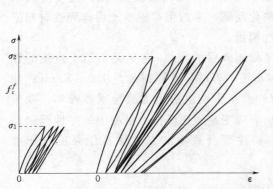

图 1-7　混凝土重复荷载下的应力-应变曲线

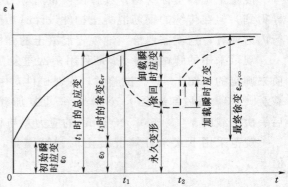

图 1-8　混凝土的徐变（应变与时间增长关系）

4. 徐变的影响因素

影响徐变的因素主要有：应力水平、龄期与环境湿度等。

（1）应力低于 $0.5f_c$ 时，徐变与应力为线性关系；应力在 $0.5f_c \sim 0.8f_c$ 范围内时，徐变与应力不呈线性关系，徐变比应力增长要快，这种徐变称为非线性徐变，但徐变仍能收敛。

当应力大于 $0.8f_c$ 时，徐变不能收敛，最终将导致混凝土破坏。因此，在正常使用时混凝土应避免经常处于高应力状态，一般取 $0.8f_c$ 作为混凝土的长期抗压强度。

（2）加载时混凝土龄期越长，水泥石晶体所占的比重越大，凝胶体的黏性流动就越少，徐变也就越小。

（3）由于在总徐变值中还包括由于混凝土内部水分受到外力后，向外逸出而造成的徐变在内。因而，外界湿度越低，水分越易外逸，徐变就越大。

1.1.7.4　混凝土极限变形

混凝土的极限变形有极限压应变 ε_{cu} 与极限拉应变 ε_{tu}。

1. 极限压应变

极限压应变 ε_{cu} 除与混凝土本身性质有关外，还与试验方法、截面的应变梯度等因素有关。

（1）加载速度较快时，试件的变形来不及发生，测得的极限压应变将减小。

（2）当截面存在应变梯度时，应变小的纤维会帮助附近应变大的纤维受力，因而应变梯度越大 ε_{cu} 越大。

（3）我国规范规定，均匀受压的 ε_{cu} 一般取为 ε_0，非均匀受压的 ε_{cu} 一般取为 0.0033（普通混凝土）和 0.0033～0.0030（高强混凝土）。

2. 极限拉应变

极限拉应变 ε_{tu} 比极限压应变 ε_{cu} 小得多，实测值也极为分散，约在 $0.5 \times 10^{-4} \sim 2.7 \times 10^{-4}$ 的大范围内变化，一般随着抗拉强度的增加而增加。计算时一般可取为 1.0×10^{-4}。

1.1.8　混凝土弹性模量

混凝土是弹塑性材料，其弹性模量随应力水平而变化，应由混凝土应力-应变曲线求导得到。但在传统的钢筋混凝土构件设计时为简化问题，常近似将混凝土看作弹性材料进行内力计算，这就需要恰当地规定混凝土的弹性模量。

规范采用的弹性模量 E_c 是利用多次重复加载卸载后的应力-应变关系趋于直线的性质来确定的（图 1-7）。试验时，先对试件对中预压，再进行重复加载：从 $0.5N/mm^2$ 加载至 $f_c/3$，然后卸载至 $0.5N/mm^2$；重复加载卸载至少两次后再加载至试件破坏。取最后一次加载的 $f_c/3$ 与 $0.5N/mm^2$ 的应力差与相应应变差的比值作为混凝土的弹性模量。

规范采用下式来计算混凝土的弹性模量，要注意公式中的立方体抗压强度是标准值 f_{cuk}。

$$E_c = \frac{10^5}{2.2 + \dfrac{34.7}{f_{cuk}}} (N/mm^2) \tag{1-3}$$

实际上，弹性模量的变化规律仅仅用 f_{cuk} 来反映是不够确切的，有时计算值和实际值会有不小误差，但总的说来，按式（1-3）计算基本上能满足工程上的要求。

1.1.9 钢筋与混凝土之间的黏结应力

1. 黏结应力的定义与作用

黏结应力指钢筋与混凝土界面间的剪应力，可由两点之间的钢筋拉力的变化除以钢筋与混凝土的接触面积来计算。

通过黏结应力，可以实现钢筋与混凝土之间的应力传递，使两种材料一起共同工作。黏结力遭到破坏，就会使构件变形增加、裂缝剧烈开展甚至提前破坏。

2. 黏结力的影响因素

影响黏结力大小的因素有：钢筋表面形状、钢筋周围的混凝土厚度、受力状态、混凝土抗拉强度，其中钢筋表面形状、保护层厚度是主要的影响因素。

（1）光圆钢筋表面凹凸较小，机械咬合作用小，黏结强度低。带肋钢筋的机械咬合作用大，黏结强度高。

（2）对于带肋钢筋，黏结强度主要取决于混凝土的劈裂破坏。钢筋周围的混凝土厚度越大，混凝土抵抗劈裂破坏的能力也越大，黏结强度越高；当钢筋周围的混凝土厚度大于一定程度后黏结力趋于稳定。

（3）黏结力随混凝土强度的提高而提高，大体上与混凝土的抗拉强度成正比。

（4）钢筋受压后直径增大，增加对混凝土的挤压，从而使摩擦作用增加，即黏结力提高。因而，受压钢筋的锚固长度小于受拉钢筋的锚固长度。

3. 保证黏结力的措施

保证黏结力的措施有：

（1）钢筋周围的混凝土厚度不宜过小，也就是保护层厚度不宜过小，钢筋之间净距不宜过小。

（2）优先采用带肋钢筋，在绑扎骨架中光圆钢筋用作受力钢筋时应在末端设置弯钩。

（3）钢筋锚固时有足够的锚固长度。当锚固长度不能满足时，则需采用机械锚固，如弯折、焊短钢筋、焊短角钢等。

（4）钢筋搭接时有足够的搭接长度。

1.1.10 钢筋锚固长度与最小锚固长度

为了保证钢筋在混凝土中锚固可靠，设计时应该使受拉钢筋在混凝土中有足够的锚固长度。

应注意锚固长度和最小锚固长度是两个概念，锚固长度是设计者设计时实际取用的锚固长度；最小锚固长度 l_a 是指截面上受拉钢筋的强度被充分利用时，钢筋在该截面所需的最小的锚固长度。

受拉钢筋的最小锚固长度 l_a 一般就取为基本锚固长度 l_{ab}，但有时还应根据锚固条件的不同进行修正：

$$l_a = \zeta_a l_{ab} \qquad (1-4)$$

式中：ζ_a 为锚固长度修正系数；l_{ab} 为基本锚固长度。

基本锚固长度 l_{ab} 可根据钢筋应力达到屈服强度 f_y 时，钢筋才被拔动的条件确定。

$$l_{ab}=\frac{f_yA_s}{\tau_b u}=\frac{f_y d}{4\tau_b}=\alpha\frac{f_y}{f_t}d \qquad (1-5)$$

从式（1-5）可知，锚固钢筋外形系数 α 越大，钢筋强度 f_y 越高，直径 d 越大，混凝土强度 f_t 越低，则 l_{ab} 要求越长。因而 l_a 和钢筋种类、钢筋直径及混凝土强度等级有关。

锚固长度修正系数 ζ_a 的取值则和钢筋直径、在施工过程是否易受扰动、锚固钢筋的保护层厚度、钢筋是否被充分利用、钢筋在结构中的位置等有关。

若截面上受拉钢筋的强度未被充分利用，则钢筋从该截面起的锚固长度可小于 l_a。如：在简支梁中，支座处的受力钢筋未被充分利用，锚固长度要小于 l_a ［图 1-9（a）］；但在悬臂梁中，支座处的受力钢筋是被充分利用的，这时锚固长度要大于或等于 l_a。［图 1-9（b）］。

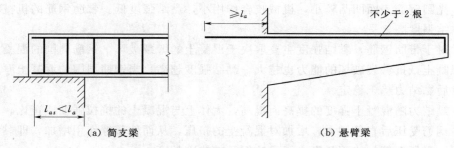

(a) 简支梁　　　　　　　　　　　　　　　　　(b) 悬臂梁

图 1-9　钢筋锚固

以上都是指受拉钢筋，对于受压钢筋，由于钢筋受压时会侧向鼓胀，对混凝土产生挤压，增加了黏结力，所以它的锚固长度可以短一些。

1.1.11　钢筋的接头

为了便于运输，出厂的直条钢筋长度为 9m 或 12m。在实际使用过程中会遇到钢筋长度不足的情况，这时就需要把钢筋接长至设计长度。接长钢筋有三种办法：绑扎搭接、焊接、机械连接。纵向受力钢筋的连接接头宜设置在受力较小处，在同一根纵向受力钢筋上宜少设接头，在结构的重要构件和关键传力部位，纵向受力钢筋不宜设置连接接头，相邻纵向受力钢筋的连接接头宜相互错开。

1.1.11.1　绑扎接头

1. 绑扎接头的搭接长度要求

规范规定纵向受拉钢筋搭接长度 l_l 应满足 $l_l\geqslant\zeta_l l_a$ 及 $l_l\geqslant300\mathrm{mm}$，$\zeta_l$ 为纵向受拉钢筋搭接长度修正系数，按表 1-2 取值。从表 1-2 看到：

表 1-2　　　　　　　　　　　纵向受拉钢筋搭接长度修正系数

纵向钢筋搭接接头面积百分率/%	≤25	50	100
ζ_l	1.2	1.4	1.6

（1）$\zeta_l\geqslant1.2$，也就是受拉钢筋搭接长度 l_l 大于最小锚固长度 l_a。这是因为：采用绑扎搭接接头时，虽然在搭接处用铁丝绑扎钢筋，但铁丝绑扎只是为了固定钢筋，形成钢

筋骨架，钢筋之间力的传递仍是依靠钢筋
与混凝土之间的黏结力。也就是，钢筋 a
通过黏结力将力传递给周围混凝土，周围
混凝土再通过黏结力将力传递给钢筋 b，见
图 1-10。由于两根钢筋紧靠在一起时，对

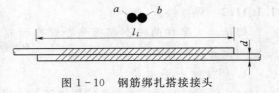

图 1-10　钢筋绑扎搭接接头

其中一根钢筋而言，其与混凝土的接触面积小于单根钢筋与混凝土的接触面积，为保
证有相同的黏结力，所需的长度就要增加。

（2）同一截面上搭接钢筋越多，所需的搭接长度就越长。这是因为，同一截面上搭接
钢筋越多，钢筋就越拥挤，钢筋周围的混凝土厚度就可能越小，黏结力越得不到保证；同
时，同一截面上搭接钢筋越多，失事的概率就越高。

以上是对受拉钢筋而言的。对于受压钢筋，由于受力后直径增大，对混凝土的挤压力
增加，使摩擦作用增加，黏结力提高，其搭接长度可以减小，因而满足 $l_l' \geqslant 0.7\zeta_l l_a$ 及
$l_l' \geqslant 200\text{mm}$ 即可。

2. 绑扎搭接的适用范围

绑扎搭接的适用范围一是和构件的受力状态有关，二是和钢筋的直径有关：

（1）轴心受拉或小偏心受拉以及承受振动的构件中的钢筋接头，不得采用绑扎搭接。
注意，在轴心受拉或小偏心受拉构件中，所有纵向钢筋都是受拉的。

（2）当受拉钢筋直径 $d > 25\text{mm}$ 或受压钢筋 $d > 28\text{mm}$ 时，不宜采用绑扎搭接接头。
这是因为，钢筋越粗所需的黏结力就越大。

3. 纵向钢筋搭接接头允许的面积百分率

相邻纵向受力钢筋的连接接头宜相互错开，用同一连接区段内纵向受力钢筋的搭接接
头面积百分率 ζ 来控制。

钢筋绑扎搭接接头连接区段的长度取为 $1.3l_l$（l_l 为搭接长度），凡搭接接头中点位
于连接区段长度内的搭接接头均属于同一连接区段（图 1-11）。同一连接区段内纵向受
力钢筋的搭接接头面积百分率 ζ 为该区段有搭接接头的纵向受力钢筋与全部纵向受力钢筋
截面面积的比值。

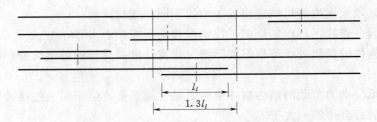

图 1-11　同一连接区段内纵向受拉钢筋的绑扎搭接接头

梁类、板类及墙类构件 ζ 不宜大于 25%；柱类构件 ζ 不宜大于 50%。当工程中确有
必要增大受拉钢筋搭接接头面积百分率时，梁类构件 ζ 不宜大于 50%；板、墙、柱及预
制构件的拼接处，可根据实际情况放宽。

1.1.11.2　焊接接头

焊接接头是在两根钢筋接头处焊接而成，焊接接头的规定与钢筋直径有关。

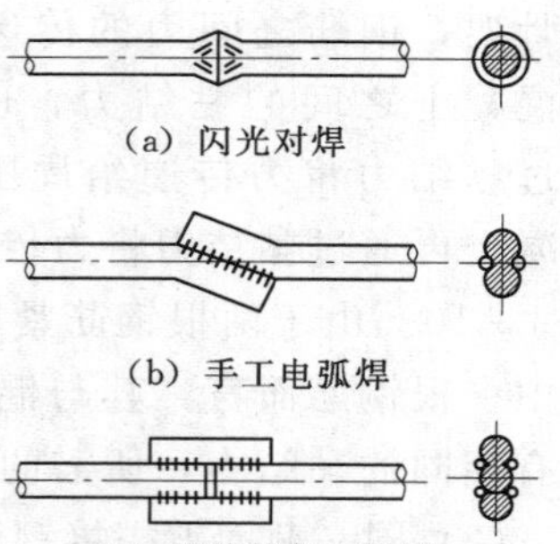

1. 焊接接头要求

（1）钢筋直径 $d \leqslant 28$mm 的焊接接头，最好用对焊机直接对头接触电焊或用手工电弧焊焊接，分别见图 1-12（a）和图 1-12（b）。

（2）$d > 28$mm 且直径相同的钢筋，可采用帮条焊接，见图 1-12（c）。

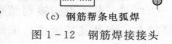

(a) 闪光对焊

(b) 手工电弧焊

(c) 钢筋帮条电弧焊

图 1-12　钢筋焊接接头

（3）不同直径的纵向受力钢筋不应采用帮条焊。

（4）搭接焊和帮条焊接头宜采用双面焊缝，纵向受力钢筋的搭接长度或帮条长度不应小于 $5d$。当施焊条件困难而采用单面焊缝时，纵向受力钢筋搭接长度或帮条长度不应小于 $10d$。

2. 纵向钢筋焊接接头允许的面积百分率

（1）焊接接头连接区段的长度为 $35d$ 且不应小于 500mm，d 为连接钢筋的较小直径，凡接头中点位于该连接区段长度内的焊接接头均属于同一连接区段。

（2）位于同一连接区段内纵向受拉钢筋接头面积的百分率不宜大于 50%，纵向受压钢筋接头面积的百分率可不受限制。装配式构件连接处及临时缝处的焊接接头钢筋可不受此限制。

1.1.11.3　机械连接接头

1. 机械连接接头形式

机械连接接头可分为挤压套筒接头和螺纹套筒接头两大类。机械连接接头具有操作工艺简单、接头性能可靠、连接速度快、施工安全等特点。特别是用于大型水工混凝土结构中的过缝钢筋连接时，钢筋不会像焊接接头那样出现残余温度应力。但机械连接接头造价略高。

2. 机械连接接头允许的面积百分率

（1）钢筋机械连接接头连接区段的长度为 $35d$，d 为连接钢筋的较小直径，凡接头中点位于该连接区段长度内的机械连接接头均属于同一连接区段。

（2）位于同一连接区段内的纵向受拉钢筋接头面积的百分率不宜大于 50%；但对板、墙、柱及预制构件的拼接处，可根据实际情况放宽。纵向受压钢筋接头面积的百分率可不受限制。

（3）直接承受动力荷载的结构构件中的机械连接接头，位于同一连接区段内纵向受力钢筋接头面积的百分率不应大于 50%。

1.2　综　合　练　习

1.2.1　单项选择题

1. 水工钢筋混凝土结构中常用的受力钢筋是（　　　）。

A. HRB400 和 HPB300 钢筋 　　　　　B. HRB400 和 HRB335 钢筋

C. HRB335 和 HPB300 钢筋 　　　　　D. HRB400 和 RRB400 钢筋

2. 热轧钢筋的含碳量越高，则（　　　）。

A. 屈服台阶越长，伸长率越大，塑性越好，强度越高

B. 屈服台阶越短，伸长率越小，塑性越差，强度越低

C. 屈服台阶越短，伸长率越小，塑性越差，强度越高

D. 屈服台阶越长，伸长率越大，塑性越好，强度越低

3. 硬钢的协定流限是指（　　　）。

A. 钢筋应变为 0.002 时的应力

B. 由此应力卸载到钢筋应力为零时的残余应变为 0.002

C. 钢筋弹性应变为 0.002 时的应力

4. 设计中软钢的抗拉强度取值标准为（　　　）。

A. 协定流限　　　　　B. 屈服强度　　　　　C. 极限强度

5. 混凝土的强度等级是根据混凝土的（　　　）确定的。

A. 立方体抗压强度设计值　　　　　B. 立方体抗压强度标准值

C. 立方体抗压强度平均值　　　　　D. 具有 90% 保证率的立方体抗压强度

△6. 混凝土强度等级相同的两试件在图 1-13 所示受力条件下，破坏时抗拉强度 f_{t1} 和 f_{t2} 的关系是（　　　）。

A. $f_{t1} > f_{t2}$ 　　　　　B. $f_{t1} = f_{t2}$ 　　　　　C. $f_{t1} < f_{t2}$

(a) 薄壁空心混凝土管受扭　　　　　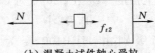(b) 混凝土试件轴心受拉

图 1-13　两组试件受力条件

△7. 图 1-14 所示受力条件下的三个混凝土强度等级相同的单元体，破坏时 σ_1、σ_2、σ_3 的绝对值大小顺序为（　　　）。

A. $\sigma_1 > \sigma_2 > \sigma_3$ 　　　B. $\sigma_1 > \sigma_3 > \sigma_2$ 　　　C. $\sigma_2 > \sigma_1 > \sigma_3$ 　　　D. $\sigma_2 > \sigma_3 > \sigma_1$

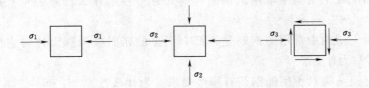

图 1-14　单元体受力条件

8. 混凝土强度等级越高，则其应力-应变曲线的下降段（　　　）。

A. 越陡峭　　　　　B. 越平缓　　　　　C. 无明显变化

9. 混凝土极限压应变值 ε_{cu} 随混凝土强度等级的提高而（　　　）。

A. 减小　　　　　B. 提高　　　　　C. 不变

10. 混凝土的水胶比越大，水泥用量越多，则徐变及收缩值（　　）。

A. 越大 　　　　　B. 越小 　　　　　C. 基本不变

△11. 钢筋混凝土轴心受压构件中混凝土的徐变将使（　　）。

A. 钢筋的应力减小，混凝土的应力增大

B. 钢筋的应力增大，混凝土的应力减小

C. 两者应力不变化

△12. 在室外预制一块钢筋混凝土板，养护过程中发现其表面出现微细裂缝，其原因应该是（　　）。

A. 混凝土与钢筋热胀冷缩变形不一致

B. 混凝土徐变变形

C. 混凝土干缩变形

13. 受拉钢筋锚固长度 l_a 和受拉钢筋绑扎搭接长度 l_l 的关系是（　　）。

A. $l_a > l_l$ 　　　　B. $l_a = l_l$ 　　　　C. $l_a < l_l$

14. 为了保证钢筋的黏结强度的可靠性，规范规定（　　）。

A. 所有钢筋末端必须做成半圆弯钩

B. 所有光圆钢筋末端必须做成半圆弯钩

C. 绑扎骨架中的受力光圆钢筋应在末端做成 180°弯钩

15. 受压钢筋的锚固长度比受拉钢筋的锚固长度（　　）。

A. 大 　　　　　　B. 小 　　　　　　C. 相同

16. 当混凝土强度等级由 C20 变为 C30 时，受拉钢筋的最小锚固长度 l_a（　　）。

A. 增大 　　　　　B. 减小 　　　　　C. 不变

17. 当钢筋级别由 HRB400 变为 HRB500 时，受拉钢筋的最小锚固长度 l_a（　　）。

A. 增大 　　　　　B. 减小 　　　　　C. 不变

18. 钢筋强度越高，直径越粗，混凝土强度越低，则锚固长度要求（　　）。

A. 越长 　　　　　B. 越短 　　　　　C. 不变

1.2.2　思考题

1. 水工钢筋混凝土结构中常用的钢筋有哪几种？各用什么符号表示？按表面形状它们如何划分？

2. 钢筋混凝土结构中常用的钢筋是否都有明显的屈服极限？设计时它们取什么强度作为设计的依据？为什么？

3. 钢筋混凝土结构对所用的钢筋有哪些要求？为什么？

4. 带肋钢筋与光圆钢筋相比，主要有什么优点？为什么？

5. 在普通钢筋混凝土结构中，采用高强度钢筋是否合理？为什么？

6. 什么是钢筋的塑性？钢筋的塑性性能是由哪些指标反映的？

7. 软钢和硬钢的应力-应变曲线各有哪些特征点？设计时分别采用什么强度作为它们的设计强度指标？

8. 混凝土强度指标主要有几种？哪一种是基本的强度指标？各用什么符号表示？它

们之间有何数量关系？

9. 为什么轴心抗压强度 f_c 小于立方体抗压强度 f_{cu}？

10. 混凝土一次短期加载的受压应力-应变曲线有哪些特征点？曲线中的峰值应变 ε_0 和极限压应变 ε_{cu} 各指什么？计算时 ε_0 和 ε_{cu} 如何取值？曲线下降段对钢筋混凝土结构有什么作用？为什么曲线采用棱柱体试件量测，而不采用立方体试件？

11. 什么是混凝土的疲劳强度 f_c^f？疲劳破坏时应力应变曲线有哪些特点？

12. 混凝土应力-应变曲线中的下降段对钢筋混凝土结构有什么作用？

13. 混凝土处于三向受压状态时，其强度和变形能力有何变化？某方形钢筋混凝土柱浇筑后发现混凝土强度不足，如何加固？处于一拉一压和双向受拉状态下的混凝土，其抗压和抗拉强度与单轴强度相比有什么不同？

14. 什么是混凝土的徐变？混凝土为什么会发生徐变？

15. 混凝土的徐变主要与哪些因素有关？如何减小混凝土的徐变？

16. 什么是线性徐变？什么是非线性徐变？什么是非收敛徐变？

17. 在轴心受压构件中，当荷载维持不变时混凝土徐变将使钢筋应力及混凝土应力发生什么变化？

18. 徐变对钢筋混凝土结构有什么有利和不利的影响？

△19. 试分别分析混凝土干缩和徐变对钢筋混凝土轴心受压构件和轴心受拉构件应力重分布的影响。

△20. 钢筋混凝土梁如图 1-15 所示。试分析当混凝土产生干缩和徐变时梁中钢筋和混凝土的应力变化情况。

21. 能否用钢筋来防止温度裂缝或干缩裂缝的出现？为什么？

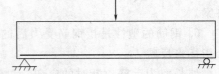

图 1-15　钢筋混凝土梁

22. 影响钢筋与混凝土之间黏结强度的主要因素是什么？为什么带肋钢筋与混凝土之间的黏结力大于光圆钢筋与混凝土之间的黏结力？

23. 在中心拉拔试验中，当拉拔力一定时，钢筋埋入混凝土的长度越长，黏结应力分布长度是否越长？如何保证钢筋在混凝土中有可靠锚固？

24. 钢筋的基本锚固长度是如何确定的？最小锚固长度和基本锚固长度之间有什么关系？

25. 为什么钢筋的最小搭接长度要大于最小锚固长度？

1.3　思考题参考答案

1. 钢筋混凝土结构中常用的钢筋有 HRB400 和 HPB300 两种，在大跨度或重载钢筋混凝土结构中也用 HRB500 钢筋，它们都是热轧钢筋。HRB400 和 HRB500 是带肋钢筋，分别用 ⊕、⊕ 表示；HPB300 是光圆钢筋，用 ⊕ 表示。

2. 常用钢筋都是软钢，有明显的屈服极限。设计时取它们的屈服强度 f_y 作为设计的依据。因为钢筋达到 f_y 后进入屈服阶段，应力不加大而应变大大增加，当进入强化阶段时应变已远远超出允许范围。所以钢筋的受拉设计强度以 f_y 为依据。强化阶段超过 f_y 的强度只作为安全储备，设计时不予考虑。

3. 钢筋混凝土结构对所用钢筋有如下要求：

(1) 强度要高，但不宜太高。因为强度高，才能节省钢筋，降低造价。但如果强度太高，用作受拉钢筋，正常使用时若允许钢筋有较大的应力，就会造成裂缝开展过宽，若限制钢筋应力则不能充分利用钢筋的强度；用作受压钢筋，由于混凝土应变达到极限压应变 ε_{cu} 时构件已破坏，此时钢筋最大压应变只能达到 ε_{cu}，应力不会超过 $E_s\varepsilon_{cu}$。即当钢筋的屈服强度超过 $E_s\varepsilon_{cu}$，在受压时就不能充分发挥作用。

(2) 有良好的塑性。钢筋塑性（伸长率或总延伸率和冷弯性能）好，破坏前就有足够变形，能提高结构的延性，使结构具有良好的抗震性能，并使钢筋有良好的加工性能。

(3) 有良好的可焊性。这是钢筋采用电焊接长所必需的，HPB300、HRB400 和 HRB500 钢筋的可焊性均较好。

(4) 与混凝土有良好的黏结性能。这是钢筋能与混凝土共同工作的前提。

4. 带肋钢筋与光圆钢筋相比，其主要优点是与混凝土的黏结性能好得多，这是因为表面突出的横肋造成的机械咬合作用可以大大增加两者之间黏结力，采用带肋钢筋可以显著减小裂缝宽度。同时，带肋钢筋的强度要大于光圆钢筋。正是因为带肋钢筋强度高，所以外形要做成带肋的，以保证其与混凝土有足够的黏结力。

5. 在普通钢筋混凝土结构中，采用高强度钢筋是不合理的，详见第 3 题第（1）部分答案。

6. 钢筋的塑性是指钢筋受力后的变形能力，由伸长率（或总延伸率）和冷弯性能两个指标来反映。

伸长率为钢筋拉断时的应变，总延伸率为钢筋最大应力下的应变，它们数值越大塑性越好。总延伸率的测量误差小于伸长率，近年来钢筋的塑性常采用总延伸率来检验。在我国，钢筋验收检验时可从伸长率和总延伸率两者选一，但仲裁检验时采用总延伸率。

冷弯性能是将直径为 d 的钢筋绕直径为 D 的钢辊弯曲到一定角度后无裂纹及起层现象。D 越小，弯转角越大，钢筋塑性越好。在我国，钢筋验收检验时 α 角取为定值 $180°$，钢辊直径 D 取值则和钢筋种类有关。

7. 软钢和硬钢的应力-应变曲线如教材图 1-3 及图 1-5 所示。

软钢的特征点有：点 a，比例极限；点 b，屈服强度（流限）；bc 段，流幅，或称屈服台阶；cd 段，强化段；点 d，极限强度；点 e，钢筋拉断，对应横坐标为钢筋伸长率。

硬钢的特征点有两个：一是曲线上对应 $\sigma_{0.2}$ 的点，其卸载后的残余应变为 0.002，$\sigma_{0.2}$ 称为协定流限；二是极限强度。协定流限相当于极限强度的 $70\%\sim90\%$。

软钢以屈服强度作为强度标准，硬钢以协定流限作为强度标准。在 NB/T 11011—2022 规范中，消除应力钢丝、预应力中强度钢丝、钢绞线等硬钢的条件屈服强度取为其极限强度的 0.85 倍。

8. 混凝土强度指标有立方体抗压强度、轴心抗压强度和轴心抗拉强度，分别用 f_{cu}、f_c、f_t 表示，其中立方体抗压强度是基本的强度指标。

它们之间的数量关系为：$f_c = 0.88\alpha_{c1}\alpha_{c2}f_{cu}$、$f_t = 0.88 \times 0.395\alpha_{c2}f_{cu}^{0.55}$，这里的 f_c

和 f_t 是指实际结构的轴心抗压强度和轴心抗拉强度，f_{cu} 是指试验室测得的立方体抗压强度；α_{c1} 为试验室得到的 f_c 和 f_{cu} 的比值，α_{c2} 用于考虑高强度混凝土的脆性，两者取值都与混凝土强度等级有关。α_{c1} 取值：C50 及以下为常量，C50 以上随强度等级提高而提高；α_{c2} 取值：C40 及以下为 1.0，即不用考虑混凝土脆性，C40 以上随强度等级提高而减小。

9. 立方体抗压强度采用 150mm×150mm×150mm 的立方体试件，轴心抗压强度采用 150mm×150mm×300mm 的棱柱体试件，它们测量时试件与压力机接触面都不采用减摩措施。两种试件的横截面相同，但棱柱体试件比立方体试件高，当试件高度增大后，两端接触面摩擦力对试件中部的影响逐渐减弱，使得测得抗压强度减小。所以，轴心抗压强度 f_c 小于立方体抗压强度 f_{cu}。

10. 混凝土一次短期加载的受压应力-应变曲线见教材图 1-15。特征点及简要说明：

点 A，比例极限。点 B，临界点，从点 A 到点 B 混凝土内部微裂缝稳定发展，超过点 B，微裂缝不稳定发展，体积也开展膨胀，因而长期应力不能超过点 B 的应力。点 C，应力达到混凝土轴心抗压强度，此时试件表面出现平行于受力方向的纵向裂缝，试件开始破坏；点 C 应变称 ε_0，ε_0 随混凝土强度等级的不同在 0.0015~0.0025 之间变动，结构计算时取 $\varepsilon_0=0.002$（普通混凝土）和 $\varepsilon_0=0.002\sim0.00215$（高强混凝土）。从原点到点 C 为曲线的上升段，点 C 之后为下降段。点 D 为曲线的拐点，从点 D 开始曲线由凹向应变轴变为凸向应变轴。点 E 称为"收敛点"，点 E 以后试件中的主裂缝已很宽，内聚力已几乎耗尽，对于无侧向约束的混凝土已失去了结构的意义，故点 E 应变也就是极限压应变 ε_{cu}。ε_{cu} 越大，表示混凝土的塑性变形能力越大，也就是延性（指构件最终破坏之前非弹性变形的能力）越好。

采用棱柱体试件测量，两端接触面摩擦力对试件强度影响弱，量测到的强度更能表征混凝土的单轴强度。所以混凝土受压应力-应变曲线采用棱柱体试件量测，而不采用立方体试件。

11. 重复加载的 $\sigma-\varepsilon$ 曲线见教材图 1-19。当最大应力较小时，经多次重复后，$\sigma-\varepsilon$ 曲线变成直线。当重复荷载的最大应力超过某一限值，则经过多次循环，应力应变关系成直线后，又会重新变弯且应变越来越大，试件很快破坏。这个限值就是混凝土的疲劳强度。

混凝土的疲劳强度与疲劳应力比值 ρ_c^f 有关，ρ_c^f 为截面同一纤维上的混凝土受到的最小应力 $\sigma_{c,\min}^f$ 与最大应力 $\sigma_{c,\max}^f$ 的比值，$\rho_c^f=\sigma_{c,\min}^f/\sigma_{c,\max}^f$。$\rho_c^f$ 越小，疲劳强度越低。疲劳强度还与荷载重复的次数有关，重复次数越多，疲劳强度越低。我国要求满足的循环重复次数为 200 万次，也就是混凝土疲劳强度定义为混凝土试件承受 200 万次重复荷载时发生破坏的应力值。

12. 混凝土应力-应变曲线中的下降段表征了混凝土的塑性，下降段越长表示混凝土塑性越好。从混凝土结构的抗震性能来看，既要求混凝土有一定的强度，又同时也要求混凝土有较好的塑性。中低强度混凝土的下降段比较平缓，极限压应变大，延性好，抗震性能就好。而高强混凝土的下降段比较陡，极限压应变小，延性较差。因此，当设计烈度为 9 度时，混凝土强度等级不应低于 C30，同时不宜超过 C60。

13. 混凝土处于三向受压状态时，强度和变形能力都得到很大提高。

当方形钢筋混凝土柱浇筑后发现混凝土强度不足时，可以采用螺旋箍筋或外包钢板加固。加固后，螺旋箍筋或外包钢板限制了混凝土的横向变形，使混凝土处于三向受压状态，可大幅提高混凝土的强度和变形能力。工程上采用的螺旋箍筋柱和钢管混凝土柱也是这个原理。

混凝土处于双向受拉时，一向抗拉强度基本上与另一向拉应力的大小无关。也就是说，双向受拉时的混凝土抗拉强度与单向受拉强度基本相同。这是因为：一方面，在方向1施加拉应力后，就抵消了方向2拉应力在其方向产生的拉应变，使得方向2的抗拉强度有所提高；另一方面，双向受拉时，试件的缺陷比单向受拉时增多，使抗拉强度降低。两方面综合，使得双向受拉的抗拉强度和单向受拉强度基本相同。

混凝土处于一向受拉一向受压时，混凝土抗压强度随另一向的拉应力的增加而降低，或者说，混凝土的抗拉强度随另一向的压应力的增加而降低，此时的抗压和抗拉强度分别低于单轴抗压和抗拉强度。这是因为：在方向1施加压应力后，就增加了方向2拉应力在其方向的产生拉应变，方向2更容易开裂，使得方向2的抗拉强度降低。

14. 混凝土在荷载长期作用下，应力没有变化而应变随着时间增长的现象称为徐变。产生徐变的原因是：①水泥凝胶体的黏性流动；②应力较大时混凝土内部微裂缝的发展。

15. 影响混凝土徐变的主要因素有下列3个方面：

(1) 内在因素：水泥用量、水灰比、配合比、骨料性质等。

(2) 环境因素：养护时的温度、湿度和养护时间，使用时的环境条件。

(3) 应力因素：对于普通混凝土，应力低于 $0.5f_c$ 时，徐变与应力为线性关系；当应力在 $(0.5\sim0.8)f_c$ 范围内时，徐变与应力不成线性关系，徐变比应力增长要快，徐变收敛性随应力增加而变差，但仍能收敛；当应力大于 $0.8f_c$ 时，徐变的发展是非收敛的，最终将导致混凝土破坏。

高强混凝土徐变比普通混凝土小，在应力大于 $0.65f_c$ 时才开始产生非线性徐变，长期抗压强度约为 $(0.8\sim0.85)f_c$。

减小混凝土徐变主要从下述3个方面着手：

(1) 减少水泥用量，降低水胶比，加强混凝土密实性，采用高强度骨料等。

(2) 高温高湿养护。

(3) 长期所受应力不应太大，一般取 $0.8f_c$ 作为混凝土的长期抗压强度。

16. 线性徐变是指徐变与应力大小呈线性关系的徐变。一般认为，应力低于 $0.5f_c$ 时，发生的徐变为线性徐变。它的前期徐变较大，在 6 个月中已完成了全部徐变的 $70\%\sim80\%$，一年后变形即趋于稳定，二年以后徐变就基本完成。

非线性徐变是指徐变与应力大小为非线性关系的徐变，此时徐变的增长比应力增长得快，但仍能收敛。当应力在 $(0.5\sim0.8)f_c$ 范围内时，发生的徐变为非线性徐变。

非收敛徐变是指徐变随时间的发展越来越大，不能收敛，最终将导致混凝土破坏。当应力大于 $0.8f_c$ 时，发生的徐变为非收敛徐变。因此，在正常使用阶段混凝土应避免经常处于高应力状态，一般取 $0.8f_c$ 作为混凝土的长期抗压强度。

高强混凝土徐变比普通混凝土小，在应力大于 $0.65f_c$ 时才开始产生非线性徐变，长

期抗压强度约为 $(0.8 \sim 0.85)f_c$。

17. 在轴心受压构件中，当荷载维持不变时，轴心受压构件所承受的总荷载总是和混凝土承担的力与钢筋承担的力之和平衡。当荷载持久作用后，混凝土发生徐变，好像变"软"了一样，就导致混凝土应力的降低与钢筋应力的增大。

18. 徐变对钢筋混凝土结构有利影响为：徐变能缓和应力集中，减小支座沉陷引起的内力以及温度变化形成的温度应力。

不利影响为：加大结构变形；在预应力混凝土结构中，造成预应力损失。

19. 混凝土干缩和徐变应力重分布的对构件影响如下：

(1) 对钢筋混凝土轴心受压构件：混凝土干缩，钢筋阻碍它收缩，混凝土中产生附加拉应力，钢筋产生附加压应力，总的是混凝土压应力减小，钢筋压应力增加。混凝土受压，产生受压徐变，该徐变使混凝土产生附加压应变，钢筋阻碍它的徐变，效果和混凝土收缩一样。

(2) 对钢筋混凝土轴心受拉构件：混凝土收缩，混凝土中产生附加拉应力，钢筋产生附加压应力，总的是混凝土拉应力增大，钢筋拉应力减小。混凝土受拉，产生受拉徐变，该徐变使混凝土产生附加拉应变，钢筋阻碍它徐变，混凝土附加受压，钢筋附加受拉，所以总的混凝土拉应力减小，钢筋拉应力增大。

20. 对于如图 1-15 所示的简支梁而言，混凝土干缩，钢筋阻碍它收缩，混凝土附加受拉，钢筋附加受压，所以混凝土拉应力加大，钢筋拉应力减小。

简支梁在梁顶集中力作用下，下部受拉。下部混凝土产生受拉徐变，该徐变使受拉区混凝土产生附加拉应变，钢筋阻碍它徐变，混凝土附加受压，钢筋附加受拉，总的混凝土拉应力减小，钢筋拉应力加大。

21. 不能用钢筋来防止温度裂缝或干缩裂缝的出现。这是因为在裂缝出现前，混凝土的拉应变很小，钢筋的拉应变也很小，钢筋起的作用很小，所以并不能防止裂缝的出现。合理布置钢筋只能使裂缝变细、变浅、间距变密，即控制裂缝的开展，而不是防止裂缝的出现。

22. 影响钢筋与混凝土之间黏结强度的主要因素有：①钢筋表面形状；②混凝土的抗拉强度；③混凝土保护层厚度；④钢筋的净距（两根钢筋之间混凝土厚度）；⑤横向钢筋的配置；⑥横向压力；⑦钢筋在混凝土中的位置；⑧钢筋的受力状态（受拉或受压）。

与混凝土之间的黏结力，带肋钢筋大于光圆钢筋的原因是：虽然光圆钢筋由于表面的不平整与混凝土之间有一定的机械咬合力，但数值很小。而带肋钢筋表面凸出的横肋对混凝土能产生很大的挤压力，这使得带肋钢筋与混凝土的黏结性能大大优于光圆钢筋。

23. 在中心拉拔试验中，当拉拔力一定时，钢筋埋入混凝土的长度越长，黏结应力分布长度不一定越长。事实上，当钢筋埋入混凝土的长度较短时，埋入长度越长，黏结应力分布长度就越长；当钢筋埋入混凝土的长度大于一定值后，黏结应力分布长度就趋于稳定。

保证钢筋在混凝土中有可靠锚固的措施有：①保证有足够的锚固长度；②保证满足钢筋最小净距和混凝土最小保护层厚度；③钢筋搭接接头范围内加密箍筋；④绑扎骨架中的受力光圆钢筋应在末端做成 180° 弯钩。

24. 基本锚固长度 l_{ab} 是根据钢筋应力达到屈服强度 f_y 时，钢筋刚好被拔动的条件确定，见教材式（1-13）。

受拉钢筋的最小锚固长度 l_a 一般就取为基本锚固长度 l_{ab}，但有时还应根据锚固条件的不同进行修正，即 $l_a = \zeta_a l_{ab}$。锚固长度修正系数 ζ_a 取值和钢筋直径、在施工过程是否易受扰动、锚固钢筋的保护层厚度、钢筋是否被充分利用、钢筋在结构中的位置等有关。

25. 采用绑扎搭接接头时，虽然在搭接处用铁丝绑扎钢筋，但铁丝绑扎只是为了固定钢筋形成钢筋骨架，钢筋之间力的传递仍是依靠钢筋与混凝土之间的黏结力。由于绑扎搭接的两根钢筋紧靠在一起时，对其中一根钢筋而言，其与混凝土的接触面积小于单根钢筋与混凝土的接触面积，为保证有相同的黏结力，所需的长度就要增加，也就是最小搭接长度要大于最小锚固长度的原因。

第2章 钢筋混凝土结构设计计算原理

本章讨论工程结构设计的基本原则，为以后各种基本构件的设计计算奠定有关结构可靠性方面的基础。学完本章后，应掌握荷载、荷载效应与结构抗力等基本概念和水工混凝土结构设计规范中的实用表达式，了解实用表达式实现可靠性要求的方法。本章主要学习内容有：

(1) 结构的功能要求、按近似概率法设计的基本概念。

(2) 荷载与荷载效应、结构抗力。

(3) 极限状态及方程、失效概率、可靠指标。

(4) 荷载及材料强度的取值。

(5) 水工混凝土结构设计规范中的实用设计表达式。

2.1 主要知识点

2.1.1 作用（荷载）与作用（荷载）效应

2.1.1.1 作用（荷载）的定义

凡是施加在结构上的集中或分布荷载，以及引起结构外加变形或约束的原因，总称为作用。前者称为"直接作用"，后者则称为"间接作用"。由于教材内容只涉及直接作用，而直接作用通常称为荷载，因而以下都用"荷载"来表述"作用"，相应地用"荷载效应"来表述"作用效应"。

2.1.1.2 荷载分类

1. 按随时间的变异分

荷载按随时间的变异可分为永久荷载（G、g）、可变荷载（Q、q）和偶然荷载（A），其中，G、Q 表示集中荷载，g、q 表示分布荷载。永久荷载也称恒荷载，可变荷载也称活荷载。

永久荷载是指在设计使用年限内始终存在且其量值不随时间变化，或其变化与平均值相比可以忽略不计的荷载，或其变化是单调的并趋于某个限值的荷载。如混凝土结构自重就是永久荷载，它的大小基本上不随时间变化而变化；尾矿库大坝的堆石压力也是永久荷载，它的大小随尾矿的堆积单调增加并趋于某个限值。

可变荷载是指在设计年限内其量值随时间变化，且其变化与平均值相比不可忽略的荷载。如大坝承受的水压力就是可变荷载，由于水位随时间变化，水压力的大小也随时间变化。

偶然荷载是指在设计使用年限内不一定出现，但一旦出现其量值很大且持续时间很短的荷载，如地震。另外，在水利工程中，校核洪水位也属于偶然荷载。

也就是说，永久荷载与可变荷载是根据其量值大小是否随时间变化来区分的，不随时间变化，或变化可以忽略，或单调变化并趋于某个限值的为永久荷载，反之为可变荷载。它们和偶然荷载是根据出现的概率与持续的时间来区分的，永久荷载和可变荷载在设计使用年限内一定出现且持续时间较长，偶然荷载则反之。

2. 按随空间位置的变异分

按随空间位置的变异可分为固定荷载和移动荷载。前者是指不移动的荷载，如不能移动的构件自重；后者指可移动的荷载，如吊车荷载。

要注意，固定荷载和移动荷载是根据荷载是否可以移动来区分的。固定荷载的大小可能随时间非单调变化，也可能不随时间变化或单调增加并趋于某一个限值，也就是说固定荷载有可能是可变荷载，也可能是永久荷载；移动荷载同样可能是可变荷载，也可能是永久荷载。

3. 按结构的反应特点分

按结构的反应特点可为分静态荷载和动态荷载。前者不会使结构产生加速度，或产生的加速度可以忽略不计，如自重、楼面人群荷载；后者能使结构产生不可忽略的加速度，如地震。

动态荷载所引起的荷载效应不仅与荷载有关，还与结构自身的动力特征有关，即和结构的质量、刚度、自振频率有关。

4. 按有无界值分

按有无界值可分为有界荷载和无界荷载。

有界荷载是与人类活动有关的非自然作用，其荷载值由材料自重、设备自重、载重量等决定，因此不会超过某一限值，且该限值是可以确定或近似确定的，如自重、楼面人群荷载。

无界荷载是由自然因素产生的，不由人类意志所决定，如风荷载。这类荷载虽然根据多年实测资料进行统计分析，按照某一重现期给出了相应的荷载参数，但由于自然作用的复杂性和人类认识的局限性，这些参数值需要不断调整。

2.1.1.3　荷载效应

荷载在结构构件内所引起的内力、变形和裂缝等反应，统称为"荷载效应"，常用符号 S 表示。

如计算跨度为 l、承受均布荷载 q 的简支梁，跨中弯矩和支座剪力就为荷载效应，分别记为 $M=\frac{1}{8}ql^2$、$V=\frac{1}{2}ql$。

2.1.1.4　荷载和荷载效应的随机性

所有的荷载都是随机变量，包括永久荷载，有的荷载甚至是与时间有关的随机过程。所谓随机变量是指其量值无法预先确定，仅以一定的可能性取值的量，也就是事先不能完全确定的量。如结构自重，虽然结构建造完成后其自重的大小随时间的变化可以忽略，为永久荷载，但建成后的实际结构尺寸和设计取定的尺寸有可能存在误差，其容重也可能和设计取定的容重存在区别，因此设计时取定的结构自重和建成后实际结构的自重并不相同，即结构自重事先不能完全确定，故为随机变量。

荷载效应除了与荷载数值的大小、荷载分布的位置，结构的尺寸及结构的支承约束条件等有关外，还与荷载效应的计算模式有关。这些因素都具有不确定性，因此荷载效应也是一个随机变量或随机过程。

2.1.2 结构抗力

结构抗力是结构构件承受荷载效应 S 的能力，常用符号 R 表示。就本课程涉及的内容而言，主要是指构件截面的承载力、构件的刚度、截面的抗裂能力等，如：正截面受弯承载力 M_u、斜截面受剪承载力 V_u 都是结构抗力。

如何求解结构抗力是今后学习的主要内容，它主要与结构构件的几何尺寸、配筋数量、材料性能、抗力计算模式和实际吻合程度等有关，由于这些因素都是随机变量，因此结构抗力显然也是一个随机变量。

2.1.3 结构的功能要求

工程结构设计的任务就是保证结构在预定的设计使用年限内能满足设计所预定的各项功能要求，做到安全可靠和经济合理。工程结构的功能要求主要包括下列三个方面。

1. 安全性

安全性是指结构在正常施工和正常使用时，能承受可能出现的施加在结构上的各种荷载；以及在设计规定的偶然事件（如地震等）发生时，结构仍能保持必要的整体稳定，即要求结构仅产生局部损坏而不致发生整体倒塌。

要注意，正常工况（正常施工和正常使用时）和偶然工况（有偶然事件出现时）对安全性的要求是不同的。在正常工况，要求结构中所有的构件都不能出现损坏；在偶然工况，允许结构出现局部损坏，但要求能保持必要的整体稳定，不至于倒塌。

2. 适用性

适用性是指结构在正常使用时具有良好的工作性能，如不发生影响正常使用的过大变形和振幅，不发生过宽的裂缝等。

3. 耐久性

耐久性是指结构在正常维护条件下具有足够的耐久性能，要求结构在规定的环境条件下，在预定的设计使用年限内，材料性能的劣化（如混凝土的风化、脱落、腐蚀、渗水，钢筋的锈蚀等）不会导致结构正常使用的失效。

即在正常维护和不改变工程结构用途的条件下，工程结构在规定的设计使用年限内能保持正常的使用功能。

2.1.4 承载能力极限状态和正常使用极限状态

现行混凝土规范采用极限状态设计法。根据功能要求，水工混凝土结构设计规范将混凝土结构的极限状态分为承载能力极限状态和正常使用极限状态两类。

1. 承载能力极限状态

这一极限状态对应于结构构件达到最大承载力或达到不适于继续承载的变形。

达到最大承载力是指荷载产生的内力已达到了结构构件能承受的内力，即将发生破坏；达到不适于继续承载的变形是指，虽然荷载产生的内力尚未达到结构构件能承受的内力，但变形已经很大，被认为已不适合继续承载。在第 3 章将要学习的受弯构件正截面破坏的三种破坏形态中，超筋和适筋破坏为前者，而少筋破坏为后者。

满足承载能力极限状态的要求是结构设计的头等任务，因为这关系到结构的安全，所以承载能力极限状态应有较高的可靠度（安全度）水平。工程结构设计首先要进行承载能力极限状态的计算。

2. 正常使用极限状态

这一极限状态对应于结构构件达到影响正常使用或耐久性能的某项规定限值。如产生过大的变形、过宽的裂缝或过大的振动，影响正常使用。

结构构件达到正常使用极限状态时，会影响正常使用功能及耐久性，但不会造成生命财产的重大损失，所以它的可靠度水平允许比承载能力极限状态的可靠度水平有所降低。

2.1.5　结构可靠度的度量与保证

1. 设计使用年限的定义

设计使用年限是指设计规定的结构构件不需进行大修即可按预定目的使用的年限，也就是在正常设计、正常施工、正常使用和正常维护条件下，结构能按设计预定功能使用应达到的年限。设计使用年限也称为设计工作年限。各类结构的设计使用年限并不相同，具体由《工程结构通用规范》或本行业的可靠性设计统一标准规定。

需要强调的是，结构设计使用年限并不等同于结构实际使用寿命或耐久年限。当结构的设计使用年限到达后，并不意味结构会立即失效报废，只意味结构的可靠度将逐渐降低，可能会低于设计时的预期值，结构可继续使用或经维修后使用。

2. 结构的可靠性与可靠度的定义

结构的可靠性是指结构完成安全性、适用性和耐久性三方面功能要求的能力，也就是指结构在设计规定的使用年限内和规定的条件下，完成预定功能的能力。

而完成预定功能的概率就是结构的可靠度。也就是说，结构可靠度是指结构在设计规定的使用年限内和规定的条件下，完成预定功能的概率。

3. 极限状态方程

结构的极限状态可用极限状态函数（或称功能函数）Z 来描述，如果将影响极限状态的众多因素用荷载效应 S 和结构抗力 R 两个变量来表达，则

$$Z=g(R,S)=R-S \tag{2-1}$$

显然，当 $Z>0$（即 $R>S$）时，结构处于可靠状态；当 $Z<0$（即 $R<S$）时，结构就处于失效状态；当 $Z=0$（即 $R=S$）时，则表示结构正处于极限状态。所以，公式 $Z=0$ 就称为极限状态方程。

4. 失效概率

由于荷载效应 S 和结构抗力 R 都是随机变量或随机过程，因此要绝对地保证 $R>S$ 是不可能的，也就是说，无论如何设计，都存在有 $R<S$（失效）的可能性。

出现 $R<S$ 的概率，称为结构的失效概率，用 p_f 表示，其值等于图 2-1 所示 Z 的概率密

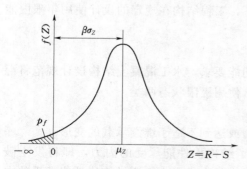

图 2-1　Z 的概率密度分布曲线及可靠指标 β 与失效概率 p_f 的关系

度分布曲线阴影部分的面积，它不可能等于零。如果能保证 p_f 不大于允许的失效概率 $[p_f]$，即 $p_f \leq [p_f]$，就认为满足了结构可靠性的要求，结构是安全的。

5. 可靠指标

在图 2-1 看到，随机变量 Z 的平均值 μ_Z 可用它的标准差 σ_Z 来度量，即 $\mu_Z = \beta \sigma_Z$，且 β 与 p_f 之间存在着一一对应的关系。β 小时，p_f 就大；β 大时，p_f 就小。所以 β 和 p_f 一样，也可作为衡量结构可靠度的一个指标，β 称为可靠指标。只要 $\beta \geq \beta_T$ 就能保证 $p_f \leq [p_f]$，β_T 称为目标可靠指标。

p_f 需首先已知 Z 的概率密度分布曲线，再通过对 Z 的概率密度分布曲线积分求得，计算相当复杂，有时难以做到，而 $\beta = \dfrac{\mu_Z}{\sigma_Z}$，只需已知平均值 μ_Z 和标准差 σ_Z 就可求得，因而用 β 代替 p_f 来度量结构的可靠度可使问题简化。

6. 目标可靠指标

为使所设计的结构构件既安全可靠又经济合理，必须确定一个大家能接受的结构允许失效概率 $[p_f]$。当采用可靠指标 β 表示时，则要确定一个能接受的目标可靠指标 β_T。

β_T 理应根据结构的重要性、破坏后果的严重程度以及社会经济等条件，以优化方法综合分析得出。但由于大量统计资料尚不完备或根本没有，目前只能采用"校准法"来确定 β_T。所谓"校准法"，就是认为由原有设计规范所设计出来的大量结构构件反映了长期工程实践的经验，其可靠度水平在总体上是可以接受的，所以 β_T 可以由原有设计规范的设计结果反算得到。

β_T 的取值和极限状态、结构安全级别、结构构件破坏性质有关：

（1）承载能力极限状态要求能否满足关系到结构的安全，因此 β_T 取值较大；正常使用极限状态要求能否满足只关系到使用的适用性，而不涉及结构构件的安全性，故 β_T 取值较承载能力极限状态的 β_T 小。

（2）结构安全级别要求越高，可靠度要求就越高，β_T 取值就应越大。

（3）突发性的脆性破坏与破坏前有明显变形或预兆的延性破坏相比，破坏的后果要严重得多，因此脆性破坏的 β_T 应高于延性破坏的 β_T，以保证设计的结构构件若发生破坏，也只是发生延性破坏，而不是发生脆性破坏。

从理论上讲，用概率统计的方法来研究结构的可靠度，用失效概率 p_f 或可靠指标 β 来度量，当然比用一个完全由工程经验判定的安全系数 K 来得合理，它能比较确切地反映问题的本质。从图 2-2 看到，R 和 S 的平均值 μ_R 与 μ_S 相差越大，p_f（图中阴影的面积）越小，结构就越可靠，这与传统的采用定值的安全系数在概念上是一致的；当 R 和 S 平均值不变时，变异性（离散程度）越小时，曲线就越捏拢，p_f 越小，结构就越可靠，这是传统的安全系数所无法反映的。

但事实上，由于在水利水电工程中，除了材料强度及少数几种荷载能得到实测的统计资料外，大多数荷载还无法得出可靠的统计参数，不少主要荷载（如土压力、围岩压力、浪压力、水锤压力等）还只能采用理论公式推算得出，因此还谈不上真正意义上的概率分析，目前只能采用"校准法"来确定 β_T 也说明这一点。

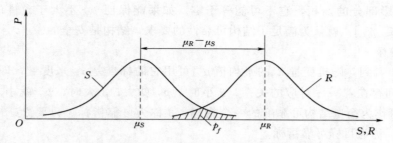

图 2-2 失效概率 p_f 与荷载效应 S 和结构抗力 R 的关系

7. 实用设计表达式

虽然可靠指标 β 只需已知平均值 μ_Z 和标准差 σ_Z 就可求得，比求失效概率 p_f 简单得多，但计算仍很复杂，所以在实际工作中直接由 $\beta \geqslant \beta_T$ 来进行设计，是极不方便甚至是完全不可能的。

因此，混凝土结构设计规范都采用了实用的设计表达式。设计人员不必直接计算可靠指标 β 值，而只要采用规范规定的各个分项系数按实用设计表达式对结构构件进行设计，则认为设计出的结构构件所隐含的 β 值就能满足 $\beta \geqslant \beta_T$ 的要求。

因而，结构可靠度的保证经历了从 $p_f \leqslant [p_f]$ 到 $\beta \geqslant \beta_T$，再到实用设计表达式分项系数按规定取值的过程。对设计人员而言，只要根据实用设计表达式按规定取值，就能保证所设计的结构构件能满足可靠度的要求，这使得设计大为简化。

2.1.6 荷载代表值

荷载是随机变量，材料强度也是随机变量，但在实用设计表达式中这些变量要取确定的量值参与计算，这确定的量值就是代表值。应用实用设计表达式进行设计，首先要定出荷载的代表值和材料的强度值。

结构设计时，对不同的荷载效应，应采用不同的荷载代表值。荷载代表值有：永久荷载的标准值，可变荷载的标准值、组合值、频遇值和准永久值等。其中，荷载标准值是荷载的主要代表值，荷载的其他代表值都是以它为基础再乘以相应的系数后得出的。

2.1.6.1 设计基准期

设计基准期和设计使用年限是两个不同的概念。设计使用年限是指结构在正常使用和维护下应达到的使用年限，而设计基准期是一个为了确定可变荷载取值而选定的时间参数。由于可变荷载是随时间变化而变化的，因而荷载代表值的大小就和确定其量值所采用的统计时间有关。在我国，不同行业对于设计基准期的规定有所不同。

当结构的设计使用年限大于或小于设计基准期时，设计采用的可变荷载标准值就需要用一个大于或小于 1.0 的荷载调整系数进行调整。

2.1.6.2 荷载标准值

荷载标准值是荷载的主要代表值，理论上它应按荷载最大值的概率分布的某一分位值确定。但目前只能对很少一部分荷载给出概率分布估计，特别是在水利工程中，大部分荷载，如渗透压力、土压力、围岩压力、水锤压力、浪压力、冰压力等，都缺乏或根本无法取得正确的实测统计资料，所以其标准值主要还是根据历史经验确定或由理论公式推算得出。因此，对荷载而言没有明确的保证率的说法。

对荷载符号加下标 k 就表示该类荷载的标准值，Q_k 就是表示可变荷载（集中力）Q 的标准值。荷载标准值由《水工建筑物荷载标准》（GB/T 51394—2020）或《水工建筑物荷载设计规范》（SL 744—2016）给出。

2.1.6.3 荷载组合值、准永久值与频遇值

荷载组合值、准永久值与频遇值都是针对可变荷载而言的，永久荷载的量值随时间的变化可以忽略或单调增加并趋于某一个限值，即永久荷载的量值是固定的或明确的，也就没有"组合值、准永久值和频遇值"的说法。

1. 荷载组合值

当结构构件承受两种或两种以上的可变荷载时，这些可变荷载不可能同时以其标准值出现，因此除了一个主要的可变荷载（主导可变荷载）取为标准值外，其余的可变荷载都可以取为"组合值"，使结构构件在两种或两种以上可变荷载参与的情况与仅有一种可变荷载参与的情况具有大致相同的可靠指标。

荷载组合值可以由可变荷载的标准值 Q_k 乘以组合值系数 ψ_c 得出，即荷载组合值就是乘积 $\psi_c Q_k$。

在水工结构设计中，习惯上不考虑可变荷载组合时的折减，《水工建筑物荷载标准》（GB/T 51394—2020）和《水工建筑物荷载设计规范》（SL 744—2016）也都未能给出 ψ_c 值。所以在水工设计规范中，就不存在"荷载组合值"这一术语。

2. 荷载准永久值与频遇值

准永久值与频遇值是指可变荷载中超越时间较长的那部分量值。荷载准永久值的超越时间大于频遇值的超越时间。

荷载准永久值和频遇值分别由可变荷载标准值 Q_k 乘以准永久值系数 ψ_q、频遇值系数 ψ_f 得到，即分别为 $\psi_q Q_k$ 和 $\psi_f Q_k$。不同规范对 ψ_q 和 ψ_f 的规定有所不同。

构件的变形和裂缝宽度与徐变有关，也就是与荷载作用的时间长短有关；荷载作用解除后结构的受力状态是否可逆，也决定着正常使用极限状态所要求的可靠度不同，所以有些规范在挠度、裂缝控制验算时就用到荷载的准永久值和频遇值，以考虑徐变和结构受力状态是否可逆的影响。

由于水工荷载的复杂性和多样性，《水工建筑物荷载标准》（GB/T 51394—2020）和《水工建筑物荷载设计规范》（SL 744—2016）都未能给出 ψ_q 值和 ψ_f 值，故而现行水工混凝土结构设计规范也就无法考虑荷载的准永久值和频遇值，也就不存在"荷载频遇值""荷载准永久值"这类术语。

2.1.7 材料强度标准值

1. 混凝土强度标准值

混凝土强度的标准值由其概率分布的某一分位值来确定，具有95%的保证率，也就是实际强度小于标准值的可能性只有5%，见图2-3。

$$f_k = \mu_f - 1.645\sigma_f = \mu_f(1 - 1.645\delta_f) \quad (2-2)$$

式中：μ_f 为强度平均值；σ_f 为强度均方差；δ_f

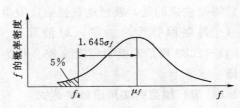

图2-3 混凝土强度的概率密度
曲线与强度标准值

为强度变异系数，$\delta_f = \sigma_f / \mu_f$；$f_k$ 为强度标准值，以下标 k 代表。

如此，混凝土立方体抗压强度标准值 f_{cuk} 按下式确定：

$$f_{cuk} = \mu_{f_{cu}} - 1.645\sigma_{f_{cu}} = \mu_{f_{cu}}(1 - 1.645\delta_{f_{cu}}) \tag{2-3}$$

基于《水利水电工程结构可靠度设计统一标准》（GB 50199—94）编制组对全国 28 个大中型水利水电工程合格水平的混凝土立方体抗压强度的调查统计结果，以及对 C40 以上混凝土的估计判断，NB/T 11011—2022 规范采用的立方体抗压强度变异系数 $\delta_{f_{cu}}$ 见表 2-1，这些 $\delta_{f_{cu}}$ 取值和《混凝土结构设计规范》（GB 50010—2010）相同。

表 2-1　　　　　　　　　　　　水工混凝土立方体抗压强度的变异系数

f_{cuk}	C20	C25	C30	C35	C40	C45	C50	C55	C60
$\delta_{f_{cu}}$	0.18	0.16	0.14	0.13	0.12	0.12	0.11	0.11	0.10

假定轴心抗压和轴心抗拉强度的变异系数与立方体抗压强度的变异系数相同，即假定 $\delta_{f_c} = \delta_{f_{cu}}$、$\delta_{f_t} = \delta_{f_{cu}}$，则有

$$f_{ck} = 0.88\alpha_{c1}\alpha_{c2}f_{cuk} \tag{2-4}$$

$$f_{tk} = 0.88 \times 0.395\alpha_{c2}f_{cuk}^{0.55}(1 - 1.645\delta_{f_{cu}})^{0.45} \tag{2-5}$$

式中：α_{c1} 为轴心抗压强度与立方体抗压强度的比值，C50 及以下混凝土取 $\alpha_{c1} = 0.76$，C80 混凝土取 $\alpha_{c1} = 0.82$，中间按线性插值；α_{c2} 为混凝土脆性的折减系数，C40 及以下混凝土取 $\alpha_{c2} = 1.0$，C80 混凝土取 $\alpha_{c2} = 0.87$，中间按线性插值；0.88 用于考虑实际工程中的结构构件与实验室试件之间制作及养护条件、尺寸大小及加载速度等因素的差异。

按式（2-4）和式（2-5）计算，分别保留一位和两位小数，即得出设计采用的混凝土强度标准值 f_{ck} 和 f_{tk}，它们对应于实际结构的轴心抗压和轴心抗拉强度标准值，列于教材附录 B 表 B-6。顺便指出，NB/T 11011—2022 规范、SL 191—2008 规范、《混凝土结构设计规范》（GB 50010—2010）对混凝土强度标准值与设计值的规定都是相同的。

2. 钢筋强度标准值

对软钢，采用国家标准规定的钢筋屈服强度作为其强度标准值，用符号 f_{yk} 表示。国家标准规定的屈服强度即钢筋出厂检验的废品限值。对于各级热轧钢筋，其废品限值相当于屈服强度平均值减去 2 倍标准差，具有 97.73% 保证率，高于 95% 保证率，偏于安全。

对于无明显物理流限的预应力中强度钢丝、消除应力钢丝、钢绞线，采用国家标准规定的极限强度作为强度标准值，用符号 f_{ptk} 表示；对于预应力螺纹钢筋，则同时给出了屈服强度标准值和极限强度标准值。

需要注意的是，软钢的抗拉强度限值以屈服强度为准，硬钢的抗拉强度限值以协定流限（条件屈服强度）为准，对消除应力钢丝、预应力中强度钢丝、钢绞线，NB/T 11011—2022 规范取极限强度的 85% 作为条件屈服强度，所以软钢的 f_{yk} 和硬钢的 f_{ptk} 不在同一水平上。

2.1.8　现行规范的实用设计表达式

目前用于水利水电工程混凝土结构设计的规范有《水工混凝土结构设计规范》（NB/T 11011—2022）和《水工混凝土结构设计规范》（SL 191—2008），前者用于能源系

统，后者用于水利系统。设计时究竟采用哪本规范要看设计委托方（业主）的要求。

这两本规范的大部分条文内容基本相同或仅稍有差异，但在实用设计表达式的表达方式上却有着较大的不同。NB/T 11011—2022 规范继承了原《水工混凝土结构设计规范》（DL/T 5057—2009），采用概率极限状态设计原则，用 5 个分项系数的设计表达式进行设计。SL 191—2008 规范则在规定的材料强度和荷载取值条件下，采用在多系数分析基础上以安全系数 K 表达的方式进行设计。大家在学习时要注意两本规范实用设计表达式之间的异同点。

2.1.8.1　NB/T 11011—2022 规范的实用表达式

1. NB/T 11011—2022 规范承载能力极限状态计算时采用的分项系数

NB/T 11011—2022 规范在承载能力极限状态实用设计表达式中，采用了 5 个分项系数，它们是结构重要性系数 γ_0、设计状况系数 ψ、荷载分项系数 γ_G 和 γ_Q、材料分项系数 γ_c 和 γ_s、结构系数 γ_d。规范用这 5 个分项系数构成并保证承载能力极限状态结构的可靠度。

（1）结构重要性系数 γ_0。结构重要性系数 γ_0 用于反映安全级别不同的结构构件所要求的可靠度水平的不同，它与结构安全级别有关，而结构安全级别和水工建筑物结构安全级别有关（相同或降低一级，但不应低于Ⅲ级），水工建筑物结构安全级别又取决于水工建筑物级别。在本教材无特殊说明时，取结构安全级别和水工建筑物结构安全级别相同，这样由表 2-2 即可确定与水工建筑物级别对应的结构重要性系数 γ_0。需要注意的是，表 2-2 所列 γ_0 为它的最小取值。

表 2-2　　　　水工建筑物安全级别及结构重要性系数 γ_0 的最小取值

水工建筑物安全级别	水工建筑物结构安全级别	结构安全级别	结构重要性系数 γ_0
1	Ⅰ	Ⅰ	1.1
2、3	Ⅱ	Ⅱ	1.0
4、5	Ⅲ	Ⅲ	0.9

考虑到 4 级、5 级建筑物中有些结构构件按Ⅲ级结构安全级别设计，γ_0 取 0.9 偏低，NB/T 11011—2022 规范规定结构安全级别为Ⅲ级的比较重要的钢筋混凝土结构构件，其结构重要性系数 γ_0 可按Ⅱ级结构安全级别取用，即将 γ_0 提高为 1.0。

（2）设计状况系数 ψ。设计状况系数 ψ 用于反映不同设计状况的可靠度水平要求。结构在施工、安装、运行、检修等不同阶段可能出现不同的结构体系、不同的荷载及不同的环境条件，所以在设计时应分别考虑不同的设计状况。各设计状况的定义与相应的 ψ 取值见表 2-3。

表 2-3　　　　　　　　　设 计 状 况 系 数 ψ

设计状况	定　　义	ψ
持久状况	结构在长期运行过程中出现的设计状况，也就是正常使用的工况	1.0
短暂状况	结构在施工、安装、检修期出现的设计状况或在运行期短暂出现的设计状况	0.95
偶然状况	结构在运行过程中出现的概率很小且持续时间很短的设计状况，如遭遇地震或校核洪水位	0.85

（3）荷载分项系数 γ_G 和 γ_Q。荷载分项系数 γ_G 和 γ_Q 用于反映结构运行使用期间，实际作用的荷载仍有可能超过规定的荷载标准值的可能性。在承载能力极限状态计算时，为保证其可靠度，就要对荷载标准值乘以荷载分项系数。荷载代表值乘以相应的荷载分项系数后，称为荷载的设计值。在水工混凝土设计规范中，由于荷载代表值只有荷载标准值，荷载设计值就为荷载标准值与相应的荷载分项系数的乘积。事实上，即使在其他行业，荷载设计值一般也是指荷载标准值与相应的荷载分项系数的乘积。荷载设计值用 G（g）和 Q（q）表示：

$$G = \gamma_G G_k \quad 或 \quad g = \gamma_G g_k \tag{2-6a}$$

$$Q = \gamma_Q Q_k \quad 或 \quad q = \gamma_Q q_k \tag{2-6b}$$

也就是说，在承载能力极限状态计算时荷载采用的是设计值。

在水工规范中这个荷载分项系数实质上就是"超载系数"。显然，对变异性较小的永久荷载，荷载分项系数就可小一些；对变异性较大的可变荷载，荷载分项系数就应大一些。其中 γ_G 为永久荷载的分项系数，γ_Q 为可变荷载的分项系数。

γ_G 和 γ_Q 按《水工建筑物荷载标准》（GB/T 51394—2020）取用，当荷载对结构起不利作用时，还应不小于表 2-4 所列数值。当荷载对结构起有利作用时，对永久荷载，$\gamma_G = 0.95$；对可变荷载，则不考虑（$\gamma_Q = 0$）或取可能出现的最小值。

表 2-4　　　　　　　荷载分项系数 γ_G、γ_{Q1}、γ_{Q2} 的最小取值

荷载类型	永久荷载	一般可变荷载	可控制的可变荷载
荷载分项系数的符号	γ_G	γ_{Q1}	γ_{Q2}
荷载分项系数的取值	1.10	1.30	1.20

可控制的可变荷载是指可以严格控制其不超出规定限值的荷载，如由制造厂家提供的吊车最大轮压值、需起吊的按实际铭牌确定的设备重力等。

应注意：表 2-4 所列数值是 NB/T 11011—2022 规范规定的各类荷载起不利作用时的荷载分项系数最小值，故不要认为荷载分项系数一定是：$\gamma_G = 1.10$（永久荷载）、$\gamma_{Q1} = 1.30$（一般可变荷载）、$\gamma_{Q2} = 1.20$（可控制的可变荷载）。

要说明的是，在 NB/T 11011—2022 规范中，γ_G 和 γ_Q 总称为作用的分项系数，分别称永久作用的分项系数和可变作用的分项系数。考虑教材第 3 章以后内容只涉及直接作用，而直接作用通常称为荷载，同时为简便和顺应工程习惯，教材将 γ_G 和 γ_Q 总称为荷载分项系数，分别称永久荷载分项系数和可变荷载分项系数。

（4）材料分项系数 γ_c 和 γ_s。材料分项系数 γ_c 和 γ_s 用于考虑材料强度的离散性及不可避免的施工误差等因素带来的使材料实际强度低于材料强度标准值的可能性。在承载能力极限状态计算时，规定对混凝土与钢筋的强度标准值还应分别除以混凝土材料分项系数 γ_c 与钢筋材料分项系数 γ_s。

γ_c 取为 1.40。热轧钢筋除 HRB500 的 γ_s 取为 1.15 外，其余都取为 1.10；预应力用高强钢筋的 γ_s 取值不小于 1.20。其中，对于传统的消除应力钢丝、钢绞线和螺纹钢筋，γ_s 取为 1.20；对于新增的预应力中强度钢丝，取 $\gamma_s = 1.20$ 计算后再考虑工程经验适当调整，实际的 γ_s 不小于 1.20。

混凝土的轴心抗压强度标准值 f_{ck} 和轴心抗拉强度标准值 f_{tk} 除以混凝土材料分项系数 γ_c 后，就分别得到混凝土轴心抗压和轴心抗拉的强度设计值 f_c 与 f_t。热轧钢筋的强度标准值 f_{ck} 除以钢筋的材料分项系数 γ_s 后，就得到热轧钢筋的抗拉强度设计值 f_y；而预应力筋的抗拉强度设计值 f_{py}，对预应力中强度钢丝、消除应力钢丝、钢绞线是由其条件屈服点除以 γ_s 后得出，对预应力螺纹钢筋则是由其屈服强度标准值除以 γ_s 得出。

钢筋的抗压强度设计值 f'_y 由混凝土的极限压应变 ε_{cu} 与钢筋弹性模量 E_s 的乘积确定，同时规定 f'_y 不大于钢筋的抗拉强度设计值 f_y。

由此得出的材料强度设计值见教材附录 B 表 B-1、表 B-3 及表 B-4，设计时可直接查用。所以，在承载能力极限状态实用设计表达式中就不再出现材料强度标准值及材料分项系数。

（5）结构系数 γ_d。结构系数 γ_d 用于反映上述 4 个分项系数未能涵盖的其他因素对结构可靠度的影响，例如荷载效应计算时的计算模式与实际的差异、结构抗力计算时的计算模式与实际的差异，以及尚未被人们认知和掌握的其他一些对可靠度有影响的因素。γ_d 实质上就是 4 个分项系数以外保留下来的一个"小安全系数"，对钢筋混凝土及预应力混凝土结构，$\gamma_d = 1.20$。

应该注意，$\gamma_d = 1.20$ 是可靠度要求所采用的最低限度，对于新型结构或荷载不能准确估计的结构，γ_d 应适当提高。

2. NB/T 11011—2022 规范承载能力极限状态的设计表达式

在承载能力极限状态计算时，应按荷载的基本组合和偶然组合分别进行，前者对应于持久和短暂设计状况，后者对应于偶然设计状况。

对于基本组合，其承载能力极限状态设计表达式为

$$\gamma_0 \psi S \leqslant \frac{1}{\gamma_d} R \qquad (2-7a)$$

其中

$$S = \gamma_G S_{Gk} + \gamma_{Q1} S_{Q1k} + \gamma_{Q2} S_{Q2k} \qquad (2-7b)$$

$$R = R(f_y, f_c, a_k) \qquad (2-7c)$$

式中：S 为承载能力极限状态荷载组合的效应设计值，就是荷载设计值在结构构件上产生的内力（弯矩 M、轴力 N、剪力 V 或扭矩 T 等），可由荷载采用结构力学或材料力学计算得到；R 为结构抗力，就是结构构件的极限承载力，在钢筋混凝土结构课程中主要是指构件的截面承载力，具体对于某一截面，R 就是截面的极限弯矩值 M_u、极限轴力值 N_u、极限剪力值 V_u 或极限扭矩值 T_u，以后各章将介绍这些值的计算方法。

从式（2-7）看到：

（1）所谓的基本组合就是永久荷载和可变荷载的组合。

（2）荷载组合的效应设计值 S 由荷载设计值计算得到，抗力 R 由材料强度设计值计算得到。即承载能力极限状态计算时，材料强度和荷载都采用设计值。

对于偶然组合，其承载能力极限状态设计表达式与基本组合相同，仍采用式（2-7a），只是偶然组合属于偶然设计状况，取设计状况系数 $\psi = 0.85$，同时其荷载效应组合设计值 S 应按下式计算：

$$S = \gamma_G S_{Gk} + \gamma_{Q1} S_{Q1k} + \gamma_{Q2} S_{Q2k} + S_{Ak} \qquad (2-7d)$$

从式（2-7d）看到，所谓偶然组合是永久荷载、可变荷载和一种偶然荷载的组合。在计算偶然组合的荷载效应 S 时，对其中某些可变荷载可适当折减其标准值。

3. NB/T 11011—2022 规范正常使用极限状态的设计表达式

对于持久设计状况，应进行正常使用极限状态的验算；对于短暂状况，可根据具体情况决定是否需要进行；对于偶然设计状况，则可不进行。正常使用极限状态的表达式为

$$\gamma_0 S_k \leqslant C \tag{2-8a}$$

其中
$$S_k = S_k(G_k, Q_k, f_k, a_k) \tag{2-8b}$$

式中：S_k 为正常使用极限状态的荷载组合效应值；C 为结构构件达到正常使用要求所规定的变形、裂缝宽度或应力等限值。

在上两式中，未出现分项系数 γ_d、ψ、γ_G 和 γ_Q，说明正常使用极限状态验算时分项系数 γ_d、ψ、γ_G 和 γ_Q 都取为 1.0，同时荷载和材料强度均取用为标准值。其原因是正常使用极限状态验算时，它的可靠度水平要求可以低一些。但在 NB/T 11011—2022 规范中，还保留了一个结构重要性系数 γ_0。

2.1.8.2　SL 191—2008 规范的实用表达式

1. SL 191—2008 规范的承载能力极限状态表达式

SL 191—2008 规范颁布于 2008 年 11 月，《水工混凝土结构设计规范》（DL/T 5057—2009 规范）颁布于 2009 年 7 月，两本规范几乎是同时颁布的，是对等的。所以，这里先介绍 SL 191—2008 规范与 DL/T 5057—2009 规范的内在联系与差别，然后再进行 NB/T 11011—2022 规范（用于代替 DL/T 5057—2009 规范）与 SL 191—2008 规范的比较，了解 NB/T 11011—2022 与 SL 191—2008 两本规范的内在联系与差别。

SL 191—2008 规范是在规定的材料强度和荷载取值条件下，采用承载力安全系数 K 表达的方式进行设计，即

$$KS \leqslant R \tag{2-9}$$

（1）承载力安全系数 K 的确定

将式（2-7a）进行改写：

$$\gamma_0 \psi S \leqslant \frac{1}{\gamma_d} R \longrightarrow \gamma_0 \psi \gamma_d S \leqslant R \tag{2-10}$$

对比式（2-9）和式（2-10）可知，承载力安全系数 $K = \gamma_d \gamma_0 \psi$，代入各有关分项系数的具体数值后，就可得出 K 值。

SL 191—2008 规范在计算 K 时，仍取结构系数 $\gamma_d = 1.20$，和 DL/T 5057—2009 规范相同，但结构重要性系数 γ_0 和设计状况系数 ψ 取值与 DL/T 5057—2009 规范有所区别。

在 SL 191—2008 规范中，考虑到Ⅲ级结构安全级别的 γ_0 取 0.90 偏低，提高至 0.95；对Ⅰ级和Ⅱ级结构安全级别仍取 $\gamma_0 = 1.1$ 和 $\gamma_0 = 1.0$。这样，对应于Ⅰ级、Ⅱ级和Ⅲ级结构安全级别的 γ_0，DL/T 5057—2009 规范取 1.1、1.0、0.90，SL 191—2008 规范取 1.1、1.0、0.95。目前，用于代替 DL/T 5057—2009 规范的 NB/T 11011—2022 规范也考虑到此问题，规定结构安全级别为Ⅲ级的比较重要的钢筋混凝土结构构件，其结构重要性系数 γ_0 可按Ⅱ级结构安全级别取用，即将 γ_0 提高到 1.0。

在 SL 191—2008 规范中，考虑到施工期（短暂设计状况）失事的概率反而高，其安全度不宜降低，故将短暂设计状况的 ψ 与持久设计状况的 ψ 取值相同，均为 1.0。对偶然设计状况，则按传统仍取 ψ 为 0.85。如此，对应于持久、短暂和偶然设计状况的 ψ，DL/T 5057—2009 规范取 1.0、0.95、0.85，SL 191—2008 规范取 1.0、1.0、0.85，用于代替 DL/T 5057—2009 规范的 NB/T 11011—2022 规范仍取 1.0、0.95、0.85。

将 SL 191—2008 规范的 γ_d、γ_0、ψ 取值代入 $K=\gamma_d\gamma_0\psi$，保留两位小数，并考虑到承载力安全系数不宜小于 1.0，就得到了表 2－5 所列的承载力安全系数 K。

表 2－5　　SL 191—2008 规范钢筋混凝土或预应力混凝土结构构件的承载力安全系数 K

水工建筑物级别	1		2、3		4、5	
水工建筑物结构安全级别	I		II		III	
荷载效应组合	基本组合	偶然组合	基本组合	偶然组合	基本组合	偶然组合
K	1.35	1.15	1.20	1.00	1.15	1.00

注　1. 当荷载效应组合由永久荷载控制时，承载力安全系数 K 应增加 0.05。
　　2. 当结构的受力情况较为复杂、施工特别困难、荷载不能准确计算、缺乏成熟的设计方法或结构有特殊要求时，承载力安全系数 K 宜适当提高。

（2）荷载组合效应设计值 S 的计算

在 DL/T 5057—2009 规范中，γ_G 和 γ_Q 按《水工建筑物荷载设计规范》（DL 5077—1997）取用，而 DL 5077—1997 规范对各种荷载规定了不同的荷载分项系数，且对有些荷载，DL 5077—1997 规范规定的分项系数偏小，取用后不能满足钢筋混凝土结构对可靠度的要求，迫使 DL/T 5057—2009 规范不得不采用保底的做法，规定当荷载起不利作用时 γ_G 和 γ_Q 不小于表 2-6 所列数值。如此，荷载分项系数的取用显得比较烦琐。因而，SL 191—2008 规范只采用 DL 5077—1997 规范对荷载标准值的规定，而不采用其分项系数的规定。

表 2－6　　DL 5077—1997 规范采用的荷载分项系数 γ_G、γ_{Q1}、γ_{Q2} 最小取值

荷载类型	永久荷载	一般可变荷载	可控制的可变荷载
荷载分项系数的符号	γ_G	γ_{Q1}	γ_{Q2}
荷载分项系数的取值	1.05	1.20	1.10

在 SL 191—2008 规范中，根据荷载变异性的差异，将永久荷载分成两类：一类是自重、设备等永久荷载 G_{1k}，它们的变异性最小，所需的分项系数 γ_{G1} 也最小，取 $\gamma_{G1}=1.05$；另一类是土压力、淤沙压力及围岩压力等，它们的标准值 G_{2k} 是由公式推算出的，与实际会有较大的误差，所需的分项系数 γ_{G2} 就应大一些，取 $\gamma_{G2}=1.20$。

同时将可变荷载也分成两类：一类为一般可变荷载 Q_{1k}，它的变异性最大，所需的分项系数 γ_{Q1} 也最大，取 $\gamma_{Q1}=1.20$；另一类为可控制其不超出规定限值的可变荷载 Q_{2k}，相应的分项系数 γ_{Q2} 就可小些，取 $\gamma_{Q2}=1.10$。

在 SL 191—2008 规范，承载能力极限状态计算仍按荷载效应的基本组合和偶然组合分别进行，前者对应于持久和短暂设计状况，后者对应于偶然设计状况。

对于基本组合，当永久荷载对结构起不利作用时：

$$S = 1.05 S_{G1k} + 1.20 S_{G2k} + 1.20 S_{Q1k} + 1.10 S_{Q2k} \qquad (2-11\text{a})$$

当永久荷载对结构起有利作用时：

$$S = 0.95 S_{G1k} + 0.95 S_{G2k} + 1.20 S_{Q1k} + 1.10 S_{Q2k} \qquad (2-11\text{b})$$

对于偶然组合：

$$S = 1.05 S_{G1k} + 1.20 S_{G2k} + 1.20 S_{Q1k} + 1.10 S_{Q2k} + 1.0 S_{Ak} \qquad (2-11\text{c})$$

在式（2-11c）中，某些可变荷载的标准值可作适当的折减。

（3）抗力 R 的计算

在 SL 191—2008 规范中，材料强度标准值及材料强度设计值的取值与 DL/T 5057—2009 规范完全相同，结构抗力 R 的表达式也与式（2-7c）完全一样。

2. SL 191—2008 规范正常使用极限状态的设计表达式

正常使用极限状态验算时，应按荷载效应的标准组合进行，并采用下列设计表达式：

$$S_k(G_k, Q_k, f_k, a_k) \leqslant C \qquad (2-12)$$

比较式（2-12）和式（2-8）可知，SL 191—2008 规范的正常使用极限状态设计表达式与 DL/T 5057—2009 规范是不同的，不同之处在于 SL 191—2008 规范不再列入结构重要性系数 γ_0。

2.1.8.3　NB/T 11011—2022 规范与 SL 191—2008 规范实用设计代表式的区别

在比较 NB/T 11011—2022 规范与 SL 191—2008 规范的区别之前，首先来说明 NB/T 11011—2022 规范和 DL/T 5057—2009 规范相比，实用设计代表式与分项系数取值有什么调整。NB/T 11011—2022 规范是用来代替 DL/T 5057—2009 规范的，两本规范的实用设计代表式相同，结构重要性系数 γ_0、设计状况系数 ψ、结构系数 γ_d、混凝土材料分项系数 γ_c 也相同，钢筋材料分项系数 γ_s 略有微调，调整最大的是荷载分项系数 γ_G 和 γ_Q 的最小取值。

由于用于建筑工程的《建筑结构可靠性设计统一标准》（GB 50068—2018）将荷载分项系数 γ_G 和 γ_Q 分别从原来的 1.2、1.4 提高到 1.3 和 1.5，为保持我国水工混凝土结构设计安全度设置水平略高于建筑工程的传统习惯和做法，NB/T 11011—2022 规范提高了 γ_G、γ_{Q1}、γ_{Q2} 的最小取值：将 γ_G 从 1.05 提高到 1.10，γ_{Q1} 从 1.20 提高到 1.30，γ_{Q2} 从 1.10 提高到 1.20，见表 2-6 和表 2-4。

1. 承载能力极限状态的区别

（1）虽然 SL 191—2008 规范表面上看只有一个承载力安全系数 K，但在式（2-11）所示的荷载效应计算表达式中，每个荷载效应前的系数其实就是荷载分项系数，而材料设计值中隐含了材料分项系数。因此，SL 191—2008 规范相当于采用了 3 个分项系数，即承载力安全系数、荷载分项系数和材料分项系数，而承载力安全系数 K 包含了结构系数、结构重要性系数和设计状况系数。因此，两本规范承载能力极限状态设计表达式的实质是一样的。

SL 191—2008 规范将永久荷载及可变荷载都只分为两类，一共是 4 种荷载，其荷载分项系数分别取为固定值，分别为 1.05、1.20、1.20、1.10。NB/T 11011—2022 规范 γ_G、γ_{Q1}、γ_{Q2} 的最小取值分别为 1.10、1.30、1.20，即 NB/T 11011—2022 规范的荷载分项系数取值大于 SL 191—2008 规范。

（2）在式（2-7a）和式（2-9）所示的承载能力极限状态的设计表达式中，两本规范的荷载效应设计值 S 的含义是相同的，都为荷载设计值产生的内力。但 NB/T 11011—2022 规范将式（2-7a）应用于具体结构构件设计时，为表达式的简洁，将 $\gamma_0 \psi$ 并入荷载效应设计值 S，并仍称之为内力设计值，这使得两本规范的内力设计值的含义有所不同。

SL 191—2008 规范的内力设计值是指荷载设计值产生的内力，NB/T 11011—2022 规范的内力设计值是指荷载设计值产生的内力与 $\gamma_0 \psi$ 乘积。即使荷载分项系数相同，两本规范的内力设计值也相差 $\gamma_0 \psi$ 倍，这一点要特别注意。

2. 正常使用极限状态

（1）在 NB/T 11011—2022 规范的正常使用极限状态设计表达式中，保留结构重要性系数 γ_0，而 SL 191—2008 规范不再列入。

因而正常使用极限状态验算，对于结构安全级别为Ⅰ级的结构构件，NB/T 11011—2022 规范比 SL 191—2008 规范严格，对于Ⅲ级结构安全级别的结构构件则反之。

正常使用极限状态验算时是否还要保留结构重要性系数 γ_0，在工程界是有不同看法的。不少人认为：正常使用极限状态的抗裂或裂缝宽度验算的要求主要与所处的环境条件有关，而与结构安全级别基本无关；挠度变形则只与人的感觉和机器使用要求有关，与结构安全级别就更无关了。国外主流混凝土结构设计规范，以及除 NB/T 11011—2022 规范以外的我国其他行业混凝土结构设计规范，在正常使用极限状态验算时都不列入结构重要性系数 γ_0。

（2）在式（2-8）和式（2-12）所示的正常使用极限状态的设计表达式中，两本规范的荷载效应设计值 S_k 的含义是相同的，都为荷载标准组合产生的开裂弯矩、裂缝宽度和挠度。但 NB/T 11011—2022 规范将式（2-8）应用于具体结构构件设计时，为表达式的简洁，将 γ_0 并入荷载组合效应值 S_k，即将 γ_0 并入荷载标准组合产生的内力，仍称之为内力值，这使得两本规范中内力值的含义有所不同。

2.1.8.4 需强调的几个问题

还应强调下列几点：

（1）当荷载效应组合由永久荷载控制时，结构系数 γ_d（NB/T 11011—2022 规范）和表 2-5 所列的承载力安全系数 K（SL 191—2008 规范）应增加 0.05。

（2）钢筋混凝土计算理论经历了从"容许应力法"到"破损阶段法"再到"极限状态法"的发展过程。由于极限状态法能全面衡量结构的功能，所以目前已被大多数国家的混凝土结构设计规范采用，而且设计表达式也大多采用多个分项系数的形式。但是这个多系数的极限状态计算的基础并不一定就是近似概率法（水准Ⅱ），不少国家的分项系数仍然是根据传统工程经验定出的。

在我国，几乎所有教材都声称我国目前的混凝土结构设计规范已达到近似概率法（水准Ⅱ），但实际上在水利工程中大部分荷载还没有真正意义上的概率统计资料，把荷载的变异性直接作为荷载效应的变异性，也是一种极为粗略的简化；在结构可靠度分析中，不顾国情地把设计施工中许多人为错误一概不予考虑……这些都会严重地影响结构实际的可靠度，而这些也都是目前近似概率法所无法解决的。所以，在水工结构中不去过分强调规范的水准Ⅱ水平也许是恰当的。

（3）规范规定的结构系数、承载力安全系数、荷载分项系数是结构可靠度的最低要求，遇到新型结构缺乏成熟设计经验，或结构受力较为复杂、施工特别困难，或荷载标准值较难以正确确定，以及失事后较难修复或会引起巨大次生灾害后果等情况，设计时适当提高荷载分项系数的取值或适当提高结构系数（承载力安全系数）的取值，是必要的和明智的。

（4）结构系数 γ_d 是水工混凝土结构设计规范中所独有的，其他行业规范都不设 γ_d。这是因为其他行业规范中把一些影响结构安全的其他因素，如荷载效应的计算模式的不确定性等都归在荷载分项系数 γ_G、γ_Q 中了，所以，它们的 γ_G、γ_Q 取值就比较高，如《混凝土结构设计规范》（GB 50010—2010）取 $\gamma_G = 1.30$，$\gamma_Q = 1.50$；而水工混凝土结构设计规范中的 γ_G、γ_Q 是针对荷载本身的变异性而设置的，是真正意义上的超载系数，取值就比较低（一般情况下，$\gamma_G = 1.10$，$\gamma_Q = 1.30$），而另外增设了一个结构系数 $\gamma_d = 1.20$，用来考虑除了荷载和材料强度以外的其他因素对安全度的影响，这样的处理在概念上是比较合理和稳妥的。

将 NB/T 11011—2022 规范的结构系数与荷载分项系数相乘，$\gamma_d \gamma_G = 1.20 \times 1.10 = 1.32$、$\gamma_d \gamma_Q = 1.20 \times 1.30 = 1.56$，略高于《混凝土结构设计规范》（GB 50010—2010）的 $\gamma_G = 1.30$、$\gamma_Q = 1.50$。

（5）我国各行业的设计规范虽都采用了多系数的极限状态设计表达式，但它们采用的分项系数及系数的取值各有不同，这是特别要注意的，各规范的系数必须自身配套使用，不能彼此混用。

2.2　综 合 练 习

2.2.1　单项选择题

1. 下列表达中，正确的一项是（　　）。

A. 结构使用年限超过设计使用年限后，该结构就应判定为危房或濒危工程

B. 正常使用极限状态的失效概率要求比承载能力极限状态的失效概率小

C. 从概率的基本概念出发，世界上没有绝对安全的建筑

D. 目前我国规定：所有工程结构的永久性建筑物，其设计基准期一律为 50 年

2. 下列表达中，不正确的是（　　）。

A. 当抗力 R 小于荷载效应 S 的概率小于允许的失效概率时就可认为结构可靠

B. 可靠指标 β 与失效概率 p_f 有一一对应的关系，因此，β 也可作为衡量结构可靠性的一个指标

C. R 与 S 的平均值的差值（$\mu_Z = \mu_R - \mu_S$）越大时，β 值越大；R 与 S 的标准差 σ_R

和 σ_s 越小时，β 值也越小

3. 在承载能力极限状态计算中，结构的（　　）越高，β_T 值就越大。β_T 值还与（　　）有关。〔请在（　　）中填入下列有关词组的序号〕

　　A. 结构安全级别　　　B. 基准使用期　　　　C. 构件破坏性质　　　D. 构件类别

4. 偶然荷载是指在设计基准期内（　　）出现，但若出现其量值（　　）且持续时间（　　）的荷载。〔请在（　　）内填入下列有关词组的序号〕

　　A. 一定出现　　　　　B. 不一定出现　　　　C. 很小　　　　　　　D. 很大

　　E. 很长　　　　　　　F. 很短

5. 结构构件达到正常使用极限状态时，会影响正常使用功能及（　　）。

　　A. 安全性　　　　　　B. 稳定性　　　　　　C. 耐久性　　　　　　D. 经济性

6. β 与 p_f 之间存在着一一对应的关系。β 小时，p_f 就（　　）。

　　A. 大　　　　　　　　B. 小　　　　　　　　C. 不变

7. 脆性破坏的目标可靠指标应（　　）于延性破坏。

　　A. 大　　　　　　　　B. 小　　　　　　　　C. 不变

8. 正常使用极限状态的目标可靠指标显然可以比承载能力极限状态的目标可靠指标来得（　　）。

　　A. 高　　　　　　　　B. 低　　　　　　　　C. 不确定

9. 荷载标准值是荷载的（　　）。

　　A. 主要代表值　　　　B. 组合值　　　　　　C. 频遇值　　　　　　D. 准永久值

10. 混凝土各种强度指标的数值大小次序应该是（　　），式中的 f_c 和 f_t 为混凝土轴心抗压和轴心抗拉强度设计值。

　　A. $f_{cuk} > f_c > f_{ck} > f_t$　　　　　　　　　B. $f_c > f_{ck} > f_{cuk} > f_t$

　　C. $f_{ck} > f_c > f_{cuk} > f_t$　　　　　　　　　D. $f_{cuk} > f_{ck} > f_c > f_t$

2.2.2　判断题

你认为下列概念是对的，就在（　　）内打√，不对的就打×。

1. 荷载准永久值是指可变荷载在结构设计基准期内经常存在着的那一部分荷载值，它对结构的影响类似于永久荷载。　　　　　　　　　　　　　　　　　　　　　（　　）

2. 在理论上，当结构构件承受多个可变荷载时，除一个主要荷载外，其余的可变荷载应取为荷载组合值 $\psi_c Q_k$。　　　　　　　　　　　　　　　　　　　　　　（　　）

3. 构件的抗力主要决定于它的几何尺寸与材料强度。对一个已有的具体构件来说，它的几何尺寸与材料强度都是确定的，所以，它的实际抗力 R 是定值而不是随机变量。

（　　）

4. 设计一个具体构件时，它的荷载应作为随机变量考虑，而它的抗力可以作为定值处理。　　　　　　　　　　　　　　　　　　　　　　　　　　　　　　　　　（　　）

5. 当采用的设计基准期不同时（50 年或 100 年），可变荷载的标准值应该是不同的。

（　　）

6. 理论上荷载的标准值应该由概率统计资料确定，但实际上水工中的大多数荷载都未能取得完备的统计资料，不少荷载，如岩土压力、风浪压力、渗透压力等还只能由一些

理论公式推算出来，还谈不上什么概率统计。　　　　　　　　　　　　　　　（　　）

2.2.3　思考题

1. 试简要说明工程结构设计的内容和要求。

2. 什么是结构上的作用？荷载属于哪种作用？作用效应与荷载效应的区别是什么？为什么说作用和作用效应都是随机变量？

3. 荷载有哪些分类？为什么要有这些分类？

4. 为什么说永久荷载（包括自重）也是随机变量？

5. 荷载代表值有哪些？

6. 什么是结构抗力？影响结构抗力的主要因素是什么？为什么说结构抗力是随机变量？

7. 设计使用年限与设计基准期有什么不同？实际使用年限超过结构设计使用年限后是否意味着结构不能再使用？

8. 什么是结构的极限状态？分为几类？各有什么作用？

9. 什么叫结构的可靠度、失效概率、可靠指标？允许失效概率 $[p_f]$、目标可靠指标 β_T 和分项系数（γ_0、ψ、γ_G 和 γ_Q、γ_s 和 γ_c、γ_d）相互之间有什么关系？

10. 水工建筑物的级别为 1、2、3、4 和 5 时，若取结构安全级别和水工建筑物结构安全级别相同，按 NB/T 11011—2022 规范设计，其结构安全级别分别为几级？相应的结构重要性系数 γ_0 是多少？

11. 设计状况系数 ψ 的作用是什么？是如何取值的？

12. 试总结出《水工混凝土结构设计规范》（NB/T 11011—2022）规定的对荷载分项系数 γ_G、γ_Q 取值的几条规则。

13. 什么叫做荷载设计值？它与荷载代表值有什么关系？荷载设计值和代表值各用在什么地方？

14. 材料强度设计值有什么用途？混凝土强度设计值与其标准值有什么关系？软钢、硬钢的抗拉强度设计值与其标准值分别有什么关系？钢筋抗压强度设计值是如何确定的？

15. 有人认为 γ_G 的取值在任何情况下都为 1.10，这一说法对不对？为什么？

16. 承载能力极限状态和正常使用极限状态的设计表达式有什么区别？

17. 持久和短暂设计状况承载能力极限状态计算时，采用什么荷载组合？该组合中永久荷载与可变荷载是如何取值的？

18. 正常使用极限状态验算时，采用什么荷载组合？该组合中永久荷载与可变荷载是如何取值的？

2.3　设　计　计　算

1. 某一钢筋混凝土梁，承受的内力 S（弯矩 M）服从正态分布，且其平均值 $\mu_S = \mu_M = 13.0\text{kN} \cdot \text{m}$，其标准差 $\sigma_S = \sigma_M = 0.91\text{kN} \cdot \text{m}$；梁的抗力 R 也服从正态分布，其平均值 $\mu_R = 20.80\text{kN} \cdot \text{m}$，标准差 $\sigma_R = 1.96\text{kN} \cdot \text{m}$，试求此梁的受弯可靠指标 β。

2. 某水闸工作桥为 3 级水工建筑物，桥面承受永久荷载标准值（自重）引起的桥面板跨中截面弯矩 $M_{Gk} = 13.20\text{kN} \cdot \text{m}$，由活荷载（人群荷载）引起的弯矩 $M_{Qk} = 3.80\text{kN} \cdot \text{m}$，试求运用期桥面板跨中截面的弯矩设计值。

提示：人群荷载属于一般楼面和平台活荷载。

3. 某水闸为 4 级水工建筑物，其工作桥受力示意与计算简图及横截面如图 2-4 所示。T 形梁 A 上支承绳鼓式启闭机传来的启门力 $2 \times 80\text{kN}$，桥面上承受人群荷载 3.0kN/m^2，试计算 T 形梁 A 的跨中截面弯矩设计值。

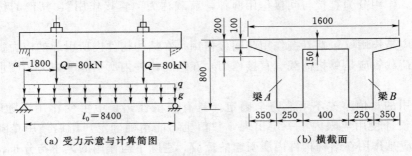

（a）受力示意与计算简图　　　　　（b）横截面

图 2-4　水闸工作桥尺寸（尺寸单位：mm）

提示：

（1）启门力就是启闭机荷载，本题启门力为启闭机的额定限值，故属于可控的可变荷载。

（2）人群荷载属于一般楼面和平台活荷载。

4. 一矩形渡槽为 2 级水工建筑物，槽身截面如图 2-5 所示。槽身长 10.0m，承受满槽水重，人行道板上的人群荷载为 2.0kN/m^2，试求槽身纵向分析时的跨中弯矩设计值及支座边缘剪力设计值。

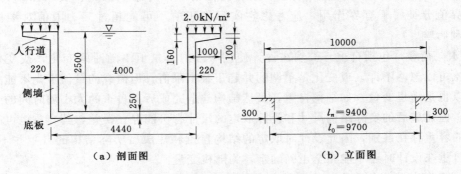

（a）剖面图　　　　　　　　　（b）立面图

图 2-5　矩形渡槽槽身尺寸（尺寸单位：mm）

提示：

（1）对于以满槽考虑的水重，属于可控制的可变荷载。

（2）计算支座边缘剪力设计值时，计算跨度应采用净跨 l_n。

5. 试求题 4 用于正常使用极限状态验算的槽身纵向跨中截面弯矩值。

2.4 思考题参考答案

1. 工程结构设计包括承载能力极限状态和正常使用极限状态的设计，要求所设计的结构在设计规定的使用年限内和规定的条件下，完成预定的三大功能要求（安全性、适用性、耐久性）的概率达到设计规定的可靠度要求。

2. 凡是施加在结构上的集中或分布荷载，以及引起结构外加变形、约束变形的原因，总称为作用。作用分为直接与间接作用两种，荷载称为"直接作用"，其他的称为"间接作用"。

作用效应是作用（包括直接作用与间接作用）在结构构件内所引起的内力、变形和裂缝等反应。荷载效应是单指荷载（直接作用）在结构构件内所引起的内力、变形和裂缝等反应。

由于作用的量值事先不可能完全确定，具有随机性，其中可变作用还随时间变化，偶然作用在设计使用年限内不一定出现，数值也不能精确确定，所以作用是随机变量。

作用效应是作用在结构构件内所引起的反应，它除了与作用的大小与分布、结构的尺寸及结构的支承约束条件等有关外，还与作用效应的计算模式有关。这些因素都具有不确定性，因此作用效应也是一个随机变量或随机过程。

3. 荷载分类有多种分类。随时间的变异分类，可分为：永久荷载、可变荷载、偶然荷载；随空间位置的变异分类，可分为：固定荷载、移动荷载；按结构的反应特点分类，可分为：静态荷载、动态荷载；按有无界值分类，可分为：有界荷载、无界荷载。

荷载的分类是出于结构设计规范化的需要。例如，吊车荷载，按时间变异分类属于可变作用，应考虑其作用值随时间变异大对结构可靠性的不利影响；按空间位置变异分类属于移动作用，应考虑它在结构上最不利位置对内力的影响；按结构反应分类属于动态作用，应考虑结构的动力响应，按静力作用计算时需考虑是否要乘以动力系数；按有无界值分类属于有界作用，应考虑它实际作用值不可能超过某一限值对结构可靠性的有利影响。

4. 永久荷载（包括自重）虽然在设计使用年限内其量值不随时间变化，或变化与平均值相比可以忽略不计，或变化是单调的并趋于某个限值，但荷载的量值事先不能完全确定，所以也是随机变量。如结构自重，虽然结构建造完成后其自重的大小随时间的变化可以忽略，但建成后的实际结构尺寸和设计取定的尺寸有可能存在误差，其容重也可能和设计取定的容重存在区别，因此设计时取定的结构自重和建成后实际结构的自重并不相同，即结构自重在设计时还不能完全正确确定，为随机变量。

5. 永久荷载代表值只有一个，就是它的标准值；可变荷载代表值有标准值、组合值、频遇值和准永久值 4 种，其中标准值是可变荷载的主要代表值，其他代表值都是以标准值为基础乘以相应的系数后得出的。其中，荷载组合值是由可变荷载的标准值 Q_k 乘以组合值系数 ψ_c 得出，荷载频遇值由 Q_k 乘以频遇值系数 ψ_f 得到，荷载准永久值由 Q_k 乘以准永久值系数 ψ_q 得到。在水利水电工程中，习惯上不考虑可变荷载组合时的折减，同时由于水工建筑物荷载的复杂性和多样性，水工荷载规范给不出可变荷载的组合值系数 ψ_c、

频遇值系数 ψ_f 和准永久值系数 ψ_q，所以就没有"荷载组合值""荷载频遇值""荷载准永久值""荷载效应频遇组合""荷载效应准永久组合"这类术语。

6. 结构抗力是结构构件承受荷载效应 S 的能力，在钢筋混凝土结构课程中主要是指构件截面的承载力、构件的刚度、截面的抗裂能力等，常用符号 R 表示。如：正截面受弯承载力 M_u、斜截面受剪承载力 V_u 都是结构抗力。

结构抗力与结构构件的几何尺寸、配筋数量、材料性能以及抗力计算模式等有关，由于这些因素都是随机变量，因此结构抗力显然也是一个随机变量。

7. 设计基准期是用于确定可变荷载取值而选用的时间参数。在我国，不同行业设计基准期规定有所不同。在水利水电工程中，1~3 级主要建筑物为 100 年，其他永久性建筑物为 50 年，临时建筑物应根据设计使用年限及可能滞后的时间确定，特大型建筑物应经专门研究确定。

设计使用年限是指设计规定的结构构件不需进行大修即可按预定目的使用的年限，也就是在正常设计、正常施工、正常使用和正常维护条件下，结构能按设计预定功能使用应达到的年限。

结构设计使用年限并不等同于结构实际使用寿命或耐久年限。当结构的设计使用年限达到后，并不意味结构会立即失效报废，只意味结构的可靠度将逐渐降低，可能会低于设计时的预期值，结构可继续使用或经维修后使用。

当结构的设计使用年限大于或小于设计基准期时，设计采用的可变荷载标准值就需要用一个大于或小于 1.0 的荷载调整系数进行调整。

8. 结构的极限状态是指结构或结构的一部分超过某一特定状态就不能满足设计规定的某一功能要求，此特定状态就称为该功能的极限状态。极限状态分为承载能力极限状态、正常使用极限状态二类，用于保证所设计的水工结构完成三大功能要求（安全性、适用性、耐久性）的概率达到设计规定的可靠度要求。

9. 结构可靠度是结构在设计规定的使用年限内和规定的条件下，完成预定功能（安全性、适用性、耐久性）的概率。结构的失效概率 p_f 就是出现结构抗力 R 小于荷载效应 S（$R<S$）的概率，它是结构构件的可靠度最原始的度量。如果能保证 $p_f \leqslant [p_f]$，$[p_f]$ 为允许失效概率，就认为满足了结构可靠性的要求，结构是安全的。可靠指标 β 定义为极限状态函数 Z 的平均值 μ_Z 与标准差 σ_Z 的比值。

由于 p_f 需首先已知 Z 的概率密度分布曲线，再通过对 Z 的概率密度分布曲线进行积分求得，计算相当复杂，而可靠指标 β 求解相对简单，且 p_f 与 β 有着一一对应关系，满足 $\beta \geqslant \beta_T$ 就能保证 $p_f \leqslant [p_f]$，β_T 称为目标可靠指标，因而可采用 β 来代替 p_f 来度量结构的可靠度，使问题简化。

但对于工程师而言，β 计算仍很复杂，在实际工作中直接由 $\beta \geqslant \beta_T$ 来进行设计，是极不方便甚至是完全不可能的。因此，设计规范都采用了实用的设计表达式进行设计。设计人员只要采用规范规定的分项系数（γ_0、ψ、γ_G 和 γ_Q、γ_s 和 γ_c、γ_d）按实用设计表达式对结构构件进行设计，则认为设计出的结构构件所隐含的 β 值就能满足 $\beta \geqslant \beta_T$ 的要求，也就满足了 $p_f \leqslant [p_f]$ 的要求。

10. 若取结构安全级别和水工建筑物结构安全级别相同，水工建筑物级别为 1 级，2、

3 级和 4、5 级时，其结构安全级别分别为Ⅰ级、Ⅱ级和Ⅲ级，相应的结构重要性系数 γ_0 分别取为不小于 1.1、1.0 及 0.9。

11. 设计状况系数 ψ 用于反映不同设计状况所要求的可靠度水平的不同。在水工混凝土结构设计规范中，将结构在施工、安装、运行、检修等不同阶段出现的状况分成三种，分别为持久状况、短暂状况和偶然状况，相应的 ψ 取值分别 1.0、0.95、0.85。

12. 在 NB/T 11011—2022 规范中，荷载分项系数 γ_G、γ_Q 的取值规则是：

（1）荷载分项系数首先应按《水工建筑物荷载标准》（GB/T 51394—2020）的规定取值。

（2）对永久荷载，当荷载对结构起不利作用时，若荷载规范规定的 γ_G 小于 1.10，至少取 $\gamma_G = 1.10$；当荷载对结构起有利作用时，γ_G 至多取 0.95。

（3）对于可变荷载，当荷载对结构起不利作用时，若荷载规范规定的 γ_{Q1}（一般可变荷载）小于 1.30 时应至少取 $\gamma_Q = 1.30$，若荷载规范规定的 γ_{Q2}（可控制可变荷载）小于 1.20 时应至少取 $\gamma_Q = 1.20$；当荷载对结构起有利作用时，荷载数值可取为 0 或其最小值。

13. 荷载代表值与相应的荷载分项系数的乘积，称为荷载设计值。荷载设计值用于承载能力极限状态计算，而正常使用极限状态验算则采用荷载代表值。在水工混凝土设计规范中，由于荷载代表值只有荷载标准值，荷载设计值就为荷载标准值与相应的荷载分项系数的乘积。

14. 材料强度设计值是在承载能力极限状态计算时取用的材料强度代表值，用来考虑材料实际强度低于其标准值的可能性。

混凝土强度设计值（f_c、f_t），是由混凝土强度标准值（f_{ck}、f_{tk}）除以混凝土材料分项系数 γ_c 后得出的。

钢筋抗拉强度设计值 f_y，对于软钢，是由抗拉强度标准值 f_{yk} 除以钢筋材料分项系数 γ_s 后得出的；对于硬钢，是由条件屈服强度 $\sigma_{0.2}$ 除以 γ_s 后得出的，而 $\sigma_{0.2}$ 取为极限强度标准值 f_{ptk} 的 0.85 倍。

钢筋抗压强度设计值 f'_y，则由混凝土的极限压应变 ε_{cu} 与钢筋弹性模量 E_s 的乘积确定的，同时规定 f'_y 不大于钢筋的抗拉强度设计值 f_y。

因此，笼统说材料强度设计值是由材料强度标准值除以材料分项系数后得出的，并不正确。

15. NB/T 11011—2022 规范规定，当永久荷载对结构起不利作用时，取 $\gamma_G = 1.10$ 为永久荷载分项系数的最小值。当《水工建筑物荷载标准》（GB/T 51394—2020）规定的 γ_G 小于 1.10 时，按 1.10 取；当荷载规范规定的 γ_G 大于 1.10 时，仍按原来的值取。如，静止土压力和主动土压力为永久荷载，由荷载规范查得的 $\gamma_G = 1.20$，大于 1.10，所以就按 $\gamma_G = 1.20$ 取用。当永久荷载对结构承载力起有利作用时，γ_G 取为 0.95。所以 γ_G 不是固定为 1.10。

16. 最主要的区别是：正常使用极限状态验算时，材料强度采用标准值，荷载采用代表值（标准值）；承载能力极限状态计算时，材料强度和荷载都采用设计值，以反映承载能力极限状态的可靠度要求大于正常使用极限状态。

17. 持久和短暂设计状况都采用的基本组合进行计算。在基本组合中，永久荷载与可变荷载都采用设计值。

18. 理论上，正常使用极限状态验算时，要根据验算的内容采用不同的荷载组合，这些组合有：标准组合、频遇组合、准永久组合。但由于水工建筑物荷载的复杂性和多样性，水工荷载规范给不出可变荷载组合值系数 ψ_c、频遇值系数 ψ_f 和准永久值系数 ψ_q，因而在水工混凝土结构正常使用极限状态验算时只采用标准组合，且在该组合中所有的永久荷载和可变荷载都采用标准值。

第3章 钢筋混凝土受弯构件正截面
受弯承载力计算

在钢筋混凝土结构中,受弯构件是一种最常用的构件形式,本章介绍受弯构件正截面受弯承载力计算方法。学完本章后,应在掌握受弯构件正截面受弯承载力计算理论(破坏形态与判别条件、承载力计算基本假定与计算图形简化、承载力计算公式推导与适用范围等)的前提下,能进行矩形单筋与双筋、T形截面的设计与复核。本章主要学习内容有:

(1)受弯构件正截面破坏形态。

(2)受弯构件正截面受弯承载力计算的基本假定、计算简图和基本公式。

(3)受弯构件正截面受弯承载力计算和构造。

钢筋混凝土构件的计算理论是建立在大量试验基础之上的。对于正截面受弯承载力计算,是首先从试验现象归纳破坏类型,给出适筋破坏的受力状态,然后对受力状态进行简化给出计算简图,再由计算简图根据平衡条件,同时满足承载能力极限状态的可靠度要求列出基本公式。因此,在学习时一定要了解构件破坏时的试验现象,牢记计算简图;掌握从试验现象到计算简图,再由计算简图列出基本公式和基本公式适用范围的过程。

3.1 主 要 知 识 点

3.1.1 受弯构件的设计内容

受弯构件的特点是在荷载作用下截面上承受弯矩 M 和剪力 V,它可能发生下列两种破坏。

一种是沿弯矩最大的截面破坏,如图 3-1(a)所示,由于破坏截面与构件的轴线垂直,故称为正截面破坏。正截面破坏主要由弯矩引起,为防止正截面破坏,要进行正截面受弯承载力计算,根据弯矩配置纵向受力钢筋。

另一种是沿剪力最大或弯矩和剪力都较大的截面破坏,如图 3-1(b)所示,由于破坏截面斜交于构件的轴线,故称为斜截面破坏。斜截面破坏主要由剪力引起。为防止斜截面破坏,要进行斜截面承载力计算。斜截面承载力计算在第4章学习,它包括斜截面受剪承载力计算和斜截面受弯承载力计算两个部分,其中前者就是根据剪力设计值配置抗剪钢筋,或已知抗剪钢筋用量计算构件能承受的剪力;后者是为了保证有纵向受力钢筋弯起或切断时,斜裂缝发生后斜截面受弯承载力仍能满足要求。

抗剪钢筋也称作腹筋,包括箍筋和弯起钢筋。纵向受力钢筋、箍筋、弯起钢筋和固定箍筋所需的架立筋组成了构件的钢筋骨架,如图 3-2 所示。

受弯构件设计时,既要保证构件不发生正截面破坏,又要保证构件不发生斜截面破

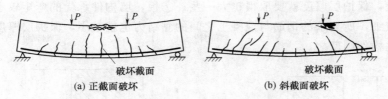

(a) 正截面破坏   (b) 斜截面破坏

图 3-1 受弯构件的破坏形式

坏，因此要进行正截面受弯承载力与斜截面受剪承载
力的计算；当有弯起钢筋或切断钢筋时，还需通过绘
制抵抗弯矩图来保证正截面与斜截面受弯承载力满足
要求。

3.1.2 保护层厚度

对于保护层厚度，首先要明白它的作用，其次才
是掌握它如何取值。保护层的作用有两个方面：

（1）保证钢筋与混凝土之间有足够的黏结力，使
钢筋与混凝土共同工作。这使得保护层的最小取值与
钢筋的直径有关，规范要求纵向受力钢筋的混凝土保
护层厚度 c_s（从钢筋的外边缘算起），不应小于纵向
受力钢筋直径。

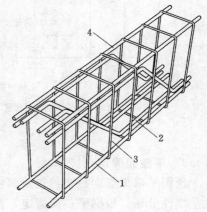

图 3-2 梁的钢筋骨架
1、2—纵向受力钢筋；2—弯起钢筋；
3—箍筋；4—架立钢筋

（2）防止钢筋生锈，保证结构有足够的耐久性。
这使得保护层的最小取值与钢筋混凝土结构构件的种
类、所处环境条件等因素有关。NB/T 11011—2022 规范要求：设计使用年限为 50 年的
混凝土结构，其最外层钢筋的保护层厚度 c 不应小于教材附录 D 表 D-1 所列数值；设计
使用年限为 100 年的混凝土结构，最外层钢筋的保护层厚度不应小于附录 D 表 D-1 所列
数值的 1.4 倍。

要注意：教材附录 D 表 D-1 所列数值是指最外层的保护层厚度。对梁而言，最外层
钢筋是箍筋，也就是最外层钢筋保护层厚度 c 是箍筋外边缘到构件截面外边缘的最近距
离。因此，最外层纵向钢筋保护层厚度 c_s 要满足：$c_s = c +$ 箍筋直径 $\nless$ 纵向钢筋直径，箍
筋直径一般取 6～10mm。板没有箍筋，且分布钢筋一般放置在纵向受力钢筋的内侧，因
而最外层钢筋就是纵向受力钢筋，c_s 就等于 c。

以前，《水工混凝土结构设计规范》（包括 SL 191—2008 规范和被 NB/T 11011—2022 规范
替代的 DL/T 5057—2009 规范）所给出的最小保护层厚度都是指纵向钢筋的保护层厚度。
用于替代 DL/T 5057—2009 规范的 NB/T 11011—2022 规范借鉴《混凝土结构设计规范》
（GB 50010—2010）的做法，将其改为最外层钢筋的保护层厚度。因而，对于梁而言，NB/T
11011—2022 规范规定的纵向钢筋保护层厚度比 SL 191—2008 规范多一个箍筋的直径。

从教材附录 D 表 D-1 看到，环境条件越差，最小保护层厚度要求越大；环境条件相
同时，板、墙的最小保护层厚度要求较小，梁、柱最小保护层厚度要求较大。这是因为：
①保护层厚度越厚，混凝土碳化到钢筋表面所需的时间越长，钢筋就越不容易生锈，所以

环境条件越差，保护层厚度就要取得越大一些；②板、墙构件承受的弯矩较小，所用的纵向受力钢筋较细，所要求的钢筋与混凝土之间的黏结力也就较小，保护层厚度也可取得较小；而梁、柱构件则反之。

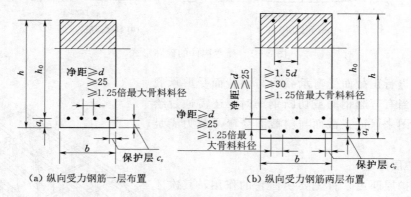

图 3-3　混凝土保护层厚度与梁内钢筋净距

3.1.3　平截面假定

所谓平截面假定是指：正截面从加载到破坏，一定标距范围内的平均应变值沿截面高度呈线性分布。根据平截面假定，截面上任意点的应变与该点到中和轴的距离成正比，所以平截面假定提供了变形协调的几何关系。

要注意，这里指的是"一定标距范围内的平均应变"。裂缝发生后，对裂缝截面来说截面不再保持为绝对平面，但对"一定标距范围内的平均应变"来说，可认为是沿截面高度呈线性分布。

平截面假定是钢筋混凝土构件设计计算中一个很重要的基本假定，在今后的学习中常会用到它。

3.1.4　受弯构件正截面的破坏特征

钢筋混凝土构件设计的目的，一是要保证构件的承载力；二是要使构件有足够的延性。素混凝土梁配置纵向受拉钢筋后，若配筋量太少，会发生少筋破坏，其正截面受弯承载力并不能提高，且破坏仍是脆性的，设计时应避免。若配筋量不是太少，其正截面受弯承载力肯定能得以提高，但是否发生延性破坏，还看纵向受拉钢筋是否配得合适。当纵向受拉钢筋配得过多时，则发生超筋破坏，构件仍是脆性破坏，设计时应避免；只有当纵向受拉钢筋配得不多不少时，才发生适筋破坏，它为延性破坏。

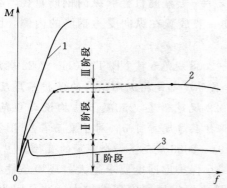

图 3-4　三种配筋构件的弯矩-挠度曲线
1—超筋构件；2—适筋构件；3—少筋构件

三种破坏有下列特点：

适筋破坏——纵向受拉钢筋先达到屈服，然后当截面受压区边缘混凝土达到极限压应变时构件破坏，纵向受拉钢筋应变大于其屈服应变。在破坏前，构件有显著的裂缝开展和挠度，即有明显的破坏预兆（图 3-4），为延性破坏。

超筋破坏——破坏时截面受压区边缘混凝土达到极限压应变，纵向受拉钢筋未达到屈服，即纵向受拉钢筋应变小于屈服应变。破坏时裂缝宽度比较细，挠度也比较小，混凝土压坏前无明显预兆，破坏突然发生，属于脆性破坏。

少筋破坏——受拉区混凝土一开裂，裂缝截面的纵向受拉钢筋很快达到屈服，并可能经过流幅段而进入强化阶段，裂缝宽度和挠度急剧增大，由于变形过大被认为已不适合继续承载。

即，适筋破坏：先 $\sigma_s \rightarrow f_y$，然后当 $\varepsilon_c = \varepsilon_{cu}$ 时构件破坏，$\varepsilon_s > \varepsilon_y$，为延性破坏；超筋破坏：破坏时 $\varepsilon_c = \varepsilon_{cu}$，$\sigma_s < f_y$（$\varepsilon_s < \varepsilon_y$），为脆性破坏；少筋破坏：破坏时 $\sigma_s \rightarrow f_y$，$\varepsilon_s > \varepsilon_y$，$\varepsilon_c < \varepsilon_{cu}$，为脆性破坏。

3.1.5 受弯构件正截面适筋破坏的三个阶段与用途

钢筋混凝土结构设计的任务就是要保证结构构件在整个使用期不发生破坏，即使发生破坏也希望发生延性破坏，而不是脆性破坏。因此，受弯构件正截面受弯承载力和正常使用极限状态验算公式都是针对适筋破坏得出的。为此，首先要了解适筋梁的破坏过程。

适筋梁从加载到破坏的整个过程可分为三个阶段，分别称为未裂阶段、裂缝阶段和破坏阶段。图3-5给出了各阶段的应力与应变图形，表3-1给出了相应的描述，其弯矩-挠度曲线见图3-6。

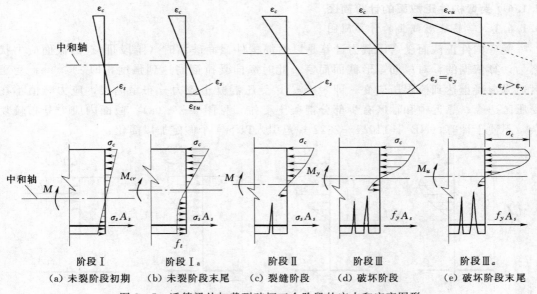

图 3-5 适筋梁从加载到破坏三个阶段的应力和应变图形

表 3-1   适筋梁从加载到破坏三个阶段的受力特征

		第Ⅰ阶段	第Ⅱ阶段	第Ⅲ阶段
阶段名称		未裂阶段	裂缝阶段	破坏阶段
外观		没有裂缝，挠度很小	有裂缝，挠度不明显	裂缝宽度大，挠度大
弯矩-挠度		大致成直线	曲线	接近水平的曲线
混凝土应力图形	受压区	直线	曲线 应力峰值在受压区边缘	有下降段的曲线 应力峰值不在受压区边缘
	受拉区	前期为直线，后期为曲线	大部分退出工作	绝大部分退出工作
钢筋应力		$\sigma_s \leqslant 20 \sim 30\text{N/mm}^2$	$\sigma_s \leqslant f_y$	$\sigma_s \geqslant f_y$

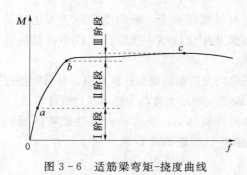

图 3-6　适筋梁弯矩-挠度曲线

要特别注意加载过程中的 3 个特征点：

（1）点 a，是第Ⅰ阶段（未裂阶段）的末尾，此时受拉区边缘混凝土应变等于极限拉应变，即 $\varepsilon_t = \varepsilon_{tu}$，其截面应力图形Ⅰ。[图 3-5（b）] 用于抗裂构件的抗裂验算。

所谓抗裂构件是指正常使用时不允许出现裂缝的构件，在第Ⅰ阶段（0a 段）工作（图 3-6）。点 a 即将开裂，是构件开裂前的极限情况，故其截面应力图形Ⅰ。用于抗裂验算。

（2）点 b，是第Ⅱ阶段（裂缝阶段）的末尾，此时纵向受拉钢筋达到屈服应变，即 $\varepsilon_s = \varepsilon_y$。阶段Ⅱ用于限裂构件的裂缝宽度验算。

所谓限裂构件是指正常使用时允许出现裂缝的构件，在第Ⅱ阶段（ab 段）工作（图 3-6）。

（3）点 c，是第Ⅲ阶段（破坏阶段）的末尾，此时受压区边缘混凝土应变等于极限压应变，即 $\varepsilon_c = \varepsilon_{cu}$，其截面应力图形Ⅲ。[图 3-5（e）] 用于正截面受弯承载力计算。

3.1.6　受弯构件正截面的计算简图

3.1.6.1　单筋矩形截面的计算简图

受弯构件正截面受弯承载力计算是以适筋构件截面破坏时（阶段Ⅲ$_a$）的截面应力状态为计算依据的，对单筋矩形截面而言，此时纵向受拉钢筋达到强度，即 $\sigma_s \geqslant f_y$；受压区边缘混凝土达到极限压应变，即 $\varepsilon_c = \varepsilon_{cu}$；受压混凝土应力分布呈曲线，应力峰值不在受压区边缘；靠近中和轴区有少部分混凝土受拉，见图 3-7（a）。截面内应力分布较复杂，不便于计算，NB/T 11011—2022 规范引入以下 4 个假定加以简化：

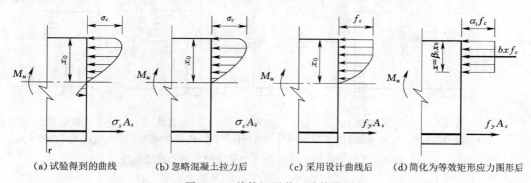

（a）试验得到的曲线　　（b）忽略混凝土拉力后　　（c）采用设计曲线后　　（d）简化为等效矩形应力图形后

图 3-7　单筋矩形截面计算简图

（1）平截面假定。

（2）不考虑受拉区混凝土的工作。

（3）受压区混凝土的应力应变关系采用图 3-8 所示的设计曲线。图中 f_c 为混凝土轴心抗压强度设计值，峰值应变 $\varepsilon_0 = 0.002$，极限压应变 $\varepsilon_{cu} = 0.0033$。

（4）有明显屈服点的钢筋（热轧钢筋），其应力应变关系采用如图 3-9 所示的设计曲线，图中 f_y 为钢筋抗拉强度设计值；纵向受拉钢筋的极限拉应变取为 0.01。

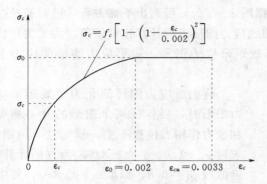

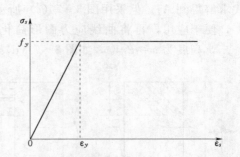

图 3-8　混凝土的 σ_c-ε_c 设计曲线　　　图 3-9　有明显屈服点钢筋的 σ_s-ε_s 设计曲线

《混凝土结构设计规范》（GB 50010—2010）和《水运工程混凝土结构设计规范》（JTS 151—2011）等规范，正截面承载力计算也有 4 个假定，除第 3 个假定略有不同外，其他 3 个假定都相同。

《混凝土结构设计规范》（GB 50010—2010）和《水运工程混凝土结构设计规范》（JTS 151—2011）适用于强度等级不大于 C80 的混凝土。它们采用的混凝土设计曲线的水平段（$\varepsilon_0 < \varepsilon_c \leqslant \varepsilon_{cu}$）也为 $\sigma_c = f_c$，但为了能考虑强度等级大于 C50 的高强混凝土，上升段（$\varepsilon_c \leqslant \varepsilon_0$）采用：

$$\sigma_c = f_c \left[1 - \left(1 - \frac{\varepsilon_c}{\varepsilon_0} \right)^n \right] \tag{3-1}$$

其中，$\varepsilon_0 = 0.002 + 0.5(f_{cuk} - 50) \times 10^{-5}$，当 ε_0 计算值小于 0.002 时取 $\varepsilon_0 = 0.002$；$\varepsilon_{cu} = 0.0033 - (f_{cuk} - 50) \times 10^{-5}$，当计算值大于 0.0033 时取 $\varepsilon_{cu} = 0.0033$；$n = 2 - \frac{1}{60}(f_{cuk} - 50)$，当计算值大于 2 时，取 $n = 2$。

混凝土曲线上升段采用式（3-1），用于正截面承载力计算的等效矩形应力图形的应力值为 $\alpha_1 f_c$，高度为 $\beta_1 x_0$。对于 C50 及以下混凝土，α_1、β_1 是常数；对于强度等级超过 C50 的混凝土，α_1、β_1 是和混凝土强度等级有关的变量。为简化计算，鉴于水利水电工程中很少采用 C60 以上的混凝土，NB/T 11011—2022 只列入 C60 及以下混凝土，并将式（3-1）中的 n、ε_0、ε_{cu} 取为固定值：$n = 2$，$\varepsilon_0 = 0.002$，$\varepsilon_{cu} = 0.0033$，即混凝土应力应变关系采用如图 3-8 所示的设计曲线。如此，α_1、β_1 就可以取为固定值。

下面来看应力图形简化的过程：

（1）由第 2 个假定，不计受拉区混凝土的作用，将受拉区混凝土拉应力舍去，应力图形简化为图 3-7 （b）。

（2）由受压区边缘混凝土应变 $\varepsilon_c = \varepsilon_{cu}$、平截面假定和第 3 个假定就将受压区混凝土应力图形简化为由图 3-8 表达的应力分布，见图 3-7 （c）。相当于将图 3-8 所示曲线，上下颠倒再逆时针转 90° 后，放在混凝土受压区上。

（3）第 4 个假定保证了钢筋应力始终等于 f_y，则钢筋的合力为 $f_y A_s$。如此，应力图形简化为图 3-7 （c）。

由于图 3-7 （c）中的混凝土应力图形由已知曲线表达，混凝土合力可通过积分求得，加之纵向受拉钢筋合力为 $f_y A_s$，因而根据图 3-7（c）可列出平衡方程，进而通过迭代求解得到 A_s。但采用图 3-7（c）所示的曲线应力图形进行计算比较烦琐，为了简化计算，便于应用，再将曲线应力图形简化为等效矩形应力图形。矩形应力图形的应力为 $\alpha_1 f_c$，高度为 $x = \beta_1 x_0$，如图 3-7（d）所示。

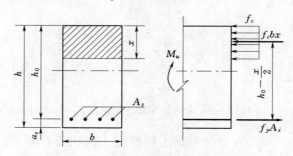

图 3-10　单筋矩形截面受弯构件正截面
受弯承载力计算简图

将曲线应力图形简化为等效矩形应力图形时，要保证两个图形的合力相等和合力作用点位置不变，根据这一原则，求得 $\alpha_1 = 1.0$、$\beta_1 = 0.824$，为方便计算，近似取 $\beta_1 = 0.8$，即取 $x = 0.8 x_0$，其中 x_0 为受压区实际高度，x 为混凝土受压区计算高度。

将图 3-7（d）加上截面尺寸就是单筋矩形截面的计算简图，见图 3-10。

在图 3-10 中，M_u 为截面极限弯矩值；b 为矩形截面宽度；x 为混凝土受压区计算高度；h_0 为截面有效高度：$h_0 = h - a_s$，h 为截面高度，a_s 为纵向受拉钢筋合力点至截面受拉边缘的距离；f_c 为混凝土轴心抗压强度设计值；f_y 为钢筋抗拉强度设计值；A_s 为纵向受拉钢筋截面面积。

用等效的矩形应力图形代替曲线分布的应力图形是钢筋混凝土构件计算时通常的做法，这可使计算大大简化，今后还会经常遇到。

3.1.6.2　双筋矩形截面的计算简图

双筋截面的计算简图是在单筋截面计算简图上加上纵向受压钢筋的合力而成，为此首先确定纵向受压钢筋的合力。

1. 钢筋抗压强度设计值 f_y'

在受压区，钢筋和混凝土有相同的变形（$\varepsilon_s = \varepsilon_c$），如此，纵向受压钢筋应力 $\sigma_s = \varepsilon_s E_s = \varepsilon_c E_s$。当构件破坏时，受压区边缘混凝土应变达到极限压应变 ε_{cu}，此时在一般情况下，纵向受压区钢筋处的混凝土应变 ε_c 接近于 ε_{cu}。非均匀受压时，ε_{cu} 值大多约在 $0.003 \sim 0.004$ 范围内变化，而 E_s 值为 $2.10 \times 10^5 \text{N/mm}^2$（热轧光圆钢筋）或 $2.0 \times 10^5 \text{N/mm}^2$（热轧带肋钢筋），因而可取普通钢筋抗压设计强度 f_y' 和抗拉设计强度 f_y 相同。但对于均匀受压的轴压构件，破坏时的极限压应变 ε_{cu} 为 $\varepsilon_0 = 0.002$，这时 σ_s 最大只能达到 420N/mm^2 或 400N/mm^2，因此当 HRB500 钢筋用作轴压构件的纵向受压钢筋时，取其 $f_y' = 400 \text{N/mm}^2$。由此可见，在破坏时，对一般强度的纵向受压钢筋（热轧钢筋）来说，其应力均能达到屈服强度，计算时可直接采用钢筋的抗拉强度设计值作为抗压强度设计值 f_y'。但当采用高强钢筋作为纵向受压钢筋时，由于受到受压区混凝土极限压应变的限制（采用高强钢筋时，为安全计取钢筋处的混凝土极限压应变为 0.002），钢筋的强度不能充分发挥，这时只能取用 $400 \sim 410 \text{N/mm}^2$ 作为钢筋的抗压强度设计值 f_y'。即：

（1）对 HPB300、HRB400 钢筋，抗压和抗拉强度设计值相等，即 $f_y' = f_y$。

（2）对 HRB500 钢筋，用于非轴压构件时，$f_y' = f_y$；用于轴压构件时，取 $f_y' =$

$400N/mm^2$。

（3）对高强钢筋，$f'_y < f_y$，强度不能充分利用，造成浪费，故纵向受压钢筋不宜采用高强钢筋。当然，在普通钢筋混凝土构件中纵向受拉钢筋也不宜采用高强钢筋。这是由于裂缝宽度控制的要求，构件在正常使用时钢筋应力不能过大，使高强钢筋不能发挥其强度，同样造成浪费。

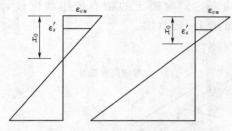

图 3-11　受压钢筋应变与受压区
高度的关系

2. 纵向受压钢筋的合力与计算简图

确定了 f'_y，构件破坏时纵向受压钢筋能否达到 f'_y 还和受压区高度 x_0 有关。从图 3-11 看到，纵向受压钢筋的应变 ε'_s 和 x_0 有关，x_0 越大，纵向受压钢筋距中和轴越远，ε'_s 就越大，反之则越小，当 x_0 过小时受压钢筋就达不到 f'_y。

对于采用普通钢筋的钢筋混凝土受弯构件，ε_{cu} 值在 0.0033~0.004 范围内变化。当 $x=2a'_s$ 时，$\varepsilon'_s = 0.6\varepsilon_{cu} = 0.6 \times (0.0033 \sim 0.004) = 0.00198 \sim$ 0.00240，$E_s = 2.0 \times 10^5 N/mm^2$，则钢筋 $\sigma'_s = \varepsilon'_s E_s = (0.00198 \sim 0.00240) \times 2.0 \times 10^5 = 396 \sim$ $480N/mm^2$。因此，当混凝土受压区计算高度 $x \geq 2a'_s$ 时，对常用的 HPB300、HRB400 和 HRB500 钢筋，构件破坏时纵向受压钢筋能达到 f'_y，其合力为 $f'_y A'_s$，计算简图为图 3-12（a）。

当 $x < 2a'_s$ 时，构件破坏时纵向受压钢筋不能达到 f'_y，其合力为 $\sigma'_s A'_s$，σ'_s 为一个不确定的值，即纵向受压钢筋的合力不能确定。由于受压混凝土合力作用点与纵向受压钢筋合力点的距离为 $x/2 - a'_s$，是一个很小的值，计算中可近似地假定受压混凝土合力点与纵向受压钢筋合力点重合（$x/2 = a'_s$）。如此，计算简图如图 3-12（b）所示。

在图 3-12 中，f'_y 为钢筋抗压强度设计值；A'_s 为纵向受压钢筋截面面积；a'_s 为纵向受压钢筋合力点至受压区边缘的距离；其余符号意义同图 3-10。

3.1.6.3　T 形截面的计算简图

1. 翼缘计算宽度 b'_f

T 形截面由梁肋和位于受压区的翼缘所组成。截面形状是 T 形的梁，是否真正按 T 形截面计算，要

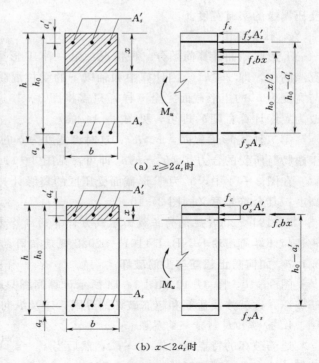

（a）$x \geq 2a'_s$ 时

（b）$x < 2a'_s$ 时

图 3-12　双筋矩形截面受弯构件
正截面受弯承载力计算简图

看翼缘是否在受压区，若翼缘在受压区则按 T 形截面计算，否则按矩形截面计算。

当 T 形梁受力时，沿翼缘宽度上压应力的分布是不均匀的，压应力由梁肋中部向两边逐渐减小，如图 3-13（a）所示。当翼缘宽度很大时，远离梁肋的翼缘几乎不承受压力，因而在计算中不能将离梁肋较远受力很小的翼缘也算为 T 形梁的一部分。为了简化计算，将 T 形截面的翼缘宽度限制在一定范围内，称为翼缘计算宽度 b_f'。在这个范围以内，认为翼缘上所受的压应力是均匀的，最终均可达到混凝土的轴心抗压强度设计值 f_c。在这个范围以外，认为翼缘已不起作用，如图 3-13（b）。

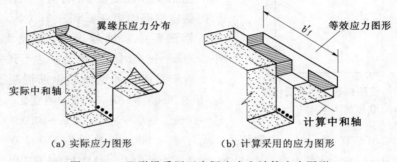

图 3-13　T 形梁受压区实际应力和计算应力图形

b_f' 主要与梁的工作情况（是整体肋形梁还是独立梁）、梁的跨度 l_0、翼缘高度与截面有效高度之比 h_f'/h_0 有关。计算时，取教材表 3-2 所列各项中的最小值，但 b_f' 应不大于受压翼缘的实有宽度。

2. 计算简图

T 形梁截面计算简图分二种情况：第一种 T 形梁截面的混凝土受压区计算高度小于翼缘高度，即 $x \leqslant h_f'$。因计算中和轴以下的受拉混凝土不起作用，所以这样的 T 形截面与宽度为 b_f' 的矩形截面完全一样，只需将图 3-10 所示的单筋矩形截面计算简图中的 b 改为翼缘计算宽度 b_f' 即可，见图 3-14（a）。

第二种 T 形梁截面，$x > h_f'$，这时将宽度为 b 的单筋矩形截面计算简图中，加上"两个翅膀"所受的合力 $f_c(b_f'-b)h_f'$ 即可，见图 3-14（b）。

在图 3-14 中，b_f' 为 T 形截面受压区的翼缘计算宽度；h_f' 为 T 形截面受压区的翼缘高度；其余符号意义同图 3-10。

SL 191—2008 规范的正截面承载力计算的 4 个基本假定、应力图形简化过程、各类构件的计算简图均和 NB/T 11011—2022 规范相同。

3.1.7　如何防止超筋与少筋破坏

图 3-10、图 3-12 和图 3-14 所示计算简图只适用于适筋破坏，如何防止超筋与少筋破坏，这就涉及适筋和超筋破坏的界限，以及纵向受拉钢筋最小配筋率这两个概念。

1. 适筋和超筋破坏的界限

适筋破坏的特点是：先 $\sigma_s \to f_y$，然后当 $\varepsilon_c = \varepsilon_{cu} = 0.0033$ 时构件破坏，$\varepsilon_s > \varepsilon_y$；超筋破坏的特点是：破坏时 $\varepsilon_c = \varepsilon_{cu} = 0.0033$，$\sigma_s < f_y$（$\varepsilon_s < \varepsilon_y$）。显然，在适筋破坏和超筋破坏之间必定存在着一种界限状态。这种状态的特征是在纵向受拉钢筋应力达到屈服强度的

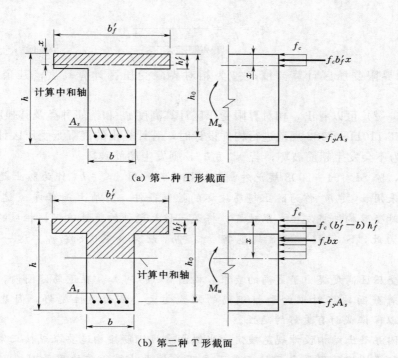

（a）第一种 T 形截面

（b）第二种 T 形截面

图 3-14 T 形截面受弯构件正截面受弯承载力计算简图

同时，受压区边缘混凝土压应变恰好达到极限压应变 ε_{cu} 而破坏，这种破坏称为界限破坏。此时，$\varepsilon_s = \varepsilon_y = f_y / E_s$，$\varepsilon_c = \varepsilon_{cu} = 0.0033$（图 3-15）。

利用平截面假定，对界限破坏有

$$\xi_{0b} = \frac{x_{0b}}{h_0} = \frac{\varepsilon_{cu}}{\varepsilon_{cu} + \varepsilon_y} = \frac{0.0033}{0.0033 + \dfrac{f_y}{E_s}}$$

$$= \frac{1}{1 + \dfrac{f_y}{0.0033 E_s}} \qquad (a)$$

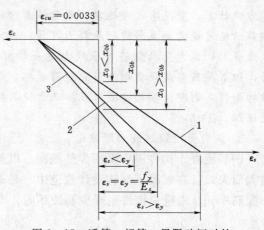

图 3-15 适筋、超筋、界限破坏时的截面平均应变图
1—适筋破坏；2—界限破坏；3—超筋破坏

在图 3-15 和上式中，x_0 为受压区实际高度；x_{0b} 为界限破坏受压区实际高度；ξ_0 称为相对受压区实际高度，$\xi_0 = x_0 / h_0$；ξ_{0b} 称为界限破坏相对受压区实际高度。

从图 3-15 知，当 $\xi_0 < \xi_{0b}$（即 $x_0 < x_{0b}$）时，$\varepsilon_s > \varepsilon_y = f_y / E_s$，纵向受拉钢筋应力可以达到屈服强度，为适筋破坏。而当 $\xi_0 > \xi_{0b}$（即 $x_0 > x_{0b}$）时，$\varepsilon_s < \varepsilon_y = f_y / E_s$，钢筋应力达不到屈服强度，为超筋破坏。

用混凝土受压区计算高度 x 代替 x_0，用相对受压区计算高度 ξ 代替 ξ_0。对于界限状态，则也用 x_b 代替 x_{0b}，用 ξ_b 代替 ξ_{0b}。因 $x = 0.8 x_0$，$\xi_b = 0.8 \xi_{0b}$，故可得

$$\xi_b = \frac{x_b}{h_0} = \frac{0.8}{1 + \frac{f_y}{0.0033E_s}} \tag{3-2}$$

式中：x_b 为界限受压区计算高度；ξ_b 为相对界限受压区计算高度；其余符号意义同图 3-10。

从式（3-2）可以看出，相对界限受压区计算高度 ξ_b 和钢筋种类及其强度有关。

按 NB/T 11011—2022 规范进行构件设计时，若计算出的混凝土受压区计算高度 $x \leqslant \xi_b h_0$，则认为不会发生超筋破坏；若 $x > \xi_b h_0$，则发生超筋破坏。

在我国，除 SL 191—2008 规范外，其他规范都采用 $x \leqslant \xi_b h_0$ 作为防止超筋破坏的控制条件。但采用 $x \leqslant \xi_b h_0$ 作为防止超筋破坏的控制条件，实质上是容许 x 达到 $\xi_b h_0$ 这一临界值，此时受弯构件将发生界限破坏，将是一种无预警的脆性破坏，相应的安全度就显得不够了。为此，SL 191—2008 规范将 $x \leqslant \xi_b h_0$ 改为 $x \leqslant 0.85\xi_b h_0$。这一改动有两点好处：

（1）对受压区高度提出了更高的要求。由图 3-15 可知，在适筋范围内，受压区高度越小，意味着截面破坏时纵向受拉钢筋的应变越大，截面延性越好，因此，要求 $x \leqslant 0.85\xi_b h_0$ 可以保证截面有更好的延性。

（2）我国混凝土结构设计规范规定：当纵向受拉钢筋按构造要求或按正常使用极限状态计算要求配置的钢筋用量大于按正截面受弯承载力计算所需的用量时，则在验算 $x \leqslant \xi_b h_0$ 的条件时，可仅取正截面受弯承载力所需的纵向受拉钢筋截面面积。这一方面是为了方便计算，若没有这条规定，则意味着按构造要求或按正常使用极限状态计算要求配置钢筋后还可能需要重新进行承载力计算，验算能否满足 $x \leqslant \xi_b h_0$ 的条件。另一方面，规范认为多配的纵向受拉钢筋对承载力是一种富余，不起作用，这对荷载超载不大时是成立的，但若荷载超载严重则会引起超筋破坏。如果设计取 $x \leqslant 0.85\xi_b h_0$ 作为防止超筋破坏的控制条件，则即使按构造要求或按正常使用极限状态计算要求增配了纵向受拉钢筋，仍可能保证 $x \leqslant \xi_b h_0$。

2. 纵向受拉钢筋最小配筋率 $\rho_{\min}$

钢筋混凝土构件不应采用少筋截面，以避免一旦出现裂缝后，构件因裂缝宽度或挠度过大而失效。在混凝土结构设计规范中，是通过规定纵向受拉钢筋配筋率 ρ 必须不小于最小配筋率 $\rho_{\min}$ 来避免构件出现少筋破坏的，即

$$\rho \geqslant \rho_{\min} \tag{3-3}$$

式中：ρ 为纵向受拉钢筋配筋率（以百分率表示），$\rho = \dfrac{A_s}{bh_0}$；$\rho_{\min}$ 为受弯构件纵向受拉钢筋最小配筋率。一般梁、板可按教材附录 D 表 D-4 取用；对于水利工程中截面尺寸较大板类受弯构件和偏拉构件、墩墙类受压构件，有关 $\rho_{\min}$ 的规定见教材第 11 章。

从教材附录 D 表 D-4 看到，$\rho_{\min}$ 的取值和钢筋级别及构件种类有关：

（1）当构件种类相同，HPB300 钢筋要求的 $\rho_{\min}$ 大于 HRB400 和 HRB500 钢筋要求的 $\rho_{\min}$。

（2）当钢筋级别相当时，梁要求的 $\rho_{\min}$ 大于板的 $\rho_{\min}$，柱、肋拱要求的 $\rho_{\min}$ 大于墩墙

的 $\rho_{\min}$。

3.1.8 如何防止适筋破坏

综上可知，NB/T 11011—2022 规范是通过 $x \leqslant \xi_b h_0$ 来防止超筋破坏，通过 $\rho \geqslant \rho_{\min}$ 来防止少筋破坏，那么适筋破坏如何防止呢？是根据上述适筋破坏的计算简图，得到其正截面受弯承载力计算的基本公式，再利用基本公式计算得到合适的尺寸和钢筋用量来防止，使适筋破坏的概率足够小。

还要指出的是，在利用基本公式进行正截面受弯承载力计算与复核时：

(1) 若 $\rho < \rho_{\min}$，说明构件截面尺寸取得太大，如截面尺寸允许减小，应减小截面尺寸使 ρ 在合适的经济配筋率之间；如截面尺寸不允许减小，则应取 $\rho = \rho_{\min}$ 来配置钢筋。

(2) 截面设计时，若 $x > \xi_b h_0$，说明混凝土承压能力不足，即截面尺寸和混凝土强度不够，如截面尺寸或混凝土强度等级允许调整，则应加大截面尺寸或提高混凝土强度等级，其中应优先加大截面尺寸。若截面尺寸不能增大，混凝土强度等级不方便提高，则采用纵向受压钢筋来帮助混凝土受压，即采用双筋截面。

(3) 截面复核时，若 $x > \xi_b h_0$，说明纵向受拉钢筋配置太多，其应力不能达到 f'_y，应取 $x = \xi_b h_0$ 计算截面的极限承载力。

按 SL 191—2008 规范设计时，计算方法和 NB/T 11011—2022 规范相同，只需将防止超筋破坏的控制条件从 $x \leqslant \xi_b h_0$ 改为 $x \leqslant 0.85\xi_b h_0$ 即可。

3.1.9 受弯构件正截面受弯承载力计算基本公式与适用范围

1. 单筋矩形截面的基本公式

根据图 3-10 所示计算简图和截面内力的平衡条件（对纵向受拉钢筋合力作用点取矩和力的平衡），并满足承载能力极限状态的可靠度要求，可得单筋矩形截面受弯承载力计算的两个基本公式：

$$\gamma_d M \leqslant M_u = f_c bx \left(h_0 - \frac{x}{2} \right) \tag{3-4a}$$

$$f_y A_s = f_c bx \tag{3-5a}$$

式中：M 为弯矩设计值，按荷载基本组合或偶然组合计算，为荷载设计值产生的弯矩与结构重要性系数 γ_0、设计状况系数 ψ 三者的乘积；γ_d 为结构系数；其余符号意义同图 3-10。

为了保证构件是适筋破坏，应用基本公式时应满足下列两个适用条件：

$$x \leqslant \xi_b h_0 \tag{3-6a}$$

$$\rho \geqslant \rho_{\min} \tag{3-7a}$$

式（3-6a）是为了防止发生超筋破坏，式（3-7a）是为了防止发生少筋破坏。如计算出的配筋率 ρ 小于 $\rho_{\min}$，且截面尺寸不能减小时，则应按 $\rho_{\min}$ 配筋。

为计算的方便，将 $\xi = x/h_0$ 代入式（3-4a）和式（3-5a），并令 $\alpha_s = \xi(1 - 0.5\xi)$，则有

$$\gamma_d M \leqslant M_u = \alpha_s f_c bh_0^2 \tag{3-4b}$$

$$f_y A_s = f_c b \xi h_0 \tag{3-5b}$$

此时，其适用条件相应为

$$\xi \leqslant \xi_b \tag{3-6b}$$

$$\rho \geqslant \rho_{\min} \tag{3-7b}$$

2. 双筋矩形截面的基本公式

当 $x \geqslant 2a_s'$ 时，由图 3-12（a）所示计算简图和截面内力的平衡条件，并满足承载能力极限状态的可靠度要求，可得双筋矩形截面受弯承载力计算的两个基本公式：

$$\gamma_d M \leqslant M_u = f_c bx \left(h_0 - \frac{x}{2}\right) + f_y' A_s'(h_0 - a_s') = \alpha_s f_c bh_0^2 + f_y' A_s'(h_0 - a_s') \tag{3-8}$$

$$f_y A_s - f_y' A_s' = f_c bx = f_c b\xi_0 \tag{3-9}$$

为了保证构件是适筋破坏，应用基本公式时仍应满足下列两个适用条件：

$$x \leqslant \xi_b h_0 \quad 或 \quad \xi \leqslant \xi_b \tag{3-10}$$

$$x \geqslant 2a_s' \tag{3-11}$$

比较式（3-5）和式（3-9）、式（3-4）和式（3-8）可知，双筋截面只是比单筋截面多了纵向受压钢筋的合力 $f_y' A_s'$ 及该合力产生的力矩 $f_y' A_s'(h_0 - a_s')$。

当 $x < 2a_s'$，由图 3-12（b）所示计算简图可得

$$\gamma_d M \leqslant M_u = f_y A_s(h_0 - a_s') \tag{3-12}$$

3. T 形截面的基本公式

对第一种 T 形截面，$x \leqslant h_f'$，基本公式和单筋矩形截面相同，只是截面宽度取翼缘计算宽度 b_f'，但验算 $\rho \geqslant \rho_{\min}$ 时 ρ 仍按 $\rho = \dfrac{A_s}{bh_0}$ 计算，式中 b 为梁肋宽。另外，第一种 T 形截面不会发生超筋破坏，不必验算 $\xi \leqslant \xi_b$。

对第二种 T 形截面，$x > h_f'$，由图 3-14（b）所示计算简图和截面内力的平衡条件，并满足承载能力极限状态的可靠度要求，可得

$$\gamma_d M \leqslant M_u = f_c bx \left(h_0 - \frac{x}{2}\right) + f_c (b_f' - b)h_f' \left(h_0 - \frac{h_f'}{2}\right)$$

$$= \alpha_s f_c bh_0^2 + f_c (b_f' - b)h_f' \left(h_0 - \frac{h_f'}{2}\right) \tag{3-13}$$

$$f_y A_s = f_c bx + f_c (b_f' - b)h_f'$$

$$= f_c b\xi h_0 + f_c (b_f' - b)h_f' \tag{3-14}$$

第二种 T 形截面的基本公式适用范围仍为 $\xi \leqslant \xi_b$ 及 $\rho \geqslant \rho_{\min}$ 两项，但第二种 T 形截面的纵向受拉钢筋配置必然比较多，均能满足 $\rho \geqslant \rho_{\min}$ 的要求，一般可不必进行此项验算。

比较式（3-5）和式（3-14）、式（3-4）和式（3-13）可知，第二种 T 形截面只是比单筋截面多了两个"翅膀"承受的合力 $f_c (b_f' - b)h_f'$ 及该合力产生的力矩 $f_c (b_f' - b)h_f' \left(h_0 - \dfrac{h_f'}{2}\right)$。

因此，无论是双筋截面还是 T 形截面，其基本公式都是以单筋截面基本公式为基础的。

判别 T 形截面属于第一种还是第二种，可按下列办法进行：因为计算中和轴刚好通过翼缘下边缘（$x = h_f'$）时为两种情况的分界，这时：

$$\gamma_d M = f_c b_f' h_f' \left(h_0 - \frac{h_f'}{2}\right) \tag{3-15}$$

$$f_y A_s = f_c b'_f h'_f \tag{3-16}$$

因此若满足下列两式，说明 $x \leqslant h'_f$，属于第一种 T 形截面；反之属于第二种 T 形截面。

$$\gamma_d M \leqslant f_c b'_f h'_f \left(h_0 - \frac{h'_f}{2} \right) \tag{3-17}$$

$$f_y A_s \leqslant f_c b'_f h'_f \tag{3-18}$$

满足式（3-17），可理解为不需要整个翼缘截面来抵抗弯矩，所以混凝土受压区计算高度 x 小于等于翼缘高度 h'_f；满足式（3-18），可理解为不需要整个翼缘截面来平衡纵向受拉钢筋的合力，所以 $x \leqslant h'_f$，为第一种 T 形截面。

对 SL 191—2008 规范，只需做如下变换：①公式中的结构系数 γ_d 换成安全系数 K；②$x \leqslant \xi_b h_0$（$\xi \leqslant \xi_b$）的要求改成 $x \leqslant 0.85\xi_b h_0$（$\xi \leqslant 0.85\xi_b$）。但需指出的是，NB/T 11011—2022 规范中的弯矩设计值 M 为荷载设计值产生的弯矩与 $\gamma_0 \psi$ 的乘积，而 SL 191—2008 规范中的 M 就为荷载设计值产生的弯矩，两者是不同的，差 $\gamma_0 \psi$ 倍。

3.1.10 受弯构件正截面设计

截面设计先根据建筑物使用要求、外荷载大小及所选用的混凝土等级与钢筋级别，选择截面尺寸 $b \times h$。已知了弯矩设计值 M、截面尺寸 $b \times h$、强度设计值 f_y 和 f_c，就可应用基本公式求钢筋截面面积 A_s。

下面给出单筋截面、双筋截面和 T 形截面，在已知 M、$b \times h$（b'_f、h'_f）和 f_y、f_c 条件下计算 A_s（A'_s）的步骤。

1. 单筋截面正截面设计

（1）设计时应满足 $M_u \geqslant \gamma_d M$，但取 $M_u = \gamma_d M$ 设计最为经济，则可由式（3-4b）得截面抵抗矩系数：

$$\alpha_s = \frac{\gamma_d M}{f_c b h_0^2} \tag{3-19}$$

（2）检查是否满足 $\alpha_s \leqslant \alpha_{sb}$，这里 $\alpha_{sb} = \xi_b (1 - 0.5\xi_b)$。若满足 $\alpha_s \leqslant \alpha_{sb}$，则

1）求相对受压区计算高度：

$$\xi = 1 - \sqrt{1 - 2\alpha_s} \tag{3-20}$$

2）由式（3-5b）得纵向受拉钢筋截面面积：

$$A_s = \frac{f_c b \xi h_0}{f_y} \tag{3-21}$$

3）求纵向受拉钢筋配筋率 $\rho = \dfrac{A_s}{b h_0}$，检查是否满足 $\rho \geqslant \rho_{\min}$。若满足，由 A_s 选择钢筋；若不满足且截面尺寸不能减小，则取 $A_s = \rho_{\min} b h_0$ 选择钢筋，否则应减小截面尺寸重新计算。

若不满足 $\alpha_s \leqslant \alpha_{sb}$，说明截面尺寸或混凝土强度不够，将发生超筋破坏。如截面尺寸或混凝土强度等级允许调整，则应加大截面尺寸或提高混凝土强度等级，其中应优先加大截面尺寸；若截面尺寸不能加大，混凝土强度等级也不方便提高，则采用双筋截面。

2. 双筋截面正截面设计

当按单筋截面计算出现 $\xi > \xi_b$，也就是 $\alpha_s > \alpha_{sb}$，但截面尺寸不能加大，混凝土强度等

级又不便于提高时，这时只能采用双筋截面。

当截面既承受正向弯矩又可能承受反向弯矩，截面上下均应配置纵向受力钢筋，而在计算中又考虑纵向受压钢筋作用时，亦应按双筋截面计算。这里注意"计算中又考虑纵向受压钢筋作用时"，也就是说，若计算时不考虑纵向受压钢筋作用，则仍按单筋截面计算。

用钢筋来帮助混凝土受压是不经济的，所以遇到按单筋截面计算出现 $\xi > \xi_b$ 时，应先考虑加大截面尺寸或提高混凝土强度等级，而不是采用双筋截面。但配置纵向受压钢筋对构件的延性有利，在抗震地区一般宜配置必要的纵向受压钢筋。

双筋截面设计时，将会遇到下面两种情况。

（1）第一种情况。已知 M、$b \times h$ 和 f_y、f_y'、f_c，按单筋截面计算出现 $\xi > \xi_b$，且 $b \times h$ 不能加大，f_c 又不便于提高时。

1）取 $\xi = \xi_b$，即取 $\alpha_s = \alpha_{sb}$，以充分利用受压区混凝土受压，使总的纵向钢筋用量 $(A_s + A_s')$ 为最小。由式（3-8）得纵向受压钢筋截面面积：

$$A_s' = \frac{\gamma_d M - \alpha_{sb} f_c b h_0^2}{f_y'(h_0 - a_s')} \tag{3-22}$$

2）若实际选配的 A_s' 和计算所得的 A_s' 相差不多时，则可直接由式（3-9）得纵向受拉钢筋截面面积：

$$A_s = \frac{f_c b \xi_b h_0 + f_y' A_s'}{f_y} \tag{3-23}$$

3）若实际选配的 A_s' 超过计算所得的 A_s' 较多（例如，按公式算出的 A_s' 很小，而按构造要求配置的 A_s' 较多；或为了增加构件的延性有利于结构抗震，适当多配一些纵向受压钢筋），这时实际的 ξ 将小于计算采用的 ξ_b 较多，则应按 A_s' 为已知（等于实际选配的 A_s'）的下述第二种情况重新计算 A_s，以减少纵向钢筋总用量。

这里：①已经取 $\xi = \xi_b$，故不必验算 $\xi \leqslant \xi_b$。②取 $\xi = \xi_b$，计算得到的纵向受拉钢筋配筋率 ρ 达到最大 ρ_{max}，不必验算 $\rho \geqslant \rho_{min}$。③未配置纵向受压钢筋的截面就是单筋截面，因此双筋截面没有纵向受压钢筋最小配筋率的概念。

（2）第二种情况。已知 M、$b \times h$ 和 f_y、f_y'、f_c，并已知 A_s'，需求 A_s。

1）由式（3-8）得截面抵抗矩系数：

$$\alpha_s = \frac{\gamma_d M - f_y' A_s'(h_0 - a_s')}{f_c b h_0^2} \tag{3-24}$$

比较式（3-19）和式（3-24），它们分母相同，只是分子不同，前者是 $\gamma_d M$，后者是 $\gamma_d M - f_y' A_s'(h_0 - a_s')$，即式（3-24）相当于一个承受的弯矩为 $\gamma_d M - f_y' A_s'(h_0 - a_s')$ 的单筋截面，因此双筋截面的计算是以单筋截面为基础的。

2）检查是否满足 $\alpha_s \leqslant \alpha_{sb}$。若不满足 $\alpha_s \leqslant \alpha_{sb}$，则表示已配置的 A_s' 数量还不够，应增加其数量，此时可看作 A_s' 未知的情况（即第一种情况）重新计算 A_s' 和 A_s；若满足 $\alpha_s \leqslant \alpha_{sb}$，则

a. 按（3-20）求相对受压区计算高度：$\xi = 1 - \sqrt{1 - 2\alpha_s}$。

b. 计算 $x = \xi h_0$，检查是否满足 $x \geqslant 2a_s'$。如满足，则由式（3-9）得纵向受拉钢筋截面面积 A_s：

$$A_s = \frac{f_c b \xi h_0 + f'_y A'_s}{f_y} \tag{3-25}$$

如不满足 $x \geqslant 2a'_s$ 的条件，说明纵向受压钢筋的应力达不到抗压强度设计值，此时可改由式（3-12）计算纵向受拉钢筋截面面积：

$$A_s = \frac{\gamma_d M}{f_y(h_0 - a'_s)} \tag{3-26}$$

3）由 A_s 选配纵向受拉钢筋。当计算得到的 $x \geqslant 2a'_s$ 时，对于一般尺寸的双筋截面，计算得到的纵向受拉钢筋截面面积 A_s 总能满足 $\rho \geqslant \rho_{\min}$，下面来进行说明。

将 $A_s = \rho_{\min} bh_0$ 代入单筋截面基本公式（3-5a），有

$$f_y \rho_{\min} bh_0 = f_c bx \tag{b1}$$

$$x = \frac{f_y \rho_{\min} h_0}{f_c} \tag{b2}$$

对于梁，采用 HPB300 钢筋（$f_y = 270\text{N/mm}^2$）时，$\rho_{\min} = 0.25\%$；采用 HBR400 钢筋（$f_y = 360\text{N/mm}^2$）时，$\rho_{\min} = 0.20\%$。为求得 $A_s = \rho_{\min} bh_0$ 对应的最大 x，取混凝土为 C25（$f_c = 11.9\text{N/mm}^2$），则由上式得 HPB300、HBR400 钢筋对应的 x 分别为 $0.0567h_0$、$0.0605h_0$。

考虑最小的 a'_s，取一类环境类别，纵向受压钢筋单层布置，$a'_s = 45\text{mm}$，则钢筋采用 HPB300、HBR400 时，对应于 $A_s = \rho_{\min} bh_0$、$x = 2a'_s$ 的 h_0 分别为：1587mm、1488mm。即，当钢筋采用 HPB300、HBR400，梁高取 $h = h_0 + a_s = 1632\text{mm}$、$h = 1533\text{mm}$ 时，按 $A_s = \rho_{\min} bh_0$ 配筋，混凝土受压区计算高度 $x = 2a'_s$。

这说明，对于梁高不大于 1500mm 的双筋截面，若计算得到的 $x \geqslant 2a'_s$，则用于平衡 $bxf_c + A'_s f'_y$ 的钢筋合力 $A_s f_y$ 足够大，A_s 能满足 $A_s \geqslant \rho_{\min} bh_0$，不需验算 $A_s \geqslant \rho_{\min} bh_0$；若计算得到的 $x < 2a'_s$，则还需验算 $A_s \geqslant \rho_{\min} bh_0$。

3. T 形截面正截面设计

（1）T 形截面正截面设计时，首先判断计算中和轴是位于翼缘中还是梁肋内，即是第一种 T 形截面还是第二种 T 形截面。由于 A_s 未知，故采用式（3-17）来判别。

（2）若满足式（3-17），即 $\gamma_d M \leqslant f_c b'_f h'_f \left(h_0 - \dfrac{h'_f}{2}\right)$，则为第一种 T 形截面，按梁宽为 b'_f 的矩形截面计算，但验算 $\rho \geqslant \rho_{\min}$ 时 ρ 仍按 $\rho = \dfrac{A_s}{bh_0}$ 计算，式中 b 为梁肋宽。另外，第一种 T 形截面不会发生超筋破坏，不必验算 $\xi \leqslant \xi_b$。

若不满足式（3-17），即 $\gamma_d M > f_c b'_f h'_f \left(h_0 - \dfrac{h'_f}{2}\right)$，则为第二种 T 形截面，这时按下列步骤计算。

a. 由式（3-13）得截面抵抗矩系数：

$$\alpha_s = \frac{\gamma_d M - f_c(b'_f - b)h'_f \left(h_0 - \dfrac{h'_f}{2}\right)}{f_c bh_0^2} \tag{3-27}$$

比较式（3-19）和式（3-27），它们分母相同，只是分子不同，前者是 $\gamma_d M$，后者

是 $\gamma_d M - f_c(b'_f - b)h'_f\left(h_0 - \dfrac{h'_f}{2}\right)$，即式（3-27）相当于一个承受的弯矩为 $\gamma_d M -$

$f_c(b'_f - b)h'_f\left(h_0 - \dfrac{h'_f}{2}\right)$ 的单筋截面，因此 T 形截面的计算也是以单筋截面为基础的。

b. 按式（3-20）求相对受压区计算高度：$\xi = 1 - \sqrt{1 - 2\alpha_s}$。

c. 检查是否满足 $\xi \leqslant \xi_b$。若满足，则由式（3-14）求得纵向受拉钢筋截面面积：

$$A_s = \frac{f_c b \xi h_0 + f_c(b'_f - b)h'_f}{f_y} \tag{3-28}$$

若不满足（一般情况下都满足），即 $\xi > \xi_b$，则应加大截面尺寸或提高混凝土强度等级，必要时采用双筋截面。

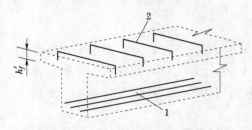

图 3-16　翼缘顶面构造钢筋
1—纵向受力钢筋；2—翼缘板横向钢筋

d. 第二种 T 形截面的纵向受拉钢筋配置必然比较多，均能满足 $\rho \geqslant \rho_{\min}$ 的要求，一般可不必进行此项验算。

在独立 T 形梁中，除受拉区配置纵向受力钢筋以外，为保证受压区翼缘与梁肋的整体性，一般在翼缘板的顶面配置横向构造钢筋，其直径不小于 8mm，间距取为与箍筋间距相同或箍筋间距的整数倍，且每米跨长内不少于 3 根钢筋（图 3-16）。当翼缘板外伸较长而厚度又较薄时，则应按悬臂板计算翼缘的承载力，板面钢筋数量由计算决定。

当按 SL 191—2008 规范进行截面设计时，计算步骤相同，只需将公式中的 γ_d 换成 K，$\xi \leqslant \xi_b$ 换成 $\xi \leqslant 0.85\xi_b$，$\xi = \xi_b$ 换成 $\xi = 0.85\xi_b$，$\alpha_{sb} = \xi_b(1 - 0.5\xi_b)$ 改由 $\alpha_{sb} = 0.85\xi_b(1 - 0.5 \times 0.85\xi_b)$ 计算，弯矩设计值采用荷载设计值产生的弯矩即可。

3.1.11　受弯构件正截面受弯承载力复核

首先应明确，承载力复核的对象是现有结构构件，是已经建造完成的结构在荷载改变后，验算已有的截面尺寸、材料强度和配筋能否满足承载力要求，而不对一个结构构件截面设计计算完成后，再用承载力复核来验算截面设计结果是否正确。

1. 单筋截面正截面受弯承载力复核

（1）由式（3-5b）计算相对受压区计算高度：

$$\xi = \frac{f_y A_s}{f_c b h_0} \tag{3-29}$$

（2）检查是否满足 $\xi \leqslant \xi_b$。如不满足，表示截面配筋属于超筋，$\sigma_s < f_y$，按 $\xi = \dfrac{f_y A_s}{f_c b h_0}$ 计算其实将 ξ 算大了，计算得到的 ξ 为假值，则取 σ_s 达到 f_y 时 ξ 可能达到的最大值 ξ_b 计算，即取 $\xi = \xi_b$ 计算。

（3）由 ξ 值计算截面抵抗矩系数：

$$\alpha_s = \xi(1 - 0.5\xi) \tag{3-30}$$

（4）由式（3-4b）计算出正截面受弯承载力：

$$M_u = \alpha_s f_c b h_0^2 \tag{3-31}$$

（5）求截面承受的弯矩设计值 M，判别是否满足 $M \leqslant \dfrac{M_u}{\gamma_d}$。

2. 双筋截面正截面受弯承载力复核

（1）由式（3-9）计算相对受压区计算高度：

$$\xi = \frac{f_y A_s - f_y' A_s'}{f_c b h_0} \tag{3-32}$$

（2）检查是否满足 $\xi \leqslant \xi_b$。

①若 $\xi \leqslant \xi_b$，则计算 $x = \xi h_0$，检查是否满足条件 $x \geqslant 2a_s'$。如不满足，即 $x < 2a_s'$，则应由式（3-12）计算正截面受弯承载力：

$$M_u = f_y A_s (h_0 - a_s') \tag{3-33}$$

如满足，即 $x \geqslant 2a_s'$，则由 ξ 值计算截面抵抗矩系数 $\alpha_s = \xi(1 - 0.5\xi)$，再由式（3-8）得正截面受弯承载力：

$$M_u = \alpha_s f_c b h_0^2 + f_y' A_s' (h_0 - a_s') \tag{3-34}$$

②如 $\xi > \xi_b$，则取 $\xi = \xi_b$，即取 $\alpha_s = \alpha_{sb}$，由式（3-8）得正截面受弯承载力：

$$M_u = \alpha_{sb} f_c b h_0^2 + f_y' A_s' (h_0 - a_s') \tag{3-35}$$

（3）求截面承受的弯矩设计值 M，判别是否满足 $M \leqslant \dfrac{M_u}{\gamma_d}$

3. T 形截面正截面受弯承载力复核

（1）按式（3-18）判别构件属于第一种还是第二种 T 形截面。

（2）若满足式（3-18），即 $f_y A_s \leqslant f_c b_f' h_f'$，为第一种 T 形截面，则应按宽度为 b_f' 的矩形截面复核。

若不满足式（3-18），即 $f_y A_s > f_c b_f' h_f'$，为第二种 T 形截面，这时按下列步骤计算。

1）由式（3-14）计算相对受压区计算高度：

$$\xi = \frac{f_y A_s - f_c (b_f' - b) h_f'}{f_c b h_0} \tag{3-36}$$

2）若 $\xi \leqslant \xi_b$，则由 ξ 值计算截面抵抗矩系数：$\alpha_s = \xi(1 - 0.5\xi)$；若 $\xi > \xi_b$（一般情况下不会发生），则取 $\alpha_s = \alpha_{sb}$。

3）再由式（3-13）计算正截面受弯承载力：

$$M_u = \alpha_s f_c b h_0^2 + f_c (b_f' - b) h_f' \left(h_0 - \frac{h_f'}{2} \right) \tag{3-37}$$

4）求截面承受的弯矩设计值 M，判别是否满足 $M \leqslant \dfrac{M_u}{\gamma_d}$。

当按 SL 191—2008 规范进行截面承载力复核时，计算步骤相同，只需将公式中的 γ_d 换成 K，$\xi \leqslant \xi_b$ 换成 $\xi \leqslant 0.85\xi_b$，$\xi = \xi_b$ 换成 $\xi = 0.85\xi_b$，$\alpha_{sb} = \xi_b(1 - 0.5\xi_b)$ 改由 $\alpha_{sb} = 0.85\xi_b(1 - 0.5 \times 0.85\xi_b)$ 计算，弯矩设计值采用荷载设计值产生的弯矩即可。

3.2　综合练习

3.2.1　选择题

1. 在 NB/T 11011—2022 规范，对于梁，教材附录 D 表 D-1 所列数值是指（　　）。

A. 从纵向受力钢筋截面形心算起到截面受拉区边缘的距离

B. 从纵向受力钢筋外边缘算起到截面受拉区边缘的距离

C. 从纵向受力钢筋内边缘算起到截面受拉区边缘的距离

D. 从箍筋外边缘算起到截面受拉区边缘的距离

2. 一处于室内干燥环境的矩形截面梁，根据已知条件计算，需配置纵向受力钢筋 6⯗20，两种钢筋布置方案（图 3-17）中，正确的应当是（　　）。

A.（a）　　　　　B.（b）

3. 一悬臂板内钢筋布置如图 3-18 所示，正确的应当是（　　）。

A.（a）　　　　　B.（b）

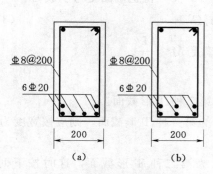

图 3-17　矩形截面梁钢筋布置

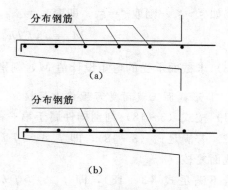

图 3-18　悬臂板钢筋布置

4. 图 3-19 中所示 5 种钢筋混凝土梁的截面尺寸与纵向钢筋配置，混凝土强度等级为 C25。从截面尺寸和钢筋的布置方面分析，最合适的应当是（　　）。

A.（a）　　B.（b）　　C.（c）　　D.（d）　　E.（e）

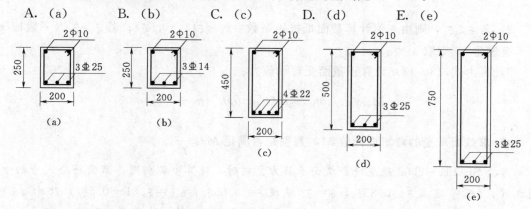

图 3-19　钢筋混凝土梁的截面尺寸与纵向钢筋配置

5. 梁的纵向受力钢筋一层能排下时，改成两层后正截面受弯承载力将会（   ）。

A. 有所增加   B. 有所减少   C. 既不增加也不减少

6. 钢筋混凝土梁的受拉区开始出现裂缝是因为受拉区边缘（   ）。

A. 混凝土应力达到混凝土的实际抗拉强度

B. 混凝土应力达到混凝土的抗拉强度标准值

C. 混凝土应力达到混凝土的抗拉强度设计值

D. 混凝土应变超过极限拉应变值

7. 对适筋梁，最终破坏时正截面所能承受的荷载（   ）。

A. 远大于纵向受拉钢筋屈服时承受的荷载

B. 稍大于纵向受拉钢筋屈服时承受的荷载

C. 等于纵向受拉钢筋屈服时承受的荷载

8. 钢筋混凝土梁即将开裂时，纵向受拉钢筋的应力与钢筋用量的关系是（   ）。

A. 钢筋用量增多，钢筋的拉应力增大

B. 钢筋用量增多，钢筋的拉应力减小

C. 钢筋的拉应力与钢筋用量关系不大

9. 受弯构件正截面受弯承载力计算中，当 $\xi > \xi_b$ 时，发生的破坏将是（   ）。

A. 适筋破坏   B. 少筋破坏   C. 超筋破坏

10. 截面有效高度 h_0 是从（   ）。

A. 纵向受拉钢筋外表面至截面受压区边缘的距离

B. 箍筋外表面至截面受压区边缘的距离

C. 纵向受拉钢筋内表面至截面受压区边缘的距离

D. 纵向受拉钢筋合力点至截面受压区边缘的距离

11. 在 NB/T 11011—2022 规范的受弯构件正截面受弯承载力计算基本公式中，γ_d 是（   ）。

A. 结构重要性系数   B. 结构系数

C. 设计状况系数   D. 荷载分项系数

12. 计算正截面受弯承载力时，受拉区混凝土作用完全可以忽略不计，这是由于（   ）。

A. 受拉区混凝土早已开裂

B. 中和轴以下小范围未裂的混凝土作用相对很小

C. 混凝土抗拉强度低

13. 适筋梁破坏时，纵向受拉钢筋的拉应变 ε_s 和受压区边缘混凝土的压应变 ε_c 应为（   ）。

A. $\varepsilon_s > \varepsilon_y$，$\varepsilon_c = \varepsilon_{cu}$ B. $\varepsilon_s = \varepsilon_y$，$\varepsilon_c < \varepsilon_{cu}$ C. $\varepsilon_s = \varepsilon_y$，$\varepsilon_c = \varepsilon_{cu}$

14. 单筋矩形截面适筋梁在截面尺寸已定的条件下，提高承载力最有效的方法是（   ）。

A. 提高钢筋的级别

B. 提高混凝土的强度等级

C. 在钢筋能排开的条件下，尽量设计成单排钢筋

15. 某 2 级水工建筑物中的矩形截面简支梁，处于一类环境，截面尺寸 250mm×

500mm，混凝土强度等级为 C25，钢筋采用 HRB400，跨中截面弯矩设计值 $M=170.0\text{kN}\cdot\text{m}$，该梁沿正截面发生破坏将是（　　）。

　　A. 超筋破坏　　　　　B. 界限破坏　　　　C. 适筋破坏　　　　D. 少筋破坏

16. 对适筋梁，当截面尺寸和材料强度已定时，正截面受弯承载力与纵向受拉钢筋配筋量的关系是（　　）。

　　A. 随配筋量增加按线性关系提高

　　B. 随配筋量增加按非线性关系提高

　　C. 随配筋量增加保持不变

17. 判断下列说法，正确的是（　　）。

　　A. 分布钢筋主要起构造作用，可采用光圆钢筋，布置在受力钢筋的外侧。

　　B. 超筋构件的正截面受弯承载力控制于受压区混凝土，只有增加纵向受拉钢筋数量才能提高截面承载力。

　　C. 界限破坏是指在纵向受拉钢筋应力达到屈服强度的同时，受压区边缘混凝土压应变也刚好达到极限压应变而破坏。

　　D. 保护层厚度主要与钢筋混凝土结构构件的种类、所处环境及钢筋级别等因素有关。

18. 判断下列说法，正确的是（　　）。

　　A. 双筋矩形截面设计时，对 $x<2a_s'$ 的情况，可取 $x=2a_s'$ 计算。

　　B. 单筋矩形截面设计中，只要计算出 $\xi>\xi_b$（NB/T 11011—2022 规范）时，就只能采用双筋截面。

　　C. 对第一种情况 T 形梁，在验算纵向受拉钢筋配筋率 $\rho\geqslant\rho_{\min}$ 时，梁宽应采用肋宽和翼缘宽度二者的平均值。

19. 双筋截面设计中，当 A_s' 和 A_s 都未知时，补充的条件是要使（　　）。

　　A. 混凝土用量为最小　　　　　　　　B. 纵向钢筋总用量（$A_s'+A_s$）为最小

　　C. 纵向受拉钢筋用量 A_s 最小　　　　D. 混凝土和纵向钢筋用量均为最小

20. 超筋梁正截面受弯承载力（　　）。

　　A. 与纵向受拉钢筋用量有关　　　　　B. 仅与钢筋级别有关

　　C. 与混凝土强度及截面尺寸有关　　　D. 仅与混凝土强度有关

21. 钢筋混凝土构件纵向受力钢筋最小配筋率 $\rho_{\min}$ 的规定（　　）。

　　A. 仅与构件分类有关　　　　　　　　B. 仅与钢筋等级有关

　　C. 与构件分类和钢筋等级均有关

22. 超筋梁破坏时，正截面受弯承载力 M_u 与纵向受拉钢筋截面面积 A_s 的关系是（　　）。

　　A. A_s 越大，M_u 越大　　　　　　　B. A_s 越大，M_u 越小

　　C. A_s 大小与 M_u 无关，破坏时正截面受弯承载力为一定值

23. 双筋截面受弯构件正截面设计中，当 $x<2a_s'$ 时，则表示（　　）。

　　A. 纵向受拉钢筋应力达不到 f_y　　　　B. 纵向受压钢筋应力达不到 f_y'

　　C. 应增加翼缘厚度　　　　　　　　　D. 应提高混凝土强度

24. 当受弯构件适筋梁正截面受弯承载力不能满足计算要求时，提高混凝土强度等级或提高钢筋级别，对承载力的影响是（　　）。

A. 提高混凝土强度等级效果明显　　　　B. 提高钢筋级别效果明显

C. 提高两者效果相当

25. 按 NB/T 11011—2022 规范进行双筋截面设计时，在 A'_s 和 A_s 均未知的情况下，需增加补充条件才能求解 A'_s 和 A_s，此时补充条件取（　　）。

A. $x=2a'_s$　　　　B. $x=\xi_b h_0$　　　　C. $x=0.5h_0$　　　　D. $x=h_0$

26. 按 NB/T 11011—2022 规范进行双筋矩形截面承载力计算时，若出现 $x>\xi_b h_0$，此时截面的极限弯矩为（　　）。

A. $M_u=\alpha_{sb}f_c b h_0^2+f'_y A'_s\left(h_0-\dfrac{x}{2}\right)$　　　B. $M_u=f_c bx\left(h_0-\dfrac{x}{2}\right)+f'_y A'_s\left(h_0-\dfrac{x}{2}\right)$

C. $M_u=f_c bx\left(h_0-\dfrac{x}{2}\right)+f'_y A'_s(h_0-a'_s)$　　　D. $M_u=\alpha_{sb}f_c b h_0^2+f'_y A'_s(h_0-a'_s)$

27. 翼缘宽度和 T 形截面受弯构件正截面受弯承载力的关系是（　　）。

A. 越大越有利　　　　　　　　　　　　B. 越小越有利

C. 越大越有利，但应限制在一定范围内

28. 按 NB/T 11011—2022 规范设计时，属于第二种情况 T 形截面梁的判别式为（　　）。

A. $\gamma_d M\leqslant f_c b'_f h'_f\left(h_0-\dfrac{h'_f}{2}\right)$ 或 $f_y A_s\leqslant f_c b'_f h'_f$

B. $\gamma_d M=f_c b'_f h'_f\left(h_0-\dfrac{h'_f}{2}\right)$ 或 $f_y A_s=f_c b'_f h'_f$

C. $\gamma_d M>f_c b'_f h'_f\left(h_0-\dfrac{h'_f}{2}\right)$ 或 $f_y A_s>f_c b'_f h'_f$

D. $\gamma_d M\leqslant f_c b'_f h'_f\left(h_0-\dfrac{h'_f}{2}\right)$ 或 $f_y A_s\geqslant f_c b'_f h'_f$

29. 图 3-20 所示三个受弯构件单筋截面，上部受压下部受拉，若弯矩设计值相同，所用的混凝土强度等级、钢筋级别和其他一切条件均相同，纵向受拉钢筋用量最少的截面应是图中的（　　）。

A.（a）　　　　　B.（b）　　　　　C.（c）

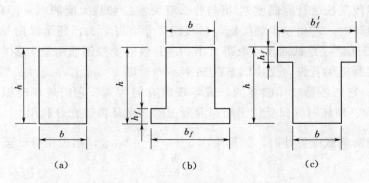

图 3-20　受弯构件截面

30. 钢筋混凝土受弯构件相对界限受压区高度 ξ_b 的大小随（　　　）的改变而改变。

A. 构件截面尺寸　　　　　　　　　　　　B. 钢筋的品种和级别

C. 混凝土的强度等级　　　　　　　　　　D. 构件的受力特征

3.2.2　思考题

1. 在受弯构件中，何谓单筋截面和双筋截面？

2. 何谓混凝土保护层？它起什么作用？其最小厚度是如何规定的？为什么混凝土保护层厚度与结构构件所处的环境条件有关？

3. 梁中纵向受力钢筋的直径为什么不能太细和不宜太粗？常用的钢筋直径范围是多少？

4. 在梁截面内布置纵向受力钢筋时，应注意哪些具体构造规定？

5. 在板中，为什么受力钢筋的间距（中距）不能太大或太小？最大间距与最小间距分别控制为多少？

6. 钢筋混凝土板内，若只在一个方向配置受力钢筋，为何在垂直受力钢筋方向还要布置分布钢筋？分布钢筋如何具体选配？

7. 适筋梁从加载到破坏，正截面受力状态经历了哪几个阶段？每个阶段的主要特点是什么？与计算有何联系？

8. 受弯构件正截面有哪几种破坏形态？破坏特点有何区别？在设计时如何防止发生这几种破坏？

9. 当受弯构件的其他条件相同时，正截面的破坏特征随纵向受拉钢筋配筋量多少而变化的规律是什么？

10. 有两根仅纵向受拉钢筋的配筋量不同，其他条件都相同的钢筋混凝土适筋梁，它们的正截面开裂弯矩 M_{cr} 与正截面极限弯矩 M_u 的比值（M_{cr}/M_u）是否相同？如有不同，则哪根梁大，哪根梁小？

11. 正截面受弯承载力计算时有哪几个基本假定？

12. 何谓界限破坏？试推导相对界限受压区计算高度 ξ_b 的计算公式，为什么 $\xi > \xi_b$ 时是超筋梁，$\xi \leqslant \xi_b$ 时是适筋梁？

13. 受弯构件正截面受压区混凝土的等效矩形应力图形是怎样得来的？试推求矩形应力图形高度 x 和设计曲线应力图形高度 x_0 的关系。

14. 相对界限受压区计算高度 ξ_b 值与什么有关？ξ_b 和最大配筋率 ρ_{max} 有何关系？

15. 截面设计时，若出现少筋问题，是截面尺寸取得太大，还是纵向受拉钢筋用量太少？若出现超筋问题，是截面尺寸取得太小，还是纵向受拉钢筋用量太多？

16. 钢筋混凝土梁若纵向受拉钢筋配筋率不同，即 $\rho < \rho_{min}$，$\rho_{min} < \rho < \rho_{max}$，$\rho = \rho_{max}$，$\rho > \rho_{max}$，试问：它们各是怎样破坏的，破坏现象有何区别？它们破坏时纵向受拉钢筋的应力各等于多少？破坏时纵向受拉钢筋和混凝土的强度是否被充分利用？

17. 矩形截面梁截面设计时，如果求出 $\alpha_s = \dfrac{\gamma_d M}{f_c b h_0^2} > \alpha_{sb}$，则说明什么问题？在设计中应如何处理？

18. 什么情况下需用双筋梁？纵向受压钢筋起什么作用？一般情况下配置纵向受压钢

筋是不是经济？

19. 绘出双筋矩形截面受弯构件正截面受弯承载力计算应力图形，根据其计算应力图推导出基本公式，并指出公式的适用范围（条件）及其作用是什么。

20. 众所周知，混凝土强度等级对受弯构件正截面受弯承载力影响不是太大，为什么？是否施工中混凝土强度等级弄错了也无所谓？

△21. 试从理论上探讨双筋受弯构件正截面受弯承载力计算基本公式适用条件 $x \geqslant 2a_s'$ 的合理性。

22. 设计双筋截面，A_s' 及 A_s 均未知，x 应如何取值？当 A_s' 已知时，写出计算 A_s 的步骤及公式，并考虑可能出现的各种情况及处理方法。

23. 如何复核双筋截面的正截面受弯承载力？

△24. 如果一个梁承受大小不等的异号弯矩（非同时作用），应如何设计才较合理？

25. T 形截面梁的翼缘为何要有计算宽度 b_f' 的规定？如何确定 b_f' 值？

26. 按混凝土受压区计算高度 x 是否大于翼缘高度 h_f'，T 形截面梁的承载力计算有哪几种情况？截面设计和承载力复核时，如何判别属于哪一种 T 形截面？

27. 为什么说第一种情况的 T 形截面梁承载力计算与宽度为 b_f' 的矩形截面梁一样？计算上和宽度为 b_f' 的矩形截面梁有哪些不同之处，并分别说明其理由。

28. 试写出第二种情况的 T 形梁的承载力计算基本公式，并列出截面设计与承载力复核的具体步骤。

△29. 对配置有纵向受压钢筋 A_s' 的 T 形截面梁，应如何判别它属于哪一种情况的 T 形截面梁？（写出判别公式）

30. 若 T 形受弯梁的截面尺寸确定，纵向受拉钢筋用量不限，试列出其最大承载力的表达式。

31. 下列四种截面梁（图 3-21），截面上部受压下面受拉，承受的截面弯矩相同，梁高度也一样，试问承载力要求的纵向受拉钢筋截面面积 A_s 是否一样？为什么？

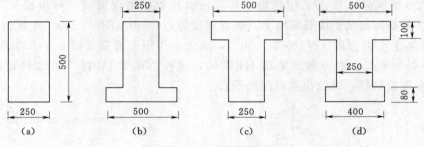

图 3-21 梁的截面

32. 试列表小结单筋矩形、双筋矩形、T 形三种截面受弯构件正截面受弯承载力计算，列表内容包括计算应力图形、基本公式及适用条件、截面设计与承载力复核的方法。

3.3 设 计 计 算

1. 某 3 级水工建筑物中的钢筋混凝土简支梁，处于露天环境，结构计算简图和截面尺寸如图 3-22 所示，运行期承受均布永久荷载 $g_k = 6.0\text{kN/m}$（已包含自重）和均布可变荷载 $q_k = 6.50\text{kN/m}$。混凝土强度等级为 C30，纵向受力钢筋采用 HRB400，试选配纵向受力钢筋，并绘出符合构造要求的截面配筋图。

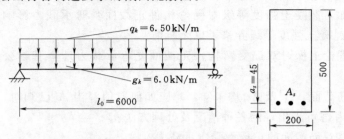

图 3-22　简支梁的结构计算简图和截面尺寸图

2. 某 2 级水工建筑物中的钢筋混凝土简支梁，处于一类环境，截面尺寸为 $b \times h = 200\text{mm} \times 500\text{mm}$，荷载设计值在跨中截面产生的弯矩值 $M = 120.80\text{kN} \cdot \text{m}$。试按 NB/T 11011—2022 规范进行下列计算，并根据计算结果分析混凝土强度等级和钢筋级别对受弯构件纵向受拉钢筋用量的影响。

（1）混凝土强度等级为 C30，纵向受力钢筋分别采用 HRB400 和 HRB500 时，计算跨中截面所需的纵向受力钢筋截面面积。

（2）混凝土强度等级为 C35，纵向受力钢筋采用 HRB400 时，计算跨中截面所需的纵向受力钢筋截面面积。

3. 某 1 级水工建筑物中的钢筋混凝土梁，处于一类环境，截面尺寸 $b \times h = 300\text{mm} \times 750\text{mm}$，持久状况下根据荷载设计值绘出的弯矩图见图 3-23。混凝土强度等级为 C30，纵向受力钢筋采用 HRB400，试按 NB/T 11011—2022 规范配置跨中截面和支座截面的纵向受力钢筋。

提示：跨中钢筋排双层。

4. 某过水涵洞为 4 级水工建筑物，其盖板由预制板铺设而成，每块板长 2500mm，宽 600mm，两端搁在浆砌块石墩墙上，搁置宽度为 200mm（图 3-24）。在运行期，填土高 1.50m（填土重力密度 $\gamma = 16.0\text{kN/m}^3$），填土上作用有可变荷载 $q_k = 3.0\text{kN/m}^2$。混凝土强度等级为 C25，受力钢筋采用 HRB400，试按 NB/T 11011—2022 规范设计盖板（确定板厚和配置钢筋，并绘出盖板配筋图）。

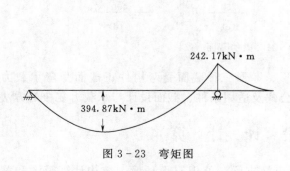

图 3-23　弯矩图

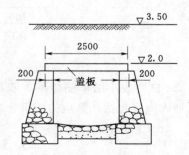

图 3-24　过水涵洞盖板

提示：

（1）盖板厚度可初拟为 180mm。

（2）填土重按静止土压力取荷载分项系数。

（3）绘制盖板配筋图时，分布钢筋不要漏掉。

5. 某渡槽为 3 级水工建筑物，混凝土强度等级为 C30，受力钢筋采用 HRB400。试按 NB/T 11011—2022 规范计算如图 3-25 所示槽身立板底部截面沿垂直向的受力钢筋截面面积，并选配钢筋。

提示：

（1）沿槽身纵向取 1m 板宽计算，即 $b=1000mm$。

（2）满槽水位设计时，静水压力属可控制不超出规定限值的可变荷载。

（3）混凝土保护层厚度取 30mm。

6. 图 3-26 所示雨篷板，结构安全级别为 Ⅱ 级，板厚 80mm，板面有防水砂浆，板底抹混合砂浆，持久状况下板面上承受均布荷载设计值为 5.0kN/m²（包括自重）。混凝土强度等级为 C30，受力钢筋采用 HRB400，试按 NB/T 11011—2022 规范配置纵向受力钢筋，并绘制配筋图（包括受力钢筋和分布钢筋）。

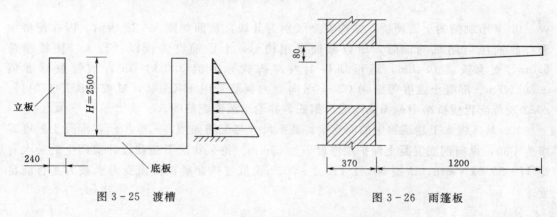

图 3-25　渡槽　　　　　　　　　　　　图 3-26　雨篷板

7. 图 3-27 为某港渔业公司加油码头面板，结构安全级别为 Ⅱ 级，采用叠合板形式，板厚 180mm（其中 100mm 为预制板厚，80mm 为现浇板厚），表面尚有 20mm 磨耗层（$\gamma=24.0kN/m^3$，不计受力作用），板长 2.55m，板宽 2.99m。预制板直接搁在纵梁上，

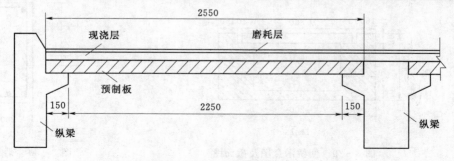

图 3-27　加油码头面板

搁置宽度为 150mm，持久状况下承受可变荷载标准值为 5.50kN/m²。混凝土强度等级为 C30，受力钢筋采用 HRB400，试按 NB/T 11011—2022 规范配置该预制板的钢筋，并绘制配筋图。

8. 图 3-28 所示的矩形截面简支梁处于一类环境，结构安全级别为 Ⅱ 级，截面尺寸 200mm×500mm，净跨 $l_n=4.64m$，持久状况下梁上均布荷载设计值 $g+q=32.0kN/m$（包含自重）。混凝土强度等级为 C30，纵向受力钢筋采用 HRB400，试按 NB/T 11011—2022 规范配置跨中截面纵向受力钢筋，并绘出截面配筋图。

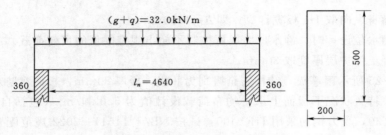

图 3-28　简支梁示意图

9. 某节制闸的上游便桥，结构安全级别为 Ⅱ 级，截面如图 3-29 所示。因在便桥中要存放油压启闭机的油管，所以截面采用槽形，上面铺设盖板以便行人。便桥净跨 8.0m，支承长度 0.40m，运行期桥上人群荷载标准值 3.0 kN/m²，油管重标准值 0.30kN/m。混凝土强度等级为 C30，纵向受力钢筋采用 HRB400，试按 NB/T 11011—2022 规范配置便桥跨中截面纵向受力钢筋，并绘出截面配筋图。

10. 某 3 级水工建筑物中的简支梁，截面尺寸与配筋如图 3-30 所示，混凝土强度等级为 C30，纵向钢筋混凝土保护层厚度 $c_s=45mm$。持久状况下荷载设计值产生的最大弯矩 $M=55.0kN \cdot m$，试按 NB/T 11011—2022 规范复核此梁正截面受弯承载力是否满足要求。

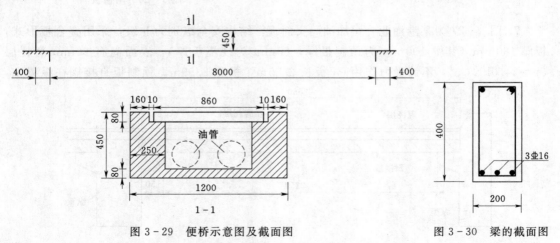

图 3-29　便桥示意图及截面图　　　　　图 3-30　梁的截面图

11. 某处于一类环境的简支梁，结构安全级别为 Ⅱ 级，混凝土强度等级为 C30，纵向受力钢筋采用 HRB400，跨中截面尺寸与纵向受力钢筋配置如图 3-31 所示。若按 NB/T 11011—2022 规范复核，该梁在持久状况下截面能承受的荷载设计值产生的弯矩 M 为多少？

钢筋如改用 HRB500，用量仍为 3Φ25，混凝土仍为 C30，该梁截面能承受的荷载设计值产生的弯矩又为多少？

12. 某水利工地有一批钢筋混凝土预制板，截面如图 3-32 所示，混凝土强度等级为 C30，配有 8Φ22 纵向钢筋，混凝土保护层厚 30mm，用作砂石廊道的盖板用。砂石廊道为 4 级水工建筑物，处于二类环境，板上堆放施工用的卵石料高 13.0m（卵石重力密度 $\gamma = 18.0\text{kN/m}^3$），试按 NB/T 11011—2022 规范复核盖板跨中截面正截面受弯承载力是否安全。

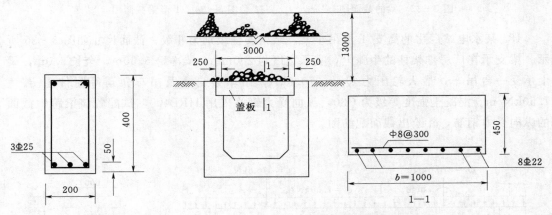

图 3-31 梁的截面图　　　　图 3-32 砂石廊道及钢筋混凝土预制板

13. 某处于三类环境的矩形截面简支梁，结构安全级别为 Ⅱ 级，持久状况下荷载设计值在跨中截面产生的弯矩 $M = 228.0\text{kN·m}$。截面尺寸初定为 $b \times h = 250\text{mm} \times 500\text{mm}$，纵向受力钢筋采用 HRB400，混凝土强度等级为 C30（混凝土强度等级不宜提高），试进行正截面受弯承载力设计。

若截面尺寸限制为 250mm×500mm，仍采用 HRB400 钢筋和 C30 混凝土（混凝土强度等级不宜提高），试配置纵向受力钢筋，绘出截面配筋图。

14. 由于构造原因，在上题中截面已配有纵向受压钢筋 3Φ16，试求纵向受拉钢筋截面面积，并与上题比较纵向钢筋总用量（$A_s' + A_s$）。

15. 若 13 题中纵向受压钢筋为 3Φ22，试求纵向受拉钢筋的需要量。

16. 图 3-33 所示梁处于一类环境，结构安全级别为 Ⅱ 级，混凝土强度等级为 C30，试按 NB/T 11011—2022 规范验算该梁截面在运行期能承担的荷载设计值产生的弯矩 M 有多大？

17. 某处于一类环境的 T 形简支梁，结构安全级别为 Ⅱ 级，截面尺寸如图 3-34 所示，计算跨度为 6.0m，在运行期荷载设计值在跨中截面产生的弯矩 $M = 105.0\text{kN·m}$。混凝土强度等级为 C30，纵向钢筋采用 HRB400，试配置跨中截面的纵向受力钢筋，绘出截面配筋图。

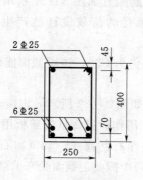

图 3-33　梁的截面图

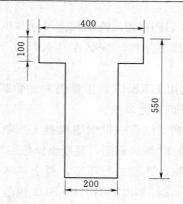

图 3-34　T 形梁截面图

18. 某水电站厂房的简支 T 形吊车梁,结构安全级别为 Ⅱ 级,截面尺寸如图 3-35 所示。梁支承在厂房排架柱的牛腿上,支承宽度为 200mm,梁净跨 5.60m,全长 6.0m,梁上承受一台吊车,最大轮压力 $Q_k = 370.0$ kN,吊车梁自重及吊车轨道等附件重 $g_k = 7.50$ kN/m。混凝土强度等级为 C30,纵向受力钢筋采用 HRB400,试配置该梁跨中截面的纵向受力钢筋,并绘出截面配筋图。

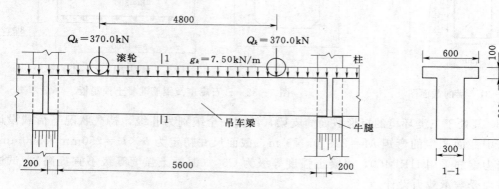

图 3-35　吊车梁示意图及截面图

提示:

(1) 该厂房属于室内干燥环境。

(2) 吊车轮压属可控制的可变荷载。

(3) 轮压力为移动的集中荷载(注意:两个轮压力之间距离保持不变),可位于吊车梁上各个不同位置,应考虑轮压所在最不利位置,以求跨中截面最大弯矩值。

(4) 估计纵向受拉钢筋需放两层。

(5) 吊车梁尚承受横向水平力和扭矩,承受这些外力的钢筋应另行计算和配置。

19. 某 3 级水工建筑物中的独立 T 形截面简支梁,$b'_f = 1200$ mm,$b = 250$ mm,$h = 600$ mm,$h'_f = 100$ mm,计算跨度 $l_0 = 6.20$ m,混凝土强度等级为 C30,配有 4 Φ 20 纵向受拉钢筋,钢筋单层布置,$a_s = 45$ mm。持久状况下荷载设计值在跨中截面产生的弯矩 $M = 131.0$ kN·m,试按 NB/T 11011—2022 规范复核该截面是否安全。

20. 某处于一类环境的独立简支 T 形梁,计算跨度为 6.50m,截面尺寸及配筋如图 3-36 所示,混凝土强度等级为 C30,试求该截面能承受的极限弯矩 M_u。

21. 图 3-37 所示的 I 形截面梁处于一类环境,结构安全级别为 II 级,计算跨度 9.50m,持久状况下荷载设计值在梁跨中截面产生的最大弯矩 $M=302.0$kN·m。混凝土强度等级为 C30,纵向受力采用钢筋 HRB400,试按 NB/T 11011—2022 规范配置跨中截面纵向受力钢筋,并绘出截面配筋图。

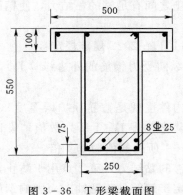

图 3-36 T 形梁截面图 　　　　　　　　图 3-37 I 形梁截面图

△22. 某 3 级水工建筑物中的独立 T 形截面简支梁,处于二类环境,计算跨度 5.50m,截面尺寸如图 3-38 所示,持久状况下荷载设计值在跨中截面产生的弯矩 $M=$ 342.0kN·m。混凝土强度等级为 C30,纵向受力钢筋采用 HRB400。若截面尺寸不能加大,混凝土强度等级不能提高,试按 NB/T 11011—2022 规范求跨中截面纵向受压钢筋截面面积 A_s' 及受拉钢筋截面面积 A_s。

提示:纵向受压钢筋单层布置,纵向受拉钢筋双层布置。

23. 某 3 级水工建筑物中的简支梁,处于一类环境,截面尺寸和配筋如图 3-39 所示,计算跨度 5.50m,持久状况下荷载设计值在梁中截面产生的最大弯矩 $M=360.0$kN·m。混凝土为 C30,配有纵向受压钢筋 2Φ20 和受拉钢筋 6Φ25,试按 NB/T 11011—2022 规范验算正截面受弯承载力是否满足要求。若纵向受压钢筋改配 2Φ14 ($A_s'=308$mm^2),正截面受弯承载力是否还能满足?

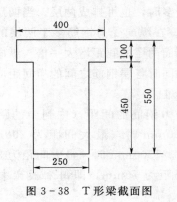

图 3-38 T 形梁截面图

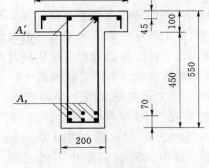

图 3-39 梁的截面图

3.4　思考题参考答案

1. 受弯构件仅在受拉区配置纵向受力钢筋的截面称为单筋截面,受拉区和受压区都配置纵向受力钢筋的截面称为双筋截面。

2. 在钢筋混凝土构件中,钢筋外边缘与构件外表面最短距离就是混凝土保护层。

保护层的作用有两个:一是保证钢筋与混凝土之间有足够的黏结力,使钢筋与混凝土共同工作;二是防止钢筋生锈。

保护层的最小厚度受两方面的控制,NB/T 11011—2022 规范规定:

①纵向受力钢筋的混凝土保护层厚度 c_s(从纵向受力钢筋的外边缘算起),它不应小于钢筋直径。

②最外层钢筋的保护层厚度 c(配有箍筋的构件也就是箍筋保护层厚度),对设计使用年限为 50 年的混凝土结构,它不应小于教材附录 D 表 D-1 所列数值;设计使用年限为 100 年的混凝土结构,它不应小于附录 D 表 D-1 所列数值的 1.4 倍。

第①点用于保证纵向钢筋与混凝土之间有足够的黏结力,第②点用于防止钢筋生锈。

对钢筋混凝土结构构件来说,耐久性主要决定于钢筋是否锈蚀,而影响钢筋锈蚀的关键因素之一是混凝土保护层厚度。当混凝土碳化深度发展到钢筋表面就会破坏钢筋表面钝化膜(钝化膜能防止钢筋锈蚀),再加上氧气和水分的渗入,钢筋就会发生锈蚀。构件处于海水浪溅区及盐雾作用区时,由于氯离子渗入,钢筋表面的钝化膜将会提早破坏,钢筋就会很严重地锈蚀。由此可见,结构构件处于不同的环境条件,钢筋发生锈蚀及其程度是不相同的。所以规范规定混凝土保护层厚度与环境条件类别有关。

3. 为保证钢筋骨架有较好的刚度并便于施工,梁内纵向受力钢筋的直径不能太细,同时为了避免受拉区混凝土产生过宽的裂缝,直径也不宜太粗,通常可选用直径为 12~28mm 的钢筋。

4. 为了防止钢筋锈蚀,同时为了保证钢筋能与混凝土牢固黏结在一起,纵向钢筋的保护层厚度不应小于 c_s。同时,为了便于混凝土的浇捣并保证混凝土与钢筋之间有足够的黏结力,梁内下部纵向钢筋的净距不应小于钢筋直径 d,也不应小于 25mm 和最大骨料粒径的 1.25 倍;上部纵向钢筋的净距不应小于 $1.5d$,也应不小于 30mm 及最大骨料粒径的 1.5 倍。纵向受力钢筋尽可能排成一层,当根数较多时,也可排成两层。当两层还布置不开时,也允许将钢筋成束布置(每束以 2 根为宜)。在纵向受力钢筋多于两层的特殊情况,第三层及以上各层的钢筋水平方向的间距应比下面两层的间距增大一倍。纵向钢筋排成两层或两层以上时,应避免上下层钢筋互相错位,同时各层钢筋之间的净间距应不小于 25mm 和最大钢筋直径,否则将使混凝土浇灌发生困难。

5. 为传力均匀及避免混凝土局部破坏,板中受力钢筋的间距(中到中的距离)不能太大,要对最大间距作出限制。当板厚 $h \leqslant 200mm$ 时,最大间距为 200mm;当 $200mm < h \leqslant 1500mm$ 时,最大间距为 250mm;当 $h > 1500mm$ 时,最大间距为 300mm。为便于施工,板中钢筋的间距也不要过密,最小间距为 70mm,即每米板宽中最多放 14 根钢筋。

6. 在板中，若只在一个方向配置受力钢筋，则需在垂直受力钢筋方向布置分布钢筋。布置分布钢筋的作用是将板面荷载更均匀地传布给受力钢筋，同时在施工中用以固定受力钢筋，并起抵抗混凝土收缩和温度应力的作用。

在一般厚度板中，分布钢筋的截面面积不应小于单位长度上受力钢筋截面面积的15%，且配筋率不宜小于0.15%；直径不宜小于6mm，间距不宜大于250mm。当承受集中荷载时，分布钢筋的截面面积不应小于单位长度上受力钢筋截面面积的25%；集中荷载较大时，分布钢筋的配筋面积尚应增加，且间距不宜大于200mm。当板处于温度变幅较大或处于不均匀沉陷的复杂条件，且在与受力钢筋垂直的方向所受约束很大时，分布钢筋宜适当增加。

7. 适筋梁从加载到破坏，正截面受力状态可分为三个应力阶段：

(1) 当弯矩很小时，截面处于第Ⅰ阶段——"未裂阶段"，受拉区和受压区混凝土应力都很小，应力分布接近于三角形。

当弯矩增大时，受拉区混凝土表现出明显的塑性特征，拉应力图形呈曲线分布。当达到这个阶段末尾时，受拉区边缘混凝土应变达到极限拉应变，受压区混凝土应力图形仍接近于三角形。受弯构件正常使用阶段抗裂验算即以此应力状态为依据。

(2) 当弯矩继续增加，进入第Ⅱ阶段——"裂缝阶段"。受拉区产生裂缝，裂缝截面的受拉区混凝土几乎完全脱离工作，拉力由纵向钢筋单独承担。受压区也有一定的塑性变形发展，应力图形呈平缓的曲线形。正常使用阶段变形和裂缝宽度的验算即以此应力阶段为依据。

(3) 荷载继续增加，纵向受拉钢筋应力达到屈服强度 f_y，即认为梁已进入第Ⅲ阶段——"破坏阶段"。此时纵向受拉钢筋应力不增加而应变迅速增大，促使裂缝急剧开展并向上延伸，受压区面积减小，混凝土压应力增大。在受压区边缘应变达到极限压应变时，受压区混凝土发生纵向水平裂缝而被压碎，梁就随之破坏。正截面受弯承载力计算即以此应力阶段为依据。

以上三个阶段的终点分别为：受拉区边缘混凝土应变 ε_c 达到了混凝土极限拉应变 ε_{tu}，$\varepsilon_c \rightarrow \varepsilon_{tu}$；纵向受拉钢筋应变 ε_y 达到了钢筋屈服应变，$\varepsilon_s \rightarrow \varepsilon_y$；受压区边缘混凝土应变 ε_c 达到了混凝土极限压应变 ε_{cu}，$\varepsilon_c \rightarrow \varepsilon_{cu}$。

8. 受弯构件正截面有适筋、超筋、少筋三种破坏形态。它们的破坏过程与特点如下：

(1) 适筋破坏，纵向受拉钢筋的应力首先到达屈服强度，有一根或几根裂缝迅速扩展并向上延伸，受压区面积大大减小，迫使受压区边缘混凝土应变达到极限压应变 ε_{cu}，混凝土被压碎，构件即告破坏。在破坏前，构件有明显的破坏预兆，这种破坏属于延性破坏。

(2) 超筋破坏，若纵向受拉钢筋用量过多，加载后纵向受拉钢筋应力尚未达到屈服强度，受压混凝土却已先达到极限压应变而被压坏，这种破坏属于脆性破坏。超筋梁由于混凝土压坏前无明显预兆，对结构的安全很不利，在设计中必须避免采用。

(3) 少筋破坏，若纵向受拉配筋量过少，受拉区混凝土一出现裂缝，裂缝截面的纵向受拉钢筋应力很快达到屈服强度，并可能经过流幅段而进入强化阶段。这种少筋梁在破坏时往往只出现一条裂缝，但裂缝开展极宽，挠度也增长极大，实用上认为已不能使用。少筋构件的破坏基本上属于脆性破坏，而且构件的承载力又很低，所以在设计中也应避免采用。

三种破坏的特点是：适筋破坏为延性破坏，破坏时 $\varepsilon_s \geqslant \varepsilon_y$，$\varepsilon_c = \varepsilon_{cu}$；超筋破坏为脆性破坏，破坏时 $\varepsilon_s < \varepsilon_y$，$\varepsilon_c = \varepsilon_{cu}$；少筋破坏也属于脆性破坏，破坏时 $\varepsilon_s > \varepsilon_y$，$\varepsilon_c < \varepsilon_{cu}$。

为防止超筋破坏，应使混凝土受压区计算高度 x 不致过大，即满足 $x \leqslant \xi_b h_0$。（NB/T 11011—2022 规范）或 $x \leqslant 0.85 \xi_b h_0$。（SL 191—2008 规范）。为防止少筋破坏，应满足纵向受拉钢筋配筋率 $\rho \geqslant \rho_{\min}$（$\rho_{\min}$ 为纵向受拉钢筋最小配筋率）。

9. 正截面的破坏特征随纵向受拉钢筋配筋量多少而变化的规律是：

(1) 配筋量太少时，发生少筋破坏，破坏弯矩接近于开裂弯矩，其大小取决于混凝土的抗拉强度及截面尺寸的大小，一般为脆性破坏。

(2) 配筋量过多时，发生超筋破坏，纵向受拉钢筋不能充分发挥作用，构件的破坏弯矩取决于混凝土的抗压强度及截面尺寸的大小，破坏呈脆性。

(3) 合理的配筋量应在这两个限度之间，即使构件发生破坏，也可避免发生超筋或少筋破坏这两种脆性破坏，而发生适筋破坏。

10. 对钢筋混凝土构件抵抗开裂能力而言，纵向受拉钢筋所起的作用很小，所以仅纵向受拉钢筋的配筋量不同，其他条件都相同的两根适筋梁，它们的正截面开裂弯矩 M_{cr} 大小差不多。而对于适筋梁，纵向受拉钢筋配筋量对正截面受弯承载力影响很大，所以纵向受拉钢筋配筋量大的梁，其正截面极限弯矩 M_u 要大于配筋量小的梁。由此可见，M_{cr}/M_u 值是配筋量小的梁大。

11. 正截面受弯承载力计算时有如下 4 个基本假定：

(1) 截面应变保持平面（平截面假定）。

(2) 不考虑受拉区混凝土工作。

(3) 当混凝土压应变 $\varepsilon_c \leqslant 0.002$ 时，应力应变关系为抛物线；当 $\varepsilon_c > 0.002$ 时，应力应变关系取为水平线；极限压应变 ε_{cu} 取为 0.0033；最大压应力取为混凝土轴心抗压强度设计值 f_c。

(4) 纵向受拉钢筋的应力应变关系可简化为理想的弹塑性曲线，极限拉应变取为 0.01。当 $0 \leqslant \varepsilon_s \leqslant \varepsilon_y$ 时，$\sigma_s = \varepsilon_s E_s$；而当 $\varepsilon_s > \varepsilon_y$ 时，$\sigma_s = f_y$，f_y 为钢筋抗拉强度设计值。

12. 构件在纵向受拉钢筋应力达到屈服强度的同时，混凝土受压区边缘应变恰好达到极限压应变 ε_{cu} 的破坏，称为界限破坏。此时，$\varepsilon_s = \varepsilon_y = f_y/E_s$，$\varepsilon_c = \varepsilon_{cu}$（教材图 3-18）。

在界限破坏状态，截面受压区实际高度为 x_{0b}。由于界限破坏时，$\varepsilon_s = \varepsilon_y = f_y/E_s$，$\varepsilon_c = \varepsilon_{cu} = 0.0033$（教材图 3-18），根据平截面假定，截面应变为直线分布，所以可按比例关系求出界限破坏状态时截面相对界限受压区实际高度 ξ_{0b}：

$$\xi_{0b} = \frac{x_{0b}}{h_0} = \frac{\varepsilon_{cu}}{\varepsilon_{cu} + \varepsilon_y} = \frac{0.0033}{0.0033 + \dfrac{f_y}{E_s}} = \frac{1}{1 + \dfrac{f_y}{0.0033 E_s}}$$

在设计计算时，常用矩形应力图形的受压区高度 x 代替 x_0。由于 NB/T 11011—

2022规范和SL 191—2008规范未列入强度等级大于C60的混凝土,所以取矩形应力图形的受压区高度为固定值,$x = 0.8x_0$;用相对受压区计算高度ξ代替ξ_0,$\xi = 0.8\xi_0$。对于界限状态,则也用x_b代替x_{0b},用ξ_b代替ξ_{0b},显然$x_b = 0.8x_{0b}$,$\xi_b = 0.8\xi_{0b}$,由此可得

$$\xi_b = \frac{x_b}{h_0} = \frac{0.8}{1 + \dfrac{f_y}{0.0033E_s}}$$

从教材图3-18看到,当$\xi > \xi_b$($\xi_0 > \xi_{0b}$)时,纵向受拉钢筋应力达不到屈服强度,为超筋破坏;当$\xi \leqslant \xi_b$($\xi_0 \leqslant \xi_{0b}$)时,纵向受拉钢筋应力可以达到屈服强度,为适筋破坏。

13. 在正截面承载力计算时,为简化,受压区混凝土的曲线应力图形用一个等效的矩形应力图形来代替。由于NB/T 11011—2022规范和SL 191—2008规范未列入强度等级大于C60的混凝土,所以取矩形应力图形应力值为f_c(图3-40)。

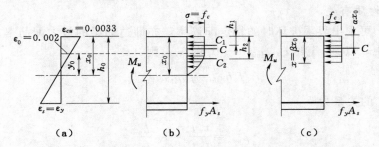

图3-40 应变及应力图

等效矩形应力图形的高度x按"压应力合力的大小及其作用点位置不变"的原则确定。设压应力图形的合力C至受压区边缘的距离为αx_0,此处x_0为按基本假定确定的设计曲线应力图形的高度,则图3-40(b)和(c)两个图形中受压区高度的关系为$x = \beta x_0$。

在设计曲线应力图形中,二次抛物线终点所对应的应变值是$\varepsilon_0 = 0.002$,所以二次抛物线段的高度为

$$y_0 = \frac{\varepsilon_0}{\varepsilon_{cu}} x_0 = \frac{0.002}{0.0033} x_0 = \frac{20}{33} x_0$$

而直线应力段的高度为

$$x_0 - y_0 = \frac{13}{33} x_0$$

于是压应力图形的合力为

$$C = C_1 + C_2 = f_c \frac{13}{33} x_0 b + \frac{2}{3} f_c \frac{20}{33} x_0 b = 0.798 f_c x_0 b$$

此处b为截面宽度。合力C至截面受压边缘的距离为

$$\alpha x_0 = \frac{C_1 h_1 + C_2 h_2}{C}$$

$$= \frac{f_c \frac{13}{33} x_0 b \left(\frac{1}{2} \times \frac{13}{33} x\right) + f_c b \left(\frac{2}{3} \times \frac{20}{33} x_0\right) \left(\frac{13}{33} x_0 + \frac{3}{8} \times \frac{20}{33} x_0\right)}{0.798 f_c x_0 b} = 0.412 x_0$$

再按合力 C 位置不变的条件，得

$$\frac{1}{2} \beta x_0 = \alpha x_0$$

所以

$$\beta = 2\alpha = 2 \times 0.412 = 0.824$$

为了简化，取 $\beta = 0.8$。这就是 $x = \beta x_0 = 0.8 x_0$ 的由来。

14. 相对界限受压区计算高度计算公式为：$\xi_b = \dfrac{0.8}{1 + \dfrac{f_y}{0.0033 E_s}}$，因此它和钢筋等级有

关，即与钢筋性质有关。

当 $\xi = \xi_b$，可求出界限破坏时的特定配筋率，亦即适筋梁的最大配筋率 $\rho_{\max}$。在公式 $f_c bx = f_y A_s$ 中，以 x_b 代替 x，$\rho_{\max} b h_0$ 代替 A_s，则

$$f_c b x_b = f_y \rho_{\max} b h_0$$

所以 $\rho_{\max}$ 和 ξ_b 的关系为

$$\rho_{\max} = \frac{x_b f_c}{h_0 f_y} = \xi_b \frac{f_c}{f_y}$$

15. 截面设计时，弯矩设计值一定，若出现少筋，说明截面尺寸取大了。如截面尺寸能减小，应减小截面尺寸，以免造成浪费；如截面尺寸不能减小，则纵向受拉钢筋按最小配筋率配筋。若出现超筋，说明截面尺寸取小了或混凝土强度等级取低了。如截面尺寸或混凝土强度等级能调整，应加大截面尺寸或提高混凝土强度等级；如截面尺寸不能加大，又不便提高混凝土强度，则应按双筋截面设计，配纵向受压钢筋以帮助混凝土受压。

16. 随纵向受拉钢筋配筋率的变化，钢筋混凝土受弯构件可能出现少筋、适筋和超筋三种破坏。具体如下：

(1) $\rho < \rho_{\min}$ 时为少筋破坏，当纵向受拉钢筋配筋过少时，混凝土一旦开裂，钢筋立即屈服，并可能经历整个流幅而进入钢筋强化阶段，裂缝和挠度过大，破坏一般呈脆性性质。$\rho_{\min} < \rho < \rho_{\max}$ 为适筋破坏，此时纵向受拉钢筋首先屈服，而后受压区混凝土被压碎而破坏，呈延性破坏。$\rho = \rho_{\max}$ 时为界限破坏，当纵向受拉钢筋屈服的同时受压区边缘混凝土达到极限压应变，已属临界状态。$\rho > \rho_{\max}$ 时为超筋破坏，当纵向受拉钢筋配筋过多时，受拉钢筋不屈服，受压区混凝土先被压碎而破坏，呈脆性破坏。

(2) $\rho < \rho_{\min}$ 时，$\sigma_s > f_y$；$\rho_{\min} \leqslant \rho \leqslant \rho_{\max}$ 时，$\sigma_s \geqslant f_y$；$\rho > \rho_{\max}$ 时，$\sigma_s < f_y$。

(3) $\rho < \rho_{\min}$，纵向受拉钢筋强度充分利用，但混凝土受压强度未被充分利用；$\rho_{\min} \leqslant \rho \leqslant \rho_{\max}$，纵向受拉钢筋和受压混凝土强度均充分利用；$\rho > \rho_{\max}$，纵向受拉钢筋强度未充

分利用，但混凝土受压强度被充分利用。

17. 矩形截面梁截面设计时，如果求出 $\alpha_s = \dfrac{\gamma_d M}{f_c b h_0^2} > \alpha_{sb}$，说明截面尺寸过小或混凝土强度等级过低，是超筋截面。应加大截面尺寸或提高混凝土强度等级。如果不能增大截面尺寸，提高混凝土强度等级又不方便时，可采用双筋截面。

18. 如果截面承受的弯矩很大，而截面尺寸受到限制不能增大，混凝土强度等级又不方便提高，以致用单筋截面无法满足 $\xi \leqslant \xi_b$（NB/T 11011—2022 规范）或 $\xi \leqslant 0.85\xi_b$（SL 191—2008 规范）的适用条件，就需要在受压区配置纵向受压钢筋来帮助混凝土受压，此时就应按双筋截面计算。或者当截面既承受正向弯矩又可能承受反向弯矩，截面上下均应配置纵向受力钢筋，而在计算中又考虑纵向受压钢筋作用时，亦按双筋截面计算。

用钢筋来帮助混凝土受压从经济上讲是不合算的，但对构件的延性有利。因此，在抗震地区，宜配置纵向受压钢筋。

19. 双筋矩形截面正截面受弯承载力计算简图见教材图 3-25，根据内力平衡条件，并满足承载能力极限状态的计算要求，可列出基本公式如下：

$$\gamma_d M \leqslant M_u = f_c b x \left(h_0 - \frac{x}{2} \right) + f_y' A_s' (h_0 - a_s')$$

$$f_c b x = f_y A_s - f_y' A_s'$$

以上两个公式的适用条件为

$$\xi \leqslant \xi_b \quad \text{或} \quad x \leqslant \xi_b h_0$$

$$x \geqslant 2 a_s'$$

第一个条件的意义与单筋截面一样，即避免发生超筋情况。第二个条件的意义是保证纵向受压钢筋应力能够达到抗压强度设计值。因为纵向受压钢筋如太靠近中和轴，将得不到足够的变形，应力无法达到抗压强度设计值，基本公式便不能成立。只有当受压混凝土合力点在纵向受压钢筋合力作用点之下或两者重合（$x \geqslant 2a_s'$），才认为纵向受压钢筋的应力能够达到抗压强度设计值。理论上，基本公式除需满足 $\xi \leqslant \xi_b$ 和 $x \geqslant 2a_s'$ 两个适用条件外还需满足 $\rho \geqslant \rho_{\min}$，但对于一般尺寸的双筋截面，计算得到的纵向受拉钢筋总能满足 $\rho \geqslant \rho_{\min}$，可不用进行 $\rho_{\min}$ 条件的验算。

对于 $x < 2a_s'$ 的情况，纵向受压钢筋应力达不到 f_y'。对此情况，在计算中可近似地假定受压混凝土合力点与纵向受压钢筋合力点重合（教材图 3-26），以纵向受压钢筋合力点为矩心取矩（相当于取 $x = 2a_s'$），可得

$$\gamma_d M \leqslant M_u = f_y A_s (h_0 - a_s')$$

此时（$x < 2a_s'$）需满足验算 $\rho \geqslant \rho_{\min}$。

20. 一般情况下单筋矩形截面的 x 约在 $0.2h_0 \sim 0.4h_0$ 之间，由公式 $M_u = f_y A_s \left(h_0 - \dfrac{x}{2} \right)$ 可知，相应的 $M_u = (0.9h_0 \sim 0.8h_0) f_y A_s$。现假设混凝土强度提高 1 倍，由公式 $x = \dfrac{f_y A_s}{f_c b}$ 可知，x 将减小一半，即 $x = 0.1h_0 \sim 0.2h_0$，相应的 $M_u = (0.95h_0 \sim$

$0.90h_0)f_yA_s$，比原来仅增大 $5\%\sim10\%$。所以，单筋受弯构件的正截面受弯承载力主要由钢筋强度控制而混凝土强度的影响不是太大。

但若混凝土强度过低，x 将随之增大，截面延性降低，甚至因混凝土强度过低而发生脆性的超筋破坏，正截面受弯承载力将由混凝土强度控制。同时，受弯构件还需考虑斜截面受剪承载力，而混凝土的强度高低对斜截面受剪承载力影响很大。此外，混凝土强度过低将严重影响结构的耐久性，所以认为施工中把混凝土强度等级弄错了也无所谓的说法是完全错误的。

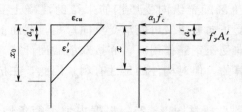

图 3-41　受弯构件截面应变图和应力图

21. 条件 $x\geqslant2a'_s$ 的目的是使纵向受压钢筋具有充分的应变（即 $\varepsilon'_s\geqslant f'_y/E_s$），保证其抗压强度的正常发挥。现讨论纵向受压钢筋的应变 ε'_s，根据图 3-41 所示的应变图形的相似三角形关系，有

$$\frac{\varepsilon'_s}{\varepsilon_{cu}}=\frac{x_0-a'_s}{x_0}$$

即

$$\varepsilon'_s=\frac{x_0-a'_s}{x_0}\varepsilon_{cu}$$

取 $x=2a'_s$，则 $x_0=x/0.8=2a'_s/0.8=2.5a'_s$，将 x_0 代入上式，有

$$\varepsilon'_s=\frac{x_0-a'_s}{x_0}\varepsilon_{cu}=\frac{2.5a'_s-a'_s}{2.5a'_s}\varepsilon_{cu}=0.6\varepsilon_{cu}$$

对普通混凝土 $\varepsilon_{cu}=0.0033\sim0.004$，$\varepsilon'_s=0.6\varepsilon_{cu}=0.6\times(0.0033\sim0.004)=0.00198\sim0.00240$，而保证钢筋抗压强度正常发挥所需的应变值：

HPB300 钢筋 $\varepsilon'_s=\dfrac{f'_y}{E_s}=\dfrac{270}{2.1\times10^5}=0.00129$

HRB400 钢筋 $\varepsilon'_s=\dfrac{f'_y}{E_s}=\dfrac{360}{2.0\times10^5}=0.00180$

HRB500 钢筋 $\varepsilon'_s=\dfrac{f'_y}{E_s}=\dfrac{435}{2.0\times10^5}=0.00218$

经比较可知，对于热轧钢筋，用 $x\geqslant2a'_s$ 来保证构件破坏时纵向受压钢筋应力达到抗压强度设计值是完全足够和合适的。

22. 按 NB/T 11011—2022 规范设计双筋截面时，若 A'_s 及 A_s 均未知，应根据充分利用受压区混凝土受压而使纵向钢筋总用量（$A_s+A'_s$）为最小的原则，取 $\xi=\xi_b$（即 $x=\xi_bh_0$）进行计算。

当已知 A'_s 时，此时不能再用 $x=\xi_bh_0$ 公式，必须按下列步骤进行计算：

①求 α_s：

$$\alpha_s=\frac{\gamma_dM-f'_yA'_s(h_0-a'_s)}{f_cbh_0^2}$$

②根据 α_s 值计算相对受压区高度 ξ，并检查是否满足适用条件式 $\xi\leqslant\xi_b$。如不满足，

则表示已配置的 A'_s 还不够，应增加 A'_s，此时可看作纵向受压钢筋未知的情况计算 A'_s 和 A_s。

③如满足适用条件式 $\xi \leqslant \xi_b$，则计算 $x = \xi h_0$，并检查是否满足适用条件式 $x \geqslant 2a'_s$。如满足，则计算纵向受拉钢筋截面面积 A_s：

$$A_s = \frac{f_c b \xi h_0 + f'_y A'_s}{f_y}$$

如不满足，表示纵向受压钢筋的应力达不到抗压强度，此时可改用 $x < 2a'_s$ 时的公式计算纵向受拉钢筋截面面积 A_s：

$$A_s = \frac{M}{f_y(h_0 - a'_s)}$$

如按 SL 191—2008 规范进行设计，计算步骤相同，只需将基本公式中的 γ_d、ξ_b 分别相应换成 K、$0.85\xi_b$，M 按 SL 191—2008 规范计算即可。

23. 按 NB/T 11011—2022 规范复核双筋截面正截面受弯承载力时，可按下列步骤进行：

（1）计算受压区高度 x，并检查是否满足适用条件式 $x \leqslant \xi_b h_0$，如不满足，则取 $x = \xi_b h_0$，由 $M_u = f_c b x \left(h_0 - \dfrac{x}{2}\right) + f'_y A'_s (h_0 - a'_s)$ 计算 M_u。

（2）如满足条件 $x \leqslant \xi_b h_0$，检查是否满足条件式 $x \geqslant 2a'_s$。如不满足 $x \geqslant 2a'_s$，则由 $x < 2a'_s$ 时的唯一基本公式 $M_u = f_y A_s (h_0 - a'_s)$ 计算正截面受弯承载力 M_u；如满足 $x \geqslant 2a'_s$，则由 $M_u = f_c b x \left(h_0 - \dfrac{x}{2}\right) + f'_y A'_s (h_0 - a'_s)$ 计算正截面受弯承载力 M_u。

（3）当已知弯矩设计值 M 时，则应满足 $M \leqslant M_u$。

如按 SL 191—2008 规范进行复核，计算步骤相同，只需将基本公式中的 γ_d、ξ_b 分别相应换成 K、$0.85\xi_b$，M 按 SL 191—2008 规范计算即可。

24. 设 $|M_1| < |M_2|$，则有 $A_{s1} < A_{s2}$，合理的设计是将 A_{s1} 和 A_{s2} 分别视为对方的纵向受压钢筋（图 3-42）。由力的平衡公式 $f_y A_s = f_c b x + f'_y A'_s$ 可知：

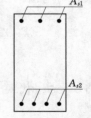

（1）当以 A_{s2} 作为纵向受压钢筋时，得到 $x < 0$，表明 A_{s2} 的强度不能充分发挥。所以应按 $x < 2a'_s$ 时的公式根据 M_1 求 A_{s1}。

（2）再以得到的 A_{s1} 作为纵向受压钢筋，按双筋截面公式由 M_2 解出 A_{s2}。

图 3-42　梁截面图

25. 根据试验和理论分析可知，当 T 形梁受力时，沿翼缘宽度上压应力的分布是不均匀的，压应力由梁肋中部向两边逐渐减小。当翼缘宽度很大时，远离梁肋的翼缘几乎不承受压力，因而在计算中不能将离梁肋较远受力很小的翼缘也算为 T 形梁的一部分。为了简化计算，将 T 形截面的翼缘宽度限制在一定范围内，称为翼缘计算宽度 b'_f。在这个范围以外，认为翼缘已不起作用。

确定 b'_f 时，可根据梁的工作情况（是整体肋形梁还是独立梁）、梁的跨度 l_0、翼缘高度与截面有效高度之比 h'_f/h_0。查教材表 3-2，b'_f 取表中各项中的最小值。对于独立 T 形梁，若查表得到的 b'_f 大于翼缘实际宽度时，取 b'_f 等于翼缘实际宽度。

26. T 形梁的计算，按计算中和轴所在位置不同分为两种情况：①第一种情况是计算中和轴位于翼缘内，即 $x \leqslant h'_f$，受压区为矩形，计算时采用矩形截面公式，注意应将公式中的 b 改用 b'_f，但验算最小配筋率时仍用 $\rho = \dfrac{A_s}{bh_0}$ 计算配筋率。②第二种情况是计算中和轴位于梁肋内，即 $x > h'_f$，受压区为 T 形，所以应按 T 形截面公式计算。

判别 T 形梁属于第一种还是第二种情况，可按下列办法进行：计算中和轴刚好通过翼缘下边缘（即 $x = h'_f$）时，为两种情况的分界，所以当

$$\gamma_d M \leqslant f_c b'_f h'_f \left(h_0 - \frac{h'_f}{2} \right)$$

或

$$f_y A_s \leqslant f_c b'_f h'_f$$

时，属于第一种，反之属于第二种。

截面设计时，由于 A_s 未知，不能用 $f_y A_s \leqslant f_c b'_f h'_f$，而应当用 $\gamma_d M \leqslant f_c b'_f h'_f \left(h_0 - \dfrac{h'_f}{2} \right)$ 来判别；承载力复核时，由于 A_s 已知而 $\gamma_d M$ 未知，所以应当用 $f_y A_s \leqslant f_c b'_f h'_f$ 来判别。

27. 对第一种情况 T 形梁（参见教材图 3-34），因计算中和轴位于翼缘内，计算中和轴以下的受拉混凝土不起作用，所以这样的 T 形截面与宽度为 b'_f 的矩形截面完全一样，因而可以按宽度为 b'_f 的矩形截面计算正截面受弯承载力。应注意，在验算 $\rho \geqslant \rho_{\min}$ 时，T 形截面的纵向受拉钢筋配筋率仍然用 $\rho = \dfrac{A_s}{bh_0}$ 计算，其中 b 为梁肋宽。这是因为 $\rho_{\min}$ 主要是根据钢筋混凝土梁控制裂缝宽度的条件得出的，而 T 形截面梁的受压区对控制裂缝宽度的作用不大，因此，T 形截面的 $\rho_{\min}$ 仍按 $b \times h$ 矩形截面的数值采用。

28. 根据计算简图（教材图 3-35）和内力平衡条件，并满足承载能力极限状态的计算要求，可写出第二种情况的 T 形截面的两个基本公式：

$$\gamma_d M \leqslant M_u = f_c b x \left(h_0 - \frac{x}{2} \right) + f_c (b'_f - b) h'_f \left(h_0 - \frac{h'_f}{2} \right)$$

$$f_y A_s = f_c b x + f_c (b'_f - b) h'_f$$

将 $x = \xi h_0$ 代入上二式可得

$$\gamma_d M \leqslant M_u = \alpha_s f_c b h_0^2 + f_c (b'_f - b) h'_f \left(h_0 - \frac{h'_f}{2} \right)$$

$$f_y A_s = f_c \xi b h_0 + f_c (b'_f - b) h'_f$$

截面设计时，可先由力矩平衡公式求出 α_s，然后由 $\xi = 1 - \sqrt{1 - 2\alpha_s}$ 求得相对受压区高度 ξ，再由力平衡公式求得纵向受拉钢筋截面面积 A_s。

承载力复核时，则由力平衡公式计算出相对受压区高度 ξ，然后由 $\alpha_s = \xi(1 - 0.5\xi)$ 求得 α_s，再由力矩平衡公式计算正截面受弯承载力 M_u。当已知截面弯矩设计值 M 时，应满足 $M \leqslant M_u/\gamma_d$。

当按 SL 191—2008 规范进行截面设计与承载力复核时，计算步骤相同，只需将基本公式中的 γ_d、ξ_b 分别相应换成 K、$0.85\xi_b$，M 按 SL 191—2008 规范计算即可。

29. 根据 $x=h'_f$，可建立判别公式如下：

$$\gamma_d M \leqslant f_c b'_f h'_f \left(h_0 - \frac{h'_f}{2}\right) + f'_y A'_s (h_0 - a'_s)$$

或

$$f_y A_s \leqslant f_c b'_f h'_f + f'_y A'_s$$

如果满足上二式中的一个，则属于第一种情况的 T 形梁，应按宽度为 b'_f 的矩形截面计算；反之属于第二种情况的 T 形梁，则应按 T 形截面计算。

30. 对一截面尺寸确定的 T 形受弯梁，其最大承载力的表达式为

$$M_u = \alpha_{sb} f_c b h_0^2 + f_c (b'_f - b) h'_f \left(h_0 - \frac{h'_f}{2}\right)$$

式中，$\alpha_{sb} = \xi_b (1 - 0.5\xi_b)$，对于 HPB300、HRB400、HRB500 钢筋，α_{sb} 的取值详见教材表 3-1。

31. 纵向受拉钢筋用量 A_s：(a)=(b)>(c)=(d)。原因如下：

(1) 正截面受弯承载力计算是不考虑受拉区混凝土作用的，即正截面受弯承载力与受拉区混凝土截面积无关，因此只要受压区混凝土截面面积相等，承载力所需的纵向受拉钢筋的截面面积 A_s 就相同。在本题，(a) 与 (b) 的受压区相同，(c) 与 (d) 的受压区相同，因此有：(a) 与 (b) 的 A_s 相等、(c) 与 (d) 的 A_s 相等。

(2) 受压区宽度越大，受压区高度就越小，纵向受拉钢筋合力的力臂 $h_0 - x/2$ 就越大，A_s 就越小。在本题，(c) 和 (d) 的受压区宽度大于 (a) 和 (b)，因此，(c) 和 (d) 的 A_s 小于 (c) 和 (d) 的 A_s。

综合得：纵向受拉钢筋用量 A_s 排序为 (a)=(b)>(c)=(d)。

32. 以 NB/T 11011—2022 规范为例，列表进行比较与小结。

表 3-2　　　　　　受弯构件正截面受弯承载力计算小结

	单筋矩形截面	双筋矩形截面	T 形截面（第二类情况）
应力图形			
基本公式	$\gamma_d M \leqslant M_u = f_c bx \left(h_0 - \dfrac{x}{2}\right)$ $f_y A_s = f_c bx$		

	单 筋 矩 形 截 面	双筋矩形截面	T 形截面 （第二类情况）
适用条件	$x\leqslant\xi_b h_0$ $\rho\geqslant\rho_{\min}$		
截面设计	已知 b、h、f_c、f_y、M，求 A_s $\alpha_s=\dfrac{\gamma_d M}{f_c b h_0^2}$ $\xi=1-\sqrt{1-2\alpha_s}\leqslant\xi_b$ $A_s=\dfrac{f_c b\xi h_0}{f_y}$		
承载力复核	已知 b、h、f_c、f_y、A_s，求 M $\xi=\dfrac{f_y A_s}{f_c b h_0}\leqslant\xi_b$ 若 $\xi>\xi_b$，取 $\xi=\xi_b$ $\alpha_s=\xi(1-0.5\xi)$ $M_u=\alpha_s f_c b h_0^2$ $M\leqslant\dfrac{M_u}{\gamma_d}$		

※　双筋矩形截面和 T 形截面的承载力计算小结，请读者自己填入表中。

86

第4章 钢筋混凝土受弯构件斜截面受剪承载力计算

本章是在第 3 章受弯构件正截面受弯承载力计算基础之上，讨论如何保证受弯构件斜截面承载力（斜截面受剪承载力和斜截面受弯承载力），并掌握必要的构造知识。学完本章后，应能在掌握受弯构件斜截面承载力计算理论（破坏形态与发生条件、承载力组成与影响因素、承载力计算公式与适用范围、抵抗弯矩图绘制等）的前提下，对受弯构件承载力进行全面的设计与复核。本章主要学习内容有：

(1) 受弯构件斜截面受力分析、破坏形态与发生条件。

(2) 受弯构件斜截面受剪承载力的主要影响因素。

(3) 受弯构件斜截面受剪承载力计算。

(4) 受弯构件正截面与斜截面受弯承载力的保证及抵抗弯矩图的绘制。

(5) 钢筋骨架构造及施工图绘制。

4.1 主 要 知 识 点

4.1.1 斜裂缝出现的原因与抗剪钢筋的组成

1. 斜裂缝出现的原因

受弯构件在剪力最大或弯矩和剪力都较大的区域，截面上同时存在正应力和剪应力，处于复合应力状态，主拉应力方向与构件的轴线斜交，见图 4-1 上的虚线。当某段范围内的主拉应力超过混凝土的抗拉强度，就出现与主拉应力相垂直的裂缝。由于主拉应力与构件轴线斜交，所以裂缝也与构件轴线斜交，称为斜裂缝。由于是斜裂缝出现而引起的破

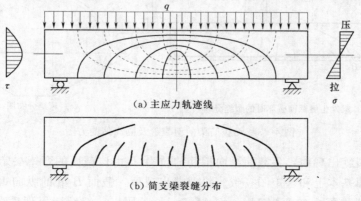

(a) 主应力轨迹线

(b) 简支梁裂缝分布

图 4-1 梁主应力轨迹线和斜裂缝

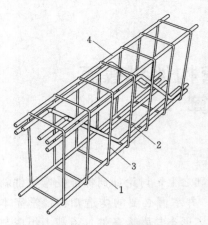

图 4-2　梁的钢筋骨架
1、2—纵向受力钢筋；2—弯起
钢筋；3—箍筋；4—架立钢筋

坏，所以称为斜截面破坏。

2. 抗剪钢筋的组成

为防止斜截面破坏，钢筋混凝土梁中需配置一定数量的抗剪钢筋。抗剪钢筋的最佳方向应与主拉应力方向一致（即与斜裂缝方向垂直），但考虑到荷载方向改变以后，主拉应力方向也会改变，原来配置的斜向抗剪钢筋就可能失效，同时考虑到施工方便，因此在梁中通常设置竖直的箍筋。箍筋跨过斜裂缝，能有效地抑制斜裂缝的发展。此外，均匀分布的箍筋还能约束混凝土，提高混凝土强度和延性；并且与纵向钢筋经绑扎或焊接形成钢筋骨架，保证各种钢筋的位置正确，见图 4-2。因而，除跨度和高度都很小的梁以外，一般梁内都应配置箍筋。配置抗剪钢筋时，首先选用箍筋，需要时再加配适量的弯起钢筋。箍筋和弯起钢筋统称为腹筋。

要注意：为了形成钢筋骨架，箍筋的 4 个角点必须布置纵向钢筋，因而，应注意：①当受压区无纵向受力钢筋时应放置 2 根架立筋；②当需弯起钢筋时纵向受力钢筋要多于 2 根。

4.1.2　斜裂缝出现前后梁内应力状态的变化

下面以无腹筋梁来说明斜裂缝出现前后梁内应力状态的变化。所谓无腹筋梁，指仅配有纵向钢筋而无箍筋及弯起钢筋的梁。实际工程中，钢筋混凝土梁总是或多或少地配有箍筋，无腹筋梁是很少的。这里用无腹筋梁举例，只是为了叙述的方便。

斜裂缝发生前后，梁的应力状态有如下变化：

（1）在斜裂缝出现前，梁的整个混凝土截面均能抵抗外荷载产生的剪力 V_A。在斜裂缝出现后，主要是由斜裂缝缝端余留截面 AA' 来抵抗剪力 V_A，见图 4-3。因此，一旦斜裂缝出现，混凝土中的剪应力就会突然增大。

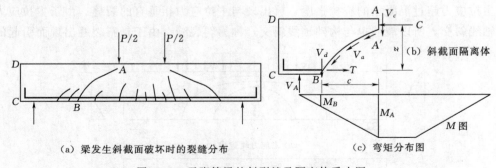

（a）梁发生斜截面破坏时的裂缝分布　　（b）斜截面隔离体

（c）弯矩分布图

图 4-3　无腹筋梁的斜裂缝及隔离体受力图

（2）在斜裂缝出现前，各截面纵向钢筋的拉力 T 由该截面的弯矩决定，因此 T 沿梁轴线的变化规律基本上和弯矩图一致。斜裂缝出现后，截面 B 处的纵向钢筋拉力 T 却决定于斜裂缝缝端截面 A 的弯矩 M_A，而 $M_A > M_B$。所以，斜裂缝出现后，穿过斜裂缝的纵向受拉钢筋应力突然增大。这个现象会引起两个问题：

1）若斜裂缝靠近支座处，支座处纵向受拉钢筋有可能被拨出，因此其锚固长度要加强。

2）在有弯起钢筋或切断钢筋的截面，剩余的纵向钢筋和穿过斜裂缝的箍筋所能抵抗的弯矩有可能小于 M_A，出现斜截面受弯承载力不足。

（3）由于纵向钢筋拉力的突增，斜裂缝更向上开展，使受压区混凝土面积进一步缩小。所以在斜裂缝出现后，受压区混凝土的压应力更进一步上升。斜裂缝缝端余留截面混凝土在剪应力和压应力作用下有可能被压坏，发生斜截面破坏。

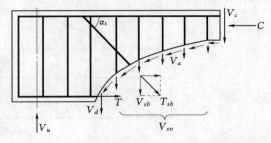

4.1.3　腹筋的作用

在斜裂缝出现前，由于梁内应变很小，腹筋作用很小，有腹筋梁和无腹筋梁的受力状态、开裂荷载没有显著差异。斜裂缝出现后，腹筋发挥以下 4 方面的作用，使斜截面受剪承载力大大提高（图 4-4）。

图 4-4　有腹筋梁的斜截面隔离体受力图

（1）与斜裂缝相交的腹筋承担了很大一部分剪力，见图 4-4 中的 V_{sv}（箍筋）和 V_{sb}（弯起钢筋）。

（2）腹筋能延缓斜裂缝向上伸展，保留了更大的斜裂缝缝端余留截面，从而提高了混凝土的受剪承载力 V_c。

（3）腹筋能有效地减小斜裂缝的开展宽度，提高了斜裂缝上的骨料咬合力 V_a。

（4）箍筋可限制纵向钢筋的竖向位移，有效地阻止了混凝土沿纵筋的撕裂，从而提高了纵筋的销栓力 V_d。

也就是说，腹筋的作用除本身承担很大一部分剪力外，还使混凝土受剪承载力 V_c、骨料咬合力 V_a 和纵筋销栓力 V_d 得以提高。因此，有腹筋梁的斜截面受剪承载力由 V_c、V_y（V_a 垂直分量）、V_d、V_{sv} 及 V_{sb} 构成。

4.1.4　斜截面破坏形态

4.1.4.1　剪跨比

所谓剪跨比 λ，对梁顶只作用有集中荷载的梁，是指剪跨 a 与截面有效高度 h_0 的比值 ［图 4-5（a）］，即 $\lambda=\dfrac{a}{h_0}=\dfrac{V_a}{Vh_0}=\dfrac{M}{Vh_0}$。对于承受分布荷载或其他多种荷载的梁，剪跨比可用无量纲参数 $\dfrac{M}{Vh_0}$ 表达，$\dfrac{M}{Vh_0}$ 也称为广义剪跨比。

4.1.4.2　临界斜裂缝

斜裂缝可能发生若干条，但荷载增加到一定程度时，总有一条开展得特别宽，并很快向集中荷载作用点处延伸的斜裂缝，这条斜裂缝就称为"临界斜裂缝"。

4.1.4.3　无腹筋梁破坏形态与发生条件

无腹筋梁的破坏形态可归纳为斜拉破坏、剪压破坏及斜压破坏三种，发生的条件主要与剪跨比 λ 有关。

1. 斜拉破坏

当剪跨比 $\lambda>3$ 时，无腹筋梁常发生斜拉破坏。斜拉破坏的特点是：

（1）斜裂缝一出现就很快形成临界斜裂缝，临界斜裂缝指向并到达集中荷载作用点，整个截面裂通。

（2）整个破坏过程急速而突然，破坏荷载比斜裂缝形成时的荷载增加不多，在三种破坏中其斜截面受剪承载力最低。

（3）破坏的原因是斜裂缝缝端余留截面上的主拉应力超过了混凝土抗拉强度。

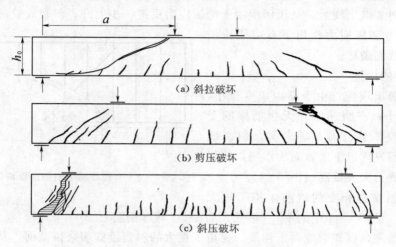

图 4-5　无腹筋梁的剪切破坏形态

2. 剪压破坏

当剪跨比 $1 < \lambda \leqslant 3$ 时，常发生剪压破坏。剪压破坏的特点是：

（1）临界斜裂缝指向荷载作用点，但未能到达荷载作用点，斜裂缝缝端余留截面混凝土在剪应力和压应力共同作用下被压碎而破坏。

（2）破坏过程比斜拉破坏缓慢一些，破坏荷载明显高于斜裂缝出现时的荷载。

（3）破坏的原因是余留截面上的主压应力超过了混凝土抗压强度。

3. 斜压破坏

当剪跨比 $\lambda \leqslant 1$ 时，常发生斜压破坏。斜压破坏的特点是：

（1）靠近支座的梁腹被分割成几条倾斜的受压柱体。

（2）梁腹上过大的主压应力将倾斜的受压柱体压碎而破坏，在三种破坏中其斜截面受剪承载力最高。

（3）破坏的原因是梁腹主压应力超过了混凝土抗压强度。

三种破坏达到破坏时的跨中挠度都不大，均属于无预兆的脆性破坏，其中斜拉破坏最为脆性。

4.1.4.4　有腹筋梁破坏形态与发生条件

有腹筋梁的破坏形态和无腹筋梁一样，也可归纳为斜拉破坏、剪压破坏及斜压破坏三种，但发生条件有所区别。无腹筋梁的三种破坏发生的条件主要与剪跨比 λ 有关；对于有腹筋梁，除剪跨比 λ 外，腹筋数量对破坏形态也有很大影响。三种破坏发生的特点是：

（1）斜拉破坏：发生于剪跨比 $\lambda > 3$ 且腹筋过少时。斜裂缝出现以后，腹筋很快达到屈服，不能起到限制斜裂缝的作用，梁的斜截面受剪承载力与无腹筋梁类似。

（2）剪压破坏：发生于剪跨比 $\lambda > 1$ 且腹筋适中时。破坏时腹筋屈服，梁的斜截面受剪承载力比无腹筋梁有较大的提高，提高的程度与腹筋数量有关。

（3）斜压破坏：发生于剪跨比 $\lambda \leqslant 1$ 或腹筋过多时。破坏时腹筋未屈服，梁的斜截面受剪承载力取决于构件的截面尺寸和混凝土强度，大小与无腹筋梁斜压破坏时相近。

也就是说，即使 $\lambda > 3$，只要腹筋配置合适也不发生斜拉破坏，而发生剪压破坏。即使 $\lambda > 1$，若腹筋配置过多也会发生斜压破坏。

4.1.5 受弯构件斜截面受剪承载力的主要影响因素

影响钢筋混凝土梁斜截面受剪承载力 V_u 的因素很多，主要有剪跨比、混凝土强度、腹筋配筋率及其强度、纵向受拉钢筋配筋率及其强度、截面形状及尺寸、荷载形式（分布荷载、集中荷载）、加载方式（直接、间接）和结构类型（简支梁、连续梁）等。

1. 剪跨比 λ

对无腹筋梁，剪跨比 λ 对斜截面受剪承载力 V_u 的大小影响明显，随 λ 增大 $\dfrac{V_u}{f_t b h_0}$ 减小，但 $\lambda \geqslant 3$ 后 $\dfrac{V_u}{f_t b h_0}$ 变化不大。其原因是：

（1）λ 反映了截面所承受的弯矩和剪力的相对大小，也就是正应力 σ 和剪应力 τ 的相对关系，进而影响着主拉应力的大小与方向。

（2）当剪跨 a 较小时，受梁顶集中荷载及支座反力的局部作用，支座附近混凝土除受有剪应力 τ 及水平正应力 σ_x 外，还受有垂直向的压应力 σ_y。该 σ_y 使这部分混凝土主拉应力减小，这就可能阻止斜拉破坏的发生。剪跨 a 增大，也就是当 $\lambda = a/h_0$ 值增大，集中荷载的局部作用不能影响到支座附近的斜裂缝时，斜拉破坏就会发生，故 $\lambda \geqslant 3$ 后 $\dfrac{V_u}{f_t b h_0}$ 变化不大。

对于有腹筋梁，λ 对 V_u 的影响与腹筋多少有关。腹筋较少时，λ 的影响较大。随着腹筋的增加，腹筋能提供的承载力加大，λ 对 V_u 的影响就有所降低。

2. 混凝土强度

斜截面受剪承载力 V_u 随立方体强度 f_{cu} 的提高而提高，提高的幅度和剪跨比 λ 有关。当 $\lambda \leqslant 1.0$ 时，发生斜压破坏，V_u 取决于混凝土抗压强度 f_c；当 $\lambda > 3.0$ 时，发生斜拉破坏，V_u 取决于混凝土抗拉强度 f_t。f_c 与 f_{cu} 基本上成正比，故直线的斜率较大；而 f_t 与 f_{cu} 不呈正比关系，f_{cu} 越大，f_t 的增加幅度越小，故当近似取为线性关系时，其直线的斜率较小；当 $1.0 < \lambda \leqslant 3.0$ 时，一般发生剪压破坏，其直线的斜率介于上述两者之间。也就是说，V_u 随 f_{cu} 的提高幅度与破坏原因有关，也就是与破坏状态有关。

3. 箍筋配筋率及其强度

箍筋配筋率简称为配箍率，用于表示配箍用量的大小，用 ρ_{sv} 表示。箍筋不仅能承担相当大部分剪力，而且能延缓裂缝的开展，进而提高斜裂缝缝端余留截面混凝土承担的剪力、骨料咬合力，且能提高纵筋销栓力。当其他条件不变时，单位面积的斜截面受剪承载力 $\dfrac{V_u}{b h_0}$ 与 $\rho_{sv} f_{yv}$ 大致呈线性关系，其中 f_{yv} 为箍筋的抗拉强度设计值。

4. 弯起钢筋截面面积及其强度

斜截面受剪承载力 V_u 随弯起钢筋截面面积的增大和强度的提高而线性增大。

5. 纵向受拉钢筋配筋率及其强度

梁的斜截面受剪承载力 V_u 随纵向受拉钢筋配筋率 ρ 的提高，大致呈线性关系，原因如下：

（1）增加 ρ 可抑制斜裂缝伸展，增大斜裂缝缝端余留截面高度，提高余留截面混凝土承担的剪力 V_c。

（2）增加 ρ 可减小斜裂缝的宽度，提高骨料咬合力 V_y。

（3）纵向受拉钢筋数量的增加也提高了其销栓作用 V_d。

ρ 相同时，V_u 随纵向钢筋强度 f_y 的提高而有所增大，但其影响程度不如 ρ 明显。

ρ 对无腹筋梁 V_u 的影响比较明显，对有腹筋梁的影响就很小了，并随 ρ 的增大而减弱。这是由于腹筋承担了大部分剪力，故 V_c、V_y 和 V_d 虽可提高 V_u，但提高幅度不大。

6. 尺 寸 效 应

随着构件截面高度的增加，斜裂缝的宽度加大，降低了裂缝间骨料的咬合力，从而使构件的斜截面受剪承载力 V_u 随截面高度加大而提高的速率有所降低，即单位面积的斜截面承载力 $\dfrac{V_u}{bh_0}$ 随截面高度的加大而减小，这就是通常所说的"截面尺寸效应"。

7. 截 面 形 式

对于 T 形和 I 形等有受压翼缘的截面，由于受压翼缘的存在，增大了斜裂缝缝端余留截面的面积，其斜拉破坏和剪压破坏的受剪承载力 V_u 比相同宽度的矩形截面有所提高。对无腹筋梁可提高约 20%，对有腹筋梁提高约 5%。即使是倒 T 形截面梁的 V_u 也较矩形截面梁略高，这是由于受拉翼缘的存在，延缓了斜裂缝的开展和延伸。相比于矩形截面，有腹筋 T 形截面梁的 V_u 提高不多，故 T 形截面和矩形截面 V_u 的计算公式是相同的。

8. 荷 载 形 式

对于承受梁顶集中荷载和分布荷载作用的受弯构件，需要由混凝土、箍筋承担的剪力分别为 V_1 和 V_1-gc（V_1 为支座剪力，g 为分布荷载值，c 为斜裂缝的水平投影长度），这说明前者的受剪承载力小于后者。因而，斜截面受剪承载力的大小和荷载形式（分布荷载、集中荷载）有关，且分布荷载作用下的受剪承载力大于集中荷载。

9. 加 载 方 式

当荷载作用在梁的侧面或梁底时，由于荷载与支座反力的局部作用而产生的 σ_y 是受拉的，这使得剪跨比 λ 很小时就有可能发生斜拉破坏。试验也表明，当荷载不是作用在梁顶而是作用在梁的侧面或底面时，即使剪跨比很小的梁也可能发生斜拉破坏。

4.1.6　受弯构件斜截面设计

4.1.6.1　受弯构件斜截面设计的思路

斜截面受剪有斜拉破坏、斜压破坏和剪压破坏三种破坏形态，设计的任务就是要保证在整个使用期内这三种破坏都不会发生。

斜拉破坏时腹筋过早屈服，作用不大，对斜截面受剪承载力提高不多，脆性最为严重，类似于正截面受弯破坏时的"少筋破坏"。

斜压破坏时，腹筋尚未屈服，斜截面受剪承载力主要取决于混凝土的抗压强度，破坏性质类似于正截面受弯破坏时的"超筋破坏"。

正截面设计时，是通过 $\rho \geqslant \rho_{min}$ 来防止发生少筋破坏，$\xi \leqslant \xi_b$（NB/T 11011—2022 规范）或 $\xi \leqslant 0.85\xi_b$（SL 191—2008 规范）来防止发生超筋破坏。少筋破坏和超筋破坏采用 $\rho \geqslant \rho_{min}$ 和 $\xi \leqslant \xi_b$（或 $\xi \leqslant 0.85\xi_b$）以予避免后，剩余的适筋破坏则采用受弯承载力计算公式进行计算，通过配置合适的纵向钢筋来防止。斜截面设计的思路和正截面设计一样，即

（1）控制箍筋数量不过少和腹筋间距不过大，以保证所配腹筋能起作用和防止斜拉破坏的发生。

（2）控制构件的截面尺寸不过小，混凝土强度等级不过低，以防止斜压破坏的发生。

（3）斜拉破坏和斜压破坏采用以上两点配筋构造以予避免后，剩余的剪压破坏则采用抗剪计算公式进行计算，通过配置合适的腹筋（箍筋和弯起钢筋）来防止。

也就是说，斜截面受剪承载力计算公式是针对剪压破坏给出的。

4.1.6.2 受弯构件斜截面受剪承载力基本计算公式

1. 配箍率

配箍率 ρ_{sv} 表示单位面积箍筋用量的大小，即

$$\rho_{sv} = \frac{A_{sv}}{bs} = \frac{nA_{sv1}}{bs} \qquad (4-1)$$

式中：A_{sv} 为同一截面内的箍筋截面面积；n 为同一截面内的箍筋肢数；A_{sv1} 为单肢箍筋的截面面积；b 为截面宽度；s 为沿构件长度方向上箍筋的间距。

箍筋分双肢与四肢，见图 4-6，用"钢筋等级＋钢筋直径＋@＋钢筋间距"表示，如双肢Φ8@200，表示同一截面内的箍筋肢数 $n=2$，钢筋级别为 HPB300，箍筋间距 $s=200mm$，直径为 8mm。

2. 基本计算公式

在我国混凝土结构设计规范中，斜截面受剪承载力计算公式是依据极限平衡理论，根据大量试验数据回归得到。

对发生剪压破坏的梁，计算简图如图 4-7 所示。为公式的简便，骨料咬合力的竖向分力 V_y 及纵筋销栓力 V_d 已并入余留截面所承担的受剪承载力 V_c 之中，V_{sv} 为箍筋的受剪承载力，V_{sb} 为弯起钢筋的受剪承载力。

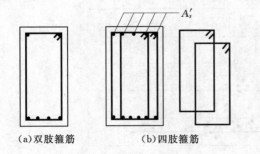

（a）双肢箍筋　　（b）四肢箍筋

图 4-6　箍筋的肢数

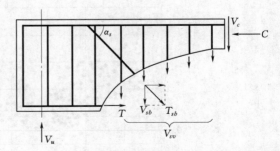

图 4-7　有腹筋梁的斜截面受剪承载力计算简图

根据计算简图和力的平衡条件，并满足承载能力极限状态的可靠度要求，可得受弯构

件的斜截面受剪承载力的基本计算公式：

$$\gamma_d V \leqslant V_u = V_c + V_{sv} + V_{sb} \qquad (4-2)$$

式中：V 为剪力设计值，按荷载基本组合或偶然组合计算，为荷载设计值产生的剪力与结构重要性系数 γ_0、设计状况系数 ψ 三者的乘积。

4.1.6.3　DL/T 5057—2009 规范受弯构件斜截面受剪承载力计算

NB/T 11011—2022 规范用于替代 DL/T 5057—2009 规范，它的斜截面受剪承载力计算公式是在 DL/T 5057—2009 规范基础上改进得到，因而首先介绍 DL/T 5057—2009 规范中的斜截面受剪承载力计算公式是如何得出的。

1. 仅配箍筋时

对于仅配箍筋的梁，没有弯起钢筋承担的剪力 V_{sb}，式（4-2）可写为

$$\gamma_d V \leqslant V_u = V_c + V_{sv} \qquad (4-3)$$

规范分两步来确定式（4-3）中的 V_c 和 V_{sv}：①认为 V_c 就是无腹筋梁的极限受剪承载力 V_u，而无腹筋梁的 V_u 由大量的无腹筋梁试验结果确定；②确定了 V_c 后，再根据大量的有腹筋梁试验结果确定 $V_c + V_{sv}$ 值。

（1）混凝土的受剪承载力 V_c

试验结果离散性很大，为安全计，V_c 按试验值的偏下线取值（图 4-8），且为了设计的方便，DL/T 5057—2009 规范将 V_c 取为定值，对一般荷载作用下的受弯构件取 $V_c = 0.7 f_t b h_0$ [图 4-8（a）]；对集中荷载为主的矩形截面独立梁（单独集中荷载作用，或有多种荷载作用但集中荷载对支座截面或节点边缘所产生的剪力值占总剪力 75% 以上），取

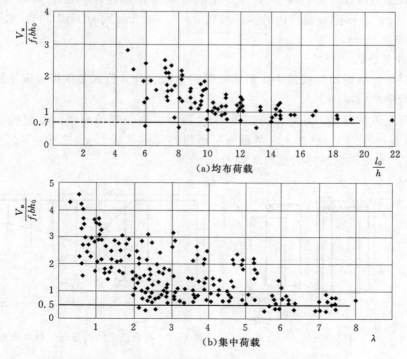

图 4-8　无腹筋梁试验结果与 V_c 值的比较

$V_c = 0.5 f_t b h_0$ [图 4 - 8 （b）]。

（2）混凝土与箍筋的受剪承载力 V_{cs}

箍筋的受剪承载力 V_{sv} 取决于配箍率 ρ_{sv}、箍筋强度 f_{yv} 和斜裂缝水平投影长度，随这 3 个变量的增大而增大。

图 4 - 9 为仅配置箍筋的简支梁斜截面受剪承载力实测数据，从图中看到，V_u 实测值仍很离散，为此，规范取实测值的偏下线作为受剪承载力计算的依据。

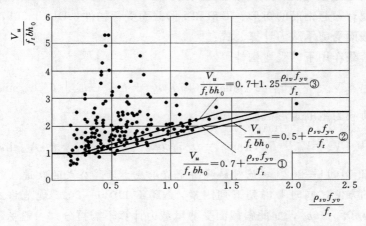

图 4 - 9　仅配置箍筋的简支梁斜截面受剪承载力实测数据

梁配置了箍筋后，箍筋限制了斜裂缝的开展，提高了斜裂缝缝端余留截面混凝土承担的剪力，因此混凝土受剪承载力 V_c 较无腹筋梁增加，且增加的幅度和箍筋强度与数量有关。即在有腹筋梁中，箍筋的受剪承载力 V_{sv} 还包括了有腹筋梁的 V_c 较无腹筋 V_c 的提高，因而通常用箍筋和混凝土总的受剪承载力 V_{cs} 来表示仅配箍筋梁的斜截面受剪承载力，即 $V_{cs} = V_c + V_{sv}$。

对于一般荷载作用下的受弯构件，取图 4 - 9 中的偏下线①：

$$V_{cs} = 0.7 f_t b h_0 + f_{yv} \frac{A_{sv}}{s} h_0 \tag{4-4a}$$

对于集中荷载为主的矩形截面独立梁（单独集中荷载作用，或有多种荷载作用但集中荷载对支座截面或节点边缘所产生的剪力值占总剪力 75% 以上），取图 4 - 9 中的偏下线②：

$$V_{cs} = 0.5 f_t b h_0 + f_{yv} \frac{A_{sv}}{s} h_0 \tag{4-4b}$$

于是，对仅配箍筋的矩形、T 形和 I 形截面受弯构件，DL/T 5057—2009 规范给出如下的斜截面受剪承载力计算公式：

对于一般荷载作用下的受弯构件

$$\gamma_d V \leqslant V_u = V_{cs} = 0.7 f_t b h_0 + f_{yv} \frac{A_{sv}}{s} h_0 \tag{4-5a}$$

对于集中荷载为主的矩形截面独立梁

$$\gamma_d V \leqslant V_u = V_{cs} = 0.5 f_t b h_0 + f_{yv} \frac{A_{sv}}{s} h_0 \tag{4-5b}$$

2. 同时配有箍筋和弯筋时

在 DL/T 5057—2009 规范，认为斜截面破坏时弯起钢筋的应力一般可达到钢筋抗拉强度设计值，$T_{sb}=f_{yb}A_{sb}$，则

$$V_{sb}=f_{yb}A_{sb}\sin\alpha_s \tag{4-6}$$

式中：A_{sb} 为同一弯起平面内弯起钢筋的截面面积；f_{yb} 为弯起钢筋的抗拉强度设计值；α_s 为斜截面上弯起钢筋与构件纵向轴线的夹角。

于是，对配有弯起钢筋的矩形、T 形和 I 形截面受弯构件，DL/T 5057—2009 规范给出了如下的斜截面受剪承载力计算公式：

对于一般荷载作用下的受弯构件

$$\gamma_d V\leqslant V_u=V_{cs}+f_yA_{sb}\sin\alpha_s=0.7f_tbh_0+f_{yv}\frac{A_{sv}}{s}h_0+f_{yb}A_{sb}\sin\alpha_s \tag{4-7a}$$

对于集中荷载为主的矩形截面独立梁

$$\gamma_d V\leqslant V_u=V_{cs}+f_yA_{sb}\sin\alpha_s=0.5f_tbh_0+f_{yv}\frac{A_{sv}}{s}h_0+f_{yb}A_{sb}\sin\alpha_s \tag{4-7b}$$

4.1.6.4　NB/T 11011—2022 规范对斜截面受剪承载力计算公式的改进

为了使用的方便，同时考虑到下列因素，NB/T 11011—2022 规范将式（4-7a）中 $0.7f_tbh_0$ 降低为 $0.5f_tbh_0$，如此斜截面受剪承载力计算不需再分"一般受弯构件"和"集中荷载为主的矩形截面独立梁"两种计算，所有受弯构件都采用同一个公式［式（4-8）］计算。

（1）和国际上一些主流规范相比，我国规范正截面承载力计算的安全度与其相近，但斜截面受剪承载力计算公式安全度普通不高，且相差较大，有必要提高。

（2）增加箍筋用量不但能提高斜截面受剪承载力，还能有效提高构件的延性。

（3）以往工程上箍筋常采用 HPB235（$f_y=210\text{N/mm}^2$），有时也采用 HRB335（$f_y=300\text{N/mm}^2$），而目前 HRB400（$f_y=360\text{N/mm}^2$）已成为箍筋的主导钢筋，只有小规格梁柱中的箍筋才采用 HPB300（$f_y=270\text{N/mm}^2$），即箍筋的设计强度已有较大提高，这为提高箍筋受剪承载力的安全度提供了条件。也就是说，由于箍筋采用了强度较高的钢筋，即使降低了 V_{cs} 的计算值，所增加的箍筋用量不多。

$$\gamma_d V\leqslant V_u=V_{cs}+V_{sb}=0.5\beta_hf_tbh_0+f_{yv}\frac{A_{sv}}{s}h_0+0.8f_{yb}A_{sb}\sin\alpha_s \tag{4-8}$$

式中：β_h 为截面高度影响系数；f_{yb} 为弯起钢筋的抗拉强度设计值；其余符号意义同前。

截面高度影响系数 β_h 按下式计算：

$$\beta_h=\left(\frac{800}{h_0}\right)^{1/4} \tag{4-9}$$

和 DL/T5057—2009 规范相比，NB/T 11011—2022 规范的斜截面受剪计算公式除将原两公式合并为一个公式，将一般受弯构件 V_{cs} 计算公式中的 $0.7f_tbh_0$ 降为 $0.5f_tbh_0$ 外，还有以下两点变化：

（1）在公式右边第一项引入截面高度影响系数 β_h，以考虑尺寸效应。由于随着构件高度的加大，斜裂缝的宽度增大，混凝土的骨料咬合力相应减弱，因而在其他条件相同的

情况下，截面高度到达一定值后，斜截面受剪承载力随着截面高度增加而加大的速率降低。

（2）考虑到弯起钢筋与破坏斜截面相交位置的不确定性，特别是单排弯起钢筋时，其应力有可能达不到屈服强度，在公式中引入了弯起钢筋应力不均匀系数 0.8，将弯起钢筋的受剪承载力从 $f_{yb}A_{sb}\sin\alpha_s$ 降为 $0.8f_{yb}A_{sb}\sin\alpha_s$。

4.1.6.5 弯起钢筋用量计算时剪力设计值的取值

按式（4-8）设计抗剪弯起钢筋时，剪力设计值的取值按以下规定采用（图 4-10）：

当计算支座截面第一排（对支座而言）弯起钢筋时，取支座边缘处的最大剪力设计值 V_1；当计算以后每排弯起钢筋时，取用前一排（对支座而言）弯起钢筋弯起点处的剪力设计值 V_2…弯起钢筋的计算一直要进行到最后一排弯起钢筋已进入 V_{cs}/γ_d 的控制区段为止，也就是要求最后一排弯起钢筋弯起点处剪力设计值 $V \leqslant V_{cs}/\gamma_d$。

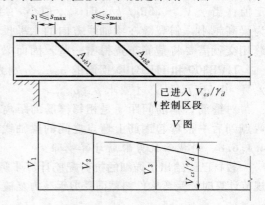

图 4-10　计算弯起钢筋时 V 的取值
规定及弯筋间距要求

4.1.6.6 梁截面尺寸或混凝土强度等级的下限

规定梁截面尺寸或混凝土强度等级的下限，是为了防止发生斜压破坏和避免构件在使用阶段过早地出现斜裂缝及斜裂缝开展过大。对于矩形、T 形和 I 形截面受弯构件，截面尺寸和强度应满足：

当 $\dfrac{h_w}{b} \leqslant 4$ 时　　　　　　　　　　$\gamma_d V \leqslant 0.25 f_c b h_0$　　　　　　　（4-10a）

当 $\dfrac{h_w}{b} \geqslant 6$ 时　　　　　　　　　　$\gamma_d V \leqslant 0.20 f_c b h_0$　　　　　　　（4-10b）

当 $4 < \dfrac{h_w}{b} < 6$ 时，按线性内插法取用。

式中：V 为支座边缘截面的最大剪力设计值；f_c 为混凝土轴心抗压强度设计值；b 为矩形截面的宽度、T 形截面或 I 形截面的腹板宽度；h_w 为截面的腹板高度，矩形截面取有效高度 h_0，T 形截面取有效高度减去翼缘高度，I 形截面取腹板净高。

对 T 形或 I 形截面简支梁，当有实践经验时，式（4-10a）中的系数 0.25 可改为 0.3。对截面高度较大，控制裂缝开展宽度要求较严的构件，即使 $h_w/b < 6$，其截面仍应符合式（4-10b）的要求。

式（4-10）表示梁在相应情况下斜截面受剪承载力的上限值，相当于规定了梁必须具有的最小截面尺寸和不可超过的最大配箍率。若上述条件不能满足，则必须加大截面尺寸或提高混凝土强度等级。

4.1.6.7 防止腹筋过稀过少

为防止出现两根腹筋之间出现不与腹筋相交的斜裂缝，以及斜裂缝一旦出现箍筋马上就屈服，腹筋不能发挥应有的作用，规范规定了最大箍筋间距 s_{max} 和最小配箍率 ρ_{svmin}，

要求腹筋间距满足 $s\leqslant s_{\max}$，以及当 $\gamma_d V>V_c$ 时配箍率满足 $\rho\geqslant\rho_{sv\min}$。

要求 $s\leqslant s_{\max}$ 和 $\rho\geqslant\rho_{sv\min}$ 的作用有两个方面：

（1）保证所配腹筋能起作用，腹筋能穿过斜裂缝，箍筋不过早屈服。

（2）对大剪跨比的梁，防止一旦斜裂缝出现箍筋就马上屈服，发生突然性的斜拉破坏。

最大箍筋间距 $s_{\max}$ 值列于教材 4.5 节的表 4-1，它的大小和梁的高度 h 有关，以及是否 $\gamma_d V>0.5\beta_h f_t bh_0$ 有关。当 $h\leqslant800mm$ 时，$s_{\max}$ 随 h 增大而增大，$h>800$ 后 $s_{\max}$ 为定值；当 $\gamma_d V>0.5\beta_h f_t bh_0$ 时 $s_{\max}$ 值小，当 $\gamma_d V\leqslant0.5\beta_h f_t bh_0$ 时 $s_{\max}$ 值大一些。这是因为梁高越小，斜裂缝在梁轴线方向的水平投影长度就越短，为保证有足够的箍筋能与斜裂缝相交就需要将箍筋布置得密一些，因而梁高越小，箍筋最大间距越小。反之亦然。

HPB300 和 HRB400 钢筋的 $\rho_{sv\min}$ 分别为 0.12% 和 0.10%。特别要注意的是，只有当 $\gamma_d V>0.5\beta_h f_t bh_0$，才要求 $\rho\geqslant\rho_{sv\min}$。

对箍筋，箍筋间距 s 是相邻箍筋的距离；对弯起钢筋，间距 s 是指前一根弯起钢筋下弯点到后一根弯起钢筋上弯点之间的梁轴线投影长度，见图 4-10。

4.1.6.8　斜截面抗剪配筋计算步骤

教材已经给出了详细的抗剪配筋计算步骤，为便于理解，下面列出按 NB/T 11011—2022 规范计算时，受弯构件斜截面受剪承载力复核计算和计算框图，分别见图 4-11 和图 4-12。

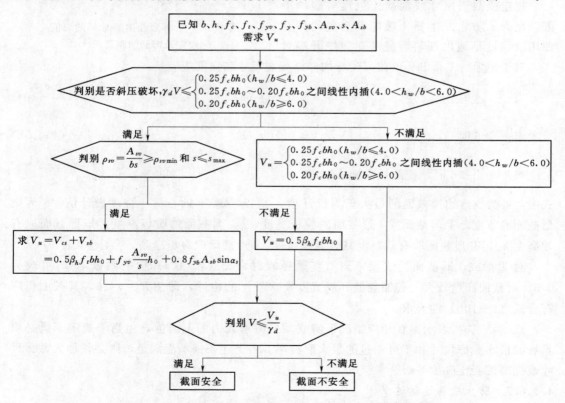

图 4-11　受弯构件斜截面受剪承载力截面复核计算框图

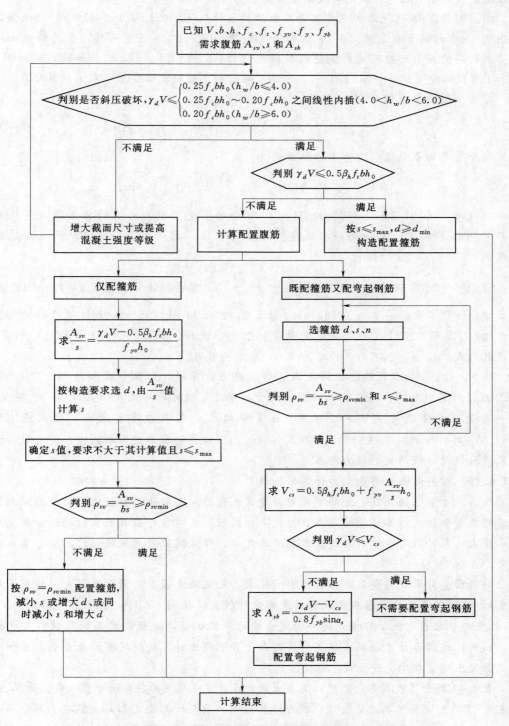

图 4-12 受弯构件斜截面受剪承载力计算框图

4.1.6.9　SL 191—2008 规范斜截面受剪承载力计算

SL 191—2008 规范沿用《水工混凝土结构设计规范》（SL/T 191—1996）的做法，根据图 4-9 中的偏下线③确定 V_{cs}；同时和 DL/T 5057—2009 规范一样，认为斜截面破坏时弯起钢筋的应力一般可达到钢筋抗拉强度设计值，即 $T_{sb}=f_{yb}A_{sb}$。如此，对矩形、T形和 I 形截面受弯构件，SL 191—2008 规范给出如下的斜截面受剪承载力计算公式：

对于一般的受弯构件

$$KV\leqslant V_u=0.7f_tbh_0+1.25f_{yv}\frac{A_{sv}}{s}h_0+f_{yb}A_{sb}\sin\alpha_s \qquad (4-11a)$$

对于重要的承受集中力为主的独立梁

$$KV\leqslant V_u=0.5f_tbh_0+f_{yv}\frac{A_{sv}}{s}h_0+f_{yb}A_{sb}\sin\alpha_s \qquad (4-11b)$$

要注意：在 SL 191—2008 规范中，"重要的承受集中力为主的独立梁"是指水电站厂房中的吊车梁、大坝的门机轨道梁等受弯构件，因此式（4-11b）的应用范围是有限的。

SL 191—2008 规范的式（4-11a）中 $f_{yv}\frac{A_{sv}}{s}h_0$ 项的系数与 NB/T 11011—2022 规范的式（4-8）不同，前者为 1.25，后者为 1.0，因此按 SL 191—2008 规范设计时，箍筋用量比按 NB/T 11011—2022 规范至少减少 25%。此外，式（4-11a）中 $f_{yb}A_{sb}\sin\alpha_s$ 项的系数与式（4-8）也不同，前者为 1.0，后者为 0.8。

按 SL 191—2008 规范进行斜截面受剪承载力计算时，计算步骤和按 NB/T 11011—2022 规范计算时相同，只需在构件截面尺寸与强度复核时，将式（4-10）的 γ_d 换成 K；当一般受弯构件满足 $KV>0.7f_tbh_0$ 或重要的承受集中力为主的独立梁满足 $KV>0.5f_tbh_0$ 时，分别按式（4-11a）和式（4-11b）计算斜截面受剪承载力，同时剪力设计值采用荷载设计值产生的剪力即可。

4.1.6.10　对斜截面受剪承载力计算的认识

在第 3.1 节已经提及，适筋梁正截面受弯承载力主要取决于材性比较均匀的纵向受拉钢筋的数量和强度，其试验结果离散性较小。因而，我国各行业混凝土结构设计规范正截面承载力计算的假定、基本公式基本相同，且和国际主流混凝土规范相比，安全度也相差不大。

斜截面受剪承载力受混凝土强度影响较大，而混凝土强度的离散性很大（特别是抗拉强度），使得斜截面受剪承载力试验结果离散性较大。从图 4-8 和图 4-9 也看到，V_c 和 V_{cs} 的实测值相当离散，即便是同一研究者的同一批试验，其试验结果的离散程度也相当大。因而，我国各行业混凝土规范对斜截面受剪承载力计算的规定有较大差别，且和国际主流混凝土规范相比，安全度也低不少。

表 4-1 给出了我国各行业现行混凝土结构设计规范规定的斜截面受剪承载力计算公式。从表 4-1 看到，虽然各规范受剪承载力计算原则一致，计算公式都是由混凝土与箍筋受剪承载力和弯起钢筋受剪承载力组成，混凝土受剪承载力由无腹筋梁试验结果确定，且都认为混凝土和箍筋的受剪承载力相互影响，但计算公式差别较大。

表 4-1   我国各行业现行混凝土结构设计规范规定的斜截面受剪承载力计算公式

规 范 名 称		斜截面受剪承载力计算公式	算例计算值/kN	
			有弯筋	无弯筋
《混凝土结构设计规范》(GB 50010—2010)	一般梁	$V_u = 0.7 f_t b h_0 + f_{yv} \dfrac{A_{sv}}{s} h_0 + 0.8 f_{yb} A_{sb} \sin\alpha_s$	260.22	132.33
	集中力为主	$V_u = \dfrac{1.75}{\lambda+1} f_t b h_0 + f_{yv} \dfrac{A_{sv}}{s} h_0 + 0.8 f_{yb} A_{sb} \sin\alpha_s$	238.17	110.28
《水运工程混凝土结构设计规范》(JTS 151—2011)	一般梁	$V_u = \dfrac{1}{\gamma_d}\left(0.7\beta_h f_t b h_0 + f_{yv} \dfrac{A_{sv}}{s} h_0 + 0.8 f_{yb} A_{sb} \sin\alpha_s\right)$	236.57	120.30
	集中力为主	$V_u = \dfrac{1}{\gamma_d}\left(\dfrac{1.75}{\lambda+1.5}\beta_h f_t b h_0 + f_{yv} \dfrac{A_{sv}}{s} h_0 + 0.8 f_{yb} A_{sb} \sin\alpha_s\right)$	207.61	91.34
《水工混凝土结构设计规范》(SL 191—2008)	一般梁	$V_u = 0.7 f_t b h_0 + 1.25 f_{yv} \dfrac{A_{sv}}{s} h_0 + f_{yb} A_{sb} \sin\alpha_s$	301.39	141.52
	重要的承受集中力为主的独立梁	$V_u = 0.5 f_t b h_0 + f_{yv} \dfrac{A_{sv}}{s} h_0 + f_{yb} A_{sb} \sin\alpha_s$	264.89	105.03
《水工混凝土结构设计规范》(NB/T 11011—2022)	—	$V_u = 0.5\beta_h f_t b h_0 + f_{yv} \dfrac{A_{sv}}{s} h_0 + 0.8 f_{yb} A_{sb} \sin\alpha_s$	232.92	105.03

注   JTS 151—2011 中 γ_d 为结构系数，用于进一步提高受剪承载力计算的可靠性，$\gamma_d = 1.1$；β_h 和式 (4-9) 相同。

（1）用于水运行业的 JTS 151—2011 规范和 NB/T 11011—2022 规范相比：①引入取值为 1.1 的结构系数 γ_d，用于进一步提高受剪承载力计算的可靠性。②对一般梁，取混凝土项为 $0.7 f_t b h_0$。对承受集中力为主的梁，取混凝土项为 $\dfrac{1.75}{\lambda+1.5} f_t b h_0$，其中 $\lambda < 1.5$ 时取 $\lambda = 1.5$，$\lambda > 3.0$ 时取 $\lambda = 3.0$。由于取 $1.5 \leqslant \lambda \leqslant 3.0$，$\dfrac{1.75}{\lambda+1.5} f_t b h_0$ 的变化范围在 $(0.389 \sim 0.583) f_t b h_0$，平均值为 $0.486 f_t b h_0$，略低于 NB/T 11011—2022 规范的 $0.5 f_t b h_0$。

（2）用于建筑行业的 GB 50010—2010 规范和 NB/T 11011—2022 规范相比：对一般梁，取混凝土项为 $0.7 f_t b h_0$。对承受集中力为主的梁，取混凝土项为 $\dfrac{1.75}{\lambda+1} f_t b h_0$，$1.5 \leqslant \lambda \leqslant 3.0$，$\dfrac{1.75}{\lambda+1} f_t b h_0$ 的变化范围在 $(0.438 \sim 0.70) f_t b h_0$，平均值为 $0.569 f_t b h_0$，高于 NB/T 11011—2022 规范的 $0.5 f_t b h_0$。

下面用一个算例对各规范公式进行比较，计算结果也列于表 4-1。该例为支承在砖墙上的钢筋混凝土矩形截面简支梁，截面尺寸 $b \times h = 250\text{mm} \times 500\text{mm}$，混凝土强度等级为 C25，箍筋采用 HPB300，梁中配有纵向受拉钢筋 6$\underline{\Phi}$20，箍筋Φ6@180。计算时取 $h_0 = 430\text{mm}$，配筋分别考虑有无弯起钢筋两种情况，弯起钢筋取为 2$\underline{\Phi}$20，见图 4-13；梁的种类分别考虑一般梁与集中力为主的梁两种；剪跨比取 1.5 和 3.0 的平均值，$\lambda = 2.25$。

从表 4-1 看到，在各公式计算得到的 V_u 中，JTS 151—2011 规范计算值最小，SL 191—2008 规范计算值最大。NB/T 11011—2022 规范和 SL 191—2008 规范相比，对于一般梁，无弯起钢筋时 V_u 减小了 25.8%，有弯起钢筋时 V_u 减小了 22.7%；对于集中

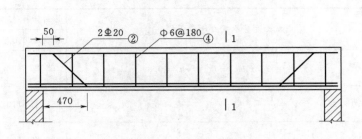 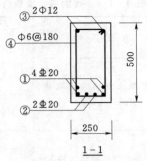

图 4-13　算例配筋图

力为主的梁，无弯起钢筋时 V_u 相等，有弯起钢筋时 V_u 减小了 12.1%。

　　由于受剪破坏试验结果的离散性，加之各行业混凝土构件截面尺寸的不同，以及各行业荷载效应组合的不同、对脆性破坏可靠度要求的不同，无法评价这些公式的优劣。要强调的是，规范公式要配套使用，荷载效应和抗力的计算、各项规定的采用都应按同一本规范执行。

　　还需指出的是，即使同一行业，各时期规范对受剪承载力计算公式的规定也是不同的。加大箍筋用量除能提高斜截面受剪承载力外，还能提高构件的延性，随着我国国力的增加，以往历次规范修编都提高了受剪承载力计算的可靠度，加大了箍筋用量，表 4-2 列出了水利水电行业各时期混凝土结构设计规范规定的斜截面受剪承载力计算公式。以一般梁为例，从表 4-2 可以看到，$f_{yv}\dfrac{A_{sv}}{s}h_0$ 的系数逐步从 1.5 调低到 1.25，至现在的 1.0。

表 4-2　　水利水电行业各时期混凝土结构设计规范规定的斜截面受剪承载力计算公式

规　范　名　称		斜截面受剪承载力计算公式
《水工钢筋混凝土结构设计规范》（SDJ 20—78）	一般梁	$V_u = 0.7f_t bh_0 + 1.50f_{yv}\dfrac{A_{sv}}{s}h_0 + 0.8f_{yb}A_{sb}\sin\alpha_s$
	集中力为主的梁	$V_u = \dfrac{4}{\lambda+4}f_t bh_0 + 1.50f_{yv}\dfrac{A_{sv}}{s}h_0 + 0.8f_{yb}A_{sb}\sin\alpha_s$
《水工混凝土结构设计规范》（DL/T 5057—1996）	一般梁	$V_u = 0.7f_t bh_0 + 1.25f_{yv}\dfrac{A_{sv}}{s}h_0 + f_{yb}A_{sb}\sin\alpha_s$
	集中力为主的梁	$V_u = \dfrac{2}{\lambda+1.5}f_t bh_0 + 1.25f_{yv}\dfrac{A_{sv}}{s}h_0 + f_{yb}A_{sb}\sin\alpha_s$
《水工混凝土结构设计规范》（DL/T 5057—2009）	一般梁	$V_u = 0.7f_t bh_0 + f_{yv}\dfrac{A_{sv}}{s}h_0 + f_{yb}A_{sb}\sin\alpha_s$
	集中力为主的梁	$V_u = 0.5f_t bh_0 + f_{yv}\dfrac{A_{sv}}{s}h_0 + f_{yb}A_{sb}\sin\alpha_s$
《水工混凝土结构设计规范》（NB/T 11011—2022）	—	$V_u = 0.5\beta_h f_t bh_0 + f_{yv}\dfrac{A_{sv}}{s}h_0 + 0.8f_{yb}A_{sb}\sin\alpha_s$

　　注　为便于比较，已将 SDJ 20—78 规范公式中的 R_a 按 $R_a=10f_t$ 换算成 f_t，DL/T 5057—1996 规范公式中的 f_c 按 $f_c=10f_t$ 换算成 f_t。

4.1.7　钢筋混凝土梁正截面与斜截面受弯承载力的保证

　　当梁需要弯起钢筋或切断纵向受力钢筋时，有可能在某些截面出现正截面或斜截面受弯承载力不满足的情况，这时需绘制抵抗弯矩图来避免，抵抗弯矩图也称 M_R 图。

4.1.7.1 为什么要弯起与切断钢筋

图 4-14 为教材［例 4-4］中受均布荷载的外伸梁。由跨中最大弯矩 M_1 求得梁底纵向受力钢筋为 2 Φ 20＋4 Φ 16，由支座 B 最大负弯矩 M_B 求得梁顶纵向受力钢筋为 6 Φ 16。若这些钢筋均全梁直通，则梁各截面都能满足抗弯承载力的要求，但不经济。如：

（1）梁底按跨中最大弯矩 M_1 配置了 2 Φ 20＋4 Φ 16，但离开跨中弯矩逐渐减小，靠近支座 B 处已进入受压区，因而离开跨中截面后已不需要这么多钢筋，这时可将钢筋②（2 Φ 16）和钢筋③（1 Φ 16）弯起，一方面用于抵抗剪力，另一方面可承担支座 B 的负弯矩。

（2）支座 B 按最大负弯矩 M_B 配置了 6 Φ 16，在左侧，除从梁底弯起的 3 Φ 16 钢筋（钢筋②＋钢筋③）外，还需加 3 Φ 16，若将这 3 Φ 16 在支座 B 左侧直通也造成浪费，因为离开支座 B 左侧不远处就进入受压区，只需留下 2 Φ 16 兼作加立筋（钢筋⑤），而剩下的 1 Φ 16（钢筋⑥）可以切断。

4.1.7.2 弯起与切断钢筋引起的问题

将钢筋弯起或切断（如将钢筋③弯起和钢筋⑥切断）后，剩余的纵向受力钢筋可能出现下面两种情况（图 4-14）：

（1）所余的纵向受力钢筋不能抵抗正截面弯矩 M_a 和正截面弯矩 M_c，M_a 和 M_c 分别为钢筋③弯起处和钢筋⑥切断处的弯矩。

（2）若在钢筋③弯起处和钢筋⑥切断处附近出现斜裂缝 C1、C2，由于斜裂缝发生后，裂缝处受力钢筋的应力受控于斜裂缝缝端截面弯矩 M_b 和 M_d，而 $M_b>M_a$，$M_d>M_c$，因而所余的纵向受力钢筋虽能抵抗正截面弯矩 M_a 和 M_c，但抵抗 M_b 和 M_d 的能力仍有可能不足。这是因出现斜裂缝而引起的纵向受力钢筋能否满足受弯承载力要求的问题，所以称为斜截面受弯承载力。

因而若纵向受力钢筋被切断或被弯起，沿梁轴线各正截面抗弯及斜截面抗弯就有可能成为问题。

下面将分别讨论在切断或弯起纵向受力钢筋时，如何保证正截面与斜截面受弯承载力。这个问题是通过画正截面的抵抗弯矩图 M_R 来解决的。

4.1.7.3 抵抗弯矩图的绘制

所谓 M_R 图，就是各截面实际能抵抗的弯矩的图形，在 M_R 图中，横坐标为梁轴线，纵坐标为弯矩。作 M_R 图时，要求 M_R 和荷载产生的弯矩 M 采用同一比例，且严格按比例作图。

下面以一根梁的负弯矩区段来介绍绘制 M_R 图的步骤和方法。由最大负弯矩 M_{max} 求得其纵向受力钢筋为 3 Φ 22＋2 Φ 18，见图 4-15，为清晰起见未画箍筋。

1. 确定可抵抗弯矩的最大值 M_{Rmax}

（1）当实配的纵向受力钢筋截面面积与计算钢筋截面面积相等或相差不大时，可直接取 $M_{Rmax}=M_{max}$。

（2）当实配的纵向受力钢筋截面面积与计算钢筋截面面积相差较大时，可按实配钢筋

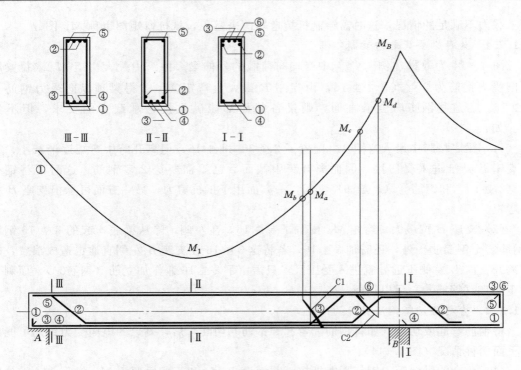

图 4-14　受均布荷载的外伸梁

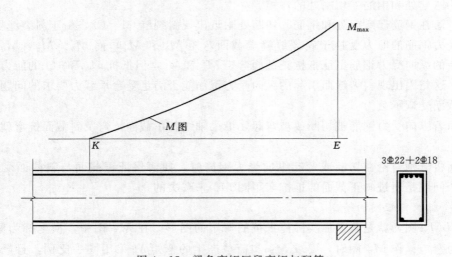

图 4-15　梁负弯矩区段弯矩与配筋

截面面积 A_{s0} 计算实际正截面受弯承载力，即按已知钢筋截面面积 A_{s0}、构件截面尺寸与材料强度求得极限弯矩 M_u，再由 $M_{R\max} = M_u / \gamma_d$ 求得 $M_{R\max}$；也可按实配钢筋截面面积 A_{s0} 和计算钢筋截面面积 A_s 之比简化计算，即 $M_{R\max} = M_{\max} \dfrac{A_{s0}}{A_s}$。

2. 给钢筋编号

钢筋编号的原则为：规格、长度和形状均相同编一个号，若有一样不同，需编不同的号。

3. 确定各编号钢筋可抵抗的弯矩

(1) 计算各编号钢筋的面积与纵向受力钢筋总面积的比值，并按该比值将 $M_{R\max}$ 分配至各编号钢筋，求出各编号钢筋能抵抗的弯矩。

(2) 将既不切断又不弯起的钢筋放在负弯矩图的最下方，将离支座最先切断或弯起的钢筋放在负弯矩图的最上方，其余钢筋按切断或弯起的顺序从负弯矩图的上方依次向下放置，见图 4-16。

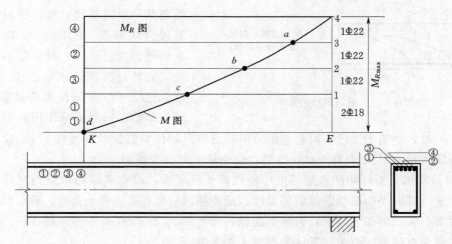

图 4-16   确定各编号钢筋在 M_R 图的位置与可抵抗的弯矩

4. 理论切断点与切断钢筋的实际切断点

(1) 理论切断点与充分利用点。在介绍切断钢筋画法之前，首先要说明理论切断点。所谓理论切断点，就是指从该点开始，理论上不再需要某编号的钢筋，即从理论角度，在该点可以切断该编号的钢筋。理论切断点也称为不需要点。

图 4-16 中的点 a、点 b、点 c 和点 d 分别为钢筋④、②、③、①的理论切断点。以点 a 为例，在该点钢筋②＋钢筋③＋钢筋①能承担的弯矩和荷载产生的弯矩相等，因而从理论上来说钢筋④就不需要了，故点 a 就是钢筋④的理论切断点。

某编号钢筋的理论切断点就是下一编号钢筋的充分利用点。仍以点 a 为例，点 a 为钢筋④的理论切断点，同时为钢筋②的充分利用点，因为在该点钢筋②＋钢筋③＋钢筋①能承担的弯矩和荷载产生的弯矩相等，说明钢筋②在点 a 被充分利用了。

理论切断点在切断钢筋时要用到，而充分利用点除了在切断钢筋时要用到外，在判断弯起钢筋后能否满足斜截面受弯承载力时还会用到。

(2) 切断钢筋的实际切断点。既然被称为理论切断点，就说明钢筋实际上不可能在此点切断，还需要延伸一段距离才能切断。下面以图 4-17 来说明。

在图 4-17，以钢筋①为例，在截面 B 处，按正截面弯矩 M_B 来看已不需要钢筋①，但如果将钢筋①在截面 B 处切断，见图 4-17 (a)，若发生斜裂缝 AB 时，余下的钢筋就

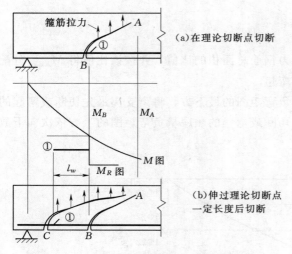

不足以抵抗斜截面上的弯矩 M_A （$M_A > M_B$）。这时只有当斜裂缝范围内箍筋承担的拉力对 A 点取矩，能代偿所切断的钢筋①的抗弯作用时，才能保证斜截面受弯承载力。这种情况只有在斜裂缝具有一定长度，可以与足够的箍筋相交时才有可能。

因此，在正截面受弯承载力已不需要某一根钢筋时，应将该钢筋伸过其理论切断点一定长度 l_w 后才能将它切断。如图 4 - 17 （b）所示的钢筋①，它伸过其理论切断点 l_w 才被切断，这就可以保证在出现斜裂缝 BA 时，钢筋①仍起抗弯作用；而在出现

图 4 - 17　纵向钢筋的切断

斜裂缝 CA 时，钢筋①虽已不再起作用，但却已有足够的箍筋穿越斜裂缝 CA ，这些穿越斜裂缝箍筋的拉力对 A 点取矩时，已能代偿钢筋①的抗弯作用。

l_w 要分别满足实际切断点到理论切断点的长度要求，以及实际切断点到充分利用点的长度要求；其大小与所切断的钢筋直径、最小锚固长度、截面有效高度、箍筋间距、配箍率等因素有关。但在设计中，为简单起见，规范对 l_w 的要求主要和钢筋直径、最小锚固长度和截面有效高度有关，具体见教材 4.4.3 节。

特别要指出的是：纵向受拉钢筋不宜在正弯矩受拉区切断，因为钢筋切断处钢筋截面面积骤减，引起混凝土拉应力突增，导致在切断钢筋截面过早出现斜裂缝。此外，纵向受拉钢筋在受拉区锚固也不够可靠，如果锚固不好，就会影响斜截面受剪承载力。在图 4 - 17 只是为叙述的方便才将钢筋①在正弯矩区切断。

（3）切断钢筋时 M_R 图的画法。图 4 - 18 给出了切断钢筋时 M_R 图的画法，即从钢筋④的理论切断点 a 画直线 aa' ，再在直线 aa' 中间画线条至实际切断点。

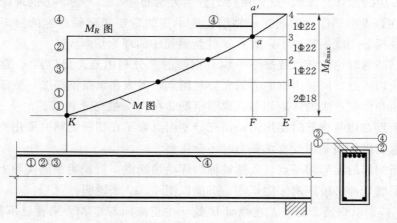

图 4 - 18　切断钢筋时 M_R 图的画法

5. 弯起钢筋时 M_R 图的画法

图 4-19 给出了弯起钢筋 M_R 图的画法，即从钢筋②弯起点 e 画直线 ee'。钢筋在弯下的过程中，弯起钢筋还多少能起一些正截面的抗弯作用，所以 M_R 的下降不是像切断钢筋时那样突然，而是逐渐的下降。只有当弯起钢筋穿过了梁的截面中心轴，基本上进入受压区，它的正截面抗弯作用才被认为完全消失。因此，直线 ee' 的点 e' 对应着梁的中心线。

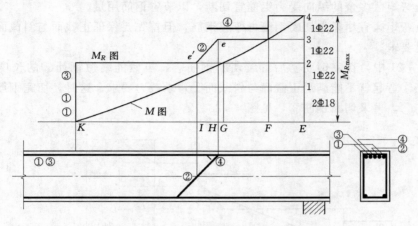

图 4-19　弯起钢筋时 M_R 图的画法

4.1.7.4　如何保证正截面与斜截面的受弯承载力

图 4-20 给了最后完整的 M_R 图，根据 M_R 图就可判断正截面与斜截面受弯承载力能否满足要求。

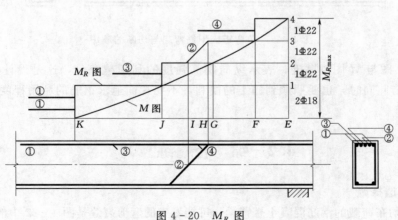

图 4-20　M_R 图

1. 正截面受弯承载力

若 M_R 图将 M 图全部覆盖在内，则表示在各个截面上 $M_R \geqslant M$，即满足正截面受弯承载力要求。

2. 斜截面受弯承载力

（1）切断钢筋时，若取实际切断点至理论切断点的距离不小于规范要求的 l_w，就能满足斜截面受弯承载力要求，l_w 的具体要求见教材 4.4.3.3 节。

（2）弯起钢筋时，若其充分利用点至弯起点的距离 $a \geq 0.5h_0$，就能满足斜截面受弯承载力要求。这一条件的推导过程可见教材 4.4.3.2 节。

4.1.7.5　几点特别说明

（1）正弯矩区纵向受力钢筋，也就是梁底钢筋只能弯起或伸入支座，不能切断。

（2）负弯矩区多余的纵向受力钢筋宜切断，以节省钢筋用量。

（3）负弯矩区宜尽量先切断钢筋再弯起钢筋，但首先要保证正截面与斜截面受弯承载力都能满足要求。

在图 4-21 中，切完钢筋④后继续切断钢筋③，虽然能缩短钢筋③的长度，节约钢筋，但钢筋②弯起就不能满足正截面与斜截面受弯承载力要求。这时，切完钢筋④后只能先弯起钢筋②，再来切断钢筋③，见图 4-20。

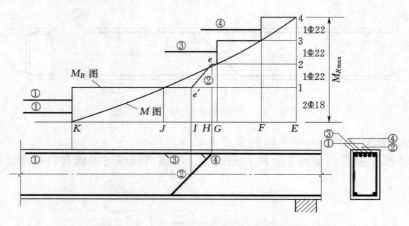

图 4-21　负弯矩区钢筋弯起与切断的顺序

（4）M_R 图与 M 图越贴近，表示纵向钢筋强度的利用越充分，这是设计中应力求做到的一点。与此同时，也要照顾到施工的便利，不要片面追求钢筋的利用程度以致使钢筋布置复杂化。

4.2　综 合 练 习

4.2.1　单项选择题

1. 承受均布荷载的钢筋混凝土悬臂梁，可能发生的弯剪裂缝是图 4-22 中的（　　）。

2. 无腹筋梁斜截面受剪破坏形态主要有三种，这三种破坏的性质（　　）。

A. 都属于脆性破坏　　　　　　　　　　B. 都属于延性破坏

C. 剪压破坏属于延性破坏，斜拉和斜压破坏属于脆性破坏

D. 剪压和斜压破坏属于延性破坏，斜拉破坏属于脆性破坏

3. 无腹筋梁斜截面受剪主要破坏形态有三种，对同样尺寸的构件，其受剪承载力的关系为（　　）。

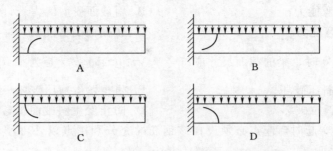

图 4-22 承受均布荷载的钢筋混凝土悬臂梁

    A. 斜拉破坏＞剪压破坏＞斜压破坏　　　　B. 斜拉破坏＜剪压破坏＜斜压破坏

    C. 剪压破坏＞斜压破坏＞斜拉破坏　　　　D. 剪压破坏＝斜压破坏＞斜拉破坏

    4. 无腹筋梁的斜截面受剪承载力与剪跨比的关系是（　　　）。

    A. 随剪跨比的增加而提高　　　　　　　　B. 随剪跨比的增加而降低

    C. 在一定范围内随剪跨比的增加而提高

    D. 在一定范围内随剪跨比的增加而降低

    5. 剪跨比指的是（　　　）。

    A. $\lambda = a/h_0$　　　　B. $\lambda = a/h$　　　　C. $\lambda = a/l$

    6. 在无腹筋梁中，当剪跨比 λ 较大时（一般 $\lambda > 3$），发生的破坏常为（　　　）。

    A. 斜压破坏　　　　　　B. 剪压破坏　　　　　　C. 斜拉破坏

    7. 在绑扎骨架的钢筋混凝土梁中，弯起钢筋的弯折终点处直线段锚固长度在受拉区不应小于（　　　）。

    A. $10d$　　　　　　B. $20d$　　　　　　C. $15d$　　　　　　D. $0.5h_0$

    8. 在绑扎骨架的钢筋混凝土梁中，弯起钢筋的弯折终点处直线段锚固长度在受压区不应小于（　　　）。

    A. $10d$　　　　　　B. $20d$　　　　　　C. $15d$　　　　　　D. $0.5h_0$

    9. 对有腹筋梁，下列因素中不影响斜截面破坏状态的是（　　　）。

    A. 混凝土强度　　　　B. 腹筋数量　　　　　C. 纵筋数量　　　　　D. 截面尺寸

    10. 梁发生剪压破坏时（　　　）。

    A. 混凝土发生斜向棱柱体破坏　　　　　　B. 混凝土梁斜向拉断成两部分

    C. 穿过临界斜裂缝的箍筋大部分屈服

    11. 梁内箍筋过多将发生（　　　）。

    A. 斜压破坏　　　　　　B. 剪压破坏　　　　　　C. 斜拉破坏　　　　　　D. 超筋破坏

    12. 梁内弯起多排钢筋时，相邻上下弯点间距 $s \leqslant s_{max}$，其目的是保证（　　　）。

    A. 斜截面受剪能力　　　　　　　　　　　B. 斜截面受弯能力

    C. 正截面受弯能力　　　　　　　　　　　D. 正截面受剪能力

    13. 梁的斜截面受剪承载力计算公式是根据何种破坏形态建立的？（　　　）

    A. 斜压破坏　　　　　　B. 剪压破坏　　　　　　C. 斜拉破坏

    14. 梁的抵抗弯矩图不切入设计弯矩图，则可保证全梁的（　　　）。

　　A. 斜截面受弯能力　　　　　　　　　　　B. 斜截面受剪能力

　　C. 正截面受弯能力　　　　　　　　　　　D. 正截面受剪能力

15. 当 $\dfrac{h_w}{b} \leqslant 4.0$ 时，梁的截面尺寸应符合 $\gamma_d V \leqslant 0.25 f_c b h_0$。是为了（　　　）。

　　A. 防止发生斜压破坏　　　　　　　　　　B. 防止发生剪压破坏

　　C. 防止发生斜拉破坏　　　　　　　　　　D. 防止发生斜截面受弯破坏

16. 纵向钢筋弯起时弯起点必须设在该钢筋的充分利用点以外不小于 $0.5h_0$ 的位置，这一要求是为了保证（　　　）。

　　A. 正截面受弯承载力　　　　　　　　　　B. 斜截面受剪承载力

　　C. 斜截面受弯承载力　　　　　　　　　　D. 钢筋的锚固要求

17. 当将纵向受力钢筋截断时，应从理论切断点及充分作用点延伸一定的长度，这是为了保证梁的（　　　）。

　　A. 正截面受弯承载力　　　　　　　　　　B. 斜截面受剪承载力

　　C. 斜截面受弯承载力　　　　　　　　　　D. 钢筋的一般构造要求

18. 在钢筋混凝土梁中要求箍筋的配箍率满足 $\rho_{sv} \geqslant \rho_{sv\min}$，这是为了防止发生（　　　）。

　　A. 受弯破坏　　　　　　　　　　　　　　B. 斜拉破坏

　　C. 箍筋抗剪作用不足以代替斜裂缝发生前的混凝土作用

19. 当 $\gamma_d V > 0.5 \beta_h f_t b h_0$ 时，箍筋的配置应满足它的最小配箍率要求。若箍筋采用 HPB300，最小配箍率 $\rho_{sv\min} =$（　　　）。

　　A. 0.08%　　　　　B. 0.10%　　　　　C. 0.12%　　　　　D. 0.15%

20. 当 $\gamma_d V > 0.5 \beta_h f_t b h_0$ 时，箍筋的配置应满足它的最小配箍率要求。若箍筋采用 HRB400，最小配箍率 $\rho_{sv\min} =$（　　　）。

　　A. 0.08%　　　　　B. 0.10%　　　　　C. 0.12%　　　　　D. 0.15%

21. 图 4-23 所示悬臂梁中，哪一种配筋方式是对的（　　　）。

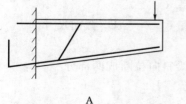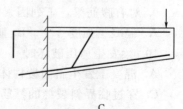

　　　　A　　　　　　　　　　　B　　　　　　　　　　　C

图 4-23　悬臂梁配筋方式

22. 当 $\gamma_d V > 0.25 f_c b h_0$ 时，应采取的措施是（　　　）。

A. 增大箍筋直径或减小箍筋间距　　　　　B. 提高箍筋的抗拉强度设计值

C. 加大截面尺寸或提高混凝土强度等级　　D. 加配弯起钢筋

4.2.2　思考题

1. 钢筋混凝土梁中为什么会出现斜裂缝？它是沿着怎样的路径发展的？

2. 试分析图 4-24 所示矩形截面梁，如出现斜裂缝，斜裂缝将在哪些部位出现？如何发展？

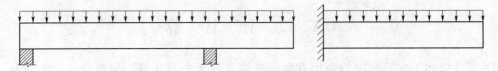

图 4-24　承受均布荷载的钢筋混凝土悬臂梁

3. 什么叫骨料咬合力和纵筋销栓力？它们在梁的受剪中起什么作用？

4. 无腹筋梁斜裂缝形成以后，斜裂缝处纵向钢筋应力和受压区混凝土的受力将发生怎样的变化？

5. 无腹筋梁的斜截面受剪破坏形态主要有哪几种？它们的破坏条件分别是什么？画出它们破坏时的混凝土裂缝分布与压碎区域。配置腹筋后，斜截面破坏形态和相应的破坏条件分别有什么变化？

6. 为什么梁内配置腹筋可大大加强斜截面受剪承载力？

7. 影响梁斜截面受剪承载力的因素有哪些？

8. 为什么要验算梁截面尺寸或混凝土强度等级的下限［教材式（4-15）］？为什么箍筋对斜压破坏梁的受剪承载力不能起提高作用？

9. 为什么要规定箍筋最小配筋率？"满足箍筋最小配筋率是为了防止发生斜拉破坏"，这种说法是否正确？为什么？

10. 梁的斜截面受剪承载力计算公式有什么限制条件？其意义是什么？

11. 在梁中弯起一部分纵向受拉钢筋用于斜截面抗剪时，应注意哪些问题？

12. 图 4-25 所示两根悬臂梁，已配有等直径等间距的箍筋，经计算需配置弯起钢筋，试指出各图中弯起钢筋配置的错误，并加以改正。

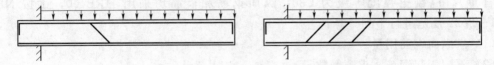

图 4-25　承受均布荷载悬臂梁错误的弯起钢筋布置

13. 梁中抵抗正弯矩的纵向受拉钢筋为什么不能在受拉区切断？

14. 当受弯梁满足 $\gamma_d V \leqslant 0.5\beta_h f_t bh_0$ 条件时，可按构造要求选配箍筋。此时，箍筋直径 d 和箍筋间距 s 如何选取？是否要求 $\rho_{sv} \geqslant \rho_{sv\min}$？

15. 为什么要规定箍筋的最小直径和最大间距，而且最小直径要求与梁截面高度及纵向受压钢筋直径有关，最大间距要求与梁截面高度有关？

16. 什么是抵抗弯矩图？为满足正截面受弯承载力，它与设计弯矩图之间的关系应当如何？

17. 在抵抗弯矩图中，什么是钢筋的充分利用点和理论切断点？保证受弯构件斜截面受弯承载力的主要构造措施有哪些？简述理由。

18. 纵向受力钢筋伸入支座的锚固有何要求？为什么伸入支座的锚固长度会有不小于

$5d$、$12d$、$15d$、l_a 的区别（d 为纵向受力钢筋直径，l_a 为其最小锚固长度）？

4.3 设 计 计 算

1. 某 3 级水工建筑物中的矩形截面简支梁，处于一类环境，梁净跨 $l_n = 5.50\text{m}$，截面尺寸 $b \times h = 250\text{mm} \times 600\text{mm}$，运行期承受均布荷载设计值 $q = 60.0\text{kN/m}$（包括自重）。混凝土强度等级为 C30，纵向钢筋和箍筋分别采用 HRB400 和 HPB300。按正截面受弯承载力计算，梁中已配有 2 Φ 22 ＋ 4 Φ 20 的纵向受拉钢筋（双层布置），试进行下列计算：

（1）只配箍筋，确定箍筋的直径和间距。

（2）按最大箍筋间距、箍筋最小直径和最小配箍率等构造要求配置较少数量的箍筋，计算所需弯起钢筋的排数和数量，并选定直径和根数。

2. 某 2 级水工建筑物中的矩形截面简支梁，处于一类环境，截面尺寸 $b \times h = 250\text{mm} \times 600\text{mm}$，梁的净跨 $l_n = 5.65\text{m}$。在使用阶段承受均布活荷载标准值 $q_k = 50.0\text{kN/m}$（一般可变荷载），恒载标准值 $g_k = 10.50\text{kN/m}$（包括梁自重）。混凝土强度等级为 C30，纵筋和箍筋分别采用 HRB400 和 HPB300。按正截面受弯承载力计算，梁中受拉区和受压区分别已配有 5 Φ 25（双层布置）和 2 Φ 14 的纵向钢筋。若全梁配有双肢 Φ 6@150mm 的箍筋，试按 NB/T 11011—2022 规范验算此梁的斜截面受剪承载力，若不满足要求，配置该梁的弯起钢筋。

3. 如图 4 - 26 所示的钢筋混凝土简支梁处于二类环境，结构安全级别为 Ⅱ 级，截面尺寸 $b \times h = 250\text{mm} \times 600\text{mm}$，计算跨度 $l_0 = 4.0\text{m}$，净跨 $l_n = 3.80\text{m}$。持久状况下集中荷载设计值 $Q = 150.0\text{kN}$（距离支座边缘 1.20m），均布荷载设计值 $g + q = 20.0\text{kN/m}$（包括梁自重）。混凝土强度等级为 C30，纵向钢筋和箍筋均采用 HRB400，试按 NB/T 11011—2022 规范进行下列计算：

（1）求纵向钢筋用量。

（2）不配弯起钢筋，求箍筋数量。

（3）全梁配置双肢 Φ 8@200 的箍筋，配置该梁的弯起钢筋。

（4）画配筋图。

提示：纵向受拉钢筋需双层布置。

4. 如图 4 - 27 所示的钢筋混凝土外伸梁处于一类环境，结构安全级别为 Ⅱ 级，截面

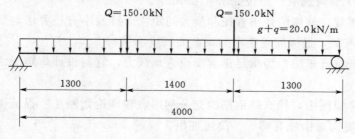

图 4 - 26　钢筋混凝土简支梁

尺寸 $b \times h = 250\text{mm} \times 700\text{mm}$。运行期承受的荷载标准值如计算简图所示,其中永久荷载中已考虑自重。混凝土强度等级为 C30,纵向受力钢筋和箍筋均采用 HRB400,试按 NB/T 11011—2022 规范进行下列计算:

(1)确定纵向受力钢筋(跨中、支座)的直径和根数。

(2)确定腹筋(包括弯起钢筋)的直径和间距(箍筋建议选双肢Φ8@250)。

(3)按抵抗弯矩图布置钢筋,绘出纵剖面、横剖面配筋图及单根钢筋下料图。

提示:

(1)在确定梁的控制截面内力时,要考虑可变荷载的不利布置,即求梁内力时要考虑外伸梁有无可变荷载两种情况,取其大值进行设计。

(2)梁内梁底纵向受拉钢筋需两层布置。

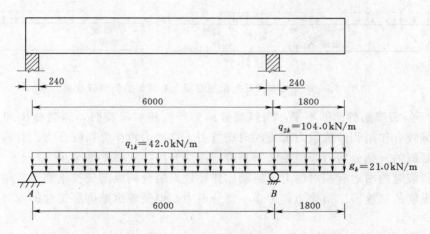

图 4 - 27　钢筋混凝土外伸梁

5.有一根进行抗剪性能试验的钢筋混凝土简支梁如图 4 - 28 所示,跨度 $l = 2.50\text{m}$,矩形截面 $b \times h = 150\text{mm} \times 300\text{mm}$。纵向受拉钢筋采用 2Φ20,实测平均屈服强度 $f_y^0 = 390\text{N/mm}^2$;架立钢筋 2Φ8,箍筋双肢Φ6@150,实测平均屈服强度 $f_{yv}^0 = 350\text{N/mm}^2$;混凝土实测立方体抗压强度 $f_{cu}^0 = 22.5\text{N/mm}^2$。纵向钢筋保护层厚度 25mm,两根主筋在梁端有可靠锚固,采用两点加荷。问:能否保证这根试验梁发生剪压破坏?

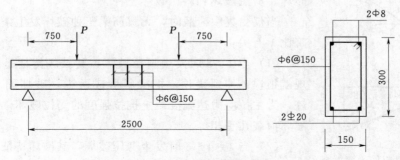

图 4 - 28　钢筋混凝土简支梁

4.4　思考题参考答案

1. 当截面同时作用弯矩与剪力，截面上的主拉应力方向与梁轴线不垂直，当在一段范围内的主拉应力达到混凝土的抗拉强度时，就会出现大体上与主拉应力方向相垂直的斜裂缝。

对于非薄腹梁，在弯矩 M 和剪力 V 共同作用的剪弯段，梁腹部的主拉应力方向是倾斜的，而在梁受拉边缘的主拉应力方向接近于水平，所以在这些区段可能在梁受拉区边缘及附近先出现较小的垂直裂缝，然后延伸为斜裂缝。

2. 斜裂缝出现与发展见下图。

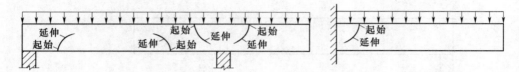

图 4-29　承受均布荷载的钢筋混凝土悬臂梁的斜裂缝分布

3. 由于斜裂缝面的凸凹不平，当斜裂缝两侧产生相对滑移时，斜裂缝面间存在着由骨料的机械咬合作用和摩擦阻力形成的滑动抗力，这种力称作骨料咬合力。骨料咬合力可以传递斜截面的一部分剪力，但是随斜裂缝宽度的开展，它将逐渐减少。

由于斜裂缝的两边有相对的上下错动，使穿过斜裂缝的纵向受拉钢筋也传递一定的剪力，称为纵筋的销栓力。销栓力能传递一部分剪力，但随着纵筋劈裂裂缝的发展，它也将逐渐降低。

4. 无腹筋梁在斜裂缝形成并开展以后，骨料咬合力及纵筋销栓力逐步消失，斜截面上的全部压力和剪力由斜裂缝缝端余留截面承担，因此在余留截面混凝土上形成较大压应力和剪应力。同时斜裂缝处纵向受拉钢筋的应力 σ_s 有显著的增大，这是因为斜裂缝出现以前，该处的 σ_s 大小取决于正截面弯矩 M_B（图 4-30），斜裂缝形成以后，σ_s 大小取决于斜裂缝缝端截面弯矩 M_A，而 $M_A > M_B$，所以斜裂缝出现后，σ_s 有很大的增加。

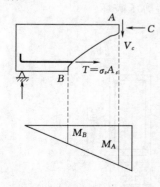

图 4-30　无腹筋梁弯矩图

5. 随剪跨比 λ 的不同，无腹筋梁斜截面受剪破坏有斜拉破坏、剪压破坏和斜压破坏三种。

当仅受集中荷载时，无腹筋梁三种破坏发生条件主要与剪跨比 λ 有关：

（1）当 $\lambda > 3$ 时发生斜拉破坏，其破坏特征是斜裂缝一出现就很快延伸到梁顶，把梁斜劈成两半，破坏面上无压碎痕迹，为主拉应力达到混凝土抗拉强度的受拉破坏，开裂荷载和破坏荷载几乎相等。

（2）当 $\lambda = 1 \sim 3$ 时发生剪压破坏，其破坏特征是斜裂缝出现后荷载仍能有较大的增长，最后受压区混凝土在压应力和剪应力共同作用下达到复合受力强度被压坏。

（3）当 $\lambda < 1$ 时发生斜压破坏，其特征是斜裂缝多而密，梁腹在主压应力作用下发生有如斜向受压短柱的受压破坏，破坏荷载比开裂荷载高很多。

三种破坏破坏时的混凝土裂缝分布与压碎区域可见教材图 4-7。总的来看，无腹筋梁发生上述三种破坏形态时，梁的跨中挠度都不大，所以都属于脆性破坏，其中斜拉破坏和斜压破坏的脆性更严重。

当配置腹筋后，除剪跨比 λ 以外，腹筋的数量也对有腹筋梁的破坏形态和斜截面受剪承载力有很大影响。

（1）腹筋配置比较适中的有腹筋梁大部分发生剪压破坏。这种梁在斜裂缝出现后由于腹筋受力限制了斜裂缝的开展，腹筋屈服后，斜裂缝延伸加快，最后斜裂缝缝端余留截面混凝土在剪、压作用下达到极限强度而破坏。

（2）当腹筋配置得过多或剪跨比很小，尤其梁腹较薄（例如 T 形或 I 形薄腹梁）时，将发生斜压破坏，腹筋不能达到屈服，梁腹斜裂缝间的混凝土由于主压应力过大而发生斜压破坏。

（3）腹筋数量配置很少且剪跨比较大的有腹筋梁，斜裂缝一旦出现，由于腹筋承受不了原来由混凝土所承担的拉力而立即屈服，与无腹筋梁一样产生斜拉破坏。

6. 腹筋对提高梁的受剪承载力的作用主要是以下几个方面：

（1）腹筋直接承担了斜截面上的一部分剪力。

（2）腹筋能阻止斜裂缝开展过宽，延缓斜裂缝向上伸展，保留了更大的斜裂缝缝端余留截面，从而提高了混凝土的受剪承载力 V_c。

（3）腹筋的存在延缓了斜裂缝的开展，提高了骨料咬合力。

（4）箍筋控制了沿纵筋的劈裂裂缝的发展，使纵筋销栓力有所提高。

上述作用说明腹筋对梁受剪承载力的影响是综合的，多方面的。

7. 影响有腹筋梁斜截面受剪承载力的主要因素有：剪跨比、混凝土强度等级、箍筋数量及其强度、弯起钢筋数量及其强度、截面尺寸、加载方式、荷载形式等。此外，纵向受拉钢筋配筋率、截面形状也影响有腹筋梁的斜截面受剪承载力。

这些因素的影响规律如下：

（1）剪跨比：剪跨比是集中荷载作用下影响梁斜截面受剪承载力的主要因素之一，当剪跨比 $\lambda \leqslant 3$ 时，随着剪跨比的增加，斜截面受剪承载力降低，即剪跨比大的梁受剪承载力比剪跨比小的梁低。

（2）混凝土强度等级：从斜截面破坏的几种主要形态可知，斜拉破坏主要取决于混凝土的抗拉强度，剪压破坏和斜压破坏与混凝土的抗压强度有关。因此，在剪跨比和其他条件相同时，斜截面受剪承载力随混凝土强度的提高而增大，试验表明二者大致呈线性关系。

（3）箍筋数量及其强度：试验表明，在配箍（筋）量适当的情况下，梁的斜截面受剪承载力随箍筋数量增多、箍筋强度的提高而有较大幅度的增长，大致呈线性关系。

（4）弯起钢筋及其强度：随弯起钢筋截面面积的增大、强度的提高，梁的斜截面受剪承载力线性增大。

(5) 截面尺寸：梁的截面尺寸越大，斜截面受剪承载力越高，但大截面尺寸梁的 $\dfrac{V_c}{bh_0 f_t}$ 相对偏低，存在着所谓的尺寸效应。

(6) 荷载形式：以集中荷载为主的梁，斜截面受剪承载力比一般梁低。

(7) 加载方式：当荷载不是作用在梁顶而是作用在梁的侧面时，即使剪跨比很小的梁也可能发生斜拉破坏。

(8) 纵向受拉钢筋配筋率：在其他条件相同时，纵向受拉钢筋配筋率越大，斜截面受剪承载力也越大，试验表明二者大致呈线性关系。这是因为，纵向受拉钢筋配筋率越大则破坏时的斜裂缝缝端余留截面越大，从而提高了混凝土的抗剪能力；同时，纵向受拉钢筋可以抑制斜裂缝的开展，增大斜裂缝间的骨料咬合力，纵向钢筋本身的横截面也能承受少量剪力（即销栓力）。

(9) 截面形状：T 形、I 形截面梁的受剪承载力略高于矩形截面梁。

8. 教材式（4-15）的截面限制条件有三个意义：①防止发生斜压破坏，这是主要的；②防止在使用条件下斜裂缝过宽，一般不大于 0.20mm；③符合经济要求，因为这一条件实际上控制了箍筋配筋率的上限，发生斜压破坏时箍筋是不能充分发挥作用的。

在教材式（4-15）中，令 $\gamma_d V = 0.25 f_c bh_0$，则

$$0.5\beta_h f_t bh_0 + f_{yv}\frac{A_{sv}}{s}h_0 = 0.25 f_c bh_0$$

在此等式中近似取 $f_t \approx 0.1 f_c$，且取 $\beta_h = 1.0$，可以得到

$$f_{yv}\frac{A_{sv}}{s}h_0 = (0.25 - 0.05)f_c bh_0$$

两边同除以 $f_{yv}bh_0$，得

$$\frac{A_{sv}}{bs} = 0.15 f_c / f_{yv}$$

该式左边是箍筋的配箍率，该式就是防止发生斜压破坏的最大配箍率，从而说明满足了截面限制条件也就控制了配箍率的上限。

此外，配箍筋梁的受力如同一拱形桁架（图 4-31），斜裂缝以上部分混凝土为受压弦杆，纵向受拉钢筋为下弦拉杆，斜裂缝间混凝土齿状体有如受压斜腹杆，箍筋起到受拉竖杆的作用。但箍筋本身并不能将荷载作用传递到支座上，而是把斜压杆（齿状体）传来的荷载悬吊到受压弦杆（近支座处梁腹混凝土）上去，最终所有荷载仍通过梁腹传至支座，因此箍筋的存在并不能减少梁腹的斜向应力，故不能提高斜压破坏的斜截面受剪承载力。

9. 按 NB/T 11011—2022 规范设计时，最小配箍率条件是：当 $\gamma_d V > 0.5\beta_h f_t bh_0$ 时，箍筋采用 HPB300 时 $\rho_{sv} = \dfrac{A_{sv}}{bs} \geqslant \rho_{sv\min} = 0.12\%$，采用 HRB400 时 $\rho_{sv\min} = 0.10\%$。

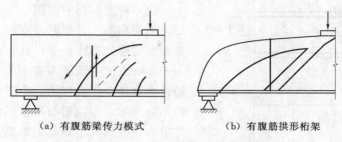

（a）有腹筋梁传力模式　　　　　（b）有腹筋拱形桁架

图 4-31　斜截面破坏力的传递

最小配箍率的意义是防止斜裂缝一出现箍筋应力就达到屈服点，不能阻止斜裂缝的展开，箍筋起不了应有的作用；当剪跨比 λ 较大时，还防止斜拉破坏的发生。

"满足箍筋最小配筋率是为了防止发生斜拉破坏"，这种说法不正确。这是因为：要求箍筋用量满足最小配箍率要求是为了防止箍筋过少，斜裂缝出现后箍筋过早屈服而起不到预期的作用。如果梁的剪跨比较大，箍筋过早屈服会导致发生斜拉破坏，这时这种说法是正确的；但如果剪跨比不大，即使是无腹筋梁也不会发生斜拉破坏，这时这种说法就不正确了。

10. 梁的斜截面受剪承载力计算公式限制条件有两个：截面限制条件和最小配箍率。

（1）截面限制条件是

1）采用 NB/T 11011—2022 规范时

当 $h_w/b \leqslant 4.0$ 时　　　　　　　$\gamma_d V \leqslant 0.25 f_c b h_0$

当 $h_w/b \geqslant 6.0$ 时　　　　　　　$\gamma_d V \leqslant 0.20 f_c b h_0$

当 $4.0 < h_w/b < 6.0$ 时，按线性内插法取用。

2）采用 SL 191—2008 规范时

当 $h_w/b \leqslant 4.0$ 时　　　　　　　$KV \leqslant 0.25 f_c b h_0$

当 $h_w/b \geqslant 6.0$ 时　　　　　　　$KV \leqslant 0.20 f_c b h_0$

当 $4.0 < h_w/b < 6.0$ 时，按线性内插法取用。

截面限制条件意义见回答题 8 的解答。

（2）最小配箍率条件和意义见回答题 9 的解答。

11. 在梁中弯起一部分纵向受拉钢筋用于斜截面抗剪时，应注意如下问题。

（1）满足斜截面受弯承载力的纵筋弯起位置的要求。

图 4-32 表示弯起钢筋弯起点与弯矩图形的关系。

钢筋②在受拉区的弯起点为 1，按正截面受弯承载力计算不需要该钢筋的截面为 2，该钢筋强度充分利用的截面为 3，它所承担的弯矩为图中阴影部分，则可以证明，当弯起点与按计算充分利用该钢筋的截面之间的距离不小于 $0.5h_0$ 时，可以满足斜截面受弯承载力的要求（保证斜截面的受弯承载力不低于正截面受弯承载力）。自然，钢筋弯起后与梁中心线的交点应在该钢筋正截面抗弯不需要点之外。总之，若利用弯起钢筋抗剪，则钢筋弯起点的位置应同时满足抗剪位置（由抗剪计算确定）、正截面抗弯（M_R 图覆盖弯矩图）及斜截面抗弯（$a \geqslant 0.5h_0$）三项要求。

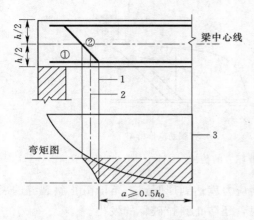

图 4-32　钢筋弯起点与弯矩图形的关系

（2）弯起钢筋的锚固

当采用绑扎骨架时，弯起钢筋的弯终点外应留有足够的锚固长度，其长度在受拉区不应小于 $20d$，在受压区不应小于 $10d$，对光圆钢筋在末端尚应设置弯钩，位于梁底层两侧的钢筋不应弯起，弯起钢筋不得采用浮筋。当支座处剪力很大而又不能利用纵筋弯起抗剪时，可设置仅用于抗剪的吊筋，其端部锚固要求与弯起钢筋相同。

（3）要求最后一排弯起钢筋的下弯点进入 V_{cs}/γ_d 控制区域，即要求最后一排弯起钢筋下弯点处的剪力设计值小于等于 V_{cs}/γ_d。

（4）弯起钢筋的间距要小于最大箍筋间距；纵向钢筋不能全部弯起，至少保留两根钢筋（箍筋角点处的两根钢筋）伸入支座。

当按 SL 191—2008 规范时，V_{cs}/γ_d 应换成 V_{cs}/K。

12. 图 4-25 左边图的错误在于弯起钢筋的上弯点距支座的距离 s_1 明显大于最大箍筋间距 $s_{\max}$，右边图的错误在于弯起钢筋的弯起方向反了，改正见下图。在下图中，梁支座边缘处剪力最大，距支座边缘距离越远剪力越小，由于梁已配有等直径等间距的箍筋，故离开支座某处就不再需要弯起钢筋，图中画 3 根弯起钢筋仅为示意。

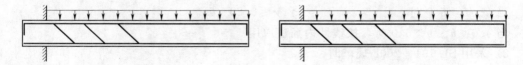

图 4-33　承受均布荷载的钢筋混凝土梁弯起钢筋布置的改正

13. 纵向受拉钢筋一般不宜在受拉区切断，以防止切断钢筋的滑动而导致局部开裂过大，挠度加大及受剪承载力的降低。

14. 当受弯梁满足 $\gamma_d V \leqslant 0.5\beta_h f_t bh_0$ 条件时，可按构造要求选配箍筋。这时箍筋直径 d 按最小箍筋直径选用，箍筋间距 s 按最大箍筋间距选用。具体有：

（1）高度 $h>800$mm 的梁，箍筋直径不宜小于 8mm；高度 $h\leqslant800$mm 的梁，箍筋直径不宜小于 6mm。当梁中配有计算需要的纵向受压钢筋时，箍筋直径尚不应小于 $d/4$（d 为纵向受压钢筋中的最大直径）。在梁中纵向钢筋搭接长度范围处内，箍筋直径不应小于 $d/4$（d 为搭接钢筋的较大直径）。

（2）箍筋最大间距要求见教材表 4-1。梁中有计算需要的纵向受压钢筋时，在绑扎搭接骨架中不应大于 $15d$，在机械连接和焊接钢筋骨架中不应大于 $20d$，且都不大于 400mm；若一层受压钢筋多于 5 根且直径大于 18mm，箍筋间距不应大于 $10d$，d 为纵向受压钢筋最小直径。

在梁内纵向受力钢筋搭接长度范围内，宜加密箍筋，对纵向受拉钢筋，箍筋间距不应

大于 $5d$ 和 100mm，对纵向受压钢筋不应大于 $10d$ 和 200mm。

另外，当受弯梁满足 $\gamma_d V \leqslant 0.5\beta_h f_t bh_0$ 条件时，不要求满足 $\rho_{sv} \geqslant \rho_{sv\min}$。只有当 $\gamma_d V > 0.5\beta_h f_t bh_0$ 时，才需要满足 $\rho_{sv} \geqslant \rho_{sv\min}$。

当按 SL 191—2008 规范时，判断条件 $\gamma_d V \leqslant 0.5\beta_h f_t bh_0$、$\gamma_d V > 0.5\beta_h f_t bh_0$ 应相应换成 $KV \leqslant 0.7 f_t bh_0$、$KV > 0.7 f_t bh_0$。

15. 箍筋的最小直径和截面高度、截面内是否有受压钢筋、是否处于纵向受力钢筋搭接范围有关。这是因为，箍筋除了承受剪力之外，还起到限制截面内部混凝土的横向膨胀变形和形成钢筋骨架的作用。

（1）当截面内配置有纵向受压钢筋，为有效防止纵向受压钢筋的屈曲，箍筋直径不能过小。

（2）当截面处于纵向受力钢筋搭接范围时，为了保证钢筋与混凝土之间的黏结，应适当增加箍筋，且箍筋直径不能过小。

（3）箍筋还起到与纵向钢筋绑扎，形成钢筋骨架的作用。截面尺寸越大，意味着钢筋骨架的尺寸越大，为保证钢筋骨架具有一定的刚度，箍筋直径也不宜太小。

箍筋最大间距与截面高度有关，这是因为：为保证箍筋能发挥作用，应有足够多的箍筋与斜裂缝相交。梁截面高度越小，斜裂缝在梁轴线方向的水平投影长度就越短，为保证有足够的箍筋能与斜裂缝相交就需要将箍筋布置得密一些，因而箍筋最大间距越小。反之亦然。

16. 所谓抵抗弯矩图或 M_R 图，就是各截面实际能抵抗的弯矩图形。M_R 图代表梁的正截面的抗弯能力，为保证正截面受弯承载力，要求在各个截面上都要求 M_R 不小于 M，即与 M 图同一比例尺绘制的 M_R 图必须将 M 图包含在内。

M_R 图与 M 图越贴近，表示钢筋强度的利用越充分，这是设计中应力求做到的一点。与此同时，也要照顾到施工的便利，不要片面追求钢筋的利用程度以致使钢筋布置复杂化。

17. 通常所说的钢筋的理论切断点和充分利用点，是指某编号钢筋的理论切断点和充分利用点。

所谓理论切断点，就指从该点开始，理论上不再需要某编号的钢筋，即理论上，在该点可以切断此编号的钢筋。理论切断点也称为不需要点。

所谓充分利用点，就是指在该点，某编号的钢筋被充分利用，过了该点此编号的钢筋就不充分利用了。某编号钢筋的理论切断点就是下一编号钢筋的充分利用点。

保证受弯构件斜截面受弯承载力的主要构造措施如下：

（1）纵向受拉钢筋弯起点与该钢筋的充分利用点的水平距离应不小于 $0.5h_0$，即满足 $a \geqslant 0.5h_0$，以保证斜截面抗弯承载力满足要求。

（2）纵向受拉钢筋一般不宜在受拉区切断，以防止切断钢筋的滑动而导致局部开裂过大，挠度加大及受剪承载力的降低。

（3）负弯矩区纵向受拉钢筋切断时，从钢筋的理论切断点伸出的延伸长度 l_w 应不小于 $20d$（$V \leqslant 0.5\beta_h f_t bh_0$）或不小于 $20d$ 和 h_0（$V > 0.5\beta_h f_t bh_0$）；同时，自钢筋的充分利用点至该钢筋的切断点的距离 l_d 应满足 $\geqslant 1.2l_a$（$V \leqslant 0.5\beta_h f_t bh_0$）或 $\geqslant 1.2l_a + h_0$（$V >$

$0.5\beta_h f_t bh_0$）。若按上述规定确定的切断点仍位于负弯矩受拉区内，则钢筋还应延长，l_w 应满足 $l_w \geqslant 20d$ 且 $l_w \geqslant 1.3h_0$，且 l_d 应满足 $l_d \geqslant 1.2l_a + 1.7h_0$。这是因为斜截面所承担的弯矩大于理论切断点处正截面的弯矩，只有当钢筋有足够的延伸长度时，才能使斜裂缝范围内的箍筋能承担的弯矩大于上述弯矩的差额。

（4）伸入支座的纵向受拉钢筋应有足够的锚固长度，以防止斜裂缝形成后，纵向受拉钢筋被拔出而导致梁的破坏。

18. 当纵向受拉钢筋在支座处被充分利用时，伸入支座的长度就要大于等于 l_a。

当纵向受拉钢筋在支座处未被充分利用时，伸入支座的长度只需大于等于 $5d$、$12d$、$15d$，而不需要大于等于 l_a。究竟是 $5d$、$12d$，还是 $15d$，这就和支座附近是否出现斜裂缝及纵向受力钢筋的表面形状有关。

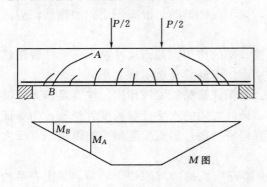

图 4-34　简支梁斜裂缝出现前后
截面承受弯矩变化

以图 4-34 所示简支梁举例。在斜裂缝出现前，各截面纵向钢筋的拉力 T 由该截面的弯矩决定，由于支座处弯矩很小，纵向受拉钢筋应力很低。斜裂缝出现后，截面 B 处的纵向钢筋拉力 T 却决定于斜裂缝缝端截面 A 的弯矩 M_A，而 $M_A > M_B$。所以，斜裂缝出现后，穿过斜裂缝的纵向钢筋的拉应力突然增大。若斜裂缝靠近支座处，支座处纵向受拉钢筋有可能被拔出，因此其锚固长度要加强。

因此，当 $\gamma_d V \leqslant 0.5\beta_h f_t bh_0$ 时，一般不会出现斜裂缝，支座附近纵向受拉钢筋应力较小，伸入支座的长度只需大于等于 $5d$。当 $\gamma_d V > 0.5 f_t bh_0$ 时，会出现斜裂缝，伸入支座的长度要加长。若纵向受力钢筋为带肋钢筋，则与混凝土之间黏结力较强，伸入支座的长度只需大于等于 $12d$，不然需大于等于 $15d$。

当按 SL 191—2008 规范时，判断条件 $\gamma_d V \leqslant 0.5\beta_h f_t bh_0$、$\gamma_d V > 0.5\beta_h f_t bh_0$ 应相应换成 $KV \leqslant 0.7 f_t bh_0$、$KV > 0.7 f_t bh_0$。

第5章　钢筋混凝土受压构件承载力计算

除了梁、板等受弯构件以外，钢筋混凝土受压构件（柱）也是实际工程中一种基本受力构件，本章介绍受压构件的承载力计算方法及相应的构造要求。学完本章后，应在掌握受压构件计算理论（正截面破坏形态与判别条件、正截面受压承载力基本假定与计算简图、正截面受压承载力公式推导与适用条件、N_u 与 M_u 关系、斜截面受剪承载力组成等）的前提下，能进行一般受压构件的设计与复核。本章主要学习内容有：

(1) 受压构件正截面破坏形态。

(2) 受压构件正截面受压承载力计算的基本假定、计算简图和基本公式。

(3) 偏压构件正截面受压承载力 N_u 与 M_u 的关系。

(4) 受压构件的斜截面受剪承载力计算。

(5) 截面设计方法和构造要求。

(6) 截面复核方法。

轴心受压构件除普通箍筋柱外，还有螺旋箍筋柱；偏心受压构件除矩形截面外，还可能是 T 形、I 形、圆形和环形截面。因限于篇幅，教材只介绍了水工钢筋混凝土结构中常用的普通箍筋柱和矩形截面的偏压构件。在今后设计中如遇到螺旋箍筋柱和其他截面的偏压构件，可查阅相关设计规范或有关专著，对于 T 形或 I 形截面，同学们也可自己试行推导其计算公式。

5.1　主要知识点

5.1.1　受压构件分类

按力的作用位置来分，受压构件分为轴心受压构件与偏心受压构件。轴心受压构件的轴向压力 N 作用在截面重心，偏心距 $e_0=0$，即承受的是轴心压力；偏心受压构件 $e_0>0$，也就是除在截面重心作用有 N 外，还作用有弯矩 M，$e_0=M/N$，即构件除轴心压力外还承受弯矩。

严格从力学概念来说，通过截面重心的轴向压力应称为轴心压力。对于偏压构件，若截面内力以轴力和弯矩表示时，轴力表示的是通过截面重心的轴心压力；以轴力和偏心距表示时，轴力表示的是不通过截面重心的偏心压力。为简便，本教材将轴心压力、偏心压力统称为轴向压力。同样，对受拉构件，本教材将轴心拉力、偏心拉力统称为轴向拉力。

按配筋型式来分，轴心受压构件分为普通箍筋柱和螺旋箍筋柱两种，普通箍筋柱采用普通箍筋，螺旋箍筋柱采用螺旋式箍筋或焊接环式箍筋；偏心受压构件分为非对称配筋与对称配筋两种型式，非对称配筋构件两侧的纵向钢筋用量不相等，对称配筋构件两侧的纵向钢筋用量相等。按构件截面形状来分,轴压构件分为矩形、正方形、六边形或圆形,偏心受压构件分为矩形、I 形、圆形、环形等。普通箍筋柱的截面形状一般为正方形或矩形,螺旋箍筋柱多为圆形或六边形。

为构造简单和施工方便,在水利水电工程中,轴心受压构件多采用正方形或矩形的普通箍筋柱,很少采用圆形或六边形截面的螺旋箍筋柱;偏压构件多采用矩形截面,很少采用圆形和环形截面。所以,教材只介绍普通箍筋柱和矩形偏压构件。

5.1.2 受压构件对混凝土与钢筋的要求

1. 混凝土

适筋破坏的受弯构件正截面受弯承载力主要受控于纵向钢筋的用量和强度,而受压构件正截面受压承载力主要受控于混凝土的承压能力。混凝土的强度等级与轴心抗压强度基本为线性关系,当受压承载力要求一定时,混凝土强度等级越高,构件截面尺寸可越小,较为经济。

截面尺寸由承载力确定的受压构件,如排架立柱、拱圈等,可采用 C25、C30、C35 或强度等级更高的混凝土;截面尺寸不是由承载力确定的受压构件,例如闸墩、桥墩等,可采用强度等级较低的 C25 混凝土。

现浇的立柱其边长不宜小于 300mm,否则混凝土浇筑缺陷所引起的影响就较为严重。

2. 纵向钢筋

纵向钢筋不宜采用高强钢筋。受混凝土极限压应变的限制,高强受压钢筋不能充分发挥其强度高的作用,因此,受压构件的纵向钢筋一般用 HRB400。同时在普通钢筋混凝土构件中,受裂缝宽度限值的限制,高强受拉钢筋也不能充分发挥其强度高的作用。

纵向钢筋直径不宜小于 12mm。直径过小,钢筋骨架柔性大,施工不便。

受压构件承受的轴向压力很大而弯矩很小时,纵向钢筋大体可沿周边布置;承受弯矩大而轴向压力小时,纵向钢筋则沿垂直于弯矩作用平面的两个侧边布置。每侧边钢筋不能少于 2 根,保证箍筋 4 个角都有纵向钢筋固定。

纵向钢筋间距不能太小也不能太大。太小,混凝土不容易浇筑;太大,箍筋约束混凝土作用就会减弱,这时要布置纵向构造钢筋。

纵向钢筋用量不能过少和过多。过少,构件破坏时呈脆性,不利抗震;同时在荷载长期作用下,混凝土徐变会使混凝土应力减小,钢筋应力增大,钢筋太少会引起钢筋过早屈服。因此,要规定纵向钢筋的最小配筋率。过多,既不经济,施工也不方便。同时,在使用荷载作用下,混凝土已有塑性变形且可能有徐变产生,而纵向钢筋仍处于弹性阶段,若卸载,混凝土的塑性变形不可恢复,徐变的大部分不可恢复且恢复需要时间,而纵向钢筋能迅速回弹,这使得纵向钢筋受压而混凝土受拉,若纵向钢筋配筋过多可能会使混凝土拉裂。在柱子中全部纵向钢筋的合适配筋率为 0.8%~2.0%,荷载特大时,也不宜超过 5%。

3. 箍筋

受压构件中的箍筋能阻止纵向钢筋受压时的向外弯凸,约束混凝土,防止混凝土保护层横向胀裂剥落;此外,还起抵抗剪力及增加受压构件延性的作用。箍筋数量越多,对柱子的侧向约束程度越大,柱子的延性就越好,特别是螺旋箍筋对增加延性的效果更为有效，对抗震有利。因此受压构件必须配置箍筋，且适当加强箍筋配置是十分必要的。

受压构件中的箍筋都应做成封闭式，与纵向钢筋绑扎或焊接形成整体骨架。在墩墙类受压构件（如闸墩）中，则可用水平钢筋代替箍筋，但应设置连系拉筋拉住墩墙两侧的钢筋。

为了防止中间纵向钢筋的曲凸，除设置基本箍筋外还须设置附加箍筋，形成所谓的复合箍筋，原则上希望纵向钢筋每隔一根就置于箍筋的转角处，使该纵向钢筋能在两个方向受到固定。

不应采用有内折角的箍筋［图 5-1（b）］，内折角箍筋受力后有拉直的趋势，易使转角处混凝土崩裂。遇到截面有内折角时，箍筋可按图 5-1（a）的方式布置。

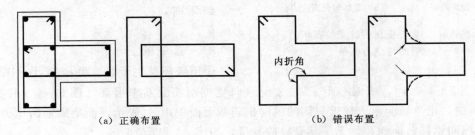

（a）正确布置　　　　　　　　　（b）错误布置

图 5-1　截面有内折角时箍筋的布置

由于箍筋的作用之一是防止纵向钢筋的曲凸，因此对箍筋直径和间距都有相应的要求。箍筋不能太细，间距不能太大，箍筋过细或间距过大就不能有效约束纵向钢筋的曲凸。但箍筋也不能太粗，太粗不易加工。

5.1.3　受压构件正截面的破坏特征

5.1.3.1　轴心受压构件

对于短柱，轴向压力的初始偏心引起的附加弯矩可以忽略不计，因而从加载到破坏，短柱全截面受压，压应变均匀；钢筋与混凝土共同变形，两者压应变始终相同。

短柱破坏时，一般是纵向钢筋先达到屈服强度 $\sigma'_s \to f'_y$，然后混凝土达到极限压应变 $\varepsilon_c \to \varepsilon_{cu}$，构件破坏。破坏时，混凝土应力均匀，$\sigma_c = f_c$，$\sigma'_s = f'_y$。

对于长柱，轴向压力的初始偏心引起的附加弯矩不可忽略。在轴向压力作用下，不仅发生压缩变形，同时还发生纵向弯曲，产生横向挠度。在荷载不大时，长柱虽仍全截面受压，但内凹一侧的压应力就比外凸一侧来得大。

长柱破坏时，凹侧边缘混凝土达到极限压应变 $\varepsilon_c \to \varepsilon_{cu}$，凸侧由受压突然变为受拉，出现水平的受拉裂缝（图 5-2）。长柱破坏荷载小于短柱，且柱子越细长破坏荷载小得越多。

5.1.3.2　偏心受压构件

偏心受压短柱的破坏形态可归纳为受拉破坏和受压破坏两类，也称大

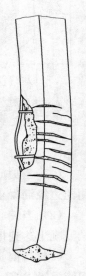

图 5-2　轴心
受压长柱的
破坏形态

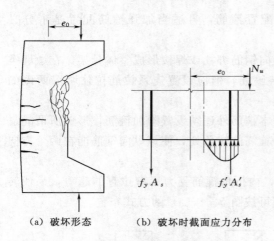

（a）破坏形态　　（b）破坏时截面应力分布

图 5-3　偏心受压短柱受拉破坏的
形态与应力分布

偏心受压破坏和小偏心受压破坏。

1. 受拉破坏

受拉破坏发生于偏心距 e_0 较大且纵向受拉钢筋数量适中时，这时截面部分受拉、部分受压。它的破坏特征为：纵向受拉钢筋应力先达到屈服强度，然后截面受压区边缘混凝土达到极限压应变，与配筋量适中的双筋受弯构件的破坏相类似。破坏有明显的预兆，裂缝、变形显著发展，具有延性破坏性质，见图 5-3。

破坏时，$\sigma_s \rightarrow f_y$，$\varepsilon_s > \varepsilon_y$，$\varepsilon_c = \varepsilon_{cu}$，$\sigma'_s = f'_y$。

2. 受压破坏

受压破坏发生于偏心距 e_0 较小 ［图 5-4（b）和图 5-4（c）］，或偏心距 e_0 较大但纵向受拉钢筋配筋率很高 ［图 5-4（d）］时。图 5-4 中，把离轴向压力较近一侧的纵向钢筋截面面积用 A'_s 表示，而把离轴向压力较远一侧的纵向钢筋截面面积，无论其受拉或受压，均用 A_s 表示。

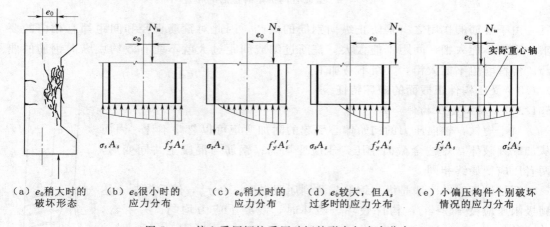

（a）e_0 稍大时的　　（b）e_0 很小时的　　（c）e_0 稍大时的　　（d）e_0 较大，但 A_s　　（e）小偏压构件个别破坏
　　破坏形态　　　　　应力分布　　　　　应力分布　　　　　过多时的应力分布　　情况的应力分布

图 5-4　偏心受压短柱受压破坏的形态与应力分布

（1）当偏心距很小 ［图 5-4（b）］时，截面全部受压。破坏时，离轴向压力较近一侧的边缘混凝土达到极限压应变，另一侧边缘混凝土未达到极限压应变。

（2）当偏心距稍大 ［图 5-4（c）］时，截面出现小部分受拉区。破坏时，受压区边缘混凝土达到极限压应变，纵向受拉钢筋达不到屈服，破坏无明显预兆。

（3）当偏心距较大 ［图 5-4（d）］时，原来应发生大偏心受拉破坏，但若纵向受拉钢筋配置过多，破坏仍由受压区边缘混凝土达到极限压应变引起，纵向受拉钢筋未达到屈服。这种破坏性质与超筋梁类似，在设计中应予避免。

（4）此外，当偏心距 e_0 极小 ［图 5-4（e）］，同时离轴向压力较远一侧的纵向钢筋配置过少时，破坏也可能在离轴向压力较远一侧发生。这是因为当偏心距极小时，如混凝土质地不均匀或考虑钢筋截面面积后，截面的实际重心（物理中心）可能偏到轴向压力的另一侧。此时，离轴向压力较远一侧的压应力就较大，离轴向压力较近一侧的应力反而较小。破坏也就可能从离轴向压力较远的一侧开始。

因此，受压破坏的破坏特征为：离轴向压力较近一侧的边缘混凝土达到极限压应变；另一侧受压或受拉，但受压时边缘混凝土未达到极限压应变，受拉时纵向钢筋未达到屈服。破坏没有明显预兆，具有脆性破坏性质。

破坏时，$\sigma_s < f_y$ 或 $\sigma_s < f'_y$，$\varepsilon_c = \varepsilon_{cu}$，$\sigma'_s = f'_y$。

对于长柱，在轴向压力作用下，构件会产生二阶效应，二阶效应使作用在截面上的弯矩增大，从而使破坏荷载降低，且柱子越细长破坏荷载降低越多，但破坏时截面受力状态和短柱相同，仍可分为受拉破坏与受压破坏两种。

对比受拉与受压破坏时的特征可知，受拉与受压破坏的本质区别是：离轴向压力较远一侧的纵向钢筋能否屈服，能屈服为受拉破坏，不能屈服为受压破坏。

受拉破坏发生于偏心距较大的场合，故也称大偏心受压破坏；受压破坏一般发生于偏心距较小的场合，故也称小偏心受压破坏。

5.1.4 纵向弯曲对轴心受压构件正截面受压承载力影响的考虑

不论是轴心受压构件还是偏心受压构件，长柱的破坏荷载都小于短柱，且长细比越大，破坏荷载降低越多，在设计中必须考虑纵向弯曲对构件正截面受压承载力降低的影响，对轴心受压构件采用稳定系数 φ 来考虑。

稳定系数 φ 定义为：长柱与短柱轴心受压承载力的比值，即 $\varphi = N_{u长}/N_{u短}$，显然 φ 是一个小于 1 的数值。

对正方形或矩形截面柱，影响 φ 值的主要因素为柱的长细比 l_0/b（b 为矩形截面柱短边尺寸，l_0 为柱子的计算长度），教材表 5-1 给出了 φ 值与 l_0/b 的关系。从教材表 5-1 看到，当 $l_0/b \leq 8$ 时，$\varphi \approx 1$；当 $l_0/b > 8$ 时，φ 值随 l_0/b 的增大而减小。因此，$l_0/b = 8$ 为短柱与长柱的分界。

5.1.5 二阶效应对偏心受压构件正截面受压承载力影响的考虑

5.1.5.1 二阶效应的分类

1. P-Δ 效应与 P-δ 效应

严格来讲，二阶效应是指作用在结构上的重力或构件中的轴向压力，在产生了层间位移和挠曲变形后的结构构件中引起的附加变形和相应的附加内力。其中，由侧移产生的二阶效应 [图 5-5 (a)] 称为 P-Δ 效应，由挠曲产生的二阶效应 [图 5-5 (b)] 称为 P-δ 效应。P-Δ 效应增大了柱端截面的弯矩，而 P-δ 效应通常会增大柱跨中截面弯矩。

2. 柱两端弯矩同号时的 P-δ 效应

偏心受压柱在柱端同号弯矩 M_1、M_2（$M_2 > M_1$）和轴向压力 P 共同作用下，将

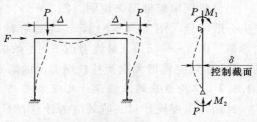

(a) 有侧移框架的 P-Δ 效应　(b) P-δ 效应

图 5-5 二阶效应分类

产生单曲率弯曲，如图 5-6 （a）所示。不考虑 $P-\delta$ 效应时，柱的弯矩分布（一阶弯矩）如图 5-6 （b）所示，柱下端截面的弯矩 M_2 最大，为承载力计算的控制截面。考虑 $P-\delta$ 效应后，轴向压力 P 对柱跨中截面产生附加弯矩 $P\delta$ ［图 5-6 （c）］，与一阶弯矩 M_0 叠加后，得到考虑 $P-\delta$ 效应后的弯矩 $M=M_0+P\delta$ ［图 5-6 （d）］。

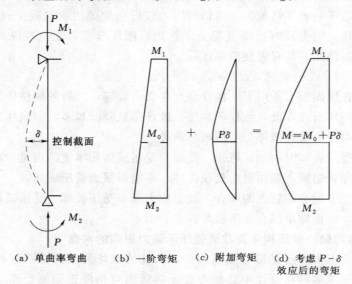

（a）单曲率弯曲　（b）一阶弯矩　（c）附加弯矩　（d）考虑 $P-\delta$ 效应后的弯矩

图 5-6　杆端弯矩同号时的 $P-\delta$ 效应

从图 5-6 看到，如果柱比较细长，使得附加弯矩 $P\delta$ 比较大，同时柱端弯矩 M_1、M_2 比较接近的话，就有可能发生 $M>M_2$ 的情况，该截面就变为柱的控制截面，这时就要考虑 $P-\delta$ 效应。当 $M_1=M_2$ 时，控制截面就为柱跨中的中点。

3. 柱两端弯矩异号时的 $P-\delta$ 效应

偏心受压柱在柱端异号弯矩 M_1、M_2（$|M_2|>|M_1|$）和轴向压力 P 共同作用下，将产生双曲率弯曲，柱跨中有反弯点，如图 5-7 （a）所示。不考虑 $P-\delta$ 效应时，柱的弯矩分布（一阶弯矩）如图 5-7 （b）所示。考虑 $P-\delta$ 效应后，轴向压力 P 对柱跨中截面产生附加弯矩 $P\delta$ ［图 5-7 （c）］，与一阶弯矩 M_0 叠加后，得到考虑 $P-\delta$ 效应后的弯矩为 $M=M_0+P\delta$ ［图 5-7 （d）］。在一般情况，$M<M_2$，控制截面仍在柱端，但不排除有 $M>M_2$ 的可能。

4. $P-\Delta$ 效应

仍以单层单跨框架来说明（图 5-8）。在水平力作用下，框架柱发生侧移 Δ，框架柱产生一阶弯矩 ［图 5-8 （b）］，这时若有轴向压力 P 作用，则轴向压力 P 对侧移产生附加弯矩 ［图 5-8 （c）］，最终考虑 $P-\Delta$ 效应后的框架柱弯矩分布如图 5-8 （d）所示。可见，$P-\Delta$ 效应将增大框架柱柱端截面的弯矩。

5.1.5.2　二阶效应的工程设计处理方法

目前，工程设计对二阶效应的计算有 $C_m-\eta_{ns}$ 和 $\eta-l_0$ 两种方法。

$C_m-\eta_{ns}$ 法首先将 $P-\Delta$ 效应与 $P-\delta$ 效应分别处理。认为结构的侧移二阶效应（$P-\Delta$ 效应）属于结构整体层面的问题，在结构整体内力与变形计算中考虑；受压柱挠

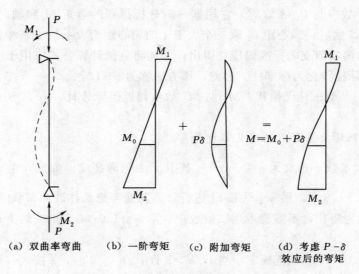

（a）双曲率弯曲　　（b）一阶弯矩　　（c）附加弯矩　　（d）考虑 $P-\delta$
　　　　　　　　　　　　　　　　　　　　　　　　　　　　效应后的弯矩

图 5-7　杆端弯矩异号时的 $P-\delta$ 效应

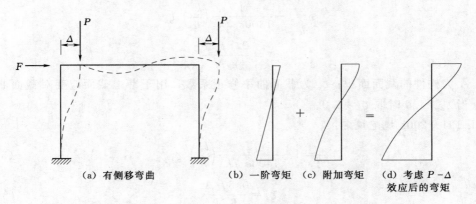

（a）有侧移弯曲　　　（b）一阶弯矩　（c）附加弯矩　（d）考虑 $P-\Delta$
　　　　　　　　　　　　　　　　　　　　　　　　　　效应后的弯矩

图 5-8　$P-\Delta$ 效应

曲效应（$P-\delta$ 效应）属于构件层面的问题，在构件截面设计时考虑。也就是说，钢筋混凝土偏压构件承载力计算时，已知的内力 N 和 M 已经考虑了 $P-\Delta$ 效应，只剩下 $P-\delta$ 效应没有考虑。其次，由于需考虑 $P-\delta$ 效应的受压柱并不普遍，为减少计算工作量，引入需考虑 $P-\delta$ 效应的判别条件。最后，引入柱端截面偏心距调节系数 C_m 和弯矩增大系数 η_{ns}，分别用于考虑柱两端弯矩差异的影响和对弯矩进行放大，得到考虑 $P-\delta$ 效应后的弯矩 $M=C_m\eta_{ns}M_2$，M_2 为柱两端弯矩绝对值的较大值。

$C_m-\eta_{ns}$ 法的优点是理论合理，能区分 $P-\Delta$ 效应与 $P-\delta$ 效应，也能区分柱两端弯矩同号与异号时的 $P-\delta$ 效应的不同，但计算复杂。用于建筑工程的混凝土结构设计规范从《混凝土结构设计规范》（GB 50010—2010）开始，不再采用 $\eta-l_0$ 法，而采用 $C_m-\eta_{ns}$ 法。这也是基于建筑工程领域中能考虑 $P-\Delta$ 效应的结构计算软件已十分成熟，应用也十分普遍。

$\eta-l_0$ 法的优点是使用方便，至今仍被我国绝大多数混凝土结构设计规范采用；缺点

是不区分 $P-\Delta$ 效应与 $P-\delta$ 效应。它根据一阶分析得到的弯矩 M 和轴向压力 N 计算偏心距 $e_0 = M/N$，然后将偏心距 e_0 乘一个大于 1 的偏心距增大系数 η 来考虑二阶效应，而 η 的计算公式由两端简支的标准偏压柱得出；为能将 η 的计算公式应用于实际，则通过计算长度 l_0 将实际柱转化为标准柱。因此，该方法称为 $\eta-l_0$ 法。

显然，当一个受压柱无侧移、M_1 与 M_2 数值相近但异号时，$\eta-l_0$ 法就夸大了它的二阶效应。

5.1.5.3　偏心距增大系数 η 的定义与计算

偏心距增大系数 η 定义为 $\eta = \dfrac{e_0 + f}{e_0}$，其中 f 为侧向挠度。如此，考虑二阶效应后的偏心距就为 $\eta e_0 = e_0 + f$，用 ηe_0 代替 e_0 进行计算就能考虑长柱破坏荷载的降低。

$l_0/h \leqslant 8$ 时为短柱，不需要考虑二阶效应，取 $\eta = 1.0$；$l_0/h > 8$ 时为长柱，要考虑二阶效应。

NB/T 11011—2022 规范规定：当 $l_0/h > 8$ 且 $l_0/h \leqslant 30$ 时，η 按式（5-1）计算；当 $l_0/h > 30$ 时，式（5-1）计算值和实际偏差过大，纵向弯曲问题应专门研究。

$$\eta = 1 + \frac{1}{1300e_0/h_0}\left(\frac{l_0}{h}\right)^2 \zeta_c \qquad (5-1a)$$

$$\zeta_c = \frac{0.5 f_c A}{\gamma_d N} \qquad (5-1b)$$

式中：A 为构件的截面面积；ζ_c 为截面曲率修正系数，用于考虑截面应变对截面曲率的影响，当 $\zeta_c > 1.0$ 时取 $\zeta_c = 1.0$。

SL 191—2008 规范规定：

$$\eta = 1 + \frac{1}{1400e_0/h_0}\left(\frac{l_0}{h}\right)^2 \zeta_1 \zeta_2 \qquad (5-2a)$$

$$\zeta_1 = \frac{0.5 f_c A}{KN} \qquad (5-2b)$$

$$\zeta_2 = 1.15 - 0.01 \frac{l_0}{h} \qquad (5-2c)$$

式中：A 为构件的截面面积；ζ_1 为考虑截面应变对截面曲率的影响系数，当 $\zeta_c > 1.0$ 时取 $\zeta_c = 1.0$；ζ_2 为考虑构件长细比对截面曲率的影响系数，当 $l_0/h \leqslant 15$ 时取 $\zeta_2 = 1.0$。

要注意，NB/T 11011—2022 规范和 SL 191—2008 规范中 η 的计算公式有些差别。该差别主要是两本规范采用的主导钢筋不同引起的，NB/T 11011—2022 规范以 HRB400 和 HRB500 作为纵向钢筋的主导钢筋，SL 191—2008 规范则以 HRB335 为主导钢筋。

当初始偏心距 e_0 很小或接近于零时，式（5-1）和式（5-2）所算出的 η 值极大，不符合实际，因此在这两个公式中，当 $e_0 < h_0/30$ 时，取 $e_0 = h_0/30$。

要注意，在 NB/T 11011—2022 规范和 SL 191—2008 规范中，偏心距 $e_0 < h_0/30$ 时取 $e_0 = h_0/30$ 的规定只适用于 η 的计算，不是其他混凝土结构设计规范中的偏心距的概念。在《混凝土结构设计规范》（GB 50010—2010）和《水运工程混凝土结构设计规范》（JTS 151—2011）中，为考虑因施工误差等原因使偏心受压实际偏心距大于 $e_0 = M/N$ 的

可能性，在正截面受压承载力计算时，除考虑由结构分析确定的偏心距 $e_0 = M/N$ 外，还需再考虑一个附加偏心距 e_a，即取偏心距 $e_i = e_0 + e_a$。附加偏心距 e_a 取 20mm 与 $h_0/30$ 两者中的较大值。

还需要注意的是：轴心受压构件的 φ 和偏心受压构件的 η 值都与长细比有关，但前者的长细比为 l_0/b，后者为 l_0/h，原因如下：

（1）对于偏心受压构件，弯矩作用于截面的长边方向，故长细比中的宽度用长边的长度 h；对于轴心受压构件，初始偏心有可能出现在短边，也可能出现在长边，绕短边的惯性矩小，在两个方向计算长度相同时，将绕短边发生弯曲，故长细比中的宽度采用短边的长度 b。

（2）长细比中的长度采用的是计算长度 l_0，而不是构件实际长度 l。这是因为式（5-1）和式（5-2）、教材表 5-1 是由两端铰支的标准受压柱得到的，应用式（5-1）和式（5-2）、教材表 5-1 时需将实际受压柱转化为两端铰支的标准受压柱，这是通过计算长度 l_0 来实现的。

5.1.6 普通箍筋轴心受压构件正截面受压承载力计算

1. 计算简图与计算公式

短柱受压破坏时，混凝土应力均匀 $\sigma_c = f_c$，$\sigma'_s = f'_y$，因而短柱轴心受压承载力计算简图就如图 5-9 所示。

根据图 5-9 所示计算简图和力的平衡条件，考虑纵向弯曲的影响，并满足承载能力极限状态的可靠度要求，可得普通箍筋轴心受压构件的正截面受压承载力计算公式：

$$\gamma_d N \leqslant N_u = \varphi N_{u短} = \varphi(f_c A + f'_y A'_s) \qquad (5-3)$$

式中：N 为轴向压力设计值，为荷载设计值产生的轴向压力与结构重要性系数 γ_0、设计状况系数 ψ 三者的乘积；A 为构件截面面积（当配筋率 $\rho' > 3\%$ 时，需扣去纵向钢筋截面面积，$\rho' = A'_s/A$）。

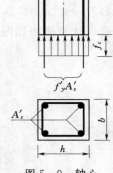

图 5-9 轴心受压短柱正截面受压承载力计算简图

应注意，在轴心受压构件中，HRB500 钢筋的受压强度设计值为 $f'_y = 400\text{N/mm}^2$，而不是 $f'_y = 435\text{N/mm}^2$。

2. 截面设计

已知截面尺寸和材料强度后，由式（5-3）得所需要纵向钢筋截面面积：

$$A'_s = \frac{\gamma_d N - \varphi f_c A}{\varphi f'_y} \qquad (5-4)$$

求得纵向钢筋截面面积 A'_s 后，验算配筋率 $\rho' = A'_s/A$ 是否适中（柱子的合适配筋率在 0.8%～2.0% 之间）。如果 ρ' 过大或过小，说明截面尺寸选择不当，若截面尺寸可以改变时宜另行选定，重新进行计算。若 ρ' 小于最小配筋率 ρ'_{min}，且截面尺寸无法改变时，则取 $A'_s = \rho'_{min} A$ 选择钢筋。

3. 承载力复核

已知截面尺寸、材料强度、纵向钢筋截面面积，计算 $N_u = \varphi(f_c A + f'_y A'_s)$ 和所承受的轴向压力设计值 N，最后判别是否满足 $N \leqslant \dfrac{N_u}{\gamma_d}$。

注意：以上公式只适用于采用普通箍筋的轴心受压构件。

当按 SL 191—2008 规范进行截面设计时，计算步骤相同，只需将公式中的 γ_d 换成 K。但需注意的是，NB/T 11011—2022 规范中的轴向压力设计值 N 为荷载设计值产生的轴向压力与 $\gamma_0\psi$ 的乘积，而 SL 191—2008 规范中的 N 就为荷载设计值产生的轴向压力，两者是不同的，差 $\gamma_0\psi$ 倍。以下的偏压构件也是如此，不再强调。

5.1.7　矩形截面偏心受压构件正截面受压承载力计算简图与基本公式

5.1.7.1　计算简图

偏心受压构件的正截面受压承载力计算采用的基本假定和受弯构件正截面计算相同，都采用第 3 章提到的 4 个基本假定；受压区混凝土应力图形简化也和受弯构件正截面计算相同，也是将混凝土曲线分布的压应力图形简化为等效的矩形应力图形，且矩形应力图形和受弯构件相同（高度等于按平截面假定所确定的中和轴高度乘以系数 0.8，应力值取为 f_c）。

由以上假定和大偏心受压破坏时的特征（$\sigma_s \rightarrow f_y$，$\varepsilon_s > \varepsilon_y$，$\varepsilon_c = \varepsilon_{cu}$，$\sigma_s' = f_y'$），给出其正截面受压承载力计算简图，见图 5-10（a）。和受弯构件双筋截面一样，当受压区计算高度 $x < 2a_s'$ 时，$\sigma_s' < f_y'$。这时仍近似地假定受压混凝土合力点与纵向受压钢筋合力点重合，计算简图如图 5-10（b）所示。

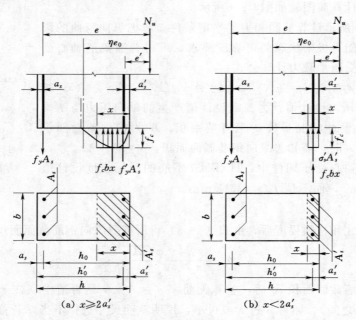

图 5-10　大偏心受压构件正截面受压承载力计算简图

同样，由以上假定和小偏心受压破坏时的特征（$\sigma_s < f_y$ 或 $\sigma_s < f_y'$，$\varepsilon_c = \varepsilon_{cu}$，$\sigma_s' = f_y'$）给出其正截面受压承载力计算简图，见图 5-11。

在图 5-10 和图 5-11 中，ηe_0 为考虑纵向弯曲影响后，轴向压力作用点至截面重心的距离；e 为轴向压力作用点至受拉侧或受压较小侧纵向钢筋合力点的距离，$e = \eta e_0 +$

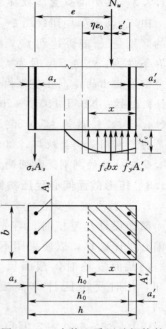

$\dfrac{h}{2} - a_s$；e'为轴向压力作用点至受压较大侧纵向钢筋合力点的距离，对大偏心受压构件$e' = \eta e_0 - \dfrac{h}{2} + a_s'$，对小偏心受压构件$e' = \dfrac{h}{2} - \eta e_0 - a_s'$；其余符号的含义和受弯构件相同。

图 5-10（a）和图 5-11 区别在于：图 5-10（a）所示的大偏心受压破坏$\sigma_s = f_y$，受拉侧纵向钢筋的合力可写成$f_y A_s$；图 5-11 所示的小偏心受压破坏$\sigma_s < f_y$，受拉侧或受压较小侧纵向钢筋合力只能写为$\sigma_s A_s$，σ_s是一个待求的量。

图 5-11　小偏心受压破坏构件
正截面受压承载力计算简图

5.1.7.2　基本公式

1. 大偏心受压构件

根据图 5-10 所示计算简图和截面内力的平衡条件（对纵向受拉钢筋合力点取矩和轴力的平衡），并满足承载能力极限状态的可靠度要求，可得大偏心受压构件正截面受压承载力计算的两个基本公式：

当$x \geqslant 2a_s'$时

$$\gamma_d N \leqslant N_u = f_c bx + f_y' A_s' - f_y A_s \tag{5-5a}$$

$$\gamma_d Ne \leqslant N_u e = f_c bx\left(h_0 - \dfrac{x}{2}\right) + f_y' A_s'(h_0 - a_s')$$
$$= \alpha_s f_c bh_0^2 + f_y' A_s'(h_0 - a_s') \tag{5-5b}$$

当$x < 2a_s'$时

$$\gamma_d Ne' = f_y A_s(h_0 - a_s') \tag{5-6}$$

2. 小偏心受压构件

在图 5-11 中，受拉侧或受压较小侧纵向钢筋的应力σ_s是一个待求的量，它可根据前述的平截面假定求得该钢筋在构件破坏时的应变ε_s，再将ε_s乘以钢筋弹性模量E_s得到，但如此得到的σ_s与ξ为双曲线关系，不方便计算。试验结果表明，实测的钢筋应力σ_s与ξ接近于直线分布。因而，为了计算的方便，规范将σ_s与ξ之间的关系取为式（5-7a）表示的线性关系。

$$\sigma_s = f_y \dfrac{0.8 - \xi}{0.8 - \xi_b} \tag{5-7a}$$

式中：ξ_b为相对界限受压区计算高度，计算公式和第 3 章相同。

求得σ_s后，根据图 5-11 所示计算简图，可得小偏心受压构件正截面受压承载力计算的两个基本公式：

$$\gamma_d N \leqslant N_u = f_c bx + f_y' A_s' - \sigma_s A_s \tag{5-7b}$$

$$\gamma_d Ne \leqslant N_u e = f_c bx\left(h_0 - \dfrac{x}{2}\right) + f_y' A_s'(h_0 - a_s') \tag{5-7c}$$

5.1.7.3　大小偏心受压破坏分界

由式（5-7a）知：当 $\xi \leqslant \xi_b$ 时，$\sigma_s \geqslant f_y$；当 $\xi > \xi_b$ 时，$\sigma_s < f_y$。而大小偏心破坏本质的区别是 σ_s 能否达到 f_y，$\sigma_s \geqslant f_y$ 为大偏心破坏，$\sigma_s < f_y$ 为小偏心破坏，故大小偏心分界条件为：当 $\xi \leqslant \xi_b$ 时为大偏心破坏，当 $\xi > \xi_b$ 时为小偏心破坏。

需要指出的是，在受弯构件中，给出适筋与超筋破坏分界的目的是防止超筋破坏，保证构件的延性；NB/T 11011—2022 规范规定 $\xi \leqslant \xi_b$，SL 191—2008 规范为更好地保证结构的延性，将 $\xi \leqslant \xi_b$ 改为 $\xi \leqslant 0.85\xi_b$。而在偏心受压构件，给出大、小偏心受压破坏分界的目的只是为了判别是哪类破坏，以便按哪类破坏的相应公式进行计算。因此，两本规范对大、小偏心受压破坏的判别是相同的，即：当 $\xi \leqslant \xi_b$ 时为大偏心破坏，否则为小偏心破坏。

5.1.8　矩形截面偏心受压构件非对称配筋正截面设计与复核

1. 大、小偏心受压破坏的判别

截面设计与复核时，首先需判别构件是大偏心受压还是小偏心受压破坏，以便采用不同的公式进行计算。

当截面复核时，截面尺寸、材料钢筋与钢筋用量都为已知，相对受压区计算高度 ξ 是确定的，这时利用 ξ 来判别：

（1）若 $\xi \leqslant \xi_b$，为大偏心受压构件。

（2）若 $\xi > \xi_b$，为小偏心受压构件。

但截面设计时 ξ 未知，无法利用 ξ 来判别。从图 5-12 看到，偏心受压构件截面应力分布取决于轴向压力的偏心距 ηe_0。随 ηe_0 增大，离轴向压力较近一侧的压应力增大，离轴向压力较远一侧的压应力减小，且逐渐由受压变为受拉。因此，偏压构件在正常配筋条件下，破坏形态主要和偏心距 ηe_0 的大小有关。

根据对设计经验的总结和理论分析，若截面每侧边配置了不少于最小配筋率的纵向钢筋，则当 $\eta e_0 > 0.3h_0$ 时一般发生大偏心受压破坏；$\eta e_0 \leqslant 0.3h_0$ 时，一般发生小偏心受压破坏。因此：

（1）当 $\eta e_0 > 0.3h_0$ 时，按大偏心受压构件设计。

（2）当 $\eta e_0 \leqslant 0.3h_0$ 时，按小偏心受压构件设计。

2. 计算步骤

教材已经给出了详细的截面设计与截面复核计算步骤，下面强调计算时要抓住的几个要点：

（1）截面设计时，大偏心受压构件有 A_s、A_s' 和 ξ 三个未知数，只有两个方程；小偏心受压构件有 A_s、A_s'、σ_s 和 ξ 4个未知数，只有3个方程，都需要补充条件。

1）大偏心受压构件取 $x = \xi_b h_0$，以充分利用受压区混凝土的抗压作用，使纵向钢筋总用量最省。当取 $x = \xi_b h_0$

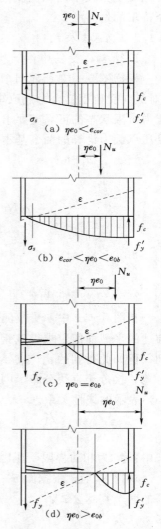

图 5-12　偏心受压截面应力分布随偏心距 ηe_0 的变化规律

后，若求得的 $A'_s < \rho'_{\min} bh_0$，说明不需要 $x = \xi_b h_0$ 这么多混凝土承受压力，这时取 $A'_s = \rho'_{\min} bh_0$。A'_s 确定后，就可以由两个方程求 A_s、ξ 两个未知数。

2）考虑到小偏心受压破坏时离轴向压力较远一侧纵向钢筋（配筋为 A_s）的应力 σ_s 一般达不到屈服强度，为节约钢材，取 $A_s = \rho_{\min} bh_0$。从 $\sigma_s = f_y \dfrac{0.8 - \xi}{0.8 - \xi_b}$ 看到，若求得 $\xi >$ $1.6 - \xi_b$，则 $\sigma_s < -f_y$，即该纵向钢筋受压，且压应力超过了钢筋的抗压强度设计值 f'_y，这是不可能的，ξ 为假值。这是由于取 $A_s = \rho_{\min} bh_0$ 引起的，说明按 $A_s = \rho_{\min} bh_0$ 配筋，A_s 过小，使得 σ_s 超过了钢筋抗压强度设计值，实际需要的 A_s 要大于 $\rho_{\min} bh_0$。这时，分别取 σ_s、ξ 可能达到的最大值（$\sigma_s = -f'_y$ 及 $\xi = 1.6 - \xi_b$，当 $\xi > h/h_0$ 时，取 $\xi = h/h_0$），代入基本公式计算钢筋用量。

（2）截面复核时，首先要求 ξ，以判别是大偏心受压构件还是小偏心受压构件，这时先假定构件为大偏心受压破坏，然后对轴向压力作用点取矩，列出求 ξ 的平衡方程。建议实际计算时，根据计算简图（包括轴向压力作用位置）直接列平衡方程，不要死背公式。

1）若求得的 $\xi \leqslant \xi_b$，则和原假定相符，ξ 为真值，按大偏心受压构件计算 N_u。

2）若求得的 $\xi > \xi_b$，则和原假定不相符，ξ 为假值，此时需按小偏心受压构件承载力计算公式重新计算。

（3）对小偏心受压构件，无论是截面设计还是截面复核，都需要对垂直于弯矩作用平面的受压承载力按轴心受压构件进行复核，以防止该平面发生纵向弯曲而破坏。

5.1.9 对称配筋的矩形截面偏心受压构件正截面受压承载力计算

1. 基本公式

对称配筋（$A_s = A'_s$，同时 $f_y = f'_y$）主要用于在不同荷载组合下，同一截面可能承受的正、负弯矩大小相近的偏心受压构件。对称配筋的偏心受压构件仍有大、小偏心受压两种破坏形态。

对大偏心受压构件，因为 $A_s = A'_s$，$f_y = f'_y$，代入非对称配筋大偏心受压构件的基本公式就有

$$\xi = \frac{\gamma_d N}{f_c bh_0} \tag{5-8}$$

若 $x = \xi h_0 \geqslant 2a'_s$：
$$A_s = A'_s = \frac{\gamma_d N e - \alpha_s f_c bh_0^2}{f'_y(h_0 - a'_s)} \tag{5-9a}$$

若 $x < 2a'_s$：
$$A_s = A'_s = \frac{\gamma_d N e'}{f_y(h_0 - a'_s)} \tag{5-9b}$$

注意：从式（5-8）可知，对称配筋大偏心受压构件的 ξ 和纵向钢筋无关。

对于小偏心受压构件，为计算的简便，ξ 按近似公式计算：

$$\xi = \frac{\gamma_d N - f_c b \xi_b h_0}{\dfrac{\gamma_d N e - 0.43 f_c bh_0^2}{(0.8 - \xi_b)(h_0 - a'_s)} + f_c bh_0} + \xi_b \tag{5-10}$$

$$A_s = A'_s = \frac{\gamma_d N e - \xi(1 - 0.5\xi)f_c bh_0^2}{f'_y(h_0 - a'_s)} \tag{5-11}$$

实际配置的 A_s 及 A_s' 均必须大于 $\rho_{\min}bh_0$。

2. 大、小偏心受压破坏的判别

如前面所述，发生大偏心受压破坏还是小偏心受压破坏，一方面和偏心距 ηe_0 的大小有关，另一方面还与纵向钢筋配筋有关。采用对称配筋时，人为取 $A_s=A_s'$，所配纵向钢筋的用量会比实际需要的多，这时即使 $\eta e_0>0.3h_0$，也可能会出现 $\xi>\xi_b$ 的情况，因此大、小偏心用偏心距 ηe_0 来区分后，还需用 ξ 进一步判别，即

（1）当 $\eta e_0 \leqslant 0.3h_0$ 时，按小偏心受压公式计算。

（2）当 $\eta e_0 > 0.3h_0$ 时，用大偏心受压公式计算，但若求得的 $\xi>\xi_b$，则仍按小偏心压计算。

对称配筋构件大、小偏压的判断，也可直接按式（5-8）计算出 ξ，然后用 ξ 来判别：若 $\xi \leqslant \xi_b$，为大偏心受压构件；否则，为小偏心受压构件。

如此判别大、小偏压，有时会出现矛盾的情况。当轴向压力的偏心距 e_0 很小甚至接近零时，应该属于小偏压。然而，当截面尺寸较大而轴向压力较小时，用式（5-8）计算得到的 ξ 来判别，$\xi \leqslant \xi_b$ 为大偏压，其原因是截面尺寸过大。但此时，无论按大偏压还是小偏压构件计算，配筋均由最小配筋率控制。

对称配筋截面在构件承载力复核时，计算方法和步骤与不对称配筋截面基本相同，不再重述。

当按 SL 191—2008 规范进行对称配筋偏压构件的截面设计与承载力复核时，计算步骤相同，只需将公式中的 γ_d 换成 K，内力 N 采用荷载设计值产生的轴向压力，偏心距增大系数 η 按式（5-2）计算，小偏心受压时 ξ 按式（5-12）计算。

$$\xi=\dfrac{KN-f_cb\xi_bh_0}{\dfrac{KNe-0.45f_cbh_0^2}{(0.8-\xi_b)(h_0-a_s')}+f_cbh_0}+\xi_b \tag{5-12}$$

式（5-12）和式（5-10）的差别，除 KN 与 γ_dN 的差别外，还有 $0.45f_cbh_0^2$ 与 $0.43f_cbh_0^2$ 的差别，这是由于 NB/T 11011—2022 规范是以 HRB400 钢筋为常用的纵向钢筋，近似取 $\xi(1-0.5\xi)$ 等于 0.43；SL 191—2008 规范是以 HRB335 钢筋为常用的纵向钢筋，近似取 $\xi(1-0.5\xi)$ 等于 0.45。

5.1.10　偏心受压构件正截面承载能力 N_u-M_u 的关系

1. N_u-M_u 关系曲线的变化规律

图 5-13 中的曲线 ABC 表示偏心受压构件在一定的材料、一定的截面尺寸及配筋下所能承受的 M_u 与 N_u 关系的规律，简称 N_u-M_u 曲线。

图中点 C 是构件是轴心受压时的正截面受压承载力 N_0；点 A 是构件是纯弯时的正截面受弯承载力 M_0；点 B 则为大、小心破坏的分界，即为界限破坏时的正截面承载力（M_b、N_b）。AB 和 CB 分别为大偏心和小偏心受压破坏时的曲线；直线 OB 把图形分为两个区域，Ⅰ区表示偏心较小区；Ⅱ区表示偏心

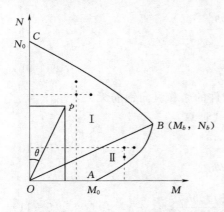

图 5-13　N_u-M_u 关系曲线

较大区。

（1）当纵向钢筋用量增加时，N_0 随之提高，在适筋破坏条件下 M_0 也随之提高。若是非对称配筋，N_b 和 M_b 也随之提高；若是对称配筋，由于 $A_s = A'_s$，$f_y = f'_y$，使 $\xi = \dfrac{\gamma_d N}{f_c b h_0}$，$\xi$ 与钢筋无关，则 N_b 保持不变，但 M_b 随之提高。即，曲线随钢筋用量的增加而膨胀，见图 5-14。

（2）当混凝土强度等级或截面尺寸提高时，N_0、M_0、N_b 和 M_b 都随之提高。

（3）大、小偏心受压破坏时 M_u 与 N_u 都为二次函数关系，但前者 M_u 随 N_u 的增大而增大（曲线 AB），后者 M_u 随 N_u 的增大而减小（曲线 CB）。

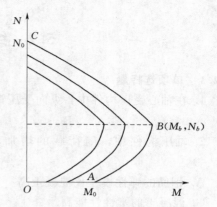

图 5-14　钢筋用量对 N_u-M_u
曲线的影响（对称配筋）

2. N_u-M_u 曲线的作用

N_u-M_u 曲线表示极限状态，曲线内的点越靠该曲线越危险。从图 5-13 看到，对大偏心受压构件，当 N 相同时，M 越大越靠近曲线，越危险；当 M 相同时，N 越小越靠近曲线，越危险。这是因为大偏心受压破坏控制于受拉区，轴向压力越小或弯矩越大都使受拉区应力增大，就越容易破坏。

同样，可以看到对小偏心受压构件，当 N 相同时，M 越大越危险；当 M 相同时，N 越大越危险。这是因为小偏心受压破坏控制于受压区，轴向压力越大或弯矩越大使受压区应力增大，越容易破坏。

因此，同一截面在遇到不同的内力组合时，若是大偏心受压构件，应选择 M 大、N 小的内力组合进行计算；若是小偏心受压构件，应选择 M 和 N 都大的内力组合进行计算。

5.1.11　偏心受压构件斜截面受剪承载力计算

偏心受压构件相当于对受弯构件增加了一个轴向压力 N，压力的存在降低了主拉应力，限制了斜裂缝的开展，因而提高了混凝土的受剪承载力。这样，在受弯构件斜截面受剪承载力计算公式基础上，加上由于轴向压力 N 的存在所提高的混凝土受剪承载力值，就形成了偏心受压构件的斜截面受剪承载力计算表达式。

根据试验资料，从偏于安全考虑，混凝土受剪承载力提高值取为 $0.07N$。但应注意，混凝土受剪承载力不可能随 N 的加大一直提高，故规定计算 $0.07N$ 时，若 $N > \dfrac{1}{\gamma_d}(0.3f_c A)$，则取 $N = \dfrac{1}{\gamma_d}(0.3f_c A)$。

和受弯构件一样，偏心受压构件的截面也应满足 $\gamma_d V \leqslant 0.25 f_c b h_0$，以防止产生斜压破坏；若能满足 $V \leqslant \dfrac{1}{\gamma_d}(0.5 f_t b h_0) + 0.07N$，可不进行斜截面受剪承载力计算而按构造要求配置箍筋。

5.2 综 合 练 习

5.2.1 单项选择题

1. 在轴心受压构件中，纵向受压钢筋的抗压强度设计值 f'_y（　　）。

A. $= f_y$　　　　　　B. $< f_y$　　　　　　C. $\leqslant 400\text{N/mm}^2$　　　D. $\leqslant 435\text{N/mm}^2$

2. 轴压构件中，随荷载的增加，纵向钢筋应力的增长大于混凝土，这是因为（　　）。

A. 钢筋的弹性模量比混凝土高　　　　B. 钢筋的强度比混凝土高

C. 混凝土的塑性性能高　　　　　　　D. 钢筋截面面积比混凝土面积小

3. 钢筋混凝土轴心受压短柱在持续不变的轴向压力 N 的作用下，经较长一段时间后，量测钢筋和混凝土的应力情况，会发现与加载时相比（　　）。

A. 混凝土应力减小，纵向钢筋应力增大　　B. 混凝土应力增大，纵向钢筋应力增大

C. 混凝土应力减小，纵向钢筋应力减小　　D. 混凝土应力增大，纵向钢筋应力减小

4. 偏心受压柱边长大于或等于（　　）时，沿长边中间应设置直径为 $10\sim16\text{mm}$ 的纵向构造钢筋。

A. 600mm　　　　　B. 500mm　　　　　C. 550mm　　　　　D. 650mm

5. 钢筋混凝土柱子的延性好坏主要取决于（　　）。

A. 纵向钢筋的数量　　　　　　　　　B. 混凝土的强度等级

C. 柱子的长细比　　　　　　　　　　D. 箍筋的数量和形式

6. 柱的长细比 l_0/b 中，l_0 为（　　）。

A. 柱的实际长度　　　　　　　　　　B. 视两端约束情况而定的柱的计算长度

7. e_0/h_0 相同的偏压柱，增大 l_0/h 时，则（　　）。

A. 始终发生材料破坏　　　　　　　　B. 由失稳破坏转为材料破坏

C. 破坏形态不变　　　　　　　　　　D. 由材料破坏转为失稳破坏

8. 偏心受压柱发生材料破坏时，大小偏心受压界限点（图 5-13 中点 B）截面（　　）。

A. 受拉侧纵向钢筋屈服，混凝土未压碎

B. 受拉侧纵向钢筋屈服后，受压混凝土破坏

C. 受拉侧纵向钢筋屈服的同时，混凝土压碎、受压侧纵向钢筋也屈服

D. 受拉侧纵向钢筋屈服，受压侧纵向钢筋未屈服

9. 偏心受压构件破坏始于混凝土压碎者为（　　）。

A. 受压破坏　　　　　B. 受拉破坏　　　　　C. 界限破坏

10. 钢筋混凝土大偏心受压构件的破坏特征是（　　）。

A. 离轴向压力较远一侧的纵向钢筋先受拉屈服，随后另一侧纵向钢筋压屈，混凝土压碎

B. 离轴向压力较远一侧的纵向钢筋应力不定，而另一侧纵向钢筋压屈，混凝土压碎

C. 离轴向压力较近一侧的纵向钢筋和混凝土应力不定，而另一侧纵向钢筋受压屈服，混凝土压碎

D. 离轴向压力较近一侧的纵向钢筋和混凝土先屈服和压碎,另一侧的纵向钢筋随后受拉屈服

11. 钢筋混凝土偏心受压构件,其大小偏心受压的根本区别是(   )。

A. 截面破坏时,纵向受拉钢筋是否屈服

B. 截面破坏时,纵向受压钢筋是否屈服

C. 偏心距的大小

D. 截面破坏时,受压区边缘混凝土是否达到极限压应变

12. 在大偏心受压构件的正截面受压承载力计算中,要求混凝土受压区计算高度 $x \geqslant 2a_s'$,是为了(   )。

A. 保证纵向受压钢筋在构件破坏时达到抗压强度设计值 f_y'

B. 保证纵向受拉钢筋屈服

C. 避免保护层剥落

D. 保证受压区边缘混凝土在构件破坏时能达到极限压应变

13. 何种情况下,令 $x = \xi_b h_0$ 来计算偏心受压构件?(   )

A. $A_s \neq A_s'$ 而且均未知的大偏心受压构件

B. $A_s \neq A_s'$ 而且均未知的小偏心受压构件

C. $A_s \neq A_s'$ 且 A_s' 已知时的大偏心受压构件

D. $A_s \neq A_s'$ 且 A_s' 已知时的小偏心受压构件

14. 何种情况下,令 $A_s = \rho_{\min} b h_0$ 计算偏心受压构件?(   )

A. $A_s \neq A_s'$ 且均未知的大偏心受压构件

B. $A_s \neq A_s'$ 且均未知的小偏心受压构件

C. $A_s \neq A_s'$ 且已知 A_s' 的大偏心受压构件

D. $A_s = A_s'$ 的偏心受压构件

15. 何种情况下设计时可用 ξ 判别大小偏心受压构件?(   )

A. 对称配筋时   B. 不对称配筋时   C. 对称与不对称配筋均可

16. 矩形截面对称配筋偏心受压构件,发生界限破坏时(   )。

A. N_b 随配筋率 ρ 的增大而减小   B. N_b 随配筋率 ρ 的减小而减小

C. N_b 与 ρ 无关

17. 对偏心受压短柱,设按结构力学方法算得截面弯矩为 M,而偏心受压构件正截面受压承载力计算时截面力矩平衡方程中有一力矩 Ne,试指出下列叙述中正确的是(   )。

A. $M = Ne$ B. $M = N(e - h/2 + a_s)$

C. $M = Ne'$ D. $M = N(e - e')$

18. 对下列构件要考虑偏心距增大系数 η 的是(   )。

A. $l_0/h > 8$ 的偏压构件   B. 小偏心受压构件

C. 大偏心受压构件

19. 计算偏心距增大系数时,发现截面应变对曲率影响系数 $\zeta_c = 1.0$,则(   )。

A. 取 $\eta = 1.0$ B. $l_0/h > 8$ 时仍要计算 η

C. $l_0/h>15$ 时才计算 η

20. 当构件采用非高强混凝土时，与界限受压区相对高度 ξ_b 有关的因素为（　　）。

A. 钢筋等级及混凝土等级　　　　　　B. 钢筋等级

C. 钢筋等级、混凝土等级及截面尺寸　　D. 混凝土等级

21. 当 A_s、A_s' 均未知，且 $\eta e_0>0.3h_0$ 时，下列哪种情况可能出现受压破坏？（　　）

A. 设 $x=\xi_b h_0$，求得的 $A_s'<0$ 时　　　B. 设 $x=\xi_b h_0$，求得的 $A_s<0$ 时

C. $x<\xi_b h_0$ 时

22. 对称配筋大偏心受压构件的判别条件是（　　）。

A. $e_0\leqslant0.3h_0$　　　B. $\eta e_0>0.3h_0$　　　C. $x\leqslant\xi_b h_0$　　　D. 配筋为 A_s' 的钢筋屈服

23. 试决定下面四组属大偏心受压时最不利的一组内力组合为（　　）。

A. N_{max}、M_{max}　　B. N_{max}、M_{min}　　C. N_{min}、M_{max}　　D. N_{min}、M_{min}

24. 试决定下面属小偏心受压时最不利的一组内力（　　）。

A. N_{max}、M_{max}　　B. N_{max}、M_{min}　　C. N_{min}、M_{max}　　D. N_{min}、M_{min}

25. 大偏心受压构件截面若 A_s 不断增加，可能产生（　　）。

A. 受拉破坏变为受压破坏　　　　　　B. 受压破坏变为受拉破坏

C. 保持受拉破坏

26. 以下（　　）种情况的矩形截面偏心受压构件正截面受压承载力计算与双筋矩形截面受弯构件正截面受弯承载力计算是相似的。

A. 非对称配筋小偏心受压构件截面设计时

B. 非对称配筋大偏心受压构件截面设计时

C. 大偏心受压构件截面复核时

D. 小偏心受压构件截面复核时

27. 有三个矩形截面偏心受压柱，均为对称配筋，截面尺寸、混凝土强度等级均相同，均配置 HRB400 钢筋，仅钢筋数量不同，A 柱（4⚫16），B 柱（4⚫18），C 柱（4⚫20），如果绘出其承载力 N_u-M_u 关系图（参见图 5-13），各柱在大小偏心受压交界处的 N 值是（　　）。

A. $N_A>N_B>N_C$　　B. $N_A=N_B=N_C$　　C. $N_A<N_B<N_C$

28. 上述三个偏心受压柱在大小偏心受压交界处的 M 值是（　　）。

A. $M_A>M_B>M_C$　　B. $M_A=M_B=M_C$　　C. $M_A<M_B<M_C$

29. 轴向压力 N 对构件抗剪承载力 V_u 的影响是（　　）。

A. 构件的斜截面抗剪承载力 V_u 随 N 正比提高

B. 不论 N 的大小，均会降低构件的 V_u

C. V_u 随 N 正比提高，但 N 太大时 V_u 不再提高

D. N 大时提高构件 V_u，N 小时降低构件的 V_u

30. 偏心受压构件混凝土受剪承载力提高值取为（　　）。

A. $0.07N$　　　　B. $0.2N$　　　　C. $0.05N$　　　　D. $0.10N$

5.2.2　多项选择题

1. 对大偏心受压构件，当 N 或 M 变化时，对构件安全产生的影响是（　　）。

A. M 不变时，N 越大越危险　　　　B. M 不变时，N 越小越危险

C. N 不变时，M 越大越危险　　　　D. N 不变时，M 越小越危险

2. 对小偏心受压构件，当 N 或 M 变化时，对构件的安全产生的影响是（　　）。

A. M 不变时，N 越大越安全　　　　B. M 不变时，N 越小越安全

C. N 不变时，M 越大越安全　　　　D. N 不变时，M 越小越安全

3. 如图 5-15 所示构件，在轴向压力 N 及横向荷载 P 的共同作用下，AB 段已处于大偏心受压的屈服状态（构件尚未破坏），试指出在下列四种情况下，哪几种会导致构件破坏（　　）。

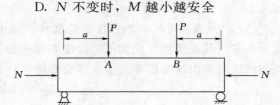

图 5-15　构件受力图

A. 保持 P 不变，减小 N

B. 保持 P 不变，适当增加 N

C. 保持 N 不变，增加 P

D. 保持 N 不变，减小 P

5.2.3 思考题

1. 轴心受压柱混凝土发生徐变后，纵向钢筋与混凝土应力会发生什么变化？轴心受压柱主要靠混凝土承受压力，为什么还要规定纵向钢筋最小配筋率？

2. 普通箍筋轴心受压短柱与长柱的破坏有何不同？计算中如何考虑柱的长细比对轴心受压承载力的影响？

3. 什么是二阶效应？在偏心受压构件设计中如何考虑二阶效应？

△4. 什么叫偏心受压构件的界限破坏？试写出界限受压承载力设计值 N_b 及界限偏心距 e_{ob} 的表达式，这些表达式说明了什么？

5. 试从破坏原因、破坏性质及影响正截面受压承载力的主要因素来分析偏心受压构件的两种破坏特征。当构件的截面、配筋及材料强度给定时，发生两种破坏的条件是什么？

△6. 在什么情况下可用 ηe_0 和 $0.3h_0$ 的大小关系来判别是偏心受压破坏类别？$0.3h_0$ 是根据什么情况给出的？

7. 在偏心受压构件的截面配筋计算中，如 $\eta e_0 \leqslant 0.3h_0$，为什么需首先确定离轴向压力较远一侧纵向钢筋的截面面积 A_s？而 A_s 的确定为什么与 A'_s 及 ξ 无关？

8. 在小偏心受压构件截面设计计算时，若 A_s 和 A'_s 均未知，为什么可按最小配筋率确定 A_s？在什么情况下 A_s 可能超过其最小配筋量，此时应如何计算 A_s？

9. 设计不对称配筋矩形截面大偏心受压构件时：

(1) 当 A_s 及 A'_s 均未知时，为使纵向钢筋总用量最省，需补充什么条件？补充条件后，A'_s 和 A_s 分别如何计算？当 A'_s 及 A_s 的计算值小于按其最小配筋率确定的用量时怎样处理？

(2) 当 A'_s 已知时，怎样计算 A_s？

10. 对截面尺寸、配筋（A_s 及 A'_s）及材料强度均给定的非对称配筋矩形截面偏心受压构件，当已知 e_0 需验算截面受压承载力时，为什么不能用 ηe_0 和 $0.3h_0$ 的大小关系来

判别偏心受压破坏类型？

11. 为什么偏心受压构件要进行垂直于弯矩作用平面的正截面受压承载力校核？

12. 如何判别对称配筋矩形截面偏心受压构件的破坏类型？

13. 矩形截面偏心受压构件的 N_u-M_u 相关曲线是如何得出的？它可以用来说明哪些问题？

△14. 截面尺寸、材料强度、配筋和轴向压力作用点等均相同，仅长细比不同的偏心受压构件，随长细比的变化可能会出现哪些破坏？在构件正截面受压承载力 N_u-M_u 相关曲线图上画出这些破坏的加载过程曲线。

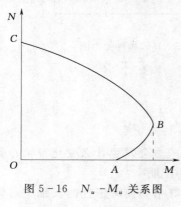

图 5-16 N_u-M_u 关系图

15. 对称配筋的矩形截面偏心受压构件，其 N_u-M_u 关系如图 5-16 所示，设 $\eta = 1.0$，试分析在截面尺寸、配筋面积和钢材强度均不变情况下，当混凝土强度等级提高时，图中 A、B、C 三点的位置将发生怎样的改变。

16. 某对称配筋的矩形截面钢筋混凝土柱，结构安全级别为 Ⅱ 级，截面尺寸 $b \times h = 300\text{mm} \times 400\text{mm}$，$a_s = a_s' = 45\text{mm}$，混凝土强度等级为 C30，纵向钢筋采用 HRB400，设 $\eta = 1.0$，持久状况下该柱可能有下列两组荷载设计值产生的内力组合，试问应该用哪一组来计算配筋？

① $\begin{cases} N = 695.0\text{kN} \\ M = 182.0\text{kN} \cdot \text{m} \end{cases}$ ② $\begin{cases} N = 400.0\text{kN} \\ M = 175.0\text{kN} \cdot \text{m} \end{cases}$

如果是下面两组荷载设计值产生的内力组合，应该用哪一组来计算配筋？

① $\begin{cases} N = 1200.0\text{kN} \\ M = 140.0\text{kN} \cdot \text{m} \end{cases}$ ② $\begin{cases} N = 1350.0\text{kN} \\ M = 135.0\text{kN} \cdot \text{m} \end{cases}$

5.3 设 计 计 算

1. 某处于二类环境的钢筋混凝土轴心受压柱，结构安全级别为 Ⅱ 级，两端为不移动的铰支座，柱高 $H = 4.50\text{m}$。使用期永久荷载标准值产生的轴向压力 $N_{Gk} = 552.0\text{kN}$（包括自重），可变荷载标准值产生的轴向压力 $N_{Qk} = 654.0\text{kN}$。混凝土强度等级为 C30，纵向钢筋采用 HRB400，试设计柱的截面，绘出截面配筋图（包括纵向钢筋及箍筋）。

2. 一钢筋混凝土轴心受压柱，结构安全级别为 Ⅱ 级，截面尺寸 $b \times h = 300\text{mm} \times 300\text{mm}$，柱子高度 $H = 6.0\text{m}$，底端固定，顶端为不动铰支座。混凝土强度等级为 C30，纵向钢筋采用 8 Φ 20，试按 NB/T 11011—2022 规范计算使用期柱底截面实际能承受的荷载设计值产生的轴向压力 N。

3. 某水电站尾水闸门起吊支柱，结构安全级别为 Ⅱ 级，截面尺寸 $b \times h = 400\text{mm} \times 600\text{mm}$，支柱高 $H = 6.50\text{m}$，柱下端固定，上端自由。在使用期，荷载设计值（包括启门力，启闭设备重和柱子自重）在柱底截面产生的轴向压力 $N = 182.70\text{kN}$、偏心距 $e_0 = 750\text{mm}$。混凝土强度等级为 C30，纵向钢筋采用 HRB400，箍筋采用 HPB300，试配置该柱的钢筋，并绘出截面配筋图（包括纵筋和箍筋）。

4. 某处于二类环境的抽水站厂房钢筋混凝土偏心受压柱，结构安全级别为Ⅱ级，矩形截面尺寸 $b \times h = 400\text{mm} \times 600\text{mm}$，柱高为 $H = 6.50\text{m}$，柱底端固定，顶端为不移动的铰。在使用期荷载设计值在柱底端截面产生的轴向压力 $N = 980.0\text{kN}$、弯矩 $M = 392.0\text{kN·m}$。混凝土强度等级为 C30，纵向钢筋采用 HRB400，试按 NB/T 11011—2022 规范计算纵向受力钢筋截面积，并选配钢筋。

5. 已知条件同计算题 4，但已知 $A'_s = 1520\text{ mm}^2$（4 Φ 22），试按 NB/T 11011—2022 规范确定纵向受拉钢筋截面面积 A_s，然后将两题计算所得的 $A_s + A'_s$ 值加以比较分析。

6. 某处于一类环境的矩形截面偏心受压柱，结构安全级别为Ⅱ级，构件两个方向的计算长度均为 $l_0 = 4.0\text{m}$，截面尺寸 $b \times h = 400\text{mm} \times 600\text{mm}$。在使用期荷载设计值产生的轴向压力 $N = 2205.0\text{kN}$、弯矩 $M = 332.0\text{kN·m}$。混凝土强度等级为 C30，纵向钢筋采用 HRB400，试按 NB/T 11011—2022 规范求该柱截面所需的纵向钢筋截面面积 A_s 及 A'_s，并选配钢筋。

7. 某处于一类环境的钢筋混凝土矩形截面偏心受压柱，结构安全级别为Ⅱ级，柱截面尺寸 $b \times h = 400\text{mm} \times 600\text{mm}$，柱在弯矩作用方向的计算长度为 $l_0 = 7.20\text{m}$，在垂直弯矩方向的计算长度 $l'_0 = 3.60\text{m}$。在使用期，荷载设计值在柱截面产生的轴向压力 $N = 2732.70\text{kN}$、偏心距 $e_0 = 26\text{mm}$。混凝土强度等级为 C30，纵向钢筋和箍筋均采用 HRB400，试按 NB/T 11011—2022 规范配置该柱的钢筋，并绘出配筋图（包括纵向钢筋和箍筋）。

8. 某处于一类环境的水电站厂房边柱，结构安全级别为Ⅱ级，柱计算高度 $l_0 = 5.0\text{m}$，截面尺寸为 $b \times h = 300\text{mm} \times 400\text{mm}$，配有纵向受压钢筋 2 Φ 16（$A'_s = 402\text{ mm}^2$）、纵向受拉钢筋 4 Φ 18（$A_s = 1017\text{ mm}^2$），$a_s = a'_s = 45\text{mm}$，混凝土强度等级为 C30。持久状况下荷载设计值产生的弯矩 $M = 99.50\text{kN·m}$、轴向压力 $N = 305.0\text{kN}$，试按 NB/T 11011—2022 规范复核柱截面的承载力是否满足要求。

9. 某处于二类环境的水电站厂房钢筋混凝土排架，结构安全级别为Ⅱ级，截面尺寸 $b \times h = 400\text{mm} \times 500\text{mm}$，柱高 $H = 5.0\text{m}$，计算长度取为 $l_0 = 1.5H$。在使用期，荷载设计值在柱底截面上产生的轴向压力 $N = 534.70\text{kN}$、偏心距 $e_0 = 440\text{mm}$。混凝土强度等级为 C30，纵向钢筋采用 HRB400，由于受风荷载控制，要求采用对称配筋，试按 NB/T 11011—2022 规范配置该柱钢筋。

10. 某处于一类环境的钢筋混凝土偏心受压构件，结构安全级别为Ⅱ级，截面尺寸 $b \times h = 400\text{mm} \times 600\text{mm}$，两个方向的计算长度相同，$l_0 = 6.0\text{m}$。在使用阶段荷载设计值产生的轴向压力 $N = 2505.0\text{kN}$、弯矩 $M = 81.0\text{kN·m}$。混凝土强度等级为 C30，纵向钢筋采用 HRB400，对称配筋，试按 NB/T 11011—2022 规范求纵向钢筋用量。

11. 某水闸工作桥的中墩支柱，结构安全级别为Ⅱ级，截面尺寸 $b \times h = 400\text{mm} \times 500\text{mm}$，高度 $H = 6.85\text{m}$。在垂直水流方向的受力情况如图 5 - 17 所示，在闸门开启的闸孔一边的纵梁对支柱产生的轴向压力 $N_1 = 271.60\text{kN}$，在闸门未开启的闸孔一边的纵梁对支柱产生的轴向压力 $N_2 = 96.90\text{kN}$，支柱的自重产生的轴向压力 $N_3 = 47.50\text{kN}$，这些轴向压力都是由荷载设计值产生。混凝土强度等级为 C30，纵向钢筋采用 HRB400，试按 NB/

T 11011—2022 规范计算该柱纵向钢筋用量。

　　提示：由于水闸中墩支柱受到相邻两孔纵梁传来的力，可能是墩左一孔开启，墩右一孔未开启；也可能是与之相反。因此中墩支柱应按对称配筋的偏心受压构件计算。支柱的计算长度取为 $l_0=1.5H$。

　　△12. 有一试验短柱如图 5-18 所示，对称配筋，混凝土的实际棱柱体抗压强度 $f_c^0=17.1\text{N/mm}^2$，偏压受力状态下实际极限压应变 $\varepsilon_{cu}^0=0.0035$，钢筋的实际屈服强度 $f_y^0=f_y'^0=415\text{N/mm}^2$，实际弹性模量 $E_s^0=2.05\times10^5\text{N/mm}^2$。当变动轴向压力 N 的偏心距 e_0 时，柱的承载力也随之改变，试回答：

　　(1) 在何种偏心距情况下，试件将有最大的 N？并估算此时的 N 值。

　　(2) 在何种情况下，试件将有最大的 M？并估算此时的 N 和 e_0 值。

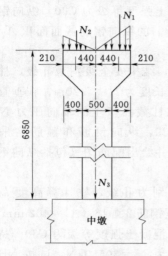

图 5-17　中墩支柱受力情况

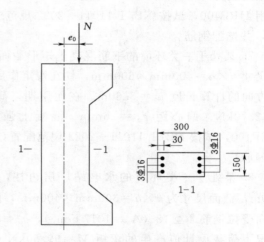

图 5-18　试验短柱示意图

5.4　思考题参考答案

　　1. 轴心受压构件在荷载长期持续作用下，混凝土会发生徐变，该徐变使混凝土与纵向钢筋之间发生应力重分配，混凝土的应力有所减少，纵向钢筋的应力增大。若纵向受压钢筋配筋过少，则钢筋会提前屈服，所以轴压构件也需规定最小配筋率。

　　2. 普通箍筋短柱的破坏过程，一般是纵向钢筋先达到屈服强度 $\sigma_s' \rightarrow f_y'$，然后混凝土达到极限压应变 $\varepsilon_c \rightarrow \varepsilon_{cu}$，构件破坏。破坏时，混凝土应力均匀分布，$\sigma_c = f_c$，$\sigma_s' = f_y'$。长柱破坏时，凹侧边缘混凝土应变达到极限压应变 $\varepsilon_c \rightarrow \varepsilon_{cu}$，凸侧由受压突然变为受拉，出现水平的受拉裂缝（教材图 5-9）。长柱破坏荷载小于短柱，且柱子越细长破坏荷载小得越多。

　　规范采用稳定系数 φ 来考虑柱长细比对轴心受压承载力的影响。稳定系数 φ 是长柱轴心受压承载力与短柱轴心受压承载力的比值，即 $\varphi = N_{u长}/N_{u短}$。教材表 5-1 给出了 φ 值与 l_0/b 的关系。从该表看到，当 $l_0/b \leqslant 8$ 时，$\varphi \approx 1$；当 $l_0/b > 8$ 时，φ 值随 l_0/b 的增大而减小。因此，$l_0/b = 8$ 为短柱与长柱的分界。

3. 二阶效应是指作用在结构上的重力或构件中的轴向压力，在产生了层间位移和挠曲变形后的结构构件中引起的附加变形和相应的附加内力。它分为两种：一种是由侧移产生的二阶效应，称为 $P-\Delta$ 效应；另一种是由挠曲产生的二阶效应，称为 $P-\delta$ 效应。$P-\Delta$ 效应增大了柱端截面的弯矩，而 $P-\delta$ 效应通常会增大柱跨中截面弯矩。

在我国，现行混凝土结构设计规范中除《混凝土结构设计规范》（GB 50010—2010）规范采用 $C_m - \eta_{ns}$ 法外，其余都采用 $\eta - l_0$ 法。

$\eta - l_0$ 法的优点是使用方便，但不能区分 $P-\Delta$ 效应与 $P-\delta$ 效应，它的要点是：

（1）根据一阶分析得到的弯矩 M 和轴向压力 N 计算偏心距 $e_0 = M/N$。

（2）将偏心距 e_0 乘偏心距增大系数 η 来考虑总的二阶效应，$\eta \geq 1.0$。

（3）η 的计算公式由两端简支的标准偏压柱得出。为能将 η 的计算公式应用于实际，则通过计算长度 l_0 将实际柱转化为标准柱。因此，该方法称为 $\eta - l_0$ 法。

4. 大偏心受压破坏和小偏心受压破坏之间，在理论上存在一种"界限破坏"状态，当纵向受拉钢筋屈服的同时，受压区边缘混凝土应变达到极限压应变值。这种特殊状态可作为区分大小偏心受压的界限。

界限破坏时，$\xi = \xi_b$，由轴力的平衡可写出：
$N_b = f_c b \xi_b h_0 + f'_y A'_s - f_y A_s$。

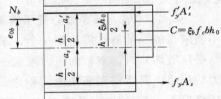

上式说明对给定的截面（截面尺寸、配筋及材料强度），界限受压承载力 N_b 为一定值。当荷载产生的轴向压力设计值 $N \geq N_b$ 时，为小偏心受压情况，$N < N_b$ 为大偏心受压情况。

图 5-19 界限破坏应力图形

界限破坏时，N_b 的偏心距即为界限偏心距 e_{0b}，对截面中心取矩可得（图 5-19）

$$N_b e_{0b} = f_c b \xi_b h_0 \left(\frac{h}{2} - \frac{\xi_b h_0}{2} \right) + f'_y A'_s \left(\frac{h}{2} - a'_s \right) + f_y A_s \left(\frac{h}{2} - a_s \right)$$

将上式除以 N_b，可得

$$e_{0b} = \frac{f_c b \xi_b h_0 (h - \xi_b h_0) + f'_y A'_s (h - 2a'_s) + f_y A_s (h - 2a_s)}{2(\xi_b f_c b h_0 + f'_y A'_s - f_y A_s)}$$

上式说明：对给定的截面（截面尺寸、配筋及材料强度），界限偏心距 e_{0b} 为定值，当 $\eta e_0 > e_{0b}$ 时，为大偏心受压情况；当 $\eta e_0 \leq e_{0b}$ 时，为小偏心受压情况。

N_b 及 e_{0b} 的表达式同时也说明，非对称配筋时，截面的界限受压承载力 N_b 及界限偏心距 e_{0b} 不但与截面尺寸和材料强度有关，还与纵向受力钢筋的配筋率有关。但对称配筋时，由于 $A_s = A'_s$，$f_y = f'_y$，此时 $N_b = \xi_b f_c b h_0$，所以 N_b 的大小与纵向受力钢筋的配筋率无关，只与截面尺寸和材料强度有关。

5. 偏心受压构件从破坏原因、破坏性质及影响构件正截面受压承载力的主要因素来看，其破坏可以归结为两类破坏形态：

（1）大偏心受压——构件破坏是由于纵向受拉钢筋首先到达屈服，裂缝开展，最后导致受压区混凝土压坏。破坏前裂缝显著开展，变形增大，具有塑性破坏的性质。其正截面受压承载力主要取决于纵向受拉钢筋，形成这种破坏的条件是：偏心距 e_0 较大，且纵向受拉钢筋配筋率不过高。

（2）小偏心受压——构件破坏是由于受压区边缘混凝土达到极限压应变，离轴向压力较远一侧的纵向钢筋，无论是受拉或受压，一般都不屈服。破坏前缺乏明显的预兆，具有脆性破坏的性质。其正截面受压承载力主要取决于受压区混凝土及纵向受压钢筋。形成这种破坏的条件是：偏心距 e_0 小；或偏心距虽大但纵向受拉钢筋的配筋率过高。

当构件的截面、配筋及材料强度给定时，发生两种破坏的条件是相对受压区计算高度 ξ 的大小，当 $\xi \leqslant \xi_b$ 时发生大偏心受压破坏，反之发生小偏心受压破坏。

6. 当根据给定的截面尺寸、材料强度及内力设计值进行截面配筋计算时，可将 ηe_0 和 $0.3h_0$ 的大小关系作为判别两种偏心受压的条件。当 $\eta e_0 > 0.3h_0$ 时，可按大偏心受压情况计算；当 $\eta e_0 \leqslant 0.3h_0$ 时，应按小偏心受压情况计算。

$0.3h_0$ 是根据取纵向受压钢筋为最小配筋率（$A'_s = \rho'_{\min}bh_0$）及纵向受拉钢筋为最小配筋率（$A_s = \rho_{\min}bh_0$）时，对于常用的混凝土和钢筋的强度等级算出的界限偏心距 e_{0b} 的平均值。其含义是在常用的材料强度等级情况下的截面最小界限偏心距 $e_{0b(\min)}$，因为当 ρ' 及 ρ 均取最小配筋率时，e_{0b} 为最小值。

7. $\eta e_0 \leqslant 0.3h_0$，属小偏心受压情况，这时基本公式中未知量有三个——A_s、A'_s 及 ξ，故不能求得唯一的解，需给定一个，求其余两个。这时应首先确定 A_s，因为在小偏心破坏（受压破坏）时，离轴向压力较远一侧的纵向钢筋，一般情况下无论是受拉或是受压，应力均很小，其所需钢筋截面面积由最小配筋率控制，即 $A_s = \rho_{\min}bh_0$。可见，在小偏心受压情况下，A_s 的确定是独立的，与 A'_s 及 ξ 无关。

在 A_s 确定之后，由基本公式可联立求解 ξ 及 A'_s。

8. 小偏心受压时，离轴向压力较远一侧的纵向钢筋无论是受压还是受拉，一般都不会屈服，因此可按最小配筋率配筋，取 $A_s = \rho_{\min}bh_0$。

此外，对小偏心受压构件，当 $\gamma_d N > f_c bh$ 时，由于偏心距很小，而轴向压力很大，全截面受压，离轴向压力较远一侧的纵向钢筋截面面积 A_s 如配得太少，该侧混凝土的压应变就有可能先达到极限压应变而破坏。为防止此种情况发生，还应满足对离轴向压力较近一侧纵向钢筋合力点的外力矩，不大于截面诸力对该合力点的抵抗力矩的要求，即按下式对 A_s 进行核算，这时 A_s 可能超过其最小配筋量。

$$A_s \geqslant \frac{\gamma_d N e' - f_c bh\left(h'_0 - \frac{h}{2}\right)}{f'_y(h'_0 - a_s)}$$

式中，$e' = \frac{h}{2} - a'_s - e_0$，$h'_0 = h - a'_s$，为偏于安全起见，在计算 e' 时，取 $\eta = 1.0$。此时 A_s 同样要满足 $A_s \geqslant \rho_{\min}bh_0$ 的要求。

9. 设计不对称配筋矩形截面大偏心受压构件时，若 A_s 及 A'_s 未知，有 A_s、A'_s 及 ξ 三个未知数待定，需要补充一个条件才可得到唯一解，通常以使 $A_s + A'_s$ 最小作为补充条件。与双筋矩形截面受弯构件类似，要使 $A_s + A'_s$ 最小，就应该充分发挥受压混凝土的作用，这个条件可取 $\xi = \xi_b$。

取 $\xi=\xi_b$ 后，可直接由公式得出 A_s'，即 $A_s'=\dfrac{\gamma_d Ne-\xi_b(1-0.5\xi_b)f_c bh_0^2}{f_y'(h_0-a_s')}$。

当 A_s' 为负值，或 $A_s'<\rho_{min}'bh_0$ 时，应按最小配筋率配筋，并满足构造要求。此时，就变成 A_s' 已知的情况。

当 A_s' 已知时，只有两个待求未知数 A_s 和 ξ，由两个基本公式正好解出 x 及 A_s 两个未知数，这时计算步骤和双筋受弯构件相同，具体步骤如下：

(1) 求 α_s：$\alpha_s=\dfrac{\gamma_d Ne-f_y'A_s'(h_0-a_s')}{f_c bh_0^2}$。

(2) 求 ξ：$\xi=1-\sqrt{1-2\alpha_s}$。

(3) 若 $\xi>\xi_b$ 则按小偏心受压计算；若 $\xi\leqslant\xi_b$ 为大偏心受压，再分下列两种情况：

1) 若 $x=\xi h_0\geqslant 2a_s'$，则构件破坏时纵向受压钢筋有足够的变形，其应力能达到 f_y'，有 $A_s=\dfrac{f_c bx+f_y'A_s'-\gamma_d N}{f_y}$。

2) 若 $x=\xi h_0<2a_s'$，则纵向受压钢筋的应力达不到 f_y'，有 $A_s=\dfrac{\gamma_d Ne'}{f_y(h_0-a_s')}$。

当上式中 e' 为负值时（即轴向压力 N 作用在两侧纵向钢筋之间），则 A_s 一般可按最小配筋率和构造要求来配置。

若以上两种情况下算得的纵向受拉钢筋配筋量 $A_s<\rho_{min}bh_0$，均需取 $A_s<\rho_{min}bh_0$。同时，全部纵向钢筋配筋量还应满足其最小配筋率要求。

10. 对截面尺寸、材料强度及配筋（A_s 及 A_s'）均给定的非对称配筋矩形截面偏心受压构件，当 $\eta e_0>0.3h_0$ 时，若 A_s 过大，仍有可能发生小偏心受压破坏。因此，在截面配筋为给定的情况下，不能用 ηe_0 与 $0.3h_0$ 之间的大小关系来判别偏心受压的破坏类型，而应该用 x 与 $\xi_b h_0$ 之间的大小关系来判断。

11. 当轴向压力设计值 N 较大且垂直于弯矩作用平面的长细比 l_0/b 较大时，则截面的正截面受压承载力有可能由垂直于弯矩作用平面的轴心受压控制。因此，偏心受压构件除应计算弯矩作用平面的受压承载力外，尚应按轴心受压构件验算垂直于弯矩作用平面的受压承载力。此时不考虑弯矩作用，但应考虑纵向弯曲影响（取稳定系数 φ）。对于大偏心受压构件，由于轴向压力 N 相对较小，若柱子长细比与截面高宽比较小，可不进行复核；对于小偏心受压构件，则一般需要复核。

12. 可以用下列两种方法来判别对称配筋矩形截面受压构件的大小偏心：

(1) 和非对称配筋的矩形截面偏心受压构件一样，按偏心距大小判断大、小偏心，即 $\eta e_0>0.3h_0$ 时按大偏心受压构件计算，$\eta e_0\leqslant 0.3h_0$ 时按小偏心受压构件计算，在计算过程中再用 ξ 和 ξ_b 之间的大小关系进行验证。

(2) 按教材式（5-31）计算出 ξ，然后进行判别。若 $\xi\leqslant\xi_b$，为大偏心受压构件；若 $\xi>\xi_b$，为小偏心受压构件。

第 2 种方法更简单，但有时会出现矛盾。当偏心距很小甚至为零时，应为小偏心受压，但若截面尺寸很大且轴向压力很小，由教材式（5-31）计算出的 ξ 可能很小，从而误判为大偏心受压。出现这一矛盾的原因是轴向压力过小不足以使截面发生破坏，而教材式（5-31）中

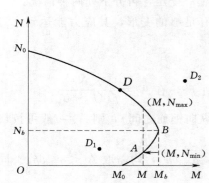

混凝土应力取为其强度，与实际不符。由以上分析也可看出，只有在混凝土不会被压碎时才可能出现这种误判，且即使误判也不会影响按最小配筋率配置纵向受力钢筋的结果。

13. 教材是利用对称配筋矩形截面偏心受压构件导出 N_u-M_u 曲线的。对于对称配筋矩形截面，$A_s=A_s'$，$a_s=a_s'$，$f_y=f_y'$。当 $\xi \leqslant \xi_b$ 时的大偏心受压情况，$\xi = \dfrac{N_u}{f_c b h_0}$。

对截面中心取矩的力矩平衡关系：

$$M_u = f_c b \xi h_0 \left(\frac{h}{2} - \frac{\xi h_0}{2}\right) + 2 f_y' A_s' \left(\frac{h}{2} - a_s'\right)$$

或

$$M_u = \frac{1}{2} N_u \left(h - \frac{N_u}{f_c b}\right) + f_y' A_s' (h_0 - a_s')$$

图 5-20　N_u-M_u 曲线

由上式可知 N_u-M_u 相关曲线为二次抛物线关系。随 N_u 增大，M_u 增大。当 $N_u=N_b$ 时为界限状态，M_u 达到其最大值 M_b。M_b 与 N_b 的比值即为界限偏心距 e_{0b}。

当 $N=0$ 时，$M=M_0$，为对称配筋受弯构件的正截面受弯承载力，如图 5-20 所示。

当 $\xi > \xi_b$ 时，为小偏心受压情况，将 σ_s 计算公式代入教材式（5-4），可得

$$\xi = \frac{(0.8 - \xi_b) N_u - (\xi - \xi_b) f_y A_s}{(0.8 - \xi_b) f_c b h_0}$$

将上式代入 M_u 表达式知，N_u 与 M_u 也是二次函数关系。但与大偏心受压不同的是随 N_u 增大，M_u 减少，当 $M=0$ 时，为轴心受压构件的受压承载力 N_0，即偏心受压构件受压承载力的上限。

N_u-M_u 相关曲线说明了以下问题：

（1）图中 N_u-M_u 曲线上任一点 D 的坐标代表了该给定截面（截面尺寸、配筋及材料强度均为已知）到达正截面受压承载力极限状态时的一种内力组合，若任意点 D_1 位于 N_u-M_u 曲线内侧，说明截面在该点坐标给出的内力设计值组合下未达到受压承载力极限状态，是安全的；若任意点 D_2 位于曲线的外侧，则表明截面的正截面受压承载力不足。

（2）当给定轴向压力设计值 N 时，有唯一对应的弯矩设计值 M 使该截面达到承载力极限状态；当给定弯矩设计值 M（$M_b > M > M_0$）时，使该截面达到承载力极限状态的轴向压力设计值有两个（N_{min} 和 N_{max}），N_{min} 对应于大偏心受压情况，N_{max} 对应于小偏心受压情况。

14. 偏心受压构件有短柱材料破坏、长柱材料破坏和细长柱失稳三种破坏特征。在 N_u-M_u 相关图（图 5-21）中，曲线 $ABCDE$ 是指对于给定的偏心受压构件，其正截面承载力 N_u 与 M_u 之间的关系曲线，它说明了正截面受压的极限轴向压力 N_u 是如何随偏心距的增大而改变的。

直线 OB、曲线 OC 和 OFD 都是指作用在构件上的轴向压力 N 与相应的弯矩 M 的关系曲线，它们表示当偏心距 e_0 相同时，由于构件长细比大小不同，N 与 M 在加载直至破

坏的全过程中是怎样变化的。

直线 OB 表示短柱的情况，其 N 与 M 为线性关系，$\mathrm{d}N/\mathrm{d}M$ 为常数，当 OB 达到 N_u-M_u 曲线时，柱达到最大受压承载力，截面的材料强度也同时耗尽。这种破坏形态称为材料破坏。

曲线 OC 表示一般长柱的情况。随着柱长细比的增大，由侧向变形引起的附加弯矩的影响已不能忽略。曲线 OC 即为长柱的 N-M 增长曲线，由于 f 随 N 的增大而增大，M 较 N 有更快的增长，M 与 N 不再为线性关系，$\mathrm{d}N/\mathrm{d}M$ 为变数并随 N 的增大而逐渐减小，但 $\mathrm{d}N/\mathrm{d}M$ 仍为正值，即柱在达到最大受压承载力时，截面的材料强度也同时耗尽。这种柱的破坏形态为受 Nf 影响的材料破坏。对矩形截面，当 $8<l_0/h\leqslant30$ 时为长柱。

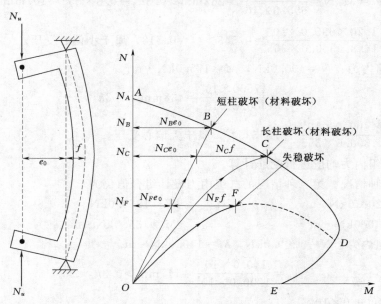

图 5-21 偏心受压构件 N-M 变化曲线与 N_u-M_u 曲线

曲线 OFD 表示长细比很大的细长柱的情况。当荷载达到最大值 N_u 时，侧向变形突然剧增，荷载急剧下降，$\dfrac{\mathrm{d}N}{\mathrm{d}M}$ 变为负值。然而在 N_u 时，纵向钢筋和混凝土的应变均未达到极限值。这种最大受压承载力发生在材料强度耗尽之前的破坏形态，称为失稳破坏。在荷载达到最大值 N_F 后，如能使荷载逐渐降低以保持构件继续变形，则也可能到达材料强度耗尽的点 D，不过此时的轴向压力 N_D 已小于失稳破坏荷载 N_F。

由此可见，当偏心距 e_0 相同时，随着长细比的增大，正截面受压承载力是在降低的，即 $N_B>N_C>N_F$。

15. f_c 随混凝土强度等级的提高而提高。在图 5-16 中，点 A 对应于受弯构件，f_c 提高，M_u 略有增加，所以点 A 稍向右移。点 C 对应于轴心受压，f_c 提高，N_u 增加，所以 C 点上移。点 B 对应于大小偏心受压的界限状态，对称配筋时，$N_b=f_c b\xi_b h_0$，$M_b=N_b e_{0b}=f_c b\xi_b h_0\left(\dfrac{h}{2}-\dfrac{\xi_b h_0}{2}\right)+2f_y A_s\left(\dfrac{h}{2}-a_s\right)$，所以随着混凝土强度等级的提高，$f_c$

提高，N_b、M_b 都增加，即点 B 往右上方移动。

16. C30 混凝土，$f_c = 14.3\text{N/mm}^2$；HRB400 钢筋，$\xi_b = 0.518$。$a_s = a'_s = 45\text{mm}$，$h_0 = h - a_s = 400 - 45 = 355\text{mm}$。

（1）第一种情况。Ⅱ级安全级别 $\gamma_0 = 1.0$，持久状态 $\psi = 1.0$，则第一种情况的二组内力设计组合值仍为

① $\begin{cases} N = 695.0\text{kN} \\ M = 182.0\text{kN} \cdot \text{m} \end{cases}$ ② $\begin{cases} N = 400.0\text{kN} \\ M = 175.0\text{kN} \cdot \text{m} \end{cases}$

1）第①组内力：$N = 695.0\text{kN}$，$M = 182.0\text{kN} \cdot \text{m}$。

$$e_0 = M/N = \frac{182.0 \times 10^6}{695.0 \times 10^3} = 262\text{mm} > 0.3h_0 = 0.3 \times 355 = 107\text{mm}$$

但 $\xi = \dfrac{\gamma_d N}{f_c b h_0} = \dfrac{1.20 \times 695.0 \times 10^3}{14.3 \times 300.0 \times 355} = 0.548 > \xi_b = 0.518$，属于小偏心受压。

2）第②组内力：$N = 400.0\text{kN}$，$M = 175.0\text{kN} \cdot \text{m}$。

$$e_0 = \frac{175.0 \times 10^6}{400.0 \times 10^3} = 438\text{mm} > 0.3h_0$$

同时 $\xi = \dfrac{1.20 \times 400.0 \times 10^3}{14.3 \times 300.0 \times 355} = 0.315 < \xi_b$，属于大偏心受压。

因此这两组内力均应进行配筋计算。

（2）第二种情况。第二种情况的二组内力设计组合值仍为

① $\begin{cases} N = 1200.0\text{kN} \\ M = 140.0\text{kN} \cdot \text{m} \end{cases}$ ② $\begin{cases} N = 1350.0\text{kN} \\ M = 135.0\text{kN} \cdot \text{m} \end{cases}$

1）第①组内力：$N = 1200.0\text{kN}$，$M = 140.0\text{kN} \cdot \text{m}$。

$$e_0 = \frac{140.0 \times 10^6}{1200.0 \times 10^3} = 117\text{mm} > 0.3h_0$$

但 $\xi = \dfrac{1.20 \times 1200.0 \times 10^3}{14.3 \times 300.0 \times 355} = 0.946 > \xi_b = 0.518$，属于小偏心受压。

2）第②组内力：$N = 1350.0\text{kN}$，$M = 135.0\text{kN} \cdot \text{m}$。

$$e_0 = \frac{135.0 \times 10^6}{1350.0 \times 10^3} = 100\text{mm} < 0.3h_0$$

也属小偏心受压。

因为两组内力中的弯矩相差不大，而第②组内力中的 N 比第①组内力中的 N 大出较多，所以应按第②组内力计算配筋。

第6章 钢筋混凝土受拉构件承载力计算

在水利工程中，水管、压力隧洞衬砌都是受拉构件，本章介绍矩形截面受拉构件的承载力计算方法。学完本章后，应在掌握受拉构件计算理论（破坏特征、正截面受拉承载力计算基本假定与计算简图、正截面受拉承载力计算公式推导与适用范围、斜截面受剪承载力组成等）的前提下，能对一般的受拉构件进行承载力设计与复核。本章主要学习内容有：

(1) 大、小偏心受拉的界限。

(2) 大、小偏心受拉构件正截面破坏特征、承载力计算简图和计算。

(3) 偏心受拉构件斜截面受剪承载力计算。

6.1 主 要 知 识 点

6.1.1 大、小偏心受拉构件的破坏特征与分界

受拉构件按破坏形态可分为大偏心受拉、小偏心受拉和轴心受拉三种，其中轴心受拉是小偏心受拉的一个特例。

大偏心受拉破坏：发生于轴向拉力 N 作用于两侧纵向钢筋各自合力点之外，即偏心距 $e_0 > \dfrac{h}{2} - a_s$ 时。由于 N 作用于两侧纵向钢筋各自合力点之外，截面有压区存在，破坏时，纵向受拉钢筋达到屈服，受压区边缘混凝土达到极限压应变。

小偏心受拉破坏：发生于 N 作用于两侧纵向钢筋各自合力点之间，即 $e_0 < \dfrac{h}{2} - a_s$ 时。破坏时，全截面裂通，纵向受拉钢筋达到屈服。

也就是，大偏心受拉破坏，$\sigma_s \rightarrow f_y$，$\varepsilon_c = \varepsilon_{cu}$，$\sigma_s' = f_y'$；小偏心受拉破坏，$\sigma_s = f_y$，$\sigma_s' = f_y$，混凝土不受力。

6.1.2 大、小偏心受拉构件正截面受拉承载力的计算简图与基本公式

6.1.2.1 计算简图

大偏心受拉构件的正截面受拉承载力计算的基本假定和受弯构件、偏压构件相同，都采用第3章提到的4个基本假定；对混凝土受压区应力图形的处理也相同，都将曲线分布的压应力图形简化为等效的矩形应力图形，其高度等于按平截面假定所确定的中和轴高度乘以系数 0.8，矩形应力图形的应力值取为 f_c。

由此，根据大偏心受拉破坏时的特征（$\sigma_s \rightarrow f_y$，$\varepsilon_s > \varepsilon_y$，$\varepsilon_c = \varepsilon_{cu}$，$\sigma_s' = f_y'$）给出其正截面受拉承载力计算简图，见图 6-1（a）。和受弯构件双筋截面一样，当混凝土受压区

计算高度 $x<2a'_s$ 时，$\sigma'_s<f'_y$，这时仍近似地假定受压混凝土合力点与纵向受压钢筋合力点重合，计算简图如图 6-1（b）所示。

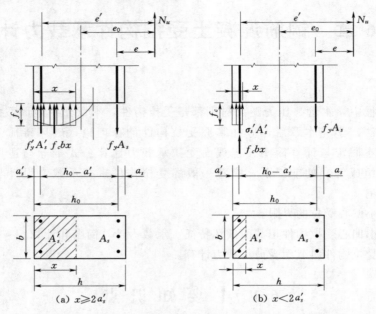

图 6-1　大偏心受拉破坏构件正截面受拉承载力计算简图

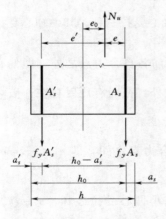

图 6-2　小偏心受拉破坏构件
正截面受拉承载力计算简图

由小偏心受拉破坏时的特征（$\sigma_s=f_y$，$\sigma'_s=f'_y$）给出其正截面受拉承载力计算简图，见图 6-2。

需要注意的是：在偏心受拉构件中，把离纵向拉力较近一侧纵向钢筋的截面面积用 A_s 表示，而把离纵向拉力较远一侧纵向钢筋的截面面积，无论其受拉或受压，均用 A'_s 表示，和偏心受压构件正好相反。图中，e' 为轴向拉力作用点至离纵向轴力较远一侧纵向钢筋合力点的距离，$e'=e_0+\dfrac{h}{2}-a'_s$；e 为轴向拉力作用点至离纵向拉力较近一侧纵向钢筋合力点的距离，对大偏心受拉构件 $e=e_0-\dfrac{h}{2}+a_s$，对小偏心受拉构件 $e=\dfrac{h}{2}-e_0-a_s$。

6.1.2.2　基本公式

1. 大偏心受拉构件

根据图 6-1（a）所示计算简图和截面内力的平衡条件（对纵向受拉钢筋合力点取矩和轴力的平衡），并满足承载能力极限状态的可靠度要求，可得大偏心受拉构件正截面受拉承载力计算的两个基本公式：

$$\gamma_d N \leqslant N_u = f_y A_s - f_c bx - f'_y A'_s \tag{6-1a}$$

$$\gamma_d Ne \leq N_u e = f_c bx\left(h_0 - \frac{x}{2}\right) + f'_y A'_s(h_0 - a'_s) \tag{6-1b}$$

公式适用条件有 2 个：$\xi \leq \xi_b$ 和 $x \geq 2a'_s$，分别用于保证破坏时纵向受拉钢筋和受压钢筋的应力达到 f_y 和 f'_y。

当 $x < 2a'_s$ 时，根据图 6-1 (b) 得

$$\gamma_d Ne' \leq N_u e' = f_y A_s(h_0 - a'_s) \tag{6-2}$$

2. 小偏心受拉构件

根据图 6-2 所示计算简图和截面内力的平衡条件（分别对两侧纵向钢筋各自合力点取矩），并满足承载能力极限状态的可靠度要求，可得小偏心受拉构件正截面受拉承载力计算的两个基本公式：

$$\gamma_d Ne' \leq N_u e' = f_y A_s(h_0 - a'_s) \tag{6-3a}$$

$$\gamma_d Ne \leq N_u e = f_y A'_s(h_0 - a'_s) \tag{6-3b}$$

当 $e_0 = 0$ 时，为轴心受拉构件。在轴心受拉构件中，钢筋全截面均匀放置，用 A_s 表示全部钢筋截面面积，则

$$\gamma_d N = f_y A_s \tag{6-3c}$$

小偏心受拉和轴心受拉构件在承载能力极限状态时，截面已裂穿，没有混凝土参与工作，所以公式中无混凝土作用项。

6.1.2.3 截面设计与复核

1. 大偏心受拉构件

大偏心受拉构件截面设计与复核的计算步骤与大偏压受压构件相同，只是要注意两者的轴向力 N 的方向，以及配筋为 A_s 和配筋为 A'_s 的纵向钢筋的位置是相反的。

需注意的是，在大偏心受拉构件计算中，相对界限受压区计算高度应同受弯构件正截面计算一样，取为 ξ_b（NB/T 11011—2022 规范）或 $0.85\xi_b$（SL 191—2008 规范）；而在大偏心受压构件计算中，两本规范的相对界限受压区计算高度都为 ξ_b，计算时不要搞错。要明白，受弯构件和偏拉构件的 $\xi \leq \xi_b$（NB/T 11011—2022 规范）或 $\xi \leq 0.85\xi_b$（SL 191—2008 规范）是为了保证构件的延性，偏压构件的 $\xi \leq \xi_b$ 或 $\xi > \xi_b$ 是为了判断偏心构件的破坏类型。

2. 小偏心受拉构件

小偏心受拉构件的两个基本公式是独立的，所以截面设计与复核十分简单，但要注意，从图 6-2 看到，当偏心距 e_0 增加时，$f_y A_s$ 增大，而 $f_y A'_s$ 减小，因此，设计时应考虑各自的最不利内力组合分别计算 A_s 及 A'_s。

6.1.3 偏心受拉构件斜截面受剪承载力计算

偏心受拉构件相当于对受弯构件增加了一个轴向拉力 N，拉力的存在会降低混凝土的抗剪强度，加大斜裂缝开展的深度和宽度，这就降低了混凝土的受剪承载力。根据试验资料，从偏于安全考虑，这个降低值取为 $0.2N$。如此，在原有受弯构件斜截面承载力计算公式中减去 $0.2N$，就形成了偏心受拉构件的受剪承载力计算公式。但应注意，由于箍筋和弯起钢筋（斜筋）的存在，构件至少可以承担 $f_{yv}\frac{A_{sv}}{s}h_0 + 0.8f_{yb}A_{sb}\sin\alpha_s$ 大小的剪

力，因此偏拉构件的受剪承载力计算值不得小于 $\dfrac{1}{\gamma_d}\left(f_{yv}\dfrac{A_{sv}}{s}h_0+0.8f_{yb}A_{sb}\sin\alpha_s\right)$。同时为

了保证箍筋占有一定数量的受剪承载力，还要求：$f_{yv}\dfrac{A_{sv}}{s}h_0\geqslant0.36f_tbh_0$。

当按 SL 191—2008 规范进行截面设计时，计算步骤相同，只需将公式中的 γ_d 换成 K，$\xi\leqslant\xi_b$ 换成 $\xi\leqslant0.85\xi_b$。但需注意的是，NB/T 11011—2022 规范中轴向拉力设计值 N 和剪力设计值 V 为荷载设计值产生的轴向拉力、剪力与 $\gamma_0\psi$ 的乘积，而 SL 191—2008 规范中的 N 和 V 就为荷载设计值产生的轴向拉力和剪力，两者是不同的，即使荷载设计值相同它们也差 $\gamma_0\psi$ 倍。

6.2　综　合　练　习

6.2.1　选择题

1. 偏心受拉构件的斜截面受剪承载力（　　）。

A. 随轴向拉力的增加而增加　　　　　　B. 小偏拉时随轴向拉力增加而增加

C. 随轴向拉力的增加而减小　　　　　　D. 大偏拉时随轴向拉力增加而增加

2. 矩形截面不对称配筋大偏心受拉构件破坏时（　　）。

A. 没有受压区，离轴向拉力较远一侧的纵向钢筋不屈服

B. 没有受压区，离轴向拉力较远一侧的纵向钢筋屈服

C. 有受压区，纵向受压钢筋一般不屈服

D. 有受压区，纵向受压钢筋一般屈服

3. 矩形截面对称配筋大偏心受拉构件破坏时（　　）。

A. 纵向受压钢筋受压不屈服　　　　　　B. 纵向受压钢筋受压屈服

C. 纵向受压钢筋受拉不屈服　　　　　　D. 纵向受压钢筋受拉屈服

4. 矩形截面不对称配筋小偏心受拉构件破坏时（　　）。

A. 没有受压区，离轴向拉力较远一侧的纵向钢筋受拉不屈服

B. 没有受压区，离轴向拉力较远一侧的纵向钢筋受拉屈服

C. 有受压区，纵向受压钢筋屈服

D. 有受压区，纵向受压钢筋不屈服

5. 在小偏心受拉构件设计中，如果遇到若干组不同的内力组合（M、N）时，计算钢筋截面面积时应该（　　）。

A. 按最大 N 与最大 M 的内力组合计算 A_s 和 A_s'

B. 按最大 N 与最小 M 的内力组合计算 A_s，而按最大 N 与最大 M 的内力组合计算 A_s'

C. 按最大 N 与最小 M 的内力组合计算 A_s 和 A_s'

D. 按最大 N 与最大 M 的内力组合计算 A_s，而按最大 N 与最小 M 的内力组合计算 A_s'

6. 在非对称配筋小偏心受拉构件设计中，计算出的纵向钢筋用量为（　　）。

A. $A_s<A_s'$　　　　　　B. $A_s=A_s'$　　　　　　C. $A_s>A_s'$

7. 矩形截面对称配筋小偏心受拉构件（　　）。

A. 离轴向拉力较远一侧的纵向钢筋受压不屈服

B. 离轴向拉力较远一侧的纵向钢筋受拉不屈服

C. 离轴向拉力较远一侧的纵向钢筋受拉屈服

D. 离轴向拉力较远一侧的纵向钢筋受压屈服

8. 偏心受拉构件斜截面受剪承载力计算公式为 $V \leqslant \dfrac{1}{\gamma_d}\left(0.5\beta_h f_t bh_0 + f_{yv}\dfrac{A_{sv}}{s}h_0 +\right.$

$\left. 0.8 f_{yb}A_{sb}\sin\alpha_s\right) - 0.2N$，当公式右边的计算值小于 $\dfrac{1}{\gamma_d}\left(f_{yv}\dfrac{A_{sv}}{s}h_0 + 0.8f_{yb}A_{sb}\sin\alpha_s\right)$ 时，

取公式右边的计算值为（　　）。

A. $\dfrac{1}{\gamma_d}\left(f_{yv}\dfrac{A_{sv}}{s}h_0 + 0.8f_y A_{sb}\sin\alpha_s\right)$　　　　B. $\dfrac{1}{\gamma_d}(0.5\beta_h f_t bh_0)$

C. $\dfrac{1}{\gamma_d}(0.8f_{yb}A_{sb}\sin\alpha_s)$　　　　D. 0

6.2.2 思考题

1. 试说明为什么大小偏心受拉构件的区分只与轴向拉力的作用位置有关，而与纵向钢筋配筋率无关。

2. 为什么对称配筋的矩形截面偏心受拉构件，无论大小偏心受拉情况，均可按公式 $\gamma_d Ne' \leqslant f_y A_s(h_0 - a_s')$ 计算？

6.3 设 计 计 算

1. 某处于一类环境的偏心受拉构件，结构安全级别为Ⅱ级，截面尺寸 $b \times h = 300\text{mm} \times 500\text{mm}$。持久状况下荷载设计值产生的轴向拉力 $N = 570.0\text{kN}$、弯矩 $M = 82.50\text{kN} \cdot \text{m}$。混凝土强度等级为 C30，纵向钢筋采用 HRB400，试求截面钢筋用量。

2. 某处于一类环境的偏心受拉构件，结构安全级别为Ⅱ级，截面尺寸 $b \times h = 400\text{mm} \times 500\text{mm}$。运行期荷载设计值产生的轴向拉力 $N = 75.20\text{kN}$、弯矩 $M = 265.50\text{kN} \cdot \text{m}$。混凝土强度等级为 C30，纵向钢筋采用 HRB400，试求截面钢筋用量。

3. 一钢筋混凝土矩形水池，结构安全级别为Ⅱ级，池壁厚 $h = 150\text{mm}$。运行期荷载设计值沿池壁的垂直截面 1.0m 高范围内产生的轴向拉力 $N = 22.50\text{kN}$，平面外的弯矩 $M = 16.88\text{kN} \cdot \text{m}$（池壁外侧受拉）。混凝土等级为 C30，纵向钢筋采用 HRB400，试按 NB/T 11011—2022 规范确定该垂直截面中池壁内外所需的水平受力钢筋，并绘配筋图。

4. 有一单跨简支偏心受拉构件，结构安全级别为Ⅱ级，净跨度 $l_n = 4.50\text{m}$，截面 $b \times h = 250\text{mm} \times 400\text{mm}$。运行期荷载设计值产生的轴向拉力 $N = 150.0\text{kN}$，在离支座 1.20m 处作用一集中力（设计值）$F = 100.0\text{kN}$。混凝土强度等级为 C30，箍筋采用 HPB300，取 $a_s = a_s' = 45\text{mm}$，试按 NB/T 11011—2022 规范计算该构件的抗剪箍筋。

5. 已知钢筋混凝土矩形断面输水渡槽如图 6-3 所示，结构安全级别为Ⅱ级。运行期荷载设计值产生的内力为：槽身底板跨中 Ⅰ—Ⅰ 截面每米板宽上（沿水流方向，按水深等于半槽水的最不利情况计算）$N = 12.38\text{kN}$（正号表示受拉）、$M = 23.58\text{kN} \cdot \text{m}$（以板底

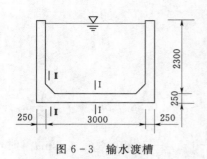

图 6-3　输水渡槽

受拉为正），底板支座Ⅱ—Ⅱ截面每米板宽（按满槽水计算）$N = 32.01\text{kN}$、$M = -28.60\text{kN} \cdot \text{m}$。混凝土强度等级采用 C30，受力钢筋采用 HRB400，试按 NB/T 11011—2022 规范配置底板钢筋。

如果侧墙底部截面配置钢筋 Φ 8/10@140，侧墙高度一半处截断一半，为 Φ 10@280。试绘出整个槽身截面配筋图（包括受力钢筋和分布钢筋）。

提示：渡槽底板配筋计算应取跨中和支座两个计算截面，分别考虑二者的配筋，跨中底层钢筋可以在离支座 1/4 板跨处弯起一半到支座截面上部，配筋时要注意底板与侧墙钢筋间距相协调，以便钢筋绑扎施工。所以底板钢筋间距应取为@140 或@280。侧墙与底板相交处的贴角表面应布置构造钢筋，其直径和间距可以取与侧墙截面钢筋相同。

6.4　思考题参考答案

1. 大小偏心受拉构件的区分，与偏心受压构件不同，它是按构件破坏时截面上是否存在受压区来划分的。当轴向拉力 N 作用于两侧纵向钢筋各自合力点之间时，拉区混凝土开裂后，由力的平衡可知，截面上不可能有受压区存在，拉力全部由纵向钢筋负担，见教材图 6-2（b）。因此，只要 N 作用在两侧纵向钢筋各自合力点之间，就为全截面受拉的小偏心受拉构件，与偏心距大小及配筋率无关。

当轴向拉力 N 作用于两侧纵向钢筋各自合力点外侧时，部分截面受拉，部分受压，见教材图 6-2（a）。拉区混凝土开裂后，由平衡关系可知，无论 A_s 多大，截面都有受压区存在，配筋为 A_s 的纵向钢筋受拉，配筋为 A_s' 的纵向钢筋受压。因此，只要轴向拉力 N 作用于两侧纵向钢筋各自合力点外侧，就为大偏心受拉构件，与偏心距大小及配筋率无关。

2. 对称配筋矩形截面偏心受拉构件：$A_s = A_s'$，$a_s = a_s'$，且 $h_0 = h_0'$，而 $e' > e$。对小偏心受拉构件，轴向拉力设计值 N 应按教材式（6-1）确定；对于大偏心受拉构件，由于是对称配筋，x 肯定小于 $2a_s'$，应取 $x = 2a_s'$，对纵向受压钢筋合力点取矩来计算轴向拉力设计值 N。因此，对称配筋矩形截面偏心受拉构件，无论大、小偏心受拉，受拉承载力设计值均可按下式计算：

$$\gamma_d N e' \leqslant f_y A_s (h_0 - a_s')$$

第7章 钢筋混凝土受扭构件承载力计算

钢筋混凝土结构构件的扭转可分为平衡扭转和附加扭转（协调扭转）两大类。前者是由荷载直接引起的扭转，其扭矩由静力平衡条件确定，和变形无关；后者是超静定结构中由于变形的协调使构件产生的扭转，扭矩大小会随着结构的变形而变化，需根据静力平衡条件和变形协调条件求得。

本章介绍的是钢筋混凝土构件发生平衡扭转时的承载力计算理论和计算方法。学完本章后，应在掌握受扭构件计算理论（破坏形态、抗扭钢筋的组成、受扭承载力的组成、剪扭相关性、承载力计算公式与适用范围）的前提下，能对一般的受扭构件进行设计。本章主要学习内容有：

（1）受扭构件的破坏形态与抗扭钢筋的组成。

（2）开裂扭矩。

（3）纯扭构件的承载力计算。

（4）剪、扭承载力相关性及弯、剪、扭共同作用下的承载力计算。

7.1 主 要 知 识 点

7.1.1 抗扭钢筋的组成

抗扭钢筋由抗扭纵筋和抗扭箍筋组成，缺一不可，见图 7-1。这是由于：受扭构件在裂缝充分发展且钢筋应力接近屈服强度时，截面核心混凝土退出工作，此时它就相当于一个带有多条螺旋形裂缝的混凝土薄壁箱形截面构件。在箱形截面的薄壁上同时配置抗扭纵筋和抗扭箍筋后，就可由薄壁上裂缝间的混凝土为斜压腹杆、箍筋为受拉腹杆、纵筋为受拉弦杆组成一变角空间桁架，来抵抗扭矩。缺了某一种抗扭钢筋，就无法形成空间桁架，构件无法达到内力平衡的状态。

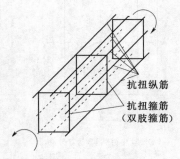

图 7-1 抗扭钢筋的组成

由于受扭构件破坏时相当于薄壁箱形截面构件，构件内部的混凝土和钢筋不起作用，因此抗扭钢筋必须放在截面四周。其中，抗扭纵筋应沿截面周边均匀对称布置，截面四角处必须放置；抗扭箍筋必须封闭，每边都能承担拉力，四肢箍筋的中间两肢不起抗扭作用。

显然，当一种抗扭钢筋配得过多时，就会出现一种抗扭钢筋屈服而另一种不能屈服的现象，造成浪费。为了使构件破坏前两种抗扭钢筋都能达到屈服，就要协调两种抗扭钢筋的搭配，规范用受扭的纵向钢筋与箍筋的配筋强度比 ζ 来协调。

试验结果表明 ζ 值在 $0.5\sim 2.0$ 时，纵筋和箍筋均能在构件破坏前屈服，为安全起见，规范规定 ζ 值应符合 $0.6\leqslant \zeta \leqslant 1.7$，当 $\zeta > 1.7$ 时取 $\zeta = 1.7$。设计时，通常可取 $\zeta = 1.2$（最佳值）。

实际工程中，受扭构件通常还同时受到弯矩和剪力的作用，这时还需配置抵抗弯矩的纵向钢筋和抵抗剪力的腹筋。

7.1.2　矩形截面纯扭构件的破坏形态

钢筋混凝土构件的受扭破坏形态主要与抗扭钢筋的用量有关，可分为下列 4 种：

（1）少筋破坏：发生于抗扭钢筋配置太少时。混凝土一开裂，钢筋立即屈服并可能进入强化段，为脆性破坏，与少筋梁类似。工程中不允许发生，设计时通过验算最小配筋率，即抗扭配筋的下限来防止。

（2）适筋破坏：发生于抗扭钢筋配置适量时。构件破坏前两种抗扭钢筋均先后达到屈服强度，最后混凝土被压坏，为延性破坏，类似于适筋梁，是设计受扭构件的依据。

（3）超筋破坏：发生于抗扭钢筋配置过量时。混凝土先被压坏，抗扭钢筋达不到屈服强度，为脆性破坏，和超筋梁类似。工程中不允许发生，设计时是通过校核构件截面尺寸和混凝土强度，即抗扭配筋的上限来防止。

（4）部分超筋破坏：发生于配筋强度比 ζ 取值不当时。破坏时一种抗扭钢筋屈服，另一种不屈服，一般也应避免。

7.1.3　纯扭构件的开裂扭矩

1. 矩形截面纯扭构件的开裂扭矩

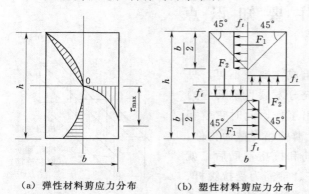

（a）弹性材料剪应力分布　（b）塑性材料剪应力分布

图 7 - 2　扭矩作用下矩形截面剪应力分布

开裂扭矩和破坏扭矩是衡量构件抗扭性能的两大指标。受扭构件开裂前钢筋应力很小，可忽略其贡献，近似取素混凝土受扭构件的受扭承载力作为开裂扭矩。

对于弹性体，受纯扭构件矩形截面上的最大剪应力发生在截面长边的中点。当最大剪应力 τ_{max} 引起的主拉应力达到材料的抗拉强度时［图 7 - 2（a）］，构件开裂，此时的扭矩就为开裂扭矩 T_{cr}。

对于完全塑性材料，只有当截面上所有部位的剪应力均达到最大剪应力 $\tau_{max} = f_t$ 时，构件才达到极限承载力 T_{cu}（也就是它的开裂扭矩），所以 T_{cu} 将大于 T_{cr}。将图 7 - 2（b）所示截面四部分的剪应力分别合成为 F_1 和 F_2，并计算其所组成的力偶，可求得开裂扭矩 T_{cu} 为

$$T_{cu} = f_t \frac{b^2}{6}(3h - b) = f_t W_t \tag{7-1}$$

式中：W_t 为截面受扭塑性抵抗矩，对矩形截面按式（7 - 2）计算。

$$W_t = \frac{b^2}{6}(3h - b) \tag{7-2}$$

混凝土实际上为弹塑性材料，其开裂扭矩值应大于弹性体的开裂扭矩，而小于塑性体的开裂扭矩。为简便，规范取钢筋混凝土构件的开裂扭矩为塑性体开裂扭矩的 70%，即

$$T_{cr} = 0.7 f_t W_t \tag{7-3}$$

2. 带翼缘截面纯扭构件的开裂扭矩

对带翼缘的 T 形、I 形截面受扭构件，开裂扭矩计算仍采用式（7-3），关键是如何求截面的受扭塑性抵抗矩 W_t。

求 W_t 时，首先要确定翼缘参与受力的范围，规范规定：伸出腹板能参与受力的翼缘长度不超过翼缘厚度的 3 倍；然后按教材图 7-7（a）将带翼缘截面分解成若干个矩形，分别计算其受扭塑性抵抗矩，再累加就可得到全截面的 W_t。

7.1.4 纯扭构件的承载力计算

1. 矩形截面纯扭构件承载力计算

对矩形截面纯扭构件，现行规范采用的受扭承载力计算公式是在变角空间桁架模型理论的基础上，通过对试验结果统计的分析得到：

$$\gamma_d T \leqslant T_c + T_s = 0.35 f_t W_t + 1.2\sqrt{\zeta} f_{yv} \frac{A_{st1}}{s} A_{cor} \tag{7-4}$$

其中

$$\zeta = \frac{f_y A_{st} s}{f_{yv} A_{st1} u_{cor}} \tag{7-5}$$

式中：T 为扭矩设计值，为荷载设计值产生的扭矩与结构重要性系数 γ_0、设计状况系数 ψ 三者的乘积；f_y 为抗扭纵筋的抗拉强度设计值；f_{yv} 为抗扭箍筋的抗拉强度设计值；A_{st} 为受扭计算中沿截面周边对称布置的全部抗扭纵筋截面面积；A_{st1} 为受扭计算中沿截面周边配置的抗扭箍筋的单肢截面面积；s 为受扭计算中抗扭箍筋的间距；u_{cor} 为截面核心部分的周长，$u_{cor} =$

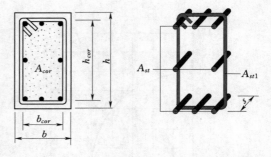

图 7-3 式（7-4）和式（7-5）的符号图示

$2(b_{cor} + h_{cor})$，其中 b_{cor}、h_{cor} 为受扭计算中从箍筋内表面计算的截面核心部分的短边长度和长边长度，见图 7-3；ζ 为受扭的纵向钢筋与箍筋的配筋强度比。

从式（7-4）看到，纯扭构件的受扭承载力由混凝土受扭承载力 T_c 和抗扭钢筋的受扭承载力 T_s 两项组成。混凝土开裂后，抗扭钢筋的存在使混凝土骨料间能产生咬合作用，以及斜裂缝缝端未裂混凝土仍能承担一些扭矩，所以混凝土仍具有受扭承载力 T_c，但其数值要小于开裂前，规范取开裂扭矩的一半，$T_c = 0.5 T_{cr} = 0.5 \times 0.7 f_t W_t = 0.35 f_t W_t$。抗扭钢筋的受扭承载力 T_s 取决于抗扭箍筋与抗扭纵筋的用量，以及它们的强度比。

2. 带翼缘截面纯扭构件承载力计算

对带翼缘的 T 形、I 形截面构件，将其拆分为若干小块矩形，分别按矩形截面纯扭构

件承载力公式 [式 (7-4)] 计算其抗扭钢筋。具体为：

（1）按求开裂扭矩时一样的方法，将 T 形或 I 形截面分解成若干个小块矩形，计算各小块的受扭塑性抵抗矩 W_i。

（2）按各小块的受扭塑性抵抗矩比值大小，将扭矩分配到各小块矩形上，即 $T_i = \dfrac{W_i}{\sum W_i} T$。

（3）按式 (7-4) 计算各小块矩形截面的扭抗钢筋。计算所得的抗扭纵筋应配置在整个截面的外边沿上。

7.1.5　在弯、剪、扭共同作用下的承载力计算

7.1.5.1　构件在剪、扭作用下的承载力计算

1. 剪扭相关性

剪力或扭矩都会在截面上产生剪应力。剪扭构件的混凝土既受剪又受扭，这使得截面未裂混凝土的剪应力会比单纯受剪或单纯受扭时的剪应力要大，从而使截面更易于破坏。所以，混凝土的受扭承载力随剪力的增大而减小，受剪承载力也随着扭矩的增大而减小，这便是剪力与扭矩的相关性。

无腹筋构件的受扭和受剪承载力的相关关系近似于 1/4 圆，见图 7-4 (a) 曲线 1，即随着同时作用的扭矩的增大，构件受剪承载力逐渐降低，当扭矩达到构件的受纯扭承载力时，其受剪承载力下降为零；反之亦然。

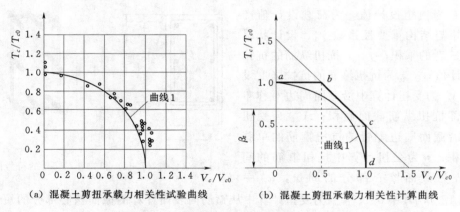

（a）混凝土剪扭承载力相关性试验曲线　　　（b）混凝土剪扭承载力相关性计算曲线

图 7-4　无腹筋构件剪、扭承载力相关图

对有腹筋的剪扭构件，假定其在剪、扭作用下，混凝土部分所能承担的扭矩和剪力的相互关系与无腹筋构件一样服从图 7-4 (a) 所示曲线 1（1/4 圆）的关系，并取无腹筋构件单独受剪时的受剪承载力为 $V_{c0} = 0.5 f_t b h_0$，单独受扭时的受扭承载力为 $T_{c0} = 0.35 f_t W_t$，即分别取为受剪承载力公式中的混凝土作用项和纯扭构件受扭承载力公式的混凝土作用项。

同时，用三条折线（ab、bc、cd）代替曲线 1（1/4 圆），见图 7-4 (b)，并引入剪扭构件混凝土受扭承载力降低系数 β_t 以考虑剪扭的相关性，则剪扭构件中混凝土承担的扭矩和剪力相应为

$$T_c = 0.35\beta_t f_t W_t \qquad\qquad (7-6a)$$

$$V_c = 0.5(1.5-\beta_t) f_t bh_0 \qquad\qquad (7-6b)$$

其中

$$\beta_t = \frac{1.5}{1+0.7\dfrac{V}{bh_0}\dfrac{W_t}{T}} \qquad\qquad (7-7)$$

β_t 是根据 bc 段导出的，因此 β_t 计算值应符合 $0.5 \leqslant \beta_t \leqslant 1.0$ 的要求。当 $\beta_t < 0.5$ 时，取 $\beta_t = 0.5$；当 $\beta_t > 1.0$ 时，取 $\beta_t = 1.0$。

2. 矩形截面构件在剪、扭作用下的承载力计算公式

为了计算的方便，也为了与单独受扭、单独受剪承载力计算公式相协调，采用以两项式的表达形式来计算其承载力。第一项为混凝土的承载力（考虑剪扭的相关作用），即式（7-6）表示的 T_c 和 V_c；第二项为钢筋的承载力（不考虑剪扭的相关作用），由受弯构件受剪承载力和纯扭构件受扭承载力的计算公式知，箍筋的受剪承载力为 $V_{sv} = f_{yv}\dfrac{A_{sv}}{s}h_0$，抗扭钢筋的受扭承载力为 $T_s = 1.2\sqrt{\zeta}\,f_{yv}\dfrac{A_{st1}}{s}A_{cor}$，将它们分别与式（7-6b）和式（7-6a）相加，就得到矩形截面构件在剪、扭作用下的受剪承载力和受扭承载力计算公式：

$$\gamma_d V \leqslant V_c + V_{sv} = 0.5(1.5-\beta_t)f_t bh_0 + f_{yv}\frac{A_{sv}}{s}h_0 \qquad\qquad (7-8a)$$

$$\gamma_d T \leqslant T_c + T_s = 0.35\beta_t f_t W_t + 1.2\sqrt{\zeta}\,f_{yv}\frac{A_{st1}}{s}A_{cor} \qquad\qquad (7-8b)$$

从上式看到，混凝土的承载力考虑了剪扭相关性，但抗扭钢筋和抗剪钢筋的承载力并未考虑剪扭相关性。这是因为：剪扭共同作用时，混凝土既要承担剪力引起的剪应力，又要承担扭矩引起的剪应力，是"一物二用"，所以其受剪承载力和受扭承载力都要折减；而抗剪箍筋和抗扭箍筋是分别配置的，抗扭箍筋只用来抗扭，抗剪箍筋只用来抗剪，它们是"一物一用"，所以它们的承载力不用折减。

3. 带翼缘截面构件在剪、扭作用下的承载力计算

对带翼缘的 T 形、I 形截面构件，腹板同时考虑受剪和受扭；受压翼缘及受拉翼缘承受的剪力极小，仅考虑受扭。

7.1.5.2 构件在弯、扭作用下的承载力计算

弯、扭共同作用下的受弯和受扭承载力，可分别按受弯构件的正截面受弯承载力和纯扭构件的受扭承载力进行计算，求得的钢筋应分别按弯、扭对纵筋和箍筋的构造要求进行配置，位于相同部位处的钢筋可将所需钢筋截面面积叠加后统一配置。即，弯、扭承载力是不相关的，分别计算。

7.1.5.3 构件在弯、剪、扭作用下的承载力计算

采用按受弯和受剪扭分别计算，然后进行叠加的近似计算方法。即，纵向钢筋应通过正截面受弯承载力和剪扭构件受扭承载力计算所得的纵向钢筋的总和来进行配置；箍筋按剪扭构件受剪承载力和受扭承载力算得的总箍筋面积进行配置。

在某些情况下，可以忽略剪力和扭矩的作用。规范规定，若满足 $\gamma_d V \leqslant 0.25 f_t bh_0$，

可不计剪力 V 的影响，只需按受弯构件的正截面受弯和纯扭构件的受扭分别进行承载力计算；若满足 $\gamma_d T \leqslant 0.175 f_t W_t$，可不计扭矩 T 的影响，只需按受弯构件的正截面受弯和斜截面受剪分别进行。

7.1.6 在弯、剪、扭共同作用下的钢筋布置

1. 纵向钢筋布置

若构件在弯矩作用下上部受压、下部受拉，则正截面受弯承载力得到的抗弯受拉纵筋 A_s 配置在截面受拉区底面，受压纵筋 A_s' 配置在截面受压区顶面；受扭承载力得到的抗扭纵筋 A_{st} 则应在截面周边对称均匀布置。如果抗扭纵筋 A_{st} 准备分三层配置，且每层 2 根，则每一层的抗扭纵筋截面面积为 $A_{st}/3$。因此，叠加时，截面底层所需的纵筋为 $A_s + A_{st}/3$，中间层为 $A_{st}/3$，顶层为 $A_s' + A_{st}/3$。钢筋截面面积叠加后，顶层、底层钢筋可统一配置（图 7 - 5）。

2. 箍筋布置

抗剪所需的抗剪箍筋 A_{sv} 是指同一截面内箍筋各肢的全部截面面积，等于 nA_{sv1}，n 为同一截面内箍筋的肢数（可以是 2 肢或 4 肢），A_{sv1} 为单肢箍筋的截面面积；抗扭所需的抗扭箍筋 A_{st1} 则是沿截面周边配置的单肢箍筋截面面积。所以公式求得的 $\dfrac{A_{sv}}{s}$ 和 $\dfrac{A_{st1}}{s}$ 是不能直接相加的，只能以 $\dfrac{A_{sv1}}{s}$ 和 $\dfrac{A_{st1}}{s}$ 相加，然后统一配置在截面的周边。当采用复合箍筋时，位于截面内部的箍筋只能抗剪而不能抗扭（图 7 - 6）。

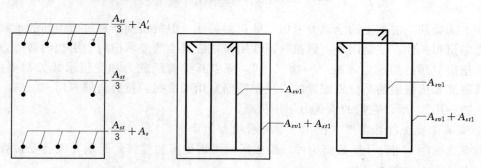

图 7 - 5 弯、剪、扭构件纵向钢筋配置　　　　图 7 - 6 弯、剪、扭构件的箍筋配置

最后配置的钢筋应满足纵向钢筋与箍筋的最小配筋率要求，箍筋还应满足第 4 章相应的构造要求。

7.1.7 抗扭配筋的上下限

以上所述都是发生适筋破坏的情况，对于少筋和超筋破坏，规范是通过抗扭配筋的上限和下限来防止的。

1. 抗扭配筋的上限

当截面尺寸过小和混凝土强度过低时，构件将由于混凝土先被压碎而破坏，即发生超筋破坏。为防止这种破坏的发生，必须对截面尺寸和混凝土强度的下限作出规定。截面尺

寸越小，混凝土强度越低，需要的抗扭配筋就越多，所以截面尺寸和混凝土强度的下限就是抗扭配筋的上限。

剪扭构件截面尺寸与强度限制条件基本上符合剪、扭叠加的线性关系，因此，在剪力和扭矩共同作用下的矩形、T 形、I 形截面构件，其截面和强度应满足：

当 $\dfrac{h_w}{b} \leqslant 4$ 时　　　　　　　$\dfrac{\gamma_d V}{b h_0} + \dfrac{\gamma_d T}{W_t} \leqslant 0.25 f_c$ 　　　　　　(7 - 9a)

当 $\dfrac{h_w}{b} = 6$ 时　　　　　　　$\dfrac{\gamma_d V}{b h_0} + \dfrac{\gamma_d T}{W_t} \leqslant 0.20 f_c$ 　　　　　　(7 - 9b)

当 $4 < \dfrac{h_w}{b} < 6$ 时，按直线内插法取用。

若不满足式（7 - 9）的条件，则需增大截面尺寸或提高混凝土强度等级。

2. 抗扭配筋的下限

对剪扭构件，为防止发生少筋破坏，规范规定箍筋间距不应大于最大箍筋间距（教材表 4 - 1），且抗扭纵筋和箍筋（包括抗扭箍筋与抗剪箍筋）的配筋率应分别满足：

（1）抗扭纵筋：

$$\rho_{st} = \frac{A_{st}}{bh} \geqslant \rho_{st\min} = \begin{cases} 0.24\%（HPB300） \\ 0.20\%（HRB400） \end{cases}$$ 　　　　(7 - 10)

式中：A_{st} 为全部抗扭纵筋的截面面积。

（2）抗剪扭箍筋：

$$\rho_{sv} = \frac{A_{sv}}{bs} \geqslant \rho_{sv\min} = \begin{cases} 0.17\%（HPB300） \\ 0.15\%（HRB400） \end{cases}$$ 　　　　(7 - 11)

式中：A_{sv} 为同一截面内的箍筋截面面积。

当采用复合箍筋时，位于截面内部的箍筋不应计入受扭所需的箍筋面积。

如果能符合

$$\frac{\gamma_d V}{0.5 b h_0} + \frac{\gamma_d T}{0.7 W_t} \leqslant f_t$$ 　　　　(7 - 12)

可不对构件进行剪扭承载力计算，仅需按构造要求配置钢筋。

当按 SL 191—2008 规范计算时，计算步骤相同，不同之处有如下几点：

（1）内力采用荷载设计值计算得到的弯矩、扭矩和剪力。

（2）截面验算按下列公式进行：

当 $\dfrac{h_w}{b} < 6$ 时　　　　　　　$\dfrac{KV}{b h_0} + \dfrac{KT}{W_t} \leqslant 0.25 f_c$ 　　　　　　(7 - 13)

（3）受剪承载力和受扭承载力按下列公式计算：

$$KV \leqslant V_c + V_{sv} = 0.7(1.5 - \beta_t) f_t b h_0 + 1.25 f_{yv} \frac{A_{sv}}{s} h_0$$ 　　　　(7 - 14)

$$\beta_t = \frac{1.5}{1 + 0.5 \dfrac{V}{bh} \dfrac{W_t}{T_0}}$$ 　　　　(7 - 15)

（4）用下列公式验算是否需要进行剪扭承载力计算及计算时能否忽略剪力：

$$\frac{KV}{bh_0}+\frac{KT}{W_t}\leqslant 0.7f_t \tag{7-16}$$

$$KV\leqslant 0.35f_t bh_0 \tag{7-17}$$

（5）有关公式中的 γ_d 换成 K。

式（7-14）~式（7-17）和 NB/T 11011—2022 规范相应公式有所差别，引起这种差别的原因在于两本规范对混凝土受剪承载力取值的不同，SL 191—2008 规范中为 $0.7f_t bh_0$，NB/T 11011—2022 规范中为 $0.5f_t bh_0$。

（6）SL 191—2008 规范未规定 HPB300 和 HRB400 的抗扭纵筋和箍筋的最小配筋率，建议其最小配筋率按 NB/T 11011—2022 规范的规定取用。

7.2 综 合 练 习

7.2.1 选择题

1. 图 7-7 所示结构所受扭转为（　　）。

A. 平衡扭转　　　　　B. 附加扭转

2. 受扭构件的配筋方式可为（　　）。

A. 仅配置抗扭箍筋

B. 仅配置抗扭纵筋

C. 同时配置抗扭箍筋及抗扭纵筋

3. 剪扭构件的剪扭承载力相关关系影响承载力计算公式中的（　　）。

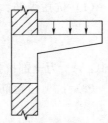

图 7-7　受力示意图

A. 混凝土承载力部分，抗扭钢筋部分不受影响

B. 混凝土和钢筋两部分均受影响

C. 混凝土和钢筋两部分均不受影响

D. 钢筋部分受影响，混凝土部分不受影响

4. 剪扭构件计算时，当 $\beta_t=1.0$ 时，（　　）。

A. 混凝土受扭承载力为纯扭时的一半　　B. 混凝土受剪承载力为纯剪时的 1/4

C. 混凝土受扭承载力与纯扭时相同　　　D. 混凝土受剪承载力与纯剪时相同

5. 受扭的纵向钢筋和箍筋的配筋强度比 ζ 取值应使（　　）。

A. $\zeta<0.6$　　　　B. $0.6\leqslant\zeta\leqslant1.7$　　　　C. $\zeta>1.7$　　　　D. 任意选择

6. 钢筋混凝土受扭构件（　　）。

A. 只需要配置纵筋　　　　　　　　　B. 只需要配置箍筋

C. 需同时配置纵筋和箍筋　　　　　　D. 需同时配置箍筋和弯起钢筋

7. 抗扭设计要求 $\dfrac{\gamma_d V}{bh_0}+\dfrac{\gamma_d T}{W_t}\leqslant 0.25f_c$，是为了（　　）。

A. 防止构件发生少筋破坏

B. 防止构件发生超筋破坏

C. 确定是否按最小配筋率配置抗扭钢筋

D. 确定正常使用极限状态是否满足要求

△8. 变角空间桁架理论认为，矩形截面钢筋混凝土纯扭构件开裂后，斜裂缝与构件纵轴的夹角大小（   ）。

A. 与构件的混凝土强度等级有关 　　　　　 B. 与构件配筋强度比有关

C. 与混凝土的极限压应变大小有关 　　　　 D. 与钢筋的伸长率有关

9. 剪扭构件计算中，β_t 的取值范围为（   ）。

A. $\beta_t \leqslant 1.5$ 　　　 B. $\beta_t < 0.5$ 　　　 C. $0.5 \leqslant \beta_t \leqslant 1.0$ 　　　 D. $0 \leqslant \beta_t \leqslant 1.5$

10. 抗扭计算时取 $0.6 \leqslant \zeta \leqslant 1.7$ 是为了（   ）。

A. 不发生少筋破坏 　　　　　　　　　　　 B. 不发生超筋破坏

C. 不发生适筋破坏 　　　　　　　　　　　 D. 破坏时抗扭纵筋和抗扭箍筋均能屈服

7.2.2　思考题

1. 抗扭纵筋和抗扭箍筋是否需要同时配置？它们对构件的承载力和开裂扭矩有何影响？

2. 钢筋混凝土纯扭构件的破坏形态有哪几种？它们的破坏特点、性质各是怎样？

3. 钢筋混凝土纯扭构件破坏时，在什么条件下抗扭纵筋和抗扭箍筋都会屈服，然后混凝土才压坏，即发生适筋破坏？

4. 试说明受扭构件承载力计算中参数 ζ 的物理意义，写出它的计算公式，说明它的合理取值范围及含义。

5. 在剪扭构件计算中，为什么要引入系数 β_t？说明它的物理意义和取值范围。

6. 有人说 β_t 为剪扭构件混凝土受扭承载力降低系数，所以如果一钢筋混凝土纯扭构件的受扭承载力为 $100.0\text{kN} \cdot \text{m}$，当它受剪扭时 $\beta_t = 0.8$，则此时它的抗扭承载力为 $80.0\text{kN} \cdot \text{m}$。这种说法是否正确？

7. 在纯扭构件计算中如何避免超筋破坏和部分超筋破坏？

8. 弯、剪、扭构件的纵向受力钢筋如何确定？一般如何布置？其箍筋面积如何确定？如何布置？

9. 对于纯扭构件的箍筋能否采用四肢箍筋？为什么？

10. 说明规范采用的弯、剪、扭构件的计算方法。

11. T 形和 I 形截面钢筋混凝土纯扭构件的抗扭承载力如何计算？

7.3 设 计 计 算

1. 某处于一类环境的矩形截面钢筋混凝土受扭构件，结构安全级别为 Ⅱ 级，截面尺寸 $b \times h = 250\text{mm} \times 500\text{mm}$。混凝土强度等级为 C30，纵向钢筋和箍筋均采用 HRB400，试按 NB/T 11011—2022 规范对下列两种情况配置受扭钢筋，并绘制配筋图。

(1) 持久状况下荷载设计值在构件产生的扭矩 $T = 20.0\text{kN} \cdot \text{m}$。

(2) 持久状况下荷载设计值在构件产生的扭矩 $T = 12.0\text{kN} \cdot \text{m}$。

2. 某处于一类环境的矩形截面钢筋混凝土剪扭构件，结构安全级别为 Ⅱ 级，截面尺寸 $b \times h = 250\text{mm} \times 500\text{mm}$，持久状况下荷载设计值在构件上产生的扭矩 $T = 15.20$

kN・m、剪力 $V=120.40$kN。混凝土强度等级为 C30，纵筋和箍筋分别采用 HRB400 和 HPB300，试计算受扭纵筋和受剪扭箍筋，并绘制配筋图。

3. 某处于二类环境承受均布荷载的钢筋混凝土 T 形截面剪扭构件，结构安全级别为 Ⅱ级，$b'_f=500$mm，$h'_f=200$mm，$b=200$mm，$h=800$mm，持久状况下荷载设计值在构件上产生的剪力 $V=80.50$kN、扭矩 $T=28.20$kN・m。混凝土强度等级为 C30，纵筋和箍筋均采用 HRB400，试按 NB/T 11011—2022 规范计算受扭纵筋和受剪扭箍筋，并绘制配筋图。

4. 某处于一类环境的矩形截面钢筋混凝土弯剪扭构件，结构安全级别为Ⅱ级，截面尺寸 $b×h=250$mm$×500$mm。持久状况下荷载设计值在构件上产生的弯矩 $M=80.20$kN・m、剪力 $V=75.50$kN 和扭矩 $T=18.25$kN・m。混凝土强度等级为 C30，纵筋和箍筋均采用 HRB400，试按 NB/T 11011—2022 规范配置钢筋，并绘制配筋图。

7.4　思考题参考答案

1. 抗扭纵筋和抗扭箍筋必须同时配置。它们对构件开裂扭矩几乎没有影响，但对构件受扭承载力有重要影响，合理配置的抗扭纵筋与箍筋能大幅度提高构件的受扭承载力。

2. 钢筋混凝土纯扭构件的破坏形态有 4 种，它们的破坏特点、性质分别如下：

（1）少筋破坏：抗扭钢筋配置过少，混凝土一旦受拉开裂，钢筋即屈服甚至拉断，构件脆性破坏。设计时必须防止。

（2）适筋破坏：两种抗扭钢筋（纵筋和箍筋）配置适量且比例适当，当破坏时两种钢筋均达到屈服强度，构件变形加大，最后混凝土被压坏。整个破坏过程有一定的延性，破坏时转角较大。钢筋混凝土受扭构件的承载力计算以该种破坏为依据。

（3）超筋破坏：配筋过量，破坏时钢筋未屈服，混凝土被压坏，构件突然破坏，为脆性破坏。设计不容许。

（4）部分超筋破坏：若两种抗扭钢筋（纵筋与箍筋）中的一种配置过多，破坏时有一种钢筋屈服，另一种钢筋未屈服，随后构件因混凝土被压坏而破坏。构件破坏时有一定延性，但部分钢筋未充分利用。设计时最好避免。

3. 受扭的纵向钢筋与箍筋的配筋强度比 ζ 应在 0.6 和 1.7 之间，同时满足最小配筋率和截面尺寸的要求，才能保证抗扭纵筋和抗扭箍筋都会先屈服，然后混凝土才压坏，发生适筋破坏。

4. ζ 为受扭的纵向钢筋与箍筋的配筋强度比，$\zeta=\dfrac{f_y A_{st} s}{f_{yv} A_{st1} u_{cor}}$。$\zeta=\dfrac{f_y A_{st} s}{f_{yv} A_{st1} u_{cor}}=\dfrac{f_y}{f_{yv}}\dfrac{A_{st} s}{A_{st1} u_{cor}}$，因此 ζ 可理解为抗扭纵筋和抗扭箍筋的强度比 $\dfrac{f_y}{f_{yv}}$ 与体积比 $\dfrac{A_{st} s}{A_{st1} u_{cor}}$ 的乘积。ζ 的合理取值范围是 $0.6\leqslant\zeta\leqslant1.7$，它保证构件受扭破坏时抗扭纵筋和抗扭箍筋都能达到屈服强度。

5. 在剪扭构件中，混凝土既要承受剪力产生的剪应力，又要承受扭矩产生的剪应力，这就使得截面某个部分的混凝土承受的剪应力加大。构件的混凝土受扭承载力随着剪力的增加而减小，受剪承载力随着扭矩的增加而减小，因此必须引入剪扭构件混凝土受扭承载力降低系数 β_t 来考虑混凝土剪扭承载力的这种相关关系。

β_t 的物理意义就是考虑剪扭共同作用时，由于剪力的存在而使混凝土受扭承载力减小的折减系数，由教材式（7-18）或式（7-27）计算，它的取值范围是 $0.5 \leqslant \beta_t \leqslant 1.0$。若 β_t 的计算值小于 0.5，取 0.5；若大于 1.0 取 1.0。

6. 这种说法不正确。因为钢筋混凝土构件受扭承载力包括两部分，一部分是混凝土的受扭承载力 T_c，另一部分为抗扭钢筋的受扭承载力 T_s，β_t 只影响 T_c，而 T_s 不变。假定 $T_c = 30.0 \text{kN} \cdot \text{m}$，$T_s = 70.0 \text{kN} \cdot \text{m}$，如 $\beta_t = 0.8$，则 $T_u = 0.8 T_c + T_s = 94.0 \text{kN} \cdot \text{m}$，而不是 $80.0 \text{kN} \cdot \text{m}$。

7. 要避免超筋破坏需满足 $\gamma_d T \leqslant 0.25 f_c W_t$。如不满足，则增大截面尺寸或提高混凝土强度等级。要避免部分超筋破坏，则需使配筋强度比 ζ 的取值在 $0.6 \sim 1.7$ 范围内。

8. 纵向受力钢筋的确定和布置：先按受弯构件算出纵向受力钢筋截面面积 A_s 及 A_s'，再按剪扭构件算出所需抗扭纵筋总面积 A_{st}。若弯矩作用下，构件截面下部受拉、上部受压，则抗弯受拉纵筋 A_s 配置在截面受拉区底面，受压纵筋 A_s' 配置在截面受压区顶面；抗扭纵筋 A_{st} 则在截面周边对称均匀布置。如果抗扭纵筋 A_{st} 准备分三层配置，则每一层的抗扭纵筋截面面积为 $A_{st}/3$。因此，叠加时，截面底层所需的纵筋为 $A_s + A_{st}/3$，中间层为 $A_{st}/3$，顶层为 $A_s' + A_{st}/3$。钢筋截面面积叠加后，顶、底层钢筋可统一配置（教材图7-13）。

箍筋的确定和布置：按剪扭构件计算抗剪所需单位梁长箍筋单肢面积为 $\dfrac{A_{sv}}{ns}$，抗扭所需单位梁长抗扭箍筋单肢面积为 $\dfrac{A_{st1}}{s}$，则单位梁长所需总箍筋单肢面积为 $\dfrac{A_{sv}}{ns} + \dfrac{A_{st1}}{s}$。按 $\dfrac{A_{sv}}{ns} + \dfrac{A_{st1}}{s}$ 来选择箍筋直径和间距。要注意，当采用复合箍筋时，位于截面内部的箍筋只抗剪不抗扭（教材图7-14）。

9. 纯扭构件的箍筋不应采用四肢箍筋，因为抗扭箍筋必须沿截面周边布置才起作用，内部两肢箍筋不起抗扭作用。

10. 规范采用的弯、剪、扭构件计算方法有下列原则：①弯、扭独立；②剪、扭相关；③一定条件下简化。具体方法如下：

（1）按教材式（7-21）验算，防止发生超筋破坏。

（2）按教材式（7-22）验算是否需要对构件进行剪扭承载力计算。

（3）按教材式（7-23）验算是否可忽略剪力影响。如可忽略，则按受弯构件的正截面受弯和纯扭构件的受扭进行承载力计算。

（4）按教材式（7-24）验算是否可忽略扭矩的影响。如可忽略，则按普通受弯构件的正截面受弯和斜截面受剪分别进行承载力计算。

（5）如必须按弯、剪、扭构件设计，则按受弯构件正截面受弯承载力计算确定 A_s 和 A_s'，按剪扭构件计算确定 A_{st}，统一配置纵向受力钢筋；按剪扭构件确定所需抗剪箍筋和抗扭箍筋，合起来统一配置箍筋；同时要验算最小配筋率的要求。

11. 先将 T 形和 I 形截面按教材图 7-7（a）分解成若干独立的小矩形，计算各部分的 W_{ti}，总的 $W_t = \sum W_{ti}$，再按 W_{ti} 分配扭矩 T，每部分所承担扭矩为 $T_i = \dfrac{W_{ti}}{W_t} T$。然后，再分别独立计算各小块矩形截面所需抗扭钢筋。

第8章 钢筋混凝土构件正常使用极限状态验算

正常使用极限状态验算的一般原则和实用设计表达式已在第2章中作过阐释，本章介绍它的计算理论和计算公式。学习完本章后，应在掌握正常使用极限状态验算的计算理论（抗裂验算计算简图与公式推导、裂缝开展过程中构件受拉区纵向钢筋和混凝土应力的变化过程、裂缝宽度的影响因素、水工混凝土结构裂缝控制设计计算原则、裂缝宽度计算公式与适用范围、挠度计算方法等）的前提下，能对一般的构件进行正常使用极限状态验算设计。如此，加之前几章已经学习的知识，应能进行一般构件完整的设计。本章主要学习内容有：

（1）正常使用极限状态验算的任务。

（2）抗裂构件的应用范围。

（3）抗裂验算计算简图与基本公式。

（4）裂缝成因与分类。

（5）裂缝开展过程中构件受拉区纵向钢筋和混凝土应力的变化。

（6）裂缝宽度的影响因素。

（7）裂缝控制设计计算原则、裂缝宽度计算公式与适用范围、裂缝控制措施。

（8）挠度验算的思路与刚度计算。

8.1 主要知识点

8.1.1 正常使用极限状态验算的内容与可靠度要求

1. 正常使用极限状态验算的内容

正常使用极限状态验算包括抗裂验算或裂缝宽度验算，以及变形验算两方面的内容。

（1）抗裂验算或裂缝宽度验算。使用上要求不允许出现裂缝的构件称抗裂构件，这类构件应进行抗裂验算，以保证正常使用时不出现裂缝；使用上需控制裂缝宽度的构件称限裂构件，应进行裂缝宽度验算，以保证正常使用时裂缝宽度不超过规定的限值。

在水工建筑中，许多结构构件的配筋由裂缝宽度验算控制。如钢蜗壳外包混凝土、承受水压的衬砌结构，所以裂缝控制验算是极其重要的。

（2）变形验算。使用上需控制变形值的结构构件需要进行变形验算。这也意味着不是所有的结构构件都需要进行变形验算。

需要指出的是，地震等偶然荷载作用时，可不进行变形、抗裂、裂缝宽度等正常使用极限状态验算。在地震等偶然荷载作用下，要求混凝土不开裂或裂缝宽度小于一定的限值是不现实的。

2. 正常使用极限状态与承载能力极限状态可靠度要求的区别

承载能力极限状态计算是已知截面内力，选择构件尺寸、混凝土强度等级、钢筋级别，计算所需的钢筋用量，这时除内力已知外其余都为未知量，故称"计算"。正常使用极限状态验算是承载能力极限状态计算完成后进行的，这时已知截面内力、构件尺寸、混凝土强度等级、钢筋级别和钢筋用量，来验算裂缝宽度是否满足要求（限裂构件）或是否抗裂（抗裂构件）、挠度是否满足要求（需控制变形的构件），这时所有的变量都是已知量，故称验算。

承载能力极限状态不满足会造成结构倒塌、人员伤亡，危害性大，故可靠度要求高，所有构件都要进行承载能力极限状态计算。

正常使用是在承载能力得到保证前提下进行的验算，正常使用极限状态不满足，如：裂缝过大，会影响外观，使人心理上产生不安全感，降低耐久性；挠度过大，会影响机器正常使用。但正常使用极限状态不满足一般不会造成结构倒塌和人员伤亡，危害性较小，所以其可靠度要求小于承载能力极限状态。

表 8-1 列出了两本规范承载能力与正常使用极限状态实用表达式中所采用的系数。

表 8-1　　　　　　承载能力与正常使用极限状态实用表达式中所采用的系数

NB/T 11011—2022 规范			SL 191—2008 规范		
极限状态	承载能力	正常使用	极限状态	承载能力	正常使用
荷载	设计值	标准值	荷载	设计值	标准值
材料强度	设计值	标准值	材料强度	设计值	标准值
结构重要性系数	1.1、1.0、0.90	1.1、1.0、0.90	安全系数	1.35、1.20、1.15	无
结构系数	1.20	无			
设计状况系数	1.0、0.95	无			

从表 8-1 看到，在实用表达式中，正常使用极限状态和承载能力极限状态相比，计算抗力时材料强度采用一个比设计值大的标准值，计算出的抗力大；计算荷载效应时荷载采用比设计值小的标准值，且不考虑结构系数或安全系数，相当于取结构系数或安全系数为 1.0。也就是，相比于承载能力极限状态，正常使用极限状态取了一个较大结构抗力和一个较小的荷载效应，以体现其可靠度要求低于承载能力极限状态。

3. 两本规范正常使用极限状态实用表达式的区别

两本规范正常使用极限状态实用表达式是不同的，NB/T 11011—2022 规范比 SL 191—2008 规范多一个重要性系数，见式（8-1）。

NB/T 11011—2022 规范：　　　　　　$\gamma_0 S_k \leqslant C$　　　　　　　　　（8-1a）

SL 191—2008 规范：　　　　　　　　$S_k \leqslant C$　　　　　　　　　　　（8-1b）

如此，NB/T 11011—2022 规范和 SL 191—2008 规范对正常使用极限状态所规定的可靠度是不同的。对Ⅰ级安全级别，结构重要性系数 $\gamma_0 = 1.1$，前者比后者严格；对Ⅱ级安全级别，$\gamma_0 = 1.0$，两者相同；对Ⅲ级安全级别，$\gamma_0 = 0.9$，后者比前者严格。

正常使用极限状态是否考虑结构重要性系数，工程界有争论。有人认为：不同安全级别的结构构件，正常使用极限状态可靠度要求就应不同，安全级别越高可靠度要求就应越高；以往的水工混凝土结构设计规范都考虑了结构重要性对正常使用要求的不同。因此，应考虑重要性系数。也有人认为：抗裂或裂缝宽度验算主要与所处的环境条件有关，挠度变形只与人的感觉和机器使用要求有关，与结构的安全级别无关，不应考虑重要性系数。

国际主流混凝土结构设计规范及我国除 NB/T 11011—2022 规范以外的混凝土结构设计规范，正常使用极限状态验算都不考虑结构重要性系数。

8.1.2 哪些构件要求抗裂验算

目前受力钢筋一般采用 HRB400，抗拉强度设计值 $f_y = 360\text{N/mm}^2$。当钢筋混凝土构件不出现裂缝时，钢筋应变至多达到混凝土的极限拉应变，钢筋应力在 $20 \sim 30$ N/mm^2，不到抗拉强度设计值 f_y 的 1/12，远小于强度设计值。即抗裂构件在正常使用时钢筋未充分作用，造成浪费。混凝土开裂后，在正常使用状态下钢筋应力一般可达到 220N/mm^2 左右，钢筋发挥了作用。因此，即使在水工建筑物中，绝大多数钢筋混凝土结构是允许开裂的，必须进行抗裂验算的结构构件是很少的。

那么哪些结构构件要求抗裂设计呢？规范规定：承受水压的轴心受拉构件、小偏心受拉构件，以及发生裂缝后会引起严重渗漏的其他结构构件，要求进行抗裂验算。下面以图 8-1 和图 8-2 来说明这个规定的原因。

| (a) 受弯构件 | (b) 小偏心受拉构件 | (c) 轴心受拉构件 |

图 8-1 构件受力状态与裂缝

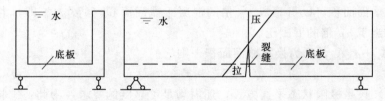

图 8-2 渡槽

图 8-1（a）所示为承受水压的受弯构件，上部受拉下部受压。当上部受拉区边缘混凝土应变超过极限拉应变时，混凝土开裂，但由于下部存在受压区，裂缝不会贯穿截面，水不会发生渗漏，不影响其正常使用。所以，该受弯构件即使承受水压也不需要抗裂验算。

小偏心受拉构件和轴心受拉构件的特点是整个截面受拉，见图 8-1（b）和图 8-1（c）。由于整个截面受拉，一旦混凝土开裂，裂缝就贯穿截面，水会发生渗漏，这就影响了其正常使用。因此，承受水压的轴心受拉构件、小偏心受拉构件要求抗裂验算，正常使用时不允许出现裂缝。

图 8-2 所示为一渡槽。渡槽纵向计算为受弯构件，上部受压下部受拉，当下部受拉区混凝土应变超过极限拉应变，下部开裂。若裂缝开展高度大于底板厚度，即底板裂穿

时，水会发生渗漏。因此，虽是受弯构件，此时也需抗裂验算。

如果对上述结构构件采用可靠的防渗漏措施，即使出现裂缝也不发生渗漏，则不需要抗裂。因此，构件是否要求抗裂，取决于开裂后是否发生渗漏。

8.1.3　截面应变梯度为零构件——轴心受拉构件的抗裂验算

轴心受拉构件的轴向拉力通过截面重心，在轴向拉力作用下截面上混凝土应变梯度为零，拉应力均匀分布。在即将发生裂缝时，混凝土拉应力达到实际轴心抗拉强度 f_t（图 8-3），拉应变达到极限拉应变 ε_{tu}，此时钢筋与混凝土黏结完好，应变相等，则钢筋拉应力为

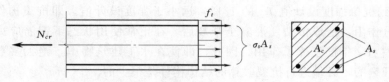

图 8-3　轴心受拉构件抗裂验算计算简图

$$\sigma_s = \varepsilon_s E_s = \varepsilon_{tu} E_s \tag{a}$$

在式（8-1）中令 $\alpha_E = E_s / E_c$，同时由于 $f_t = \varepsilon_{tu} E_c$，则

$$\sigma_s = \alpha_E \varepsilon_{tu} E_c = \alpha_E f_t \tag{8-2}$$

由此得到：混凝土即将开裂时，钢筋应力等于 α_E 倍的混凝土抗拉强度。

由图 8-3 列轴力平衡方程：

$$N_{cr} = f_t A_c + \sigma_s A_s = f_t A_c + \alpha_E f_t A_s = f_t (A_c + \alpha_E A_s) \tag{8-3}$$

式（8-3）中的 $f_t (A_c + \alpha_E A_s)$，括号外是混凝土抗拉强度 f_t，括号内的 $A_c + \alpha_E A_s$ 代表的是相应于混凝土抗拉强度 f_t 的截面面积，即混凝土截面面积。由此得到：混凝土开裂前，钢筋截面面积可以折算成 α_E 倍的混凝土截面面积（$\alpha_E A_s$）。即，混凝土开裂前钢筋的作用相当于 α_E 倍的混凝土。

令 $A_0 = A_c + \alpha_E A_s$，称为换算截面面积，则

$$N_{cr} = f_t A_0 \tag{8-4}$$

式（8-4）只是极限状态平衡方程，还需满足可靠度的要求，为此：①将混凝土实际抗拉强度 f_t 改用数值较小具有 95% 保证率的抗拉强度标准值 f_{tk}；②引入一个数值小于 1 的拉应力限制系数 α_{ct} 进一步减小拉应力限值，在荷载标准组合下，$\alpha_{ct} = 0.85$。如此，轴心受拉构件的抗裂验算公式为

$$N_k \leqslant \alpha_{ct} f_{tk} A_0 \tag{8-5}$$

式中：N_k 为按荷载标准组合计算的轴向拉力值，为荷载标准值产生的轴向拉力与结构重要性系数 γ_0 的乘积。

从式（8-5）看到，规范是通过两点来保证正常使用的可靠度的：①用荷载标准组合来计算荷载效应 N_k；②用比实际抗拉强度 f_t 少得多的 $\alpha_{ct} f_{tk}$ 来代替 f_t。

轴心受拉构件的抗裂公式十分简单，但通过它得到下列三个重要的概念，这三个概念在后面的受弯构件、偏拉构件和偏压构件抗裂验算中都要用到。

（1）混凝土即将开裂时，钢筋应力等于 α_E 倍的混凝土抗拉强度。

（2）混凝土开裂前，钢筋的作用相当于 α_E 倍的混凝土作用，钢筋截面面积 A_s 可以折算成同位置上 α_E 倍的混凝土面积（$\alpha_E A_s$）。

（3）抗裂验算公式是用荷载标准组合算得的 N_k 代替实际的轴力 N，用拉应力限值 $\alpha_{ct} f_{tk}$ 代替实际的混凝土抗拉强度 f_t 来保证其可靠度要求的。

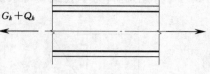

图 8-4　轴心受拉构件

两本规范的抗裂验算表达式相同，但 N_k 的计算不同，NB/T 11011—2022 规范考虑了重要性系数，SL 191—2008 规范不考虑重要性系数。如图 8-4 所示轴心受拉构件，按 NB/T 11011—2022 规范有 $N_k = \gamma_0 (G_k + Q_k)$；按 SL 191—2008 规范有 $N_k = G_k + Q_k$。

8.1.4　截面应变梯度不为零构件——受弯、偏心受拉和偏心受压构件的抗裂验算

8.1.4.1　各构件混凝土即将开裂时的截面实际应力图形

受弯构件截面上只作用有弯矩，偏心受拉构件同时作用有轴向拉力与弯矩，偏压构件同时作用有轴向压力与弯矩，它们的共同特点是截面上应变梯度不为零，应力分布不均匀，图 8-5 给出了各构件即将开裂时截面实际应变、应力图形。

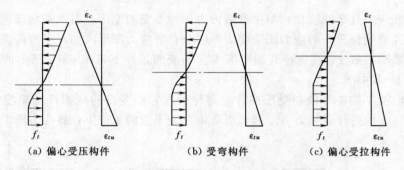

（a）偏心受压构件　　　　　（b）受弯构件　　　　　（c）偏心受拉构件

图 8-5　偏心受压、受弯和偏心受拉构件即将开裂时的应力与应变分布

在即将开裂时，各构件截面应变分布符合平截面假定，受拉区边缘混凝土应变达到极限拉应变 ε_{tu}；混凝土应力在受压区呈线性分布，在受拉区呈非线性分布；受拉区大部分混凝土应力达到 f_t。由于轴向压力的存在，偏心受压构件的受压区高度大于受弯构件；而由于轴向拉力的存在，偏心受拉构件的受压区高度小于受弯构件。

8.1.4.2　各构件抗裂验算截面应力图形

理论上，对截面实际应力分布作适当简化后利用平衡方程就可得到抗裂验算公式。如对受弯构件，可将截面实际应力分布［图 8-5（b）］简化为图 8-6 的应力分布：受拉区近似假定为梯形，塑化区占受拉区高度的一半（即在受拉区，矩形分布与三角形分布的应力图形高度相等），混凝土受压区应力图形假定为三角形。按图 8-6 的应力图形，利用平截面假定和力的平衡条件，可求出受压区边缘混凝土应力 σ_c 与受压区高度 x_{cr}。确定了 σ_c 和 x_{cr} 后就可求得 F_{c1}、F_{c2} 和 F_{c3}，再由 F_{c1}、F_{c2} 和 F_{c3} 对中和轴取矩得到开裂弯矩 M_{cr}，但该方法过于繁杂。

更方便的是采用材料力学求解，但材料力学只适用于均质、线性材料，为此先做下面

两方面工作：

（1）截面材料均质化：利用混凝土开裂前钢筋截面面积可折算成同位置上 α_E 倍混凝土面积的概念，将纵向钢筋与混凝土二种材料的构件转化成混凝土一种材料的构件，见图 8-7。利用材料力学公式，可求折算截面的面积 A_0 和截面抵抗矩 W_0。

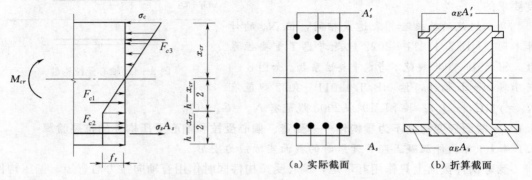

图 8-6　受弯构件正截面即将　　　　　　　　图 8-7　折算截面
　　　开裂时假定的应力图形

（2）截面应力分布线性化：根据开裂内力保持不变的原则，引入截面抵抗矩塑性影响系数，将原先非线性分布的应力图形变为线性分布的应力图形。如对受弯构件，引入截面抵抗矩塑性影响系数 γ，在保持开裂弯矩 M_{cr} 不变的条件下将图 8-6 所示的应力图形线性化，见图 8-8（a）。

对于偏心受拉构件与偏心受压构件，同样引入它们各自的截面抵抗矩塑性影响系数 $\gamma_{偏拉}$ 和 $\gamma_{偏压}$，在保持开裂轴力 N_{cr} 和开裂弯矩 M_{cr} 不变的条件下，将应力图形线性化，见图 8-8（b）和图 8-8（c）。

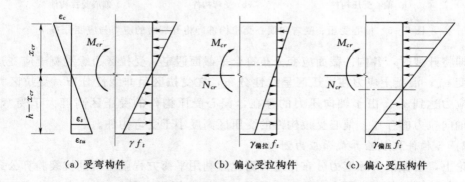

（a）受弯构件　　　　　　（b）偏心受拉构件　　　　　（c）偏心受压构件

图 8-8　受弯、偏心受拉与偏心受压构件抗裂验算截面应力图形

8.1.4.3　平衡方程

由按材料力学可知，受弯、偏心受拉、偏心受压构件截面受拉区边缘最大拉应力可按下列公式计算：

受弯构件
$$\sigma = \frac{M}{W} \tag{b1}$$

偏拉构件 $\qquad \sigma = \dfrac{M}{W} + \dfrac{N}{A}$ (b2)

偏压构件 $\qquad \sigma = \dfrac{M}{W} - \dfrac{N}{A}$ (b3)

对于钢筋混凝土构件，需考虑钢筋的作用，截面面积为换算截面面积 A_0，截面受拉边缘的弹性抵抗矩为换算截面的弹性抵抗矩 W_0。在截面即将开裂时，也就是在开裂内力作用下，受弯构件、偏拉构件和偏压构件截面受拉区边缘最大拉应力分别为 γf_t、$\gamma_{偏拉} f_t$ 和 $\gamma_{偏压} f_t$，即

受弯构件 $\qquad \sigma = \dfrac{M_{cr}}{W_0} = \gamma f_t$ (c1)

偏拉构件 $\qquad \sigma = \dfrac{M_{cr}}{W_0} + \dfrac{N_{cr}}{A_0} = \gamma_{偏拉} f_t$ (c2)

偏压构件 $\qquad \sigma = \dfrac{M_{cr}}{W_0} - \dfrac{N_{cr}}{A_0} = \gamma_{偏压} f_t$ (c3)

8.1.4.4 抗裂验算表达式

考虑可靠度，和轴心受拉构件一样，荷载效应采用标准组合产生的内力，拉应力限值采用混凝土抗拉强度标准值 f_{tk} 与拉应力限制系数 $\alpha_{ct} = 0.85$ 的乘积 $\alpha_{ct} f_{tk}$，则

受弯构件 $\qquad M_k \leqslant \gamma \alpha_{ct} f_{tk} W_0$ (8-6)

偏拉构件 $\qquad \dfrac{M_k}{W_0} + \dfrac{N_k}{A_0} \leqslant \gamma_{偏拉} \alpha_{ct} f_{tk}$ (8-7a)

偏压构件 $\qquad \dfrac{M_k}{W_0} - \dfrac{N_k}{A_0} \leqslant \gamma_{偏压} \alpha_{ct} f_{tk}$ (8-8a)

8.1.4.5 截面抵抗矩的塑性影响系数

1. 受弯构件

受弯构件的截面抵抗矩塑性影响系数 γ 值与截面形状及假定的受拉区应力图形有关，通过理论推导可得到各种截面的抵抗矩塑性影响系数基本值 γ_m，见教材附录 E 表 E-4。从教材附录 E 表 E-4 看到，$\gamma_m > 1$。

γ 值还与截面高度 h 有关。根据 h 值的不同，按下式对 γ_m 值进行修正就可得到 γ：

$$\gamma = \left(0.7 + \dfrac{300}{h}\right)\gamma_m \qquad (8-9)$$

式中：h 为截面高度，$h < 750\text{mm}$ 时取 $h = 750\text{mm}$，$h > 3000\text{mm}$ 时取 $h = 3000\text{mm}$；对圆形和环形截面，h 即外径 d。

2. 偏心受拉构件

有了 γ 之后，偏心受拉构件的塑性影响系数 $\gamma_{偏拉}$ 可以用 γ 来表示。因此，先来讨论塑性影响系数 γ 与截面应变梯度 i 的关系。

截面应变梯度 i 是指应变随截面高度的变化率。轴心受拉构件截面上的应力和应变均匀分布，应变随截面高度的变化率为零，即应变梯度 $i_{轴拉} = 0$，若要对其引入塑性影响系数 $\gamma_{轴拉}$，则 $\gamma_{轴拉} = 1$；受弯构件应变梯度 $i_{受弯} = \dfrac{\varepsilon_{tu} + \varepsilon_{c1}}{h} > 0$ ［图 8-9 (a)］，塑性影响系数

$\gamma>1$。这说明，应变梯度 i 越大，塑性影响系数越大。

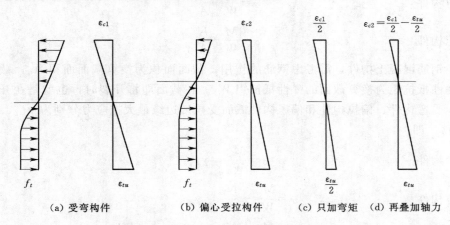

（a）受弯构件　　（b）偏心受拉构件　　（c）只加弯矩　（d）再叠加轴力

图 8-9　受弯与偏心受拉构件的应变梯度

下面根据图 8-9 来比较偏心受拉构件与受弯构件应变梯度的大小。偏心受拉构件在 M_{cr} 和 N_{cr} 同时作用下，截面受拉区边缘混凝土应变达到 ε_{tu}，即将开裂［图 8-9（b）］。假设 M_{cr} 单独作用下，受拉区边缘拉应变为 $\varepsilon_{tu}/2$，则受压区边缘压应变为受弯构件的一半 $\varepsilon_{c1}/2$［图 8-9（c）］；再在 N_{cr} 作用下，受拉区边缘拉应变增加了 $\varepsilon_{tu}/2$，达到了 ε_{tu}，这时受压区边缘压应变 $\varepsilon_{c2}=\dfrac{\varepsilon_{c1}}{2}-\dfrac{\varepsilon_{tu}}{2}$［图 8-9（d）］，显然 $\varepsilon_{c2}<\varepsilon_{c1}$。比较偏心受拉和受弯构件的应变梯度 $i_{偏拉}=\dfrac{\varepsilon_{tu}+\varepsilon_{c2}}{h}$ 和 $i_{受弯}=\dfrac{\varepsilon_{tu}+\varepsilon_{c1}}{h}$，可发现 $i_{偏拉}<i_{受弯}$，但 $i_{偏拉}>0$，因此，$1<\gamma_{偏拉}<\gamma$。

假定：$\gamma_{偏拉}$ 随截面平均拉应力 $\sigma=\dfrac{N_k}{A_0}$ 的大小，按线性规律在 1 与 γ_m 之间变化。当 $\sigma=0$，偏拉构件退化为受弯构件，这时 $\gamma_{偏拉}=\gamma$；当 $\sigma=f_t$（用设计表达式表达相当于 $\sigma=\alpha_{ct}f_{tk}$），偏拉构件退化为轴拉构件，这时 $\gamma_{偏拉}=1$。如此有

$$\gamma_{偏拉}=\gamma-(\gamma-1)\frac{N_k}{A_0\alpha_{ct}f_{tk}} \tag{8-10}$$

将式（8-10）代入式（8-7a）则得偏心受拉构件抗裂验算公式为

$$\frac{M_k}{W_0}+\frac{\gamma N_k}{A_0}\leqslant\gamma\alpha_{ct}f_{tk} \tag{8-7b}$$

3. 偏心受压构件

偏心受拉构件是在受弯构件上加了一轴向拉力使得 $\gamma_{偏拉}<\gamma$，偏心受压构件是在受弯构件上加了一轴向压力，则显然，$\gamma_{偏压}>\gamma$。由于 $\gamma_{偏压}>\gamma$，当取 $\gamma_{偏压}=\gamma$ 进行偏心受压构件抗裂验算时则更为严格，故为简化计算，偏于安全取 $\gamma_{偏压}=\gamma$。如此，偏心受压构件抗裂验算公式为

$$\frac{M_k}{W_0}-\frac{N_k}{A_0}\leqslant\gamma\alpha_{ct}f_{tk} \tag{8-8b}$$

8.1.5 提高构件抗裂能力的措施

混凝土即将开裂时钢筋的拉应力为 $20\sim30N/mm^2$，可见此时的钢筋应力是很低的。用增加纵向受拉钢筋截面面积的方法来提高构件的抗裂能力是极不合理的。提高构件抗裂能力的措施主要有：

（1）加大构件截面尺寸，对受弯、偏压与偏拉构件宜增加截面高度。

（2）提高混凝土抗拉强度，注意：提高混凝土抗拉强度并不是一味提高混凝土强度等级，因为混凝土抗拉强度与立方体强度不是线性关系，而是 0.55 次方的关系。当混凝土强度等级较高后再提高，其抗拉强度增加不多。

（3）在局部混凝土中掺入纤维。

（4）最根本的方法则是采用预应力混凝土构件。

8.1.6 裂缝成因与对策

混凝土结构中存在拉应力是产生裂缝的必要条件。对截面应变梯度为零的轴心受拉构件，当拉应力达到混凝土抗拉强度时，其拉应变也达到极限拉应变，立即产生裂缝；但对截面应变梯度不为零的受弯、偏心受拉和偏心受压等构件，当受拉区边缘混凝土拉应力达到抗拉强度时，并不立即产生裂缝，只有当受拉区边缘混凝土拉应变达到极限拉应变时才出现裂缝。因此，严格来讲，应以拉应变是否超过极限拉应变来判断是否开裂。

裂缝分荷载（直接作用）引起的和非荷载因素（间接作用）引起的两类。

8.1.6.1 荷载引起的裂缝

为了使钢筋在正常使用时能发挥其作用，除偏心距较小的偏压构件外，一般的构件总是带裂缝工作的。裂缝一般与主拉应力方向大致垂直，且最先在内力最大处产生。如果内力相同，则裂缝首先在混凝土抗拉能力最薄弱处产生。

荷载引起的裂缝主要有正截面裂缝和斜截面裂缝。由弯矩、轴向拉力、轴向压力等引起的裂缝，称为正截面裂缝或垂直裂缝；由剪力或扭矩引起的与构件轴线斜交的裂缝称为斜截面裂缝或斜裂缝。

荷载引起的裂缝主要靠合理配筋、合理的结构形式与尺寸来解决。如图 8 - 10 所示的刚架梁，在垂直荷载作用下，梁底中部和

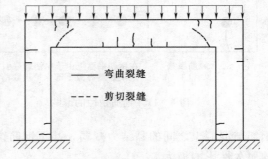

图 8 - 10　刚架梁在垂直荷载作用下的裂缝

梁顶两端会出现裂缝。在梁底和梁顶两端所配的纵向钢筋，一方面为满足承载力要求，另一方面也为控制裂缝宽度。

8.1.6.2 非荷载因素引起的裂缝

钢筋混凝土结构构件除了由荷载引起的裂缝外，很多非荷载因素，如温度变化、混凝土收缩、基础不均匀沉降、塑性坍落、冰冻、钢筋锈蚀以及碱骨料化学反应等都有可能引起裂缝。

1. 温度裂缝

结构构件会随着温度的变化而产生变形，即热胀冷缩。当冷缩变形受到约束时，就会产生温度应力（拉应力），当温度应力引起的拉应变大于混凝土极限拉应变时就会产生裂缝。对水工大体积混凝土结构而言，温度变化往往是混凝土开裂的主要因素。减小温度应力的方法有：

（1）设置伸缩缝，尽可能地减小约束，大多数混凝土结构设计规范都规定不同结构所要求的伸缩缝最大间距。

（2）对大体混凝土，一是通过分块浇筑、降低混凝土入仓温度、加掺合料降低混凝土绝热温升等温控措施来减小温度应力，防止施工期出现裂缝；二是通过合理配置温度钢筋，来限制使用期温度裂缝的开展。

配置温度钢筋对提高结构抗裂性是有限的，配置温度钢筋的目的不是防止温度裂缝出现，而是限制温度裂缝的开展宽度和开展深度。在不配钢筋或配筋过少的混凝土结构中，一旦出现裂缝，则裂缝数目虽不多但往往开展得很宽。布置适量钢筋后，一方面能通过增加裂缝条数使裂缝分散，从而减小裂缝开展宽度；另一方面钢筋承担了混凝土开裂后释放出来的拉力，从而限制裂缝开展深度，减轻危害。

2. 钢筋锈蚀引起的裂缝

混凝土在浇筑初期孔隙水呈碱性，这使钢筋表面生成一层极薄的氧化膜，它能防止钢筋生锈。结构在使用过程中，大气中的二氧化碳或其他酸性气体，渗入到混凝土内，使混凝土的碱度降低，这一过程称为混凝土的碳化。当碳化深度超过混凝土保护层厚度而达到钢筋表层时，钢筋表面的氧化膜就遭到破坏，在同时存在氧气和水分的条件下，钢筋发生电化学反应，开始生锈。

钢筋生锈后，铁锈的体积大于原钢筋的体积。这种效应可在钢筋周围的混凝土中产生胀拉应力，若混凝土保护层不足以抵抗这种胀拉应力就会沿着钢筋形成顺筋裂缝。顺筋裂缝的发生，又进一步促进钢筋锈蚀程度的增加，形成恶性循环，最后导致混凝土保护层剥落，如图 8-11 所示。这种顺筋裂缝对结构

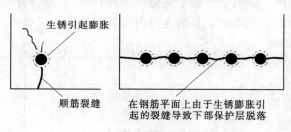

图 8-11　钢筋锈蚀的影响

钢筋与混凝土之间的黏结力减弱，甚至钢筋锈断，的耐久性影响极大。

防止的措施是提高混凝土的密实度和抗渗性，适当加大混凝土保护层厚度。因此，保护层的作用除保证钢筋与混凝土之间有足够的黏结力，使钢筋与混凝土共同工作之外，还可以延长混凝土碳化到钢筋的时间，提高结构的耐久性。

8.1.7　裂缝危害与裂缝宽度限值

绝大多数构件是带裂缝工作的，但过宽的裂缝会产生下列不利影响：

（1）影响外观并使人心理上产生不安全感，但事实上，对于非承受水压的结构构件，裂缝过宽并不影响结构的承载力。

（2）在裂缝处，缩短了混凝土碳化到达钢筋表面的时间，导致钢筋提早锈蚀，影响结

构的耐久性。但调查发现，裂缝处钢筋局部锈蚀对结构耐久性的影响并不如预想的那么大，而混凝土碳化后使钢筋锈蚀引起的顺筋裂缝，对结构耐久性影响则很大。

（3）对承受水压的结构构件，当水头较大时渗入裂缝的水压会使裂缝进一步扩展，甚至会影响到结构构件的承载力。

因此，限裂构件应进行裂缝宽度验算，根据使用要求使裂缝宽度小于相应的限值。各国混凝土结构设计规范规定裂缝宽度限值时，所考虑的影响因素各有侧重，具体规定不完全一致。我国水工混凝土结构设计规范是主要根据环境类别，辅以水压的水力梯度、保护层厚度等因素来规定最大裂缝宽度限值的，具体规定见教材附录 E 表 E - 1。从该表看到：

（1）环境条件越差，允许的裂缝宽度就小。这是因为环境条件越差，裂缝宽度越宽，裂缝附近的钢筋越容易生锈，影响耐久性。

（2）当承受水压且水力梯度大于 20 时，表列限值宜减小 0.05，以避免水压渗入裂缝，使裂缝进一步扩展；当结构构件表面设有专门可靠的防渗面层等防护措施，水不容易渗入裂缝时，表列限值可适当加大。

（3）由于保护层厚度越大，计算得到的裂缝宽度越大；同时保护层厚度越大，混凝土碳化时间越长，耐久性越好，因此保护层厚度大于 50mm 时，表列限值可增加 0.05。

8.1.8 裂缝宽度计算理论

虽然已有规范不再列入裂缝宽度公式与裂缝宽度限值，而用以限裂为目的的构造要求来进行裂缝控制，但到目前为止，国际上绝大多数规范还是列入裂缝宽度计算公式与裂缝宽度限值，以裂缝宽度计算值小于相应限值来进行裂缝控制。因此，裂缝宽度计算仍十分重要。

现有的裂缝宽度公式可以分为两大类。一类是数理统计的经验公式，它通过对大量试验资料的分析，选出影响裂缝宽度的主要参数，进行数理统计后得出，《水运工程混凝土结构设计规范》（JTS 151—2011）的裂缝宽度公式属于此类。另一类是半理论半经验公式，它先根据裂缝开展机理的分析，由力学模型出发推导出裂缝宽度计算公式需考虑的参数，再借助试验结果确定公式中的系数，《混凝土结构设计规范》（GB 50010—2010）和水工混凝土结构设计规范的裂缝宽度公式属于此类。

应注意到，无论是半理论半经验公式，还是数理统计公式，它们所依据的实测资料都是在试验室内，在荷载作用下测得的裂缝宽度。由于实际结构不但有荷载作用，而且有非荷载因素作用，因此裂缝宽度公式得到的裂缝宽度和实际是有差别的。

还应注意，现有的实测资料是由受弯、轴心受拉、偏心受拉与偏心受压等杆系结构，在荷载作用下的裂缝试验获得的，所以裂缝宽度公式仅适用于杆系结构，且仅能计算荷载作用引起的弯矩、轴向拉力、轴向压力等产生的垂直裂缝（正截面裂缝）；对非杆系结构的裂缝、非荷载因素产生的裂缝，以及杆系结构在荷载作用下产生的斜截面裂缝是无法计算的。

因此，裂缝宽度公式不但计算值和实际有差别，而且应用的范围也是有限的。

在半理论半经验公式中，所依据的理论又可分为三类：黏结滑移理论、无滑移理论和综合理论。

黏结滑移理论认为：

（1）裂缝开展是由于钢筋和混凝土之间不再保持变形协调而出现相对滑移造成的。

（2）在一个裂缝区段（裂缝间距 l_{cr}）内，裂缝宽度 w 等于钢筋伸长与混凝土伸长之差。l_{cr} 越大，w 越大。

（3）l_{cr} 取决于钢筋与混凝土之间的黏结力大小及分布。黏结力越大，l_{cr} 越小。当钢筋截面面积一定时，直径越小、根数越多，钢筋表面积越大；当钢筋直径一定时，配筋率越大，钢筋表面积越大。钢筋表面积越大，黏结力越大，l_{cr} 越小，w 越小。

因此，影响裂缝宽度的因素除裂缝处钢筋应力 σ_s 外，主要还有钢筋直径 d 与配筋率 ρ 的比值。

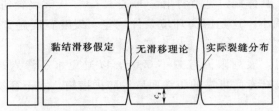

图 8-12　轴拉构件裂缝分布

（4）混凝土表面的裂缝宽度与内部钢筋表面处是一样的。

第（4）条和事实不符。实际上，钢筋处裂缝宽度小，离开钢筋处裂缝宽度大，见图 8-12。

无滑移理论认为：

（1）裂缝开展后，混凝土截面在局部范围内不再保持为平面，钢筋与混凝土之间的黏结力不破坏，相对滑移可忽略不计。即，钢筋处裂缝宽度为零。

（2）构件表面裂缝宽度与纵向钢筋保护层厚度 c_s 大小有关，见图 8-12。

虽然无滑移理论反映裂缝面上裂缝宽度不相等的事实，但假定钢筋处裂缝宽度等于零，不符合实际。

综合理论是在前两种理论的基础上建立起来的，既考虑了保护层厚度对裂缝宽度的影响，也考虑了钢筋可能出现的滑移，这无疑更为全面一些。目前规范采用的是综合理论。

8.1.9　裂缝宽度影响因素

8.1.9.1　裂缝出现前后的应力状态

取图 8-13 所示受弯构件的纯弯段，对裂缝出现前后的应力状态加以讨论。裂缝出现前，受拉区纵向钢筋与混凝土共同受力，沿构件长度方向，各截面受力相同。在实际构件中，各点混凝土的强度有强有弱，

图 8-13　受弯构件纯弯段

当最薄弱截面受拉区边缘混凝土应变达到极限拉应变时，出现第一条裂缝。

裂缝出现后，裂缝截面混凝土不再承受拉力，转由纵向钢筋承担，裂缝截面纵向钢筋拉应力突然增大。通过钢筋与混凝土之间的黏结力，纵向钢筋拉力逐渐传给混凝土，距裂缝越远，混凝土承担的拉应力越大，纵向钢筋拉应力越小，见图 8-14。当距裂缝截面有足够的长度时，受拉区边缘混凝土应变又超过极限拉应变，出现新的裂缝。

当荷载超过开裂荷载 50% 以上时，裂缝基本出齐，裂缝间距趋于稳定。沿构件长度方向，钢筋与混凝土的应力随裂缝位置而变化，中和轴随裂缝位置呈波浪形起伏，见图 8-15。由于混凝土质量不均，强度有大有小，使得裂缝间距有疏有密（最大间距可为平均间距的 1.3～2 倍）、裂缝开展宽度有大有小。而设计关心的是最大裂缝宽度，只要最大裂缝宽度小于裂缝宽度限值，就认为裂缝验算能满足要求。

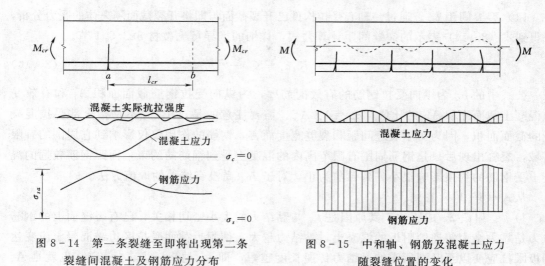

图 8-14　第一条裂缝至即将出现第二条　　图 8-15　中和轴、钢筋及混凝土应力
　　　　　裂缝间混凝土及钢筋应力分布　　　　　　　　随裂缝位置的变化

8.1.9.2 裂缝宽度的影响因素

下面通过平均裂缝宽度 w_m 和最大裂缝宽度 w_{max} 的推导来寻找裂缝宽度计算的影响参数。

1. 平均裂缝宽度 w_m

将问题理想化，假定材料强度是均匀的，则一个裂缝面到下一个受拉区边缘混凝土应变达到极限拉应变的截面的距离是相等的，也就是裂缝间距 l_{cr} 是相等的，裂缝宽度也是相等的，这个裂缝宽度称为平均裂缝宽度 w_m。

相邻两条裂缝之间的纵向钢筋和混凝土伸长分别等于其裂缝间平均应变 ε_{sm}、ε_{cm} 和裂缝间距 l_{cr} 的乘积，即 $\varepsilon_{sm} l_{cr}$ 和 $\varepsilon_{cm} l_{cr}$。根据黏结滑移理论，平均裂缝宽度 w_m 应等于两条相邻裂缝之间的钢筋伸长与混凝土伸长之差，即

$$w_m = \varepsilon_{sm} l_{cr} - \varepsilon_{cm} l_{cr} = \varepsilon_{sm} l_{cr} (1 - \varepsilon_{cm}/\varepsilon_{sm}) = \alpha_c \varepsilon_{sm} l_{cr} \qquad (8-11)$$

式中：α_c 为系数，$\alpha_c = 1 - \varepsilon_{cm}/\varepsilon_{sm}$，用于考虑裂缝间混凝土自身伸长对裂缝宽度的影响，它与纵向受拉钢筋配筋率、截面形状和混凝土保护层厚度有关，但变幅不大，可简化取为 $\alpha_c = 0.85$。

为了能用裂缝处的纵向钢筋应力 σ_s 来替代裂缝间纵向钢筋的平均应变 ε_{sm}，引入裂缝间纵向受拉钢筋应变不均匀系数 ψ，它定义为纵向钢筋裂缝间平均应变 ε_{sm} 与裂缝截面应变 ε_s 的比值，即 $\psi = \varepsilon_{sm}/\varepsilon_s$，如此式（8-11）改写为

$$w_m = \alpha_c \psi \varepsilon_s l_{cr} \qquad (8-12)$$

再将 $\varepsilon_s = \sigma_s/E_s$ 代入式（8-12），则

$$w_m = \alpha_c \psi \frac{\sigma_s}{E_s} l_{cr} \qquad (8-13)$$

从式（8-13）看到，由于 α_c 可取为定值，平均裂缝宽度 w_m 取决于钢筋的弹性模量 E_s、裂缝截面的钢筋应力 σ_s、裂缝间距 l_{cr} 和裂缝间纵向受拉钢筋应变不均匀系数 ψ。下面来分析影响 l_{cr} 和 ψ 的因素。

（1）裂缝间距 l_{cr}。通过一轴心受拉构件已开裂截面与即将开裂截面隔离体的受力分析，可得到式（8-14）表示的裂缝间距计算公式，详细的推导可见教材 8.2.5.1 节。

$$l_{cr} = K_1 c_s + K_2 \frac{d}{\rho_{te}} \tag{8-14}$$

公式中的 ρ_{te} 为纵向受拉钢筋的有效配筋率，为纵向受拉钢筋截面面积 A_s 和有效受拉混凝土截面面积 A_{te} 的比值，$\rho_{te} = A_s / A_{te}$。需要注意的是，A_{te} 并不是指全部受拉混凝土的截面面积，因为对于裂缝间距和裂缝宽度而言，钢筋的作用仅仅影响到它周围的有限区域，裂缝出现后只是钢筋周围有限范围内的混凝土受到钢筋的约束，而距钢筋较远的混凝土受钢筋的约束影响很小。到目前为止，对于 A_{te} 尚没有统一的取值方法。

从式（8-14）看到：

1）l_{cr} 和 d/ρ_{te} 成正比，其原因是 l_{cr} 与黏结力的大小密切相关，已有裂缝面上的钢筋拉力是靠黏结力传递给附近的混凝土，黏结力越大，使附近截面受拉区边缘混凝土应变达到极限拉应变以至开裂所需的黏结力传递长度越短，即 l_{cr} 越小。当 ρ_{te} 一定，也就是 A_s 一定时，直径 d 越小，钢筋根数越多，表面积越大，黏结力越好。当 d 一定时，ρ_{te} 越大，也就是 A_s 越大，则钢筋根数越多，表面积越大，黏结力越大。

2）l_{cr} 和纵向钢筋混凝土保护层厚度 c_s 成正比，这是因为钢筋周围混凝土拉应力是不均匀的，靠钢筋处拉应力大，离开钢筋处拉应力小，c_s 越大，截面受拉区边缘混凝土应变达到极限拉应变所需黏结力传递长度就越长，即 l_{cr} 将增大。试验证明，当保护层厚度从 15mm 增加到 30mm 时，平均裂缝间距增加 40%。

（2）裂缝间纵向受拉钢筋应变不均匀系数 ψ。$\psi = \varepsilon_{sm} / \varepsilon_s$，反映了裂缝间受拉混凝土参与工作的程度，$\psi$ 越小混凝土参与承受拉力的程度越大，ψ 越大则反之，$\psi < 1$。若 $\psi = 1$，则表示两条裂缝间的混凝土脱离工作。

影响 ψ 的因素除纵向受拉钢筋应力外，还与混凝土抗拉强度、纵向受拉钢筋配筋率、钢筋与混凝土的黏结性能、荷载作用的时间和性质等有关。准确地计算 ψ 值是十分复杂的，目前大多是根据试验资料给出半理论半经验的 ψ 值计算公式，如

$$\psi = A_1 - \frac{A_2 f_t}{\sigma_s \rho_{te}} \tag{8-15}$$

式中：A_1、A_2 为试验常数。

2. 最大裂缝宽度

由于混凝土质量的不均匀，使得裂缝间距有疏有密，每条裂缝宽度有大有小，离散性是很大的。因而，用以衡量裂缝开展宽度是否超过限值，应以最大宽度为准，而不是其平均值。计算最大裂缝宽度时，除需考虑上述影响裂缝宽度的因素外，还需考虑裂缝宽度的随机性、荷载长期作用下由于混凝土徐变引起的裂缝宽度的增大，以及荷载短期作用下构件上各条裂缝的开展与经荷载长期作用后构件上各条裂缝宽度的扩大并非完全同步。这些因素分别用短期裂缝扩大系数 τ_s、长期荷载影响扩大系数 τ_l、组合系数 ψ_c 来考虑。其中，τ_s 取值和保证率有关，一般取保证率为 95%。

3. 裂缝宽度影响因素

从上述平均和最大裂缝宽度的分析可知，裂缝宽度的影响因素除钢筋应力 σ_s、钢筋

直径 d 和有效配筋率 ρ_{te}、纵向受拉钢筋混凝土保护层厚度 c_s、混凝土徐变、裂缝产生的随机性和裂缝宽度的变异性、各条裂缝由荷载长期作用引起的宽度增大的不一致等外，还和钢筋种类、构件的受力特征等有关。

（1）纵向受拉钢筋种类。钢筋种类决定了钢筋的弹性模量与外表特征。影响钢筋与混凝土黏结力大小的因素除钢筋表面积外，还有钢筋表面形状，带肋钢筋的黏结力明显大于光圆钢筋。此外，纵向受拉钢筋弹性模量 E_s 越大，其产生的拉应变越小，裂缝宽度就越小。

（2）受力特征。从前面的抗裂验算公式的推导过程可以看到，应变梯度 i 越大的构件其拉应力限值越大，也就是塑性影响系数越大，$0 = i_{轴拉} < i_{偏拉} < i_{受弯} < i_{偏压}$，$1 = \gamma_{轴拉} < \gamma_{偏拉} < \gamma < \gamma_{偏压}$。这是因为，对应变梯度不为零的构件，当构件截面受拉区边缘纤维的应力达到抗拉强度时，其内部附近纤维的应力仍小于抗拉强度，会帮助边缘纤维一起抗拉。只有当受拉区充分塑化，边缘附近内部纤维的应力也达到抗拉强度，不能给边缘纤维提供帮助时，构件才会出现裂缝。应变梯度 i 越大的构件，边缘附近内部纤维提供的帮助越大，构件截面越不容易开裂，其拉应力限值也就越大。同样的道理，对应变梯度不为零的构件，构件表面裂缝张开时，内部纤维会阻止其张开，其裂缝开展深度与宽度就小。可以预计，在其他变量数值相同的条件下，轴心受拉构件的裂缝宽度最大，其次是偏心受拉构件、受弯构件和偏压构件。

8.1.10 水工混凝土设计规范规定的裂缝控制方法

8.1.10.1 裂缝控制验算的设计计算原则

现行水工混凝土结构设计规范裂缝控制验算的设计计算原则有下列 4 点：

（1）对杆系钢筋混凝土构件，按荷载标准组合由裂缝宽度公式计算得到的构件正截面最大裂缝宽度 w_{max} 不应超过裂缝宽度限值 w_{lim}。

（2）对非杆系钢筋混凝土结构，可通过控制纵向受拉钢筋应力 σ_s 的方法间接控制裂缝宽度，按荷载标准组合计算的纵向受拉钢筋应力 σ_{sk} 不宜大于相应限值。

（3）对重要的非杆系钢筋混凝土结构，宜采用钢筋混凝土非线性有限单元法计算裂缝宽度。

（4）当钢筋混凝土结构构件已满足抗裂验算要求时，一般可不再进行裂缝宽度验算。

8.1.10.2 杆系结构的裂缝控制验算

杆系构件是应用裂缝宽度公式来进行裂缝控制的，即要求裂缝宽度公式计算得到的 w_{max} 满足 $w_{max} \leqslant w_{lim}$，$w_{lim}$ 为规范规定的裂缝宽度限值。NB/T 11011—2022 规范和 SL 191—2008 规范给出的裂缝宽度公式是不同的。

1. 裂缝宽度公式

在 NB/T 11011—2022 规范中，构件最大裂缝宽度公式保留了受拉钢筋应变不均匀系数 ψ，并将裂缝间距 l_{cr} 按纵向钢筋混凝土保护层厚度 c_s 的不同分段表示。

$$w_{max} = \alpha_{cr} \psi \frac{\sigma_{sk} - \sigma_0}{E_s} l_{cr} \, (\text{mm}) \qquad (8-16)$$

其中

$$\psi = 1 - 1.1 \frac{f_{tk}}{\rho_{te} \sigma_{sk}} \qquad (8-17)$$

$$l_{cr} = 2.2c_s + 0.09\frac{d_{eq}}{\rho_{te}} \quad (30\text{mm} \leqslant c_s \leqslant 65\text{mm}) \tag{8-18a}$$

或

$$l_{cr} = 65 + 1.2c_s + 0.09\frac{d_{eq}}{\rho_{te}} \quad (65\text{mm} < c_s \leqslant 150\text{mm}) \tag{8-18b}$$

$$d_{eq} = \frac{\sum n_i d_i^2}{\sum n_i \nu_i d_i} \tag{8-19}$$

各变量的含义及计算方法详见教材 8.2.6.2 节。这里只对前面未出现过的变量加以解释。

（1）α_{cr} 考虑构件受力特征的系数：对受弯和偏心受压构件，取 $\alpha_{cr}=1.85$；对偏心受拉构件，取 $\alpha_{cr}=2.05$；对轴心受拉构件，取 $\alpha_{cr}=2.25$。可以看到构件截面的应变梯度越小，α_{cr} 取值越大。也就是在其他变量数值相同的条件下，构件截面应变梯度越小裂缝宽度越大。

还应注意，α_{cr} 还包括徐变引起的裂缝宽度增大及荷载长期作用引起的各条裂缝宽度的增大不一致的影响，这些影响是由徐变系数 τ_l 和组合系数 ψ_c 来体现的。在某些不需考虑徐变影响的情况，如进行短期荷载裂缝宽度试验值与裂缝宽度公式计算值对比时，裂缝宽度公式计算值要除以徐变系数 τ_l 和组合系数 ψ_c。在 NB/T 11011—2022 规范中，取 $\tau_l=1.40$、$\psi_c=0.90$。同时，α_{cr} 还包括了用于考虑裂缝裂缝宽度随机性的短期裂缝宽度扩大系数 τ_s，在 NB/T 11011—2022 规范中，对受弯构件和偏压构件取 $\tau_s=1.70$，裂缝宽度计算值具有 95% 保证率。

（2）σ_0 为钢筋的初始应力。承受水压的结构会发生湿胀产生压应力，荷载产生的拉应力抵消此压应力后才是引起开裂的应力，故可以减去。对长期处于水下的结构允许采用 $\sigma_0=20.0\text{N/mm}^2$，对于干燥环境中的结构 $\sigma_0=0$。

（3）ν 为考虑钢筋表面形状的系数。对带肋钢筋，取 $\nu=1.0$；对光圆钢筋，取 $\nu=0.7$。也就是说，在其他变量数值相同的条件下，采用光圆钢筋的裂缝宽度是采用带肋钢筋的 1.4 倍。

SL 191—2008 规范给出的裂缝宽度公式形式上比较简单，表达式为

$$w_{\max} = \alpha\frac{\sigma_{sk}}{E_s}\left(30 + c_s + 0.07\frac{d}{\rho_{te}}\right)(\text{mm}) \tag{8-20}$$

式中的 α 仍为考虑构件受力特征的系数，受弯和偏心受压构件、偏心受拉构件、轴心受拉构件，分别取 2.1、2.4 和 2.7。虽然其取值与 NB/T 11011—2022 规范不同，但其含义与考虑因素和 NB/T 11011—2022 规范相同。其余符号含义与计算方法和 NB/T 11011—2022 规范相同，但两本规范偏心受拉构件 σ_{sk} 的计算公式不同。

式（8-20）只能用于配置带肋钢筋的构件。考虑到钢筋表面形状对裂缝宽度的影响，并结合我国钢材生产现状和发展趋势，SL 191—2008 规范明确规定，需控制裂缝宽度的结构构件不应采用光圆钢筋。如因某些特殊原因选用了光圆钢筋，其最大裂缝宽度要比计算值增大 40% 左右。

SL 191—2008 规范与 NB/T 11011—2022 规范不但裂缝宽度公式不同，而且荷载效应（M_k、N_k）的计算方法也不同，前者荷载效应考虑结构重要性系数 γ_0，后者荷载效应

不考虑结构重要性系数 γ_0。

2. 应用裂缝宽度公式应注意的问题

应用裂缝宽度公式应注意下列几个问题：

（1）公式只能用于常见的梁、柱一类构件，用于厚板已不太合适，更不能用于非杆件体系的块体结构。这是因为，公式中的系数是由受弯、轴心受拉、偏心受拉与偏心受压等杆系构件，在荷载作用下的裂缝试验获得的数据确定的，因而公式只适用于梁、柱一类杆系结构。

（2）公式只适用于荷载不随结构变形而改变其数值的情况，不适用于围岩中的隧洞衬砌结构、地基梁或地基板。对于围岩中的隧洞衬砌结构，以及地基梁或地基板，当混凝土开裂后，其截面上的内力会随裂缝的发展而减小，也就是裂缝截面的纵向受拉钢筋应力无法确定，也就无法应用裂缝宽度公式。如果按开裂前的结构计算内力，进而计算钢筋应力来计算裂缝宽度的话，就人为地将裂缝宽度算大了。

（3）有时由某些可变荷载产生的荷载效应在总的荷载效应中所占比重很大，却只在很短时间内存在，卸载后裂缝会大部分闭合，对结构的耐久性并不会产生太大的影响，如吊车梁。因此，对于按照不经常出现的荷载标准值计算的各种构件，可将裂缝宽度公式计算得到的 $w_{\max}$ 乘以一个小于 1 的系数。

（4）从裂缝宽度公式看到，纵向钢筋混凝土保护层厚度 c_s 越小，则裂缝宽度计算值 $w_{\max}$ 也越小，但绝不能用减小保护层厚度的办法来满足裂缝宽度的验算要求，这是因为过薄的保护层厚度将严重影响钢筋混凝土结构构件的耐久性。长期暴露性试验和工程实践证明，垂直于钢筋的横向受力裂缝截面处，钢筋被腐蚀的程度并不像原先认为的那样严重。相反，足够厚的、密实的混凝土保护层对防止钢筋锈蚀具有更重要的作用。

（5）用裂缝宽度公式计算得到的裂缝宽度是指纵向受拉钢筋重心处侧表面的裂缝宽度。

8.1.10.3　非杆系结构的裂缝控制验算

对非杆件体系结构，由于结构尺寸大，加之温度作用难以模拟，无法像杆系结构一样通过试验给出裂缝宽度公式。目前，非杆件体系结构的裂缝控制验算方法仍很不成熟。规范通过以下两种方法进行裂缝控制：

（1）对一般的非杆系结构，通过限制纵向受拉钢筋应力的办法来间接控制结构的裂缝宽度。

（2）对重要的非杆系结构，采用有限元的方法直接求出裂缝宽度。

对于一般的非杆系结构，规范规定，一般情况下按荷载标准组合计算得到的纵向受拉钢筋应力 σ_{sk} 宜满足

$$\sigma_{sk} \leqslant \alpha_s f_{yk} \tag{8-21}$$

式中：σ_{sk} 为结构按线弹性体计算时，荷载标准组合计算的纵向受拉钢筋应力；α_s 为考虑环境影响的钢筋应力限制系数，$\alpha_s = 0.4 \sim 0.6$，对一类环境取大值，对四类环境取小值；f_{yk} 为钢筋的抗拉强度标准值，取值不大于 $400\mathrm{N/mm^2}$。

8.1.10.4　重要结构构件的双控

应该明白，已满足抗裂验算的构件，裂缝宽度计算值仍可能会大于裂缝宽度限值。这

是因为，抗裂与裂缝宽度两个计算公式是由两个不同设计概念、不同力学模型建立的，两个公式之间并不衔接。

有人认为，水工混凝土结构一般配筋较少，一旦发生裂缝，裂缝宽度就可能很宽。因此主张对一些重要结构，即使已满足抗裂要求，还需同时提出限制裂缝宽度的要求，以策安全。

也有人认为，由于裂缝宽度公式是在荷载作用下构件必然开裂的前提条件下导出的，在抗裂条件下裂缝宽度公式已不再适用，双控要求势必大量增加钢筋用量。因此，主张对重要结构，如果考虑到抗裂可靠性不高，妥善的方法应是在抗裂验算中降低混凝土拉应力限制系数 α_{ct} 的取值。

作为折中，NB/T 11011—2022 规范规定：对于重要的钢筋混凝土结构构件，经论证确有必要时，还应进行裂缝宽度控制验算；但当取混凝土拉应力限制系数 $\alpha_{ct}=0.55$ 进行抗裂验算仍能满足抗裂验算要求时，则可不再进行裂缝宽度验算。SL 191—2008 规范也有相同的规定。

8.1.11　裂缝验算方法的不完善与裂缝控制措施

1. 裂缝验算方法的不完善

现有的裂缝宽度公式有很大的局限性：

（1）公式仅适用于梁、柱一类的杆系构件，不适用于非杆件体系结构，而水利工程中需严格控制裂缝宽度的往往是非杆件体系结构，如大坝中的孔口、坞式结构的厚底板、大尺寸的蜗壳与尾水管等。

（2）公式仅适用于荷载产生的轴力、弯矩引起的正截面裂缝，实际上除正截面裂缝外，还有由扭矩、剪力引起的斜裂缝。特别是，水工非杆件体系结构的裂缝往往主要是温度作用产生的。

（3）公式计算值是指纵向钢筋重心处侧表面的裂缝宽度，但人们关心的却是结构构件顶、底表面的裂缝宽度，有些结构（如水闸底板）纵向钢筋重心处侧表面的裂缝宽度并无实际的物理意义。

（4）裂缝宽度计算模式的不统一，使得不同规范的裂缝宽度计算值有较大的差异。

因此，现有的裂缝宽度公式的计算值尚不能反映工程结构实际的裂缝开展性态，限制纵向钢筋应力的验算则更是一种比较粗略的设计方法。从这个意义上，也可以认为，水工混凝土结构的正常使用极限状态的设计方法尚没有完美解决。

2. 裂缝控制措施

若计算所得的最大裂缝宽度 w_{max} 或钢筋应力超过限值时，则应采取相应措施以减小裂缝宽度。具体措施有：

（1）纵向受拉钢筋可改用较小直径的带肋钢筋，增加钢筋根数，以增加钢筋表面积，提高黏结力，减小裂缝间距，进而减小裂缝宽度。但应注意在梁、柱类构件中，钢筋配置过密过多，有时会使混凝土浇筑不密实，反会严重影响耐久性。

（2）适当增加纵向受拉钢筋截面面积，以降低钢筋应力和提高黏结力。但增加的钢筋截面面积不宜超过承载力计算所需纵向钢筋截面面积的 30%，单纯靠增加纵向受拉钢筋用量来减小裂缝宽度的办法是不可取的。

（3）采用结构措施来降低拉应力，减小裂缝宽度。如图 8-16（a）所示搁支在地基上、顶面承受均布荷载的 2 孔箱形结构，若改成 3 孔［图 8-16（b）］，就可减小底板和顶板的支承长度，减小弯矩，进而减小裂缝宽度。

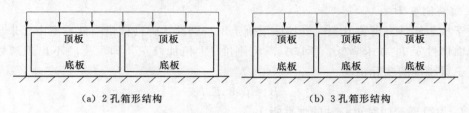

(a) 2 孔箱形结构　　　　　　　　　　(b) 3 孔箱形结构

图 8-16　箱形结构

（4）必要时对结构构件受拉区施加预应力，即采用预应力结构。对于抗裂和限制裂缝宽度而言，最根本的方法是采用预应力混凝土结构。

还应强调的是：①在普通钢筋混凝土结构中为控制裂缝宽度不应采用高强钢筋；②纵向钢筋混凝土保护层越厚，裂缝宽度越大，但不能以减小保护层厚度来减小裂缝宽度。保护层越厚，混凝土碳化时间越长，钢筋越不易锈蚀，耐久性越好。

必须再次提及，本章所讨论的抗裂验算和裂缝宽度验算只涉及荷载作用下的正截面裂缝。而工程上（特别是大体积混凝土结构），许多裂缝是非荷载因素产生的，主要是温度裂缝和干缩裂缝。防止大体积混凝土温度裂缝和干缩裂缝的设计涉及混凝土拌合料的进仓温度、水泥水化热、混凝土块体的热传导过程、混凝土的收缩、混凝土分块大小、基础对结构的约束、结构间的相互约束、周围介质的温度变化等诸多因素，问题非常复杂（请参阅教材11.2 节）。因此，不能简单地以为只要按本章公式进行了验算就能把裂缝问题解决了。

即便是荷载引起的正截面裂缝，它的发生发展的机理尚未研究得十分清楚，各规范给出的验算公式各不相同，其结果会有很大的差异。已满足裂缝宽度验算的构件，在实际上仍可能出现很宽的裂缝；而验算中不满足要求的构件，在实际中可能只出现很细的裂缝。所以要防止裂缝的产生或开展过宽，除了必要的验算外，更重要的是严格选择原材料，优化级配，特别是认真施工，加强施工过程质量控制，长期保温保湿养护，加上合理的配筋，这些才是避免开裂或发生过大裂缝的关键。

8.1.12　受弯构件变形验算

1. 变形验算的思路

为保证结构的正常使用，需要控制变形的构件应进行变形验算。对于受弯构件，在荷载标准组合下考虑荷载长期作用影响的最大挠度计算值不应超过教材附录 E 表 E-3 规定的挠度限值。

受弯构件在未裂阶段，由于受拉区出现塑性，弹性模量降低，截面抗弯刚度小于初始刚度；在裂缝阶段，随裂缝的扩展和受压区进入非线性，截面惯性矩和弹性模量都要随之降低。因此，无论是抗裂构件还是限裂构件，正常使用时的截面抗弯刚度都小于初始刚度。

如果能得到钢筋混凝土构件在正常使用时的刚度，则可由材料力学或结构力学公式求出它的变形，进而进行变形验算。因而，求变形的问题就变成求刚度的问题。

在长期荷载作用下，混凝土会发生徐变使构件刚度减小、变形增大。变形验算应采用考虑徐变和干缩后的长期刚度，以考虑荷载长期作用影响。长期刚度简称"刚度"，用 B 表示。要求 B，首先需求不考虑徐变和干缩的短期刚度 B_s。

2. 短期刚度 B_s

对于抗裂构件，即将开裂时受拉区混凝土出现塑性，弹性模量降低，但由于未出现裂缝，截面惯性矩 I_0 并未降低，所以只需将刚度 EI 稍加修正，即可反映不出现裂缝的钢筋混凝土梁刚度的实际情况：

$$B_s = 0.85 E_c I_0 \qquad (8-22)$$

式中：I_0 为换算截面对重心轴的惯性矩。

对于限裂构件，先根据大量实测挠度的试验数据，由材料力学中梁的挠度计算公式反算出构件的实际抗弯刚度，再以 $\alpha_E \rho$ 为主要参数进行回归分析。为简化计算，取 B_s 与 $\alpha_E \rho$ 为线性关系：

$$B_s = (0.02 + 0.30\alpha_E \rho)(1 + 0.55\gamma'_f + 0.12\gamma_f)E_c b h_0^3 \qquad (8-23)$$

式中：γ'_f、γ_f 分别为受压和受拉翼缘面积与腹板有效面积的比值，用于考虑受压翼缘和受拉翼缘的作用。

对于截面尺寸、材料强度、弯矩设计值 M、纵向钢筋用量相同的两根梁，由式（8-23）计算得到的 B_s 是相同的。但由于永久荷载与可变荷载的荷载分项系数不同，这两根梁按标准组合计算的弯矩 M_k 仍有可能不同。由教材图 8-22 所示的弯矩挠度（M-f）曲线可知，弯矩越大，构件受弯刚度越小，即受弯刚度的大小与当时作用的弯矩大小有关，因此这两根梁实际的 B_s 有可能是不同的。

式（8-23）虽然考虑混凝土与钢筋的弹性模量（E_c、$\alpha_E = E_s/E_c$）、截面尺寸（h、b）、纵向受拉钢筋配筋率（ρ）对刚度 B_s 的影响，但忽略了使用弯矩（M_k）的影响，因而它是一个简化的计算公式，其优点是计算简单。

3. 长期刚度 B

长期荷载作用下，混凝土徐变使构件的变形随时间增大。混凝土收缩也会引起构件变

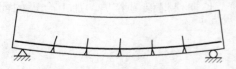

图 8-17　配筋对混凝土收缩的影响

形的增大，如图 8-17 所示的受弯构件，受压区未配纵向钢筋，混凝土可以较自由地收缩，梁上部的收缩量较大；受拉区混凝土收缩受到纵向钢筋的约束，梁下部的收缩量较小，这使梁产生向下的挠度。另外，受拉区混凝土收缩受到纵向钢筋的约束使混凝土受拉，可能引起混凝土开裂，使梁的抗弯刚度降低，又使挠度增大。

规范以挠度增大系数 θ 来计算长期刚度。根据国内外对受弯构件长期挠度观测结果，θ 值可按下式计算：

$$\theta = 2.0 - 0.4\frac{\rho'}{\rho} \qquad (8-24)$$

式中：ρ'、ρ 分别为纵向受压钢筋和受拉钢筋的配筋率，$\rho' = \dfrac{A'_s}{bh_0}$，$\rho = \dfrac{A_s}{bh_0}$。

荷载标准组合并考虑部分荷载长期作用影响的抗弯刚度 B 理应按下式计算：

$$B = \frac{M_k}{M_q(\theta - 1) + M_k} B_s \qquad (8-25)$$

式中：M_k、M_q 分别为由荷载标准组合及准永久组合计算的弯矩值。

但水工荷载规范未能给出计算 M_q 所需的准永久值系数，即式（8-25）无法应用。考虑到在一般情况下，$M_q/M_k = 0.4 \sim 0.7$，取 $\theta = 1.6$、1.8、2.0 代入上式可得 $B = (0.59 \sim 0.81) B_s$，同时参考《公路钢筋混凝土及预应力混凝土桥涵设计规范》（JTG 3362—2018）中取 $B = 0.625 B_s$ 的规定，现行水工混凝土结构设计规范采用

$$B = 0.65 B_s \qquad (8-26)$$

还应注意，对翼缘在受拉区的倒 T 形截面取 $B = 0.50 B_s$。

4. 变形计算时的最小刚度原则

在实际构件中，弯矩沿梁长是变化的，截面抗弯刚度沿梁长也是变化的，见图 8-18。求变形时按理需考虑截面抗弯刚度沿梁长的变化，但按变刚度梁来计算变形过于烦琐。考虑到支座附近弯矩较小的区段虽然抗弯刚度较大，但对全梁变形的影响不大，以及挠度计算仅考虑弯曲变形，未考虑剪切段内还存在的剪切变形，故取同号弯矩区段内弯矩最大截面的抗弯刚度作为该区段的刚度，这就是所谓的"最小刚度原则"。

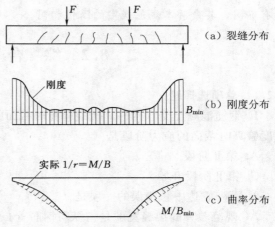

图 8-18 沿梁长的刚度和曲率分布

对于简支梁，按式（8-23）计算刚度时，纵向受拉钢筋配筋率 ρ 按跨中最大弯矩截面选取，并将此刚度作为全梁的抗弯刚度；对于带悬挑的简支梁、连续梁或框架梁，则取最大正弯矩截面和最大负弯矩截面的刚度，分别作为相应区段的刚度。当计算跨度内的支座截面刚度不大于跨中截面刚度的 2 倍且不小于跨中截面刚度的 0.5 倍时，该跨也可以按等刚度构件计算，其受弯刚度可取跨中最大弯矩截面的刚度。

5. 减小变形的措施

有了截面抗弯刚度后就可以应用材料力学或结构力学计算受弯构件变形 f，要求满足 $f \leqslant f_{lim}$，f_{lim} 为规范规定的挠度限值。若不能满足，则表示构件的截面抗弯刚度不足。

增加截面尺寸、提高混凝土强度等级、增加纵向钢筋用量及选用合理的截面（如 T 形或 I 形等）都可提高构件的刚度，但合理而有效的措施是增大截面的高度和选择合理的截面形式。

对于受弯构件挠度验算，SL 191—2008 规范和 NB/T 11011—2022 规范除下列区别外，其余均相同。

（1）所采用的荷载效应（M_k）的计算方法不同。SL 191—2008 规范不考虑结构重要性系数 γ_0，M_k 就为荷载标准值产生的弯矩；NB/T 11011—2022 规范考虑结构重要性系数 γ_0，M_k 为荷载标准值产生的弯矩与 γ_0 的乘积。

（2）出现裂缝的构件的短期刚度 B_s 计算公式不同。SL 191—2008 规范中的 B_s 按下式计算：

$$B_s = (0.025 + 0.28\alpha_E\rho)(1 + 0.55\gamma_f' + 0.12\gamma_f)E_c bh_0^3 \qquad (8-27)$$

在过去相当长时间内，HRB335 是水利水电工程的主导钢筋，所以大多数受弯构件挠度试验采用配置 HRB335 钢筋的构件，式（8-27）是根据这些主要配置 HRB335 钢筋构件的挠度试验结果回归得到的。目前，HRB400 钢筋已成为水利水电工程的主导钢筋，NB/T 11011—2022 规范根据近年来配置 HPB400 和 HPB500 钢筋、混凝土强度等级 C20～C50 的梁的挠度试验结果，对式（8-27）进行修正得到其采用的式（8-23）。

（3）挠度限值有些差别。对于屋盖和楼盖、启闭机下大梁，两本规范采用的挠度限值略有不同，其余两本规范规定的限值相同。

8.2　综　合　练　习

8.2.1　单项选择题

1. 钢筋混凝土受弯构件，抗裂验算时截面的应力阶段是（　　）；裂缝宽度验算时截面的应力阶段是（　　）。

A. 第 Ⅱ 阶段 　　　　　　　　　　　　B. 第 Ⅰ 阶段末尾

C. 第 Ⅱ 阶段开始 　　　　　　　　　　D. 第 Ⅱ 阶段末尾

2. 下列表达中，错误的一项是（　　）。

A. 规范验算的裂缝宽度是指纵向钢筋重心处构件侧表面的裂缝宽度

B. 提高钢筋混凝土板的抗裂性能的办法之一是增加板厚

C. 解决混凝土裂缝问题最根本的措施是施加预应力

D. 凡承受水压的钢筋混凝土构件均需抗裂

3. 下列表达中正确的一项是（　　）

A. 同一构件，如果纵向钢筋配筋量太少，就可能出现裂缝，配筋量增多时，裂缝就可能不出现

B. 一构件经抗裂验算已满足抗裂要求，那么它必然能满足裂缝宽度的验算

C. 一钢筋混凝土板，为满足限制裂缝宽度的要求，最经济的办法是改配直径较细的带肋钢筋同时还必须提高混凝土的强度等级

D. 裂缝控制等级分为三级：一级是严格要求不出现裂缝的构件；二级是一般要求不出现裂缝的构件；三级是允许出现裂缝但应限制裂缝开展宽度的构件

4. 甲、乙两人设计同一根屋面大梁，甲设计的大梁出现了多条裂缝，最大裂缝宽度约为 0.15mm；乙设计的大梁只出现一条裂缝，但最大裂缝宽度达到 0.43mm。你认为（　　）。

A. 甲的设计比较差 　　　　　　　　　　B. 甲的设计比较好

C. 两人的设计各有优劣 　　　　　　　　D. 两人的设计都不好

5. 为减小构件的裂缝宽度，当配筋率为一定时，宜选用（　　）。

A. 大直径钢筋 　　　　B. 带肋钢筋 　　　　C. 光圆钢筋 　　　　D. 高强钢筋

6. 一钢筋混凝土梁，原设计配置 4 ⊈ 20，能满足承载力、裂缝宽度和挠度要求。现

根据等强原则用了 3 ⌀ 25 替代，那么钢筋代换后（　　）。

    A. 仅需重新验算裂缝宽度，不需验算挠度   B. 两者都必须重新验算

    C. 不必验算裂缝宽度，而需重新验算挠度   D. 两者都不必重新验算

    7. 若提高 T 形梁的混凝土强度等级，在下列各判断中你认为（　　）是不正确的。

    A. 梁的承载力提高有限   B. 梁的抗裂性有提高

    C. 梁的最大裂缝宽度显著减小   D. 梁的挠度影响不大

    △8. 对于露天环境的钢筋混凝土梁，原设计梁的截面尺寸为 300mm×600mm；混凝土强度等级为 C30；因承载力需配置纵向受拉钢筋 $A_s = 1500\text{mm}^2$，实际配置了 5 ⌀ 20。经验算，荷载标准组合下最大裂缝宽度达到了 0.35mm，为此提出了下列几种修改意见，你认为比较合适有效的是（　　）。

    A. 把混凝土强度等级提高为 C40   B. 配筋改为 10 ⌀ 14

    C. 把保护层改小为 25mm   D. 配筋改为 5 ⌀ 20

    E. 配筋改为 5 ⌀ 22   F. 把截面尺寸改为 250mm×700mm

8.2.2　多项选择题

    1. 下列结构中，需要抗裂的有（　　），需要验算裂缝宽度的有（　　），需要验算挠度的有（　　）。

    A. 梁式矩形渡槽底板   B. 水电站吊车梁

    C. 墙背有地下水的重力式挡土墙   D. 圆形压力水管

    E. 水闸工作桥桥面大梁   F. 水闸底板

    2. 为提高构件的抗裂性能，你认为下列措施中哪些是有效的，请把序号填在（　　）内。

    A. 增加纵向受拉钢筋配筋量   B. 提高混凝土强度等级

    C. 加大截面尺寸   D. 加掺钢纤维

    E. 把 HRB400 钢筋改为 HRB500 钢筋   F. 施加预应力

    3. 为减小裂缝宽度，你认为下列措施中哪些是有效的，请把序号填在（　　）内。

    A. 施加预应力   B. 认真保温保湿养护

    C. 结构表面加配钢筋网片   D. 增配纵向受拉钢筋

    E. 采用细的带肋钢筋   F. 提高混凝土强度等级

    4. 下列表达中，请把"不正确"的序号填在（　　）内。

    A. 在荷载长期作用下，受弯构件的刚度随时间而降低

    B. 加配纵向受压钢筋可提高受弯构件的抗弯刚度

    C. 提高钢筋混凝土构件抗裂能力的有效措施包括提高混凝土抗拉强度、加大截面尺寸及增加受拉钢筋截面面积

    D. 纵向受拉钢筋应变不均匀系数 ψ 越大，表示裂缝间混凝土参与承受拉力的程度越大

    5. 荷载长期作用下，钢筋混凝土梁的挠度会持续增长，其主要原因是（　　）。

    A. 纵向受拉钢筋产生塑性变形

    B. 受拉区裂缝持续开展和延伸

C. 受压混凝土产生徐变

D. 受压区未配纵向钢筋，受压区混凝土可较自由地收缩

8.2.3　思考题

1. 为什么在建筑工程中钢筋混凝土构件都是限裂构件（正常使用时允许开裂的构件），而在水利水电工程中钢筋混凝土构件可以做成抗裂构件（正常使用时不允许开裂的构件）？

2. 构件的配筋用量一般均是由承载能力极限状态计算确定的，在哪些情况下，配筋量不再由承载力控制？

3. 有 A、B、C、D 四个轴心受拉构件，采用的混凝土强度等级相同。A、B 的截面尺寸为 200mm×200mm；C、D 的截面尺寸为 400mm×400mm。A 与 C 各配置 4 Φ 20；B 与 D 各配置 8 Φ 20。请指出承受轴向拉力后，四个构件出现裂缝和最终达到破坏的先后顺序，并作解释。

4. 钢筋混凝土受弯构件中，截面抵抗矩塑性影响系数 γ 反映了混凝土的什么性质？主要与哪些因素有关？受弯构件、轴心受拉、偏心受拉和偏心受压构件的塑性影响系数 γ、$\gamma_{轴拉}$、$\gamma_{偏拉}$、$\gamma_{偏压}$ 相比，哪个最大？哪个最小？为什么？

5. 一个能满足抗裂要求的钢筋混凝土构件，在使用荷载作用下受拉钢筋应力 σ_s 只有 $20 \sim 30 \text{N/mm}^2$，所以承载能力肯定没有问题，不必再进行承载能力极限状态计算。这种说法对不对？为什么？

6. 试描述在钢筋混凝土梁的等弯矩区段内，第一条裂缝出现前后直到第二条裂缝产生，受拉区混凝土与纵向钢筋应力沿梁轴变化的情况，并画出其应力分布图形。

7. 为什么钢筋混凝土构件在荷载作用下一出现裂缝就会有一定宽度？

8. 垂直于纵向钢筋的受力裂缝对钢筋混凝土构件的耐久性有什么影响？提高构件耐久性的主要措施是什么？

9. 试分析纵向受拉钢筋配筋量对受弯构件正截面的受弯承载力、抗裂性、裂缝宽度及挠度的影响。

10. 平均裂缝间距的基本公式是如何得出的？在确定平均裂缝间距时为什么又要考虑纵向钢筋混凝土保护层厚度的影响？

11. 影响裂缝宽度的主要因素有哪些？在裂缝宽度计算公式［教材式（8-28）］中，徐变、构件受力特征、裂缝宽度的随机性这些影响因素是在哪些参数中体现的？

12. 裂缝宽度计算公式有哪两类？水工钢筋混凝土结构设计规范采用哪一类？现有裂缝宽度计算公式的适用范围是什么？

13. 若构件的最大裂缝宽度不能满足要求，可采用哪些措施？哪些措施最有效？能通过减小混凝土保护层厚度或一味增加纵向受拉钢筋用量来减小裂缝宽度吗？

14. 裂缝宽度验算公式为什么不能用来计算弹性地基梁或隧洞衬砌的裂缝？这些结构的裂缝宽度应该如何验算？

15. 水电站吊车梁裂缝宽度验算时，为什么可将求得的最大裂缝宽度乘以 0.85？

16. 试描述钢筋混凝土梁的 M-f 关系曲线，它与弹性匀质梁的 M-f 关系曲线有哪些不同？

17. 提高受弯构件刚度的措施有哪些？最有效的措施是什么？

△18. 试分析《水工混凝土结构设计规范》中求解短期刚度 B_s 的公式在物理概念上有哪些不足之处，在实用计算中又有什么优点。

19. 什么叫"最小刚度原则"？为什么受弯构件挠度计算时要采用和可采用该原则？

20. 试分析影响混凝土结构耐久性的主要因素。NB/T 11011—2022 规范采用哪些措施保证结构的耐久性？

8.3 设 计 计 算

1. 某处于二类环境的钢筋混凝土压力水管，结构安全级别为 Ⅱ 级，内半径 $r=1000\text{mm}$，管壁厚度 $h=150\text{mm}$。水管内水压力标准值 $p_k=0.25\text{N/mm}^2$，混凝土强度等级为 C30，钢筋采用 HRB400，试配置该水管环向钢筋（该水管为抗裂构件）。

提示：圆形压力水管可按轴拉构件计算。

2. 某钢筋混凝土渡槽，结构安全级别为 Ⅱ 级。槽身横向计算时，在槽内水压力标准值作用下，槽底板端部截面每米长度（顺水流方向）轴向拉力为 39.20kN、弯矩为 18.90kN·m。已知槽底板厚 $h=300\text{mm}$，混凝土强度等级为 C30，该端部截面配有纵向受拉钢筋 Φ12@150，纵向受压钢筋 Φ8/10@300，$a_s=a_s'=35\text{mm}$，试按 NB/T 11011—2022 规范对该截面进行抗裂验算。

3. 已知某钢筋混凝土渡槽，结构安全级别为 Ⅱ 级，槽身横向计算时，在经常作用的水压力标准值作用下，侧墙底部截面每米长度内承受的弯矩为 35.0kN·m。已知槽身侧墙厚 $h=300\text{mm}$，混凝土强度等级为 C30，侧墙底部内侧配有纵向受拉钢筋 Φ12@125，$a_s=35\text{mm}$，试按 NB/T 11011—2022 规范对该截面进行抗裂验算。

4. 某处于一类环境的矩形截面钢筋混凝土轴心受拉构件，结构安全级别为 Ⅱ 级。截面尺寸 $b×h=400\text{mm}×400\text{mm}$，混凝土强度等级为 C25，配置纵向受拉钢筋 4Φ25，保护层厚度 $c_s=35\text{mm}$。试求：

（1）裂缝刚出现时所能承受的轴向拉力 N_{cr} 是多少？

（2）刚开裂时裂缝截面处的混凝土和钢筋的应力各是多少？

（3）按荷载标准组合计算的轴向拉力 $N_k=500.0\text{kN}$ 时，其最大裂缝宽度 w_{max} 是多少？

提示：裂缝刚出现时所能承受的轴向拉力 N_{cr} 为构件实际能承受的开裂轴力。计算构件实际开裂轴力时，混凝土抗拉强度应用其实际值，可由平均值代替。混凝土强度平均值可按教材 2.4.2.1 节中强度标准值与平均值的关系式，由混凝土强度标准值计算得到。C25 混凝土立方体抗压强度的变异系数可取为 $\delta_f=0.16$。

5. 某处于露天环境的矩形截面简支梁，结构安全级别为 Ⅱ 级，截面尺寸 $b×h=250\text{mm}×550\text{mm}$。在正常使用期，荷载标准值引起的跨中弯矩为 198.40kN·m。混凝土强度等级为 C30，配有纵向受力钢筋 6Φ22，$c_s=45\text{mm}$，$a_s=80\text{mm}$，试进行裂缝宽度验算。

6. 某处于二类环境的矩形截面偏心受压柱，结构安全级别为 Ⅱ 级，计算长度 $l_0=5.0\text{m}$，矩形截面尺寸 $b×h=400\text{mm}×600\text{mm}$，混凝土强度等级为 C30，对称配筋 4Φ20，$c_s=45\text{mm}$。承受荷载标准值产生的轴向压力为 350.0kN，偏心距为 $e_0=$

514mm，试按 NB/T 11011—2022 规范验算最大裂缝宽度是否满足要求。

7. 某处于露天环境的矩形截面简支梁，结构安全级别为Ⅱ级，暂定截面尺寸 $b×h=$ 250mm×500mm，计算跨度 $l_0=5.0$m，净跨 $l_n=4.80$m。在正常使用期，永久荷载标准值 $g_k=29.10$kN/m，可变荷载载标准值 $g_k=33.20$kN/m。混凝土强度等级为 C30（不宜提高），纵向受力钢筋和箍筋均采用 HRB400，试按 NB/T 11011—2022 规范设计该梁，包括承载力计算和裂缝宽度验算。

若该梁除混凝土强度等级不宜提高外，截面尺寸也不能加大，试重新按 NB/T 11011—2022 规范进行设计。

8. 某处于一类环境的水电站厂房 T 形简支吊车梁，结构安全级别为Ⅱ级，截面尺寸如图 8-19 所示。电动吊车最大轮压力 $Q_k=370.0$kN，吊车梁自重及吊车轨道等附件重 $g_k=7.50$kN/m。混凝土强度等级为 C30，纵向受力钢筋和箍筋采用 HRB400，试设计该梁，包括承载力计算、裂缝宽度和变形验算。

提示：

（1）吊车轮压属可控制的移动集中可变荷载。

（2）估计纵向受拉钢筋需放两层。

（3）吊车梁尚承受横向水平力和扭矩，承受这些外力的钢筋应另行计算和配置。

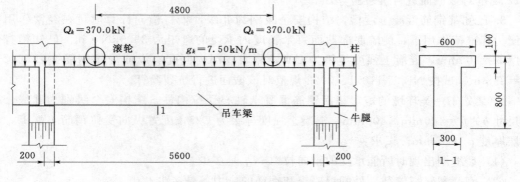

图 8-19 吊车梁示意图及截面图

8.4 思考题参考答案

1. 在水利水电工程中，有许多结构构件的尺寸是由稳定等条件控制，尺寸较大，混凝土有足够的抗拉能力来满足抗裂要求。而在建筑工程中，构件尺寸由承载力控制，尺寸不大，混凝土没有足够的抗拉能力来满足抗裂要求。需要指出的是，若正常使用时构件不开裂，则钢筋不能充分利用，因此，即使在水利水电工程中，必须进行抗裂验算的钢筋混凝土结构构件也是很少的。只有承受水压，开裂后会引起渗漏的结构构件才要求抗裂。

2. 当构件截面尺寸过大，按承载能力计算得出的纵向受拉钢筋配筋率小于最小配筋率时，配筋量由最小配筋率确定，不再由承载力控制；当按承载力计算得出的纵向受拉配筋量不能满足裂缝宽度验算的要求时，必须增加配筋量以降低钢筋应力满足裂缝宽度要求时，配筋量也不再由承载力控制。

3. 在混凝土强度等级相同时，构件的抗裂能力主要与构件总的换算截面面积 A_0 有关，$A_0 = A_c + \alpha_E A_s$，所以出现裂缝的先后顺序为：A→B→C→D。

轴心受拉构件的承载力与混凝土无关，如钢筋强度不变，只取决于纵向钢筋的用量，所以最终破坏的先后顺序为：A＝C→B＝D。

4. 截面抵抗矩塑性影响系数 γ 是将受弯构件即将开裂时假定的受拉区梯形分布应力图形折算为直线分布的应力图形时，受拉区边缘应力 γf_t 与原梯形分布应力图形相应位置应力的比值，也就是与混凝土抗拉强度 f_t 的比值。它反映了混凝土在开裂前受拉区的塑性性质。γ 主要与截面形状及假定的应力图形有关，也与截面高度 h 的大小有关。

轴拉构件因全截面均匀受拉，所以应变梯度为零，没有塑化效果，所以其 $\gamma_{轴拉} = 1.0$。偏压构件受后区的应变梯度最大，塑化效果最充分，所以 $\gamma_{偏压}$ 最大。因此，它们之间的排列为：$\gamma_{轴拉} < \gamma_{偏拉} < \gamma < \gamma_{偏压}$。

5. 这种说法是不对的。因为"承载能力"与"正常使用"是两个不同的极限状态，它们所要求的可靠度水平是不一样的，前者是用设计值进行计算，后者则用标准值。不同的极限状态，计算时所取的应力图形也完全不同。所以一个能抗裂的钢筋混凝土构件，其承载能力不一定能满足要求。

6. 在裂缝未出现前，受拉区由纵向钢筋和混凝土共同受力。在等弯矩段，纵向钢筋应力和混凝土应力大体上沿构件轴向均匀分布。

当第一条裂缝出现时，裂缝截面的混凝土不再受力，拉应力降为零，而纵向受拉钢筋应力则有一突增，由于钢筋与混凝土之间黏结力的作用，随离开裂缝截面距离的增加，混凝土拉应力逐渐增大。当拉应力产生的拉应变达到混凝土的实际极限拉应变时，又将出现第二条裂缝。

当第二条裂缝出现时，该截面的混凝土应力又下降为零，纵向受拉钢筋应力则又突增，所以，受拉区纵向钢筋和混凝土的应力，沿构件纵轴方向，呈现波浪形的起伏，如教材图 8-12 及图 8-13 所示。

7. 因为在裂缝截面，开裂的混凝土不再承受拉力，原先由混凝土承担的拉力就转移由纵向钢筋承担，所以混凝土一开裂，纵向钢筋的应变有一个突变。加上原来因受拉而张紧的混凝土在裂缝出现瞬间将分别向裂缝两侧回缩，所以裂缝一出现就会有一定的宽度。

8. 垂直于纵向钢筋的受力裂缝虽对钢筋开始锈蚀的时间早迟有一定影响，但其锈蚀只发生在裂缝所在截面的局部范围内，并对整个锈蚀过程的时间影响不大。提高钢筋混凝土结构耐久性主要是要设法延迟钢筋发生锈蚀的时间，因此，加大混凝土保护层厚度及提高保护层的密实性是提高构件耐久性的主要措施。

9. 当受弯构件的截面尺寸和材料强度给定时，其正截面受弯承载力几乎与纵向受拉钢筋配筋率呈线性关系增长，直到配筋率很大，混凝土先被压坏（超筋破坏）时，配筋率才与承载力无关。

抗裂性主要与截面尺寸和混凝土的抗拉强度有关。纵向受拉钢筋配筋量的增加虽也可使折算截面面积 A_0 稍有增加，但这是极其有限的。如果截面尺寸随着纵向受拉钢筋配筋率的提高而减小时，则配筋率越高，抗裂性就越低。

当截面尺寸给定后，构件的刚度也随着纵向受拉钢筋配筋量的增加而有一定程度的增加，但增加的速度比承载力增加的速度要缓慢得多。

10. 平均裂缝间距的基本公式是先根据黏结滑移理论，推求出裂缝间距 l_{cr} 主要与纵向受拉钢筋直径 d 及有效配筋率 ρ_{te} 有关，l_{cr} 与 d/ρ_{te} 成正比，然后再考虑纵向钢筋混凝土保护层厚度 c_s 的影响，得到：$l_{cr}=K_1 c_s+K_2 \dfrac{d}{\rho_{te}}$。

混凝土开裂后，纵向钢筋与混凝土之间产生黏结力，将钢筋应力向混凝土传递，在纵向，黏结力使混凝土拉应力随离开裂缝截面的距离增大而逐渐增大；在横向，由于纵向钢筋周围的混凝土应力并不均匀，离开钢筋越远混凝土拉应力越小 [教材图 8-15（b）]，因而纵向钢筋混凝土保护层厚度越大，截面受拉区边缘混凝土应变达到极限拉应变的位置离开已有裂缝截面的距离也越大，即裂缝间距 l_{cr} 将增大。试验证明，当混凝土保护层厚度从 15mm 增加到 30mm 时，平均裂缝间距增加 40%。因此，在确定平均裂缝间距时要考虑纵向钢筋混凝土保护层厚度的影响。

11. 影响裂缝宽度的因素有：裂缝截面的纵向受拉钢筋应力 σ_s（σ_s 越大，裂缝宽度越大）、纵向受拉钢筋直径 d（d 越大，裂缝宽度越大）和有效配筋率 ρ_{te}（ρ_{te} 越大，裂缝宽度越小）、纵向钢筋混凝土保护层厚度 c_s（c_s 越大，裂缝宽度越大）、徐变（由于徐变，裂缝在长期荷载作用下会随时间增加而加大）、纵向受拉钢筋种类（纵向受拉钢筋弹性模量 E_s 越大，裂缝宽度越小；光圆钢筋的黏结力小于变形钢筋，配置光圆钢筋构件的裂缝宽度大于变形钢筋）、构件受力特征（轴拉构件、偏拉构件、受弯构件与偏压构件应变梯度依次增大，使裂缝宽度依次减小）。

同时，由于混凝土质量的不均匀，使得裂缝间距有疏有密，每条裂缝宽度有大有小，离散性是很大的。因而衡量裂缝开展宽度是否超过限值，应以最大宽度为准，而不是平均值。计算最大裂缝宽度时，除需考虑上述影响裂缝宽度的因素外，还需考虑扩大系数 τ_s 和组合系数 ψ_c。τ_s 用于考虑裂缝宽度的随机性，其取值与裂缝宽度计算值的保证率有关；ψ_c 用于考虑荷载短期作用下的各条裂缝宽度与荷载长期作用下的各条裂缝宽度，两者的扩大系数并非完全同步。

徐变、构件受力特征、裂缝宽度的随机性这些影响因素都是在构件受力特征系数 α_{cr} 中体现的。

12. 裂缝宽度计算公式有半理论半经验公式和数理统计公式两类，水工钢筋混凝土结构设计规范采用半理论半经验公式。

现有裂缝宽度计算公式的适用范围如下：

（1）混凝土结构可分为杆件体系结构和非杆件体系结构两大类，裂缝宽度计算公式只能用于常见的梁、柱一类杆系构件，用于厚板已不太合适，更不能用于非杆件体系的块体结构。

（2）裂缝可分为荷载引起的裂缝和非荷载因素引起的裂缝两大类，裂缝宽度计算公式只能用于荷载引起的裂缝。

（3）裂缝形态可分为弯矩、轴力引起的正截面裂缝和扭矩、剪力引起的斜截面裂缝，裂缝宽度计算公式只能用于正截面裂缝。

（4）由于各规范计算裂缝宽度所用的荷载效应组合不同，各行业规范给出的裂缝宽度公式不能混用。

13. 若计算所得的最大裂缝宽度 w_{max} 超过限值，可采用下列措施减小裂缝宽度：

（1）纵向受拉钢筋可改用直径较小的带肋钢筋，这是最为经济有效的。

（2）适当增加纵向受拉钢筋用量。但增加的钢筋用量不宜超过承载力计算所需纵向受拉钢筋用量的30%，单纯靠增加纵向受拉钢筋用量来减小裂缝宽度的办法是不可取的。

（3）如采用以上措施仍不满足要求，则宜考虑采取其他工程措施，如：

1）采用更为合理的结构外形，减小高应力区范围，降低应力集中程度。

2）也可通过构造措施（如预埋隔离片）引导裂缝在预定位置出现，并采取有效措施避免引导缝对观感和使用功能造成影响。

3）必要时采用预应力混凝土结构。对于限制裂缝宽度而言，最根本的方法是采用预应力混凝土结构。但预应力混凝土结构施工工序多，工艺复杂，锚具和张拉设备以及预应力筋等材料价格较高，造价高于钢筋混凝土结构，且延性也较钢筋混凝土结构差。

不能通过减小保护层厚度来减小裂缝宽度。过薄的保护层厚度将严重影响钢筋混凝土结构构件的耐久性。长期暴露性试验和工程实践证明，垂直于纵向钢筋的横向受力裂缝截面处，纵向钢筋被腐蚀的程度并不像原先认为的那样严重。相反，足够厚的密实的混凝土保护层对防止钢筋锈蚀具有更重要的作用。混凝土保护层厚度必须保证不小于规范规定的最小厚度。

14. 对于围岩中的隧洞衬砌结构，以及地基梁或地基板，当混凝土开裂后，其截面上的内力会随裂缝的发展而减小，但目前工程设计时，这类结构的内力计算一般不考虑混凝土开裂后刚度降低引起的内力重分布，这时再用规范公式计算的裂缝宽度显然过大，与实际情况不符。因此，规范规定裂缝宽度公式不适用于这类构件。这类结构构件的裂缝宽度宜采用钢筋混凝土有限元计算。

15. 水电站厂房吊车梁上的轮压标准值（最大起重量），只在水轮发电机组安装或大修时才会出现，即这种荷载组合产生的裂缝宽度只在短暂时间内发生，卸载后裂缝会大部分闭合，对结构的耐久性并不会产生太大的影响。因此，对于按照不经常出现的荷载标准值计算的各种构件，可将用教材式（8-28）或式（8-40）计算得到的 w_{max} 乘一个小于1的系数。对于吊车梁，该系数可取为0.85。

16. 因为混凝土具有一定的塑性性质，同时，裂缝的产生与发展将削弱混凝土截面，使截面的惯性矩不再保持为常值。因此，随着荷载的增加，钢筋混凝土梁的刚度将逐渐降低。其弯矩与挠度关系曲线（$M-f$ 图）如教材图8-22所示，它与弹性体的直线不同，大体可分为三个阶段：

（1）在裂缝出现前的阶段Ⅰ，$M-f$ 曲线与弹性体的直线 OA 非常接近。

（2）裂缝出现后（阶段Ⅱ），$M-f$ 曲线出现明显转折，并随着荷载的增加，裂缝不断扩展，截面刚度逐渐降低，$M-f$ 曲线偏离直线的程度也越来越大。

（3）当受拉钢筋屈服时（阶段Ⅲ），M-f 曲线又出现第二个转折，此时截面刚度急剧降低，挠度剧增。

17．提高受弯构件刚度的措施有：增加纵向受拉钢筋用量、提高混凝土的强度等级、增加受压钢筋用量等等。这些措施都能提高受弯构件的刚度，但最主要的措施是加大截面尺寸（特别是高度）、采用 T 形或 I 形截面。

18．水工规范的短期刚度 B_s 公式是一个简化公式，它没有能反映正常使用阶段的弯矩 M_k 的大小对刚度的影响，而 M_k 的大小会影响裂缝开展的程度，当然也影响构件刚度的大小，这是公式的不足之处。在实用上，它的优点是计算十分方便。

19．最小刚度原则具体规定为：

（1）对于简支梁，按教材式（8-47）、式（8-52）计算刚度时，纵向受拉钢筋配筋率 ρ 按跨内最大弯矩截面选取，并将此刚度作为全梁的抗弯刚度。

（2）对带悬挑的简支梁、连续梁或框架梁，则取最大正弯矩截面和最大负弯矩截面的刚度，分别作为相应区段的刚度。当计算跨度内的支座截面刚度不大于跨中截面刚度的 2 倍且不小于跨中截面刚度的 0.5 倍时，该跨也可以按等刚度构件计算，其受弯刚度可取跨中最大弯矩截面的刚度。

以简支梁为例来说明为什么受弯构件挠度计算时要采用和可采用该原则。对于简支梁，支座附近弯矩较小的区段虽然抗弯刚度较大，但对全梁的变形影响不大，且挠度计算仅考虑弯曲变形的影响，未考虑剪切段内还存在的剪切变形。因此，采用"最小刚度原则"计算挠度，其精度能满足工程要求。若采用梁刚度的实际分布来计算挠度，则对工程而言过于烦琐了。

20．导致混凝土结构耐久性失效的原因主要有：

（1）混凝土的碳化与钢筋锈蚀。

（2）混凝土的低强度风化。

（3）碱-骨料反应。

（4）渗漏溶蚀。

（5）冻融破坏。

（6）硫酸盐侵蚀。

（7）因荷载、温度、收缩等产生的裂缝以及止水失效等引起渗漏病害的加剧等。

影响混凝土结构耐久性的主要因素有：

（1）环境条件。

（2）混凝土保护层厚度。

（3）混凝土抗渗等级、混凝土抗冻等级、混凝土强度等级、水泥用量、水胶比、氯离子含量、碱含量等。

（4）结构型式。

NB/T 11011—2022 规范采用的保证结构耐久性的措施有：

（1）首先具体划分了混凝土结构所处的环境类别，要求按不同环境类别满足不同的耐久性要求。

规范根据室内室外、地上地下、淡水海水、水位变动区与水下、侵蚀性物质影响等将环境条件划分为五个环境类别，具体见教材附录 A。

（2）然后针对影响混凝土结构耐久性的主要因素，给出了保证耐久性具体的技术措施，包括混凝土保护层最小厚度、最低强度等级、最大氯离子含量、最大混凝土水胶比、最大碱含量，以及保证耐久性的构造等。详细可见教材 8.4.3.2 节或 NB/T 11011—2022规范。

第9章　钢筋混凝土肋形结构及刚架结构

本章是在学习前面几章板、梁、柱等基本构件设计计算的基础上，进一步讨论由板、梁、柱组合在一起的肋形结构及刚架结构的受力特点、结构分析、配筋计算和构造要求。本章讨论的受力结构分为两类：一类是由板和梁组成的承受竖向荷载的肋形结构，如屋面结构及楼面结构，肋形结构又称梁板结构；另一类是由梁和柱组成的刚架结构，它既承受结构传来的竖向荷载，同时又承受风荷载或地震作用等水平荷载。由水平的肋形结构和竖向的刚架结构就构成了完整的空间建筑结构。本章学习内容有：

(1) 单向板肋形结构与双向板肋形结构的判别。

(2) 单向板肋形结构的结构布置和计算简图。

(3) 单向板肋形结构按弹性方法的内力计算。

(4) 单向板肋形结构按弯矩调幅法的内力计算。

(5) 单向板肋形结构的截面设计和构造要求。

(6) 双向板肋形结构的设计。

(7) 钢筋混凝土刚架结构。

(8) 钢筋混凝土牛腿设计。

(9) 钢筋混凝土柱下基础。

以上各部分内容中，(1)～(6)属于肋形结构的内容，是本章的主要学习内容。学完这部分内容后，应掌握单向板与双向板肋形结构的判别条件和各自的传力方式、单向板与双向板肋形结构的计算简图、单向板肋形结构按弹性和塑性的内力计算方法以及两者的区别、单向板肋形结构的截面设计、双向板按弹性计算内力的方法等知识，了解单向板肋形结构的构造要求。辅以课程设计训练后，应能完整地进行肋形结构的设计，绘制相应的施工图。

(7)～(9)属于刚架结构计算，可根据教学大纲的要求有选择性地加以学习。

9.1　主 要 知 识 点

9.1.1　单向板与双向板肋形结构的判别与各自的受力特征

1. 肋形结构的概念

肋形结构是由板和支承板的梁所组成的板梁结构，也称梁板结构。屋面和楼面是常见的肋形结构。水利工程闸坝上的工作桥和交通桥、码头的上部结构也常做成肋形结构。

2. 单向板与双向板肋形结构的受力特征

梁布置不同，板上荷载传给支承梁的途径不同，板的受力情况不同。当长跨跨长 l_2

和短跨跨长 l_1 之比 $l_2/l_1 \geqslant 3$ 时，l_2 方向板带承担的荷载 p_2 只占总荷载 p 的 1.2% 以下，可不考虑，只需考虑一个方向的受力，空间问题变为平面问题，称为单向板。此时支承板的长边梁称次梁，短边梁称主梁，见图 9-1。板沿短跨配置受力钢筋，即受力钢筋垂直于次梁布置；长跨布置分布钢筋，分布钢筋放置在受力钢筋内侧，见图 9-2。

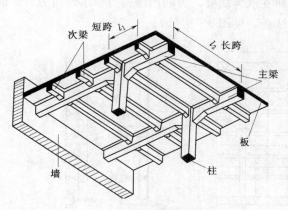

图 9-1 单向板肋形结构

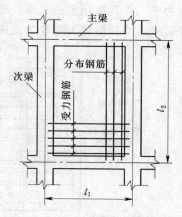

图 9-2 单向板受力钢筋与分布钢筋

在单向板肋形结构中，荷载从板传给次梁，再由次梁传给主梁，主梁传给柱子。单向板计算及构造简单，施工方便。

$l_2/l_1 < 2$ 时，荷载 p 沿两个方向传到四边的支承梁，须进行两个方向的内力计算，称为双向板。此时，梁不分主梁与次梁，板的两个方向都要配置受力钢筋。由于沿短跨的弯矩大于沿长跨的弯矩，沿长跨钢筋应放置在沿短跨钢筋的内侧，使沿短跨钢筋的力臂大于沿长跨钢筋的力臂。

双向板经济美观，计算、构造及施工较复杂。

3. 单向板与双向板肋形结构的分界

以往，工程设计以 $l_2/l_1 = 2$ 为单向板与双向板的分界，$l_2/l_1 \leqslant 2$ 按双向板设计，$l_2/l_1 > 2$ 按单向板设计。目前，现行混凝土结构设计规范规定如下：

（1）当 $l_2/l_1 \leqslant 2$ 时，应按双向板计算。

（2）当 $l_2/l_1 \geqslant 3$ 时，宜按单向板计算。

（3）当 $2 < l_2/l_1 < 3$ 时，宜按双向板计算。

工程上有时也将 $2 < l_2/l_1 < 3$ 的肋形结构作为沿短跨方向受力的单向板计算，这时板沿长跨方向应配置足够数量的构造钢筋。

9.1.2 整体式单向板肋形结构计算简图

9.1.2.1 计算简图的要素

整体式单向板肋形结构是由板、次梁和主梁整体浇筑而成，其设计是通过计算简图将其拆分为板、次梁和主梁（一般情况下为连续板和连续梁）进行内力计算，按受弯构件配筋。

计算简图包括的要素有：梁（板）的跨数、各跨的计算跨度、支座的性质、荷载的形式与大小及作用位置等。

9.1.2.2 支座简化

1. 板的支座简化

沿垂直于次梁方向取 1 m 板宽来计算，见图 9-3（a）。若板周边搁支在砖墙上，可认为其垂直位移等于零；砖墙虽然对板有嵌固作用，但不能完全固结板的转角，即板的转角不为零，将其简化为铰支座。板的中间支承为次梁，为利用结构力学求解内力，也假定为铰支座，即板简化为以铰为支座的连续板，见图 9-3（b）。

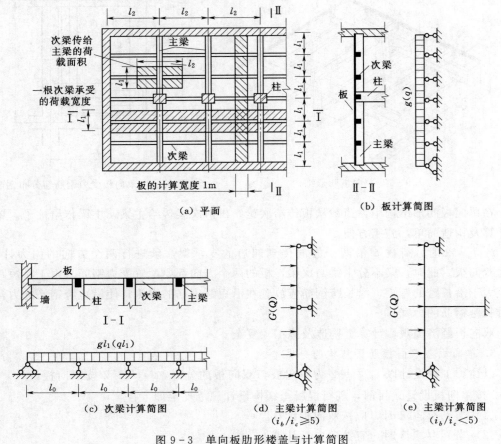

图 9-3　单向板肋形楼盖与计算简图

在现浇混凝土楼盖中，梁和板是整浇在一起的，当板在隔跨可变荷载（活荷载）作用下产生弯曲变形时，将带动作为支座的次梁产生扭转，即次梁对板的转动有约束作用。将中间支座简化为铰支座，就忽略了次梁对板转动约束能力，在活荷载 q 作用时，计算得到的转角 θ 和挠度 f 大于实际的转角 θ' 和挠度 f'，即将弯矩算大了，见图 9-4。

为了使活荷载 q 作用下计算得到的转角和挠度与实际相差不多，减小活荷载 q，增大永久荷载（恒荷载），采用折算荷载进行计算，对于板有

$$g' = g + \frac{1}{2}q \tag{9-1a}$$

$$q' = \frac{1}{2}q \tag{9-1b}$$

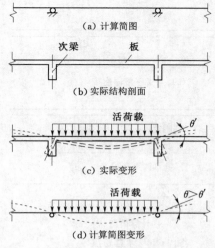

(a) 计算简图

次梁　　　　板

(b) 实际结构剖面

活荷载

(c) 实际变形

活荷载

(d) 计算简图变形

图 9-4　支座抗扭刚度对变形的影响

式中：g、q 分别为实际的恒荷载及活荷载；g'、q' 分别为计算采用的折算恒荷载及折算活荷载。

从式（9-1）看到，所谓折算荷载是将一部分活荷载转换成恒荷载来计算，并未减小荷载值。采用折算荷载可使跨中最大正弯矩和支座处负弯矩减小，与实际结构的受力状态趋于吻合。

2. 次梁的支座简化

和板一样，次梁简化为以铰为支座的连续梁。为考虑主梁对次梁的转动约束作用，仍采用折算荷载：

$$g' = g + \frac{1}{4}q \qquad (9-2a)$$

$$q' = \frac{3}{4}q \qquad (9-2b)$$

3. 主梁的支座简化

主梁的中间支承是柱，当主梁与柱的线刚度之比大于等于 5（$i_b/i_c \geqslant 5$）时，柱对主梁转动约束作用较小，可以忽略，主梁可简化为连续梁 [图 9-3（d）]；否则，柱对主梁的转动约束作用较大，不能忽略，则应把主梁和柱的连接视为刚性连接，按刚架结构设计，见图 9-3（e）。

9.1.2.3　荷载计算

1. 板上的荷载

取一米板宽（$b = 1.0m$）来计算，板上的荷载由板的自重和作用在板上的荷载两部分组成。其中，自重 $g = \gamma h + \gamma_1 h_1 + \gamma_2 h_2$，$\gamma$ 和 h、γ_1 和 h_1、γ_2 和 h_2 分别为钢筋混凝土的比重和板厚、磨耗层比重和厚度、粉刷层比重和厚度；作用在板上的荷载，由荷载规范查得。

2. 次梁和主梁上的荷载

次梁上的荷载由次梁自重和板传来的荷载两部分组成。其中，板传来的荷载为短跨长度 l_1 宽度范围内板的自重和作用在板上的荷载，见图 9-3（a）。

主梁上的荷载由主梁自重和次梁传来的荷载两部分组成。其中，次梁传来的荷载为集中力，它等于一跨次梁自重加上 $l_1 \times l_2$ 范围内板的自重和作用在板上的荷载，见图 9-3（a）。主梁自重为分布力，如此主梁上的荷载既有集中力又有分布力，弯矩为曲线分布。由于主梁自重比次梁传来的集中力小得多，为简化将梁自重也转换成集中力，如此主梁只有集中力，弯矩为折线分布，方便计算。

9.1.2.4　计算跨度

由于斜截面破坏不可能在支座内发生，最有可能在支座边发生，所以计算剪力采用净跨 l_n，即支座边到支座边的距离，见图 9-5。

计算弯矩时要考虑支座宽度 b 和搁支宽度 a 的影响，采用计算跨度 l_0。内力的计算有按弹性方法计算和按塑性方法计算两种，它们 l_0 的取值有所区别：

（1）当板、梁一端或两端与梁或柱整体连接时，按弹性方法计算时，l_0 除净跨 l_n 外每端还计入支座宽度的一半（$b/2$）；按塑性方法计算时，l_0 除净跨 l_n 外不计入支座宽度。

（2）当板或梁一端或两端搁支在墙上时，无论按弹性方法或塑性方法，板的 l_0 除 l_n 外每端还计入板高一半（$h/2$），梁的 l_0 除 l_n 外每端还计入 $0.025l_n$。但每端计入的长度，按弹性方法不大于 $b/2$，按塑性方法不大于 $a/2$。

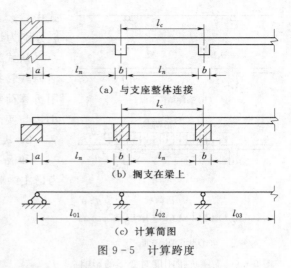

(a) 与支座整体连接

(b) 搁支在梁上

(c) 计算简图

图 9-5　计算跨度

9.1.3　整体式单向板肋形结构按弹性方法计算

9.1.3.1　计算方法分类

整体式单向板肋形结构的内力计算，有按弹性方法计算和按塑性方法计算两种。

按弹性方法计算：当连续板梁中任一截面达到承载力就认为结构破坏，纵向受拉钢筋用量大，可靠度高。

按塑性方法计算：认为连续板梁变为机动体系后结构才破坏，纵向受拉钢筋用量节约，最主要是可降低支座纵向受拉钢筋的用量，但可靠度略低一些。

9.1.3.2　按弹性方法计算

按弹性方法计算就是把钢筋混凝土梁（板）看作匀质弹性构件，用结构力学的方法进行内力计算。目前，计算连续板梁和刚架内力计算软件已非常成熟，能方便地显示内力分布，也已普及，工程上一般采用软件来计算连续板梁的内力。以往，则多采用查表的方式进行计算。教材附录给出了一些常用简单的表格。

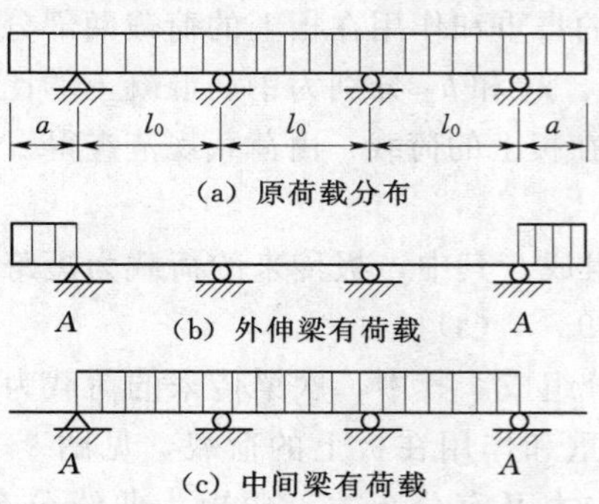

(a) 原荷载分布

(b) 外伸梁有荷载

(c) 中间梁有荷载

图 9-6　两端带悬臂的梁（板）查表计算内力

如图 9-6（a）所示一根三跨带外伸、承受均布荷载的连续梁，查表计算其内力时，可分解为图 9-6（b）和图 9-6（c）两根梁，前者可利用端弯矩作用下的内力表（教材附录 G）求得内力，后者可利用均布荷载作用下的内力表（教材附录 F 表 F-2）求得内力，然后叠加。

利用结构力学计算发现，对于超过五跨的等刚度连续板梁，中间各跨的内力与第 3 跨的内力接近，且和按五跨连续板梁计算得到的第 3 跨内力相近，边跨内力也和按五跨计算得到的边跨内力相近，见图 9-7。因此设计时可按五跨计算，将所有中间跨的内力和配筋都按第 3 跨来处理，既简化了计算，又可得到足够精确的结果。如图 9-8（a）所示的九跨连续梁，可按图 9-8（b）所示的五跨连续梁进行计算，中间支座（D、E）的内力数值取与 C 支座的相同，中间各跨（第 4、5 跨）的跨中内力取与第 3 跨的相同，梁的配筋构造则按图 9-8（c）确定。

因而，教材附录或其他计算手册上给出的梁（板）的内力系数计算图表，跨数最多为五跨。

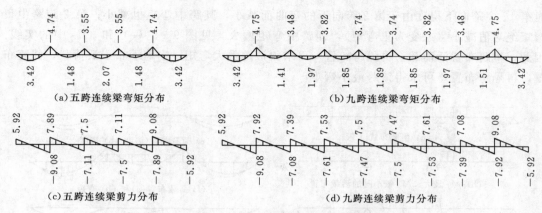

(a) 五跨连续梁弯矩分布 (b) 九跨连续梁弯矩分布

(c) 五跨连续梁剪力分布 (d) 九跨连续梁剪力分布

图 9-7 九跨连续梁与五跨连续梁内力比较

9.1.3.3 最不利活荷载布置的方式与内力包络图

1. 内力包络图的作用

荷载分恒荷载与活荷载两种，活荷载可能出现，可能不出现，这种变化影响内力的分布与大小。内力包络图为可能出现的最大内力，不论活荷载如何布置，各截面的内力都不会超出内力包络图。

弯矩包络图用来计算和配置梁的纵向钢筋，主要用于验算正截面和斜截面受弯承载力，即验算纵向钢筋弯起后还能否满足正截

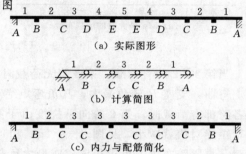

(a) 实际图形

(b) 计算简图

(c) 内力与配筋简化

图 9-8 连续梁（板）的简图

面和斜截面受弯承载力要求，以及确定负弯矩区纵向切断钢筋的切断点。剪力包络图用来计算和配置箍筋和弯起钢筋，用于确定需要弯起钢筋的排数和根数。

2. 最不利活荷载布置的方式

为了确定内力包络图首先要确定最不利活荷载布置，它按下列原则进行：

（1）当承受均布荷载时，假定活荷载在一跨内整跨布满，不考虑一跨内局部布置的情况。

（2）求某跨跨中最大正弯矩时，活荷载在本跨布置，然后再隔跨布置。

（3）求某跨跨中最小弯矩时，活荷载在本跨不布置，在邻跨布置，然后再隔跨布置。

（4）求某支座截面的最大负弯矩时，活荷载在该支座左右两跨布置，然后再隔跨布置。

（5）求某支座截面的最大剪力时，活荷载的布置与求该支座最大负弯矩时的布置相同。

下面以图 9-9 所示的三跨连续板梁为例进行说明：第 1、3 跨有荷载、第 2 跨无荷载时 [图 9-9（b）]，第 1、3 跨向下弯曲，第 2 跨向上弯曲。第 1、3 跨向下挠度最大，其跨中弯矩也最大；第 2 跨向上挠度最大，其跨中负弯矩绝对值最大，即跨中弯矩最小，见图 9-9（e）和（f）中的虚线。当各跨都有荷载时 [图 9-9（a）]，各跨都向下弯曲，此

时第 1、3 跨向下挠度由于第 2 跨向下的弯曲而减小，其跨中弯矩也减小；第 2 跨跨中负弯矩绝对值减小（或变为正弯矩），即跨中弯矩增大，见图 9－9（e）和（f）中的实线。因此，本跨布置活荷载，再隔跨布置，可求得该跨最大弯矩；本跨不布置活荷载，邻跨布置，再隔跨布置，可求得该跨最小弯矩。

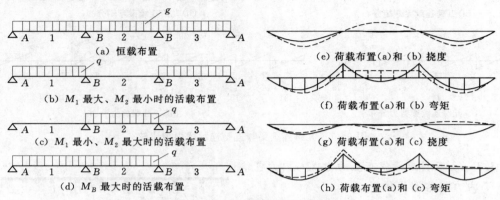

(a) 恒载布置

(b) M_1 最大、M_2 最小时的活载布置

(c) M_1 最小、M_2 最大时的活载布置

(d) M_B 最大时的活载布置

(e) 荷载布置(a)和(b)挠度

(f) 荷载布置(a)和(b)弯矩

(g) 荷载布置(a)和(c)挠度

(h) 荷载布置(a)和(c)弯矩

图 9－9　三跨连续梁最不利活荷载布置

当第 1、2 跨有荷载、第 3 跨无荷载时［图 9－9（d）］，第 1、2 跨向下弯曲，第 3 跨向上弯曲，支座 B 转角最大，其负弯矩绝对值就最大，见图 9－9（g）和（h）中的虚线。当各跨都有荷载时，第 2 跨向下挠度由于第 3 跨向下弯曲而变小，支座 B 转角变小，其负弯矩绝对值就减小，见图 9－9（g）和（h）中的实线。因此，在支座左右两跨布置活荷载、再隔跨布置，可求得该支座最大负弯矩。

3. 内力包络图

图 9－10 给出了三跨连续梁的内力包络图，图中曲线 1 是恒荷载［图 9－9（a）］和 1 跨最大弯矩［图 9－9（b）］的组合，曲线 2 是恒荷载［图 9－9（a）］和 2 跨最大弯矩［图 9－9（c）］的组合，曲线 3 是恒荷载［图 9－9（a）］和 B 支座最大负弯矩［图 9－9（d）］的组合。

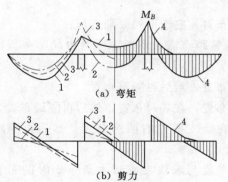

(a) 弯矩

(b) 剪力

图 9－10　三跨连续梁内力包络图

从图 9－10 看到，第 2 跨跨中弯矩小于第 1 跨跨中弯矩。这是因为：第 1 跨承受荷载时，第 1 跨的向下挠度只受到第 2 跨的约束；当第 2 跨承受荷载时，第 2 跨的向下挠度同时受到第 1、3 跨的约束，其挠度小。因而，对于底部纵向受力钢筋用量而言，边跨大于中间跨。

9.1.3.4　削峰处理

当连续梁（板）与支座整体浇筑时（图 9－11），在支座范围内的截面高度很大，梁（板）在支座内破坏的可能性较小，最危险的截面在支座边缘处，因此应取支座边缘处截面作为配筋的计算截面。

计算得到的支座弯矩 M_c 为实际结构支座中心线处的弯矩，见图 9－11，则支座边缘截面的弯矩的绝对值可近似按下列公式计算：

$$M = |M_C| - |V_0| \frac{b}{2} \tag{9-3}$$

式中：V_0 为支座边缘处的剪力，可近似按单跨简支梁计算，即 $V_0 = 0.5(g+q)l_n$；b 为支承宽度。

如果梁（板）直接搁支在支座上（图9-12），则不存在上述支座弯矩的削减问题。

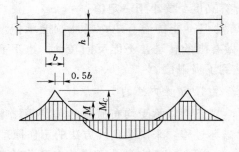 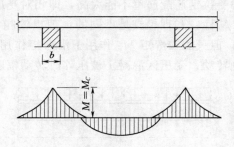

图9-11　整浇连续梁（板）支座弯矩取值　　　图9-12　直接搁支支座上的连续
　　　　　　　　　　　　　　　　　　　　　　　　梁（板）支座弯矩取值

9.1.4　整体式单向板肋形结构按塑性方法计算

1. 采用塑性方法计算的好处

连续板梁按弹性方法计算内力时，认为结构中任一截面的内力达到承载力时，就导致整个结构破坏，这对静定结构和脆性材料做成的结构来说，是合理的。但对于钢筋混凝土超静定结构，由于它具有一定塑性，当结构中某一截面的内力达到承载力时，结构并不破坏，而是认为该截面只是出现一个塑性铰，结构仍可承担继续增加的荷载，直到塑性铰陆续出现结构变成机动体系而破坏。即，按弹性方法计算钢筋混凝土连续板梁的内力，设计结果偏于安全且有多余的承载力储备；按塑性方法计算钢筋混凝土连续板梁的内力，可节省钢材、节约投资，但承载力安全储备低一些。

2. 塑性铰的概念

对于适筋破坏的受弯梁，从纵向受拉钢筋开始屈服（b 点）到截面最后破坏（c 点），关系接近水平直线 [图9-13 (a)]。可以认为这个阶段，截面所承受的弯矩基本上等于

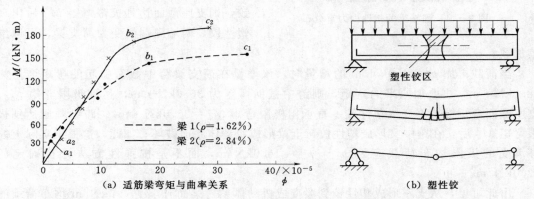

(a) 适筋梁弯矩与曲率关系　　　　　　　　　(b) 塑性铰

图9-13　弯矩与曲率的关系与塑性铰区

截面的极限承载力 M_u。纵向受拉钢筋配筋率越高，这个屈服阶段的过程就越短；如果纵向受拉钢筋配筋过多，截面将呈脆性破坏，就没有这个屈服阶段。只要截面中纵向受拉钢筋配筋率不是太高，且不采用高强钢筋，则截面中的纵向受拉钢筋将首先屈服，截面开始进入屈服阶段，梁就会围绕该截面发生相对转动，好像出现了一个铰一样［图 9-13 (b)］，称这个铰为"塑性铰"。从这里也看到，"塑性铰"的出现是有条件的，要求截面纵向受拉钢筋配筋率不能太高，即相对受压区计算高度 ξ 要小于一定值。

塑性铰和理想铰是不同的：理想铰能自由转动但不能传递弯矩；塑性铰能承担弯矩 M_u，但只能在弯矩 M_u 作用下沿弯矩作用方向做有限的转动，不能反向转动，也不能无限制转动，受压区混凝土被压碎时转动幅度就达到了极限值。

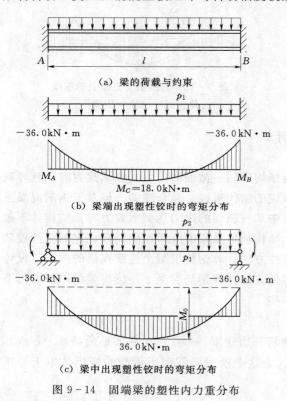

图 9-14　固端梁的塑性内力重分布

3. 塑性方法的工作原理

下面以承受均布荷载的单跨固端梁的破坏过程，来说明塑性方法的工作原理。

图 9-14 (a) 为承受均布荷载的单跨两端固端梁，长度 $l=6.0\text{m}$，梁各截面的尺寸及上下配筋量均相同，所能承受的正负极限弯矩均为 $M_u=36.0\text{kN}\cdot\text{m}$，即跨中截面和支座截面的极限弯矩都为 $M_u=36.0\text{kN}\cdot\text{m}$。

当荷载 $p_1=12.0\text{kN/m}$ 时，由结构力学可得：支座弯矩 $M_A=M_B=36.0\text{kN}\cdot\text{m}$，跨中弯矩 $M_C=18.0\text{kN}\cdot\text{m}$，见图 9-14 (b)。此时支座截面的弯矩已等于该截面的极限弯矩 M_u，若按弹性方法设计，认为结构中任一截面的内力达到承载力时就导致整个结构破坏，该梁能够承受的最大均布荷载为 $p_1=12.0\text{kN/m}$。但如果截面纵向受拉钢筋配筋率不高，能够形成塑性铰，则支座截面达到极限弯矩 M_u 后出现塑性铰，两端固端梁变为简支梁，可以继续加载。

当荷载再加 $p_2=4.0\text{kN/m}$ 的增量时，该增量在简支梁跨中截面引起的弯矩增量为 18.0kN·m，再叠加原来的弯矩，则跨中截面弯矩为 36.0kN·m，达到极限弯矩 M_u；支座截面弯矩维持不变（塑性铰一直承担极限弯矩 $M_u=36.0\text{kN}\cdot\text{m}$）。跨中截面达到极限弯矩 M_u 后，在跨中又形成塑性铰，全梁形成机动体系而破坏。如此，这根梁实际上能够承受的极限均布荷载应为 $p_1+p_2=16.0\text{kN/m}$，而不是按弹性方法计算确定的 12.0kN/m。

由此可见，从支座形成塑性铰到梁变成机动体系，梁尚有承受 4.0kN/m 均布荷载的潜力。考虑塑性变形的内力计算能充分利用材料的这部分潜力，取得更为经济的效果。

4. 塑性方法的特点

(1) 随塑性铰出现结构内力发生重分布。从图 9-14 看到，形成塑性铰前，M_A 与 M_C 之比为 $2:1$（36.0kN·m：18.0kN·m），形成塑性铰后，比值逐渐改变，最后成为 $1:1$（36.0kN·m：36.0kN·m），说明材料的塑性变形引起了结构内力的重分布。

(2) 塑性铰出现过程中始终遵守力的平衡条件。当荷载 $p=p_1=12.0$kN/m 时，$\frac{1}{2}(M_A+M_B)=36.0$kN·m、$M_C=18.0$kN·m，按简支梁算得的跨中弯矩为 $M_0=\frac{1}{8}pl^2=\frac{1}{8}\times12.0\times6.0^2=54.0$kN·m，即 $M_C+\frac{1}{2}(M_A+M_B)=M_0$。当荷载 $p=(p_1+p_2)=16.0$kN/m 时，$\frac{1}{2}(M_A+M_B)=36.0$kN·m、$M_C=36.0$kN·m，$M_0=\frac{1}{8}pl^2=\frac{1}{8}\times16.0\times6.0^2=72.0$kN·m，仍然有 $M_C+\frac{1}{2}(M_A+M_B)=M_0$。这说明，虽然支座截面出现塑性铰后，支座弯矩与跨中弯矩的比例发生改变，但始终遵守力的平衡条件，即跨中弯矩加上两个支座弯矩的平均值始终等于简支梁的跨中弯矩 M_0。

(3) 塑性内力重分布可由设计者通过控制截面的极限弯矩 M_u 来掌握，但不能随意。若支座截面的极限弯矩设定得比较低，则塑性铰就出现较早，为了满足力的平衡条件，跨中截面的极限弯矩就必须调整得比较高 [图 9-15 (b)]；反之，如果支座截面的极限弯矩设定得比较高，则跨中截面的弯矩就可调整得低一些 [图 9-15 (c)]。

弯矩调整不是随意的。如若将上例中的支座截面 M_u 下降至 18.0kN·m，极限荷载不变，仍为 16.0kN/m，则根据"跨中弯矩加两支座弯矩的平均值等于简支梁跨中弯矩"的平衡条件，跨中截面 M_u 应增加至 $72.0-18.0=54.0$kN·m。此时，当荷载加到 $p_1=6.0$kN/m 时，支座弯矩 $M_A=M_B=18.0$kN·m，跨中弯矩 $M_C=9.0$kN·m，见图 9-16 (b)，支座截面出现塑性铰，两端固结梁变为简支梁；当荷载再加 $p_2=10.0$kN/m 的增量时，该增量在简支梁跨中截面引起的弯矩增量为 45.0kN·m，再叠加原来的弯矩，则跨中截面弯矩为 54.0kN·m，见图 9-16 (c)，此时跨中形成塑性铰，结构变为机动体系而破坏。支座截面弯矩维持不变（塑性铰一直承担极限弯矩 $M_u=18.0$kN·m）。

图 9-16 所示固结梁和图 9-14 所示固结梁相比，支座塑性铰出现得早，简支梁承担荷载增量大，跨中弯矩也增加，这意味着梁的挠度与裂缝宽度都会增加。因此，弯矩调整不是随意的，如果指定的支座弯矩比按弹性方法计算得到的小得太多，则塑性铰出现太早，内力重分布的过程太长，塑性铰转动幅度过大，裂缝开展过宽，不能满足正常使用的要求。甚至还有可能出现截面受压区混凝土被压坏，无法形成完全的塑性内力重分布的情况。所以，弯矩的调整幅度应有所控制。截面弯矩调整的幅度采用弯矩调幅系数 β 来表示，$\beta=1-M_a/M_e$，式中 M_a、M_e 分别为调幅后的弯矩和按弹性方法计算的弯矩。

5. 采用塑性方法应遵守的原则与要求

按塑性方法计算也称考虑内力重分布的方法。目前，钢筋混凝土超静定结构考虑塑性内力重分布的计算方法有极限平衡法、塑性铰法、弯矩调幅法和非线性全过程计算等等，但只有弯矩调幅法最为简单，为多数国家的设计规范所采用。我国《钢筋混凝土连续梁和框架考虑内力重分布设计规程》（CECS 51：93）也采用弯矩调幅法。

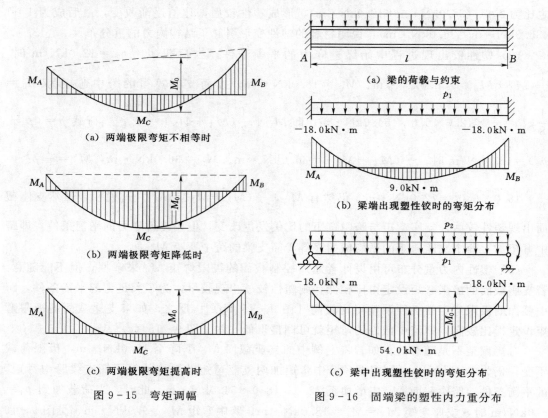

（a）两端极限弯矩不相等时

（b）两端极限弯矩降低时

（c）两端极限弯矩提高时

图 9-15　弯矩调幅

（a）梁的荷载与约束

（b）梁端出现塑性铰时的弯矩分布

（c）梁中出现塑性铰时的弯矩分布

图 9-16　固端梁的塑性内力重分布

弯矩调幅法就是先按弹性方法求出弯矩包络图，然后人为地调整某截面的弯矩，再由平衡条件计算其他截面相应的弯矩。由于按弹性方法计算的结果，一般支座截面负弯矩较大，这使得支座配筋密集，施工不便。所以，一般都是将支座截面的最大负弯矩值调低，即减少支座弯矩，使支座钢筋用量减少，以方便布置支座处钢筋，保证混凝土浇筑质量。按弯矩调幅法设计时，必须遵守以下原则：

（1）为保证塑性铰有足够的转动能力，要求：①须限制纵向受拉钢筋配筋率，使调幅截面的相对受压区计算高度满足：$0.10 \leqslant \xi \leqslant 0.35$；②宜采用塑性较好的 HRB400 热轧钢筋；混凝土强度等级宜在 C20～C45 范围内。

（2）为防止塑性铰过早出现而使裂缝过宽及变形过大，弯矩调幅系数 β 不宜超过0.25，即调整后的弯矩不宜小于按弹性方法计算的 75%，也就是通常所说的调幅不大于25%。但降低连续板、梁各支座截面弯矩的调幅系数 β 不宜超过 0.20。

（3）为保证结构在形成机动体系前能达到设计要求的承载力，弯矩调幅后的板、梁各跨两支座弯矩平均值的绝对值与跨中弯矩之和，不应小于按简支梁计算的跨中最大弯矩 M_0 的 1.02 倍；各控制截面的弯矩值不宜小于 $M_0/3$。

（4）为了保证结构在实现弯矩调幅所要求的内力重分布之前不发生剪切破坏，箍筋用量要加强。

6. 塑性方法不宜应用的范围

按塑性方法设计的结构，承载力储备比弹性设计方法低、钢筋应力高，裂缝宽度及变形大。因此，下列结构不宜采用：

(1) 直接承受动力荷载的结构。

(2) 使用阶段不允许有裂缝产生或对裂缝开展及变形有严格要求的结构。

(3) 侵蚀环境中的结构，因为此类结构对裂缝开展有严格要求。

(4) 要求有较高承载力储备的结构。

为此对于裂缝控制和承载力储备要求较高的水工建筑中的连续板梁仍宜按弹性方法进行设计。

9.1.5 单向板肋形结构中连续板的配筋设计

9.1.5.1 配筋原则

(1) 对四周与梁整体连接的板区格，由于在两个方向受到支承构件的变形约束，整块板内存在穹顶作用，使板内弯矩减小，因而无论是单向板还是双向板，计算所得弯矩都可以予以折减。其中对于单向板，中间跨跨中截面及中间支座截面的弯矩折减 20%，但边跨跨中截面、从板边缘算起的第 1 和第 2 支座截面的弯矩不折减。在水工混凝土结构设计中，习惯上不对单向板的板中弯矩进行折减。

(2) 根据各跨中和支座最大弯矩计算钢筋用量，切断与弯起钢筋的位置理论上要通过抵抗弯矩图确定与校核，但一般情况下可直接按图 9-17 所示的构造要求弯起或切断钢筋，不画抵抗弯矩图。

(3) 一般厚度的连续板剪力由混凝土承受，不设腹筋，也就是说在连续板中满足 $\gamma_d V \leqslant 0.5 \beta_h f_t b h_0$。

(4) 纵向受力钢筋垂直于次梁放置，平行于次梁布置分布钢筋，分布钢筋放置在受力钢筋的内侧，见图 9-2。

在墙支承处、与主梁交界处要布置板面构造钢筋，以抵抗计算时忽略的内力。

9.1.5.2 两种配筋形式

连续板的配筋有弯起式和分离式两种。

1. 弯起式

(1) 先配跨中板底钢筋，然后将跨中板底钢筋的 1/2～2/3 弯起伸入支座，去承担支座负弯矩，不够另加直筋。剩余钢筋的间距不应大于 400mm，且全部伸入支座。钢筋起弯点位置与切断点位置按构造要求确定，见图 9-17 (a)。

(2) 各跨钢筋间距相等或成倍数，以保证支座负弯矩区钢筋间距协调。

(3) 可用两种不同直径的钢筋，两种直径宜相差 2mm。

(4) 弯起角一般为 30°，板厚≥120mm 时可取 45°。弯起钢筋的目的是为了抵抗支座负弯矩，而不是为抵抗剪力，剪力由混凝土承担。

2. 分离式

(1) 跨中板底和支座板面钢筋分别配置，全部采用直钢筋。支座板面钢筋切断点位置按构造要求确定，板底直筋可连续几跨不切断，也可每跨都断开，见图 9-17 (b)。

（2）可用两种不同直径的钢筋，两种直径宜相差 2mm。

（3）板底与板面钢筋间距要协调，相等或成倍数。

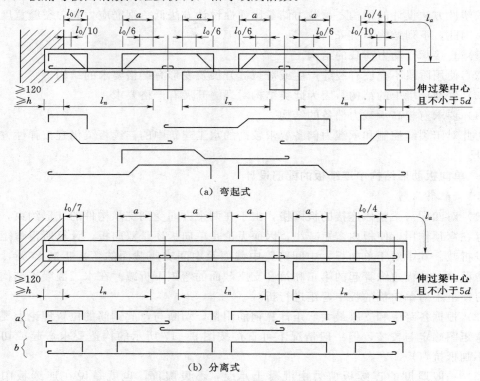

（a）弯起式

（b）分离式

图 9-17 连续单向板典型配筋

9.1.5.3 一般厚度板板中钢筋的要求

（1）受力钢筋常用直径为 6mm、8mm、10mm、12mm。为了施工中不易被踩下，支座板面受力钢筋直径一般不宜小于 8mm，当板较薄时端部可做直角弯钩，抵至板底。受力钢筋间距不宜大于 200mm，即每米不少于 5 根。

（2）分布钢筋的用量与受力钢筋用量相关，直径不宜小于 6mm，间距不宜大于 250mm，即每米不少于 4 根。

（3）如板边和混凝土墙、梁整体浇筑或嵌固在墙体内，板在这些支承处因受到约束而产生一定的负弯矩。若内力分析没有考虑到这种约束的影响而按简支计算时，则应在这些支承处设置板面构造钢筋，见图 9-18。

板与主梁梁肋、边梁梁肋连接处实际上也会产生一定的负弯矩，但计算时按简支处理，应在这些位置配置板面构造钢筋（附加短钢筋），见图 9-19。

板中钢筋详细的构造要求可见教材 9.4.2 节或规范。

9.1.6 单向板肋形结构中连续梁的配筋设计

9.1.6.1 配筋原则

（1）先配各跨中底面纵向钢筋，弯起部分底面纵向钢筋伸入支座顶面，以满足斜截面承载力要求和承担支座负弯矩。若弯起的钢筋还不能满足支座正截面受弯承载力的需要，

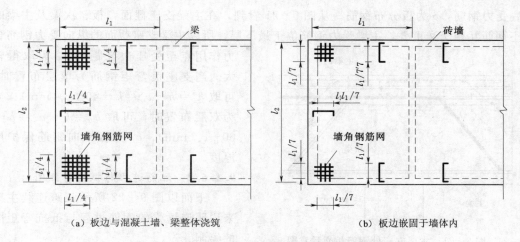

（a）板边与混凝土墙、梁整体浇筑　　　　（b）板边嵌固于墙体内

图 9-18　嵌固于墙内的板边及板角处的配筋构造

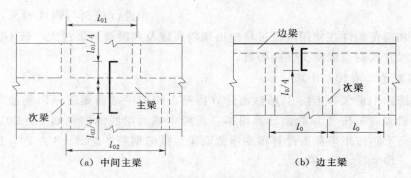

（a）中间主梁　　　　　　　　（b）边主梁

图 9-19　板与主梁梁肋连接处的附加钢筋

另加直钢筋。

（2）先配箍筋，再弯起钢筋，若弯起钢筋不满足斜截面承载力，另加斜筋。

（3）若需弯起钢筋抗剪，钢筋弯起位置和排数根据抗剪要求确定，画抵抗弯矩图校核弯起钢筋后正截面和斜截面受弯承载力能否满足要求；支座顶面纵向钢筋的切断位置由抵抗弯矩图确定，次梁也经常按典型配筋图规定的构造要求确定。

（4）端支座计算不需弯筋时，仍应弯起部分钢筋，伸至支座顶面，承担可能存在的负弯矩。伸入支座内的跨中纵向钢筋应不少于 2 根。

（5）整体式肋形结构的次梁和主梁是以板为翼缘的连续 T 形梁，在支座处，板处于受拉状态，按矩形截面计算；在跨中，板处于受压状态，按 T 形截面计算，见图 9-20。

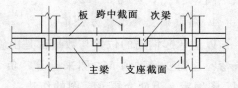

图 9-20　次梁与主梁计算截面

（6）在图 9-21 中，1 为主梁底部纵向受力钢筋，由跨中最大弯矩按 T 形截面计算得到；2 为主梁顶部纵向受力钢筋，由主梁支座最大负弯矩按矩形截面计算得到；3 为次梁顶部纵向受力钢筋，由次梁支座最大负弯矩按矩形截面计算得到；4 为板顶支座受力钢筋，5 为

板底受力钢筋，6 为板分布钢筋。从图 9-21 看到，在主梁支座截面，板、次梁及主梁的支座钢筋互相交叉重叠，主梁受力钢筋位于最下层，所以主梁支座截面的纵向受力钢筋合

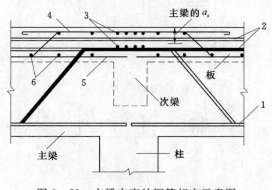

图 9-21　主梁支座处钢筋相交示意图

力作用点至受压边缘距离 a_s 需取得较大。当支座负弯矩钢筋为单层布置时，可取 $h_0 = h - a_s = h - 40 - c_s$（mm）；当为双层布置时，可取 $h_0 = h - a_s = h - 60 - c_s$（mm），$c_s$ 为板纵向钢筋保护层厚度。

9.1.6.2　配筋过程与抵抗弯矩图

下面以图 9-22 所示三跨连续主梁来说明连续梁的配筋过程与抵抗弯矩图的绘制。

1. 截面尺寸与混凝土强度验算

先进行截面与强度验算，以防止发生斜压破坏和避免构件在使用阶段过早地出现斜裂缝及斜裂缝开展过大。若不能满足，则应加大截面尺寸或提高混凝土强度等级。

2. 正截面受弯承载力计算

由第 1 跨跨中最大弯矩按 T 形截面计算得第 1 跨跨中截面梁底纵向钢筋 5 ⌀ 22，由第 2 跨跨中最大弯矩按 T 形截面计算得第 2 跨跨中截面梁底纵向钢筋 4 ⌀ 20，由削峰后的支座最大负弯矩按矩形截面计算得支座截面梁顶纵向钢筋 2 ⌀ 22+4 ⌀ 20，这些截面配筋都为适筋，即 $\xi \leqslant \xi_b$ 和 $\rho \geqslant \rho_{\min}$。

3. 斜截面受剪承载力计算

先配箍筋，要求箍筋间距小于最大箍筋间距 $s \leqslant s_{\max}$，配箍率大于最小配箍率 $\rho_{sv} \geqslant \rho_{sv\min}$，以防止箍筋过稀过少。

若配置箍筋后还不能满足抗剪要求，则弯起钢筋抗剪。由于次梁传给主梁为集中力，主梁自重也简化为集中在次梁位置上的集中力，因此次梁之间的剪力相等。弯起 3 排钢筋，直到第 3 排弯起钢筋下弯点过了次梁的中心线，这时第 3 排弯起钢筋下弯点截面的剪力设计值已小于混凝土与箍筋能承担的剪力 V_{cs}/γ_d。在弯起过程中，要求：第 1 排弯起钢筋的上弯点距支座边缘距离 $s_1 \leqslant s_{\max}$；后一排弯起钢筋的上弯点距前一排弯起钢筋的下弯点距离 $s \leqslant s_{\max}$，见图 9-22。

4. 斜截面受弯承载力验算

以上弯起钢筋的位置与数量都是由斜截面抗剪要求决定的。钢筋弯起抗剪后还能不能抗弯？这需要通过画 M_R 图来验算；负弯矩区的切断钢筋什么位置可以切断？也需通过 M_R 图确定。下面介绍 M_R 图的作法。

（1）给纵向钢筋编号，尺寸、形状相同的钢筋编一个号，如①、⑤、⑧号钢筋，都有两根。

（2）计算纵向钢筋实际能承担的弯矩 M_u/γ_d，并分配给每号钢筋。对正弯矩区，直

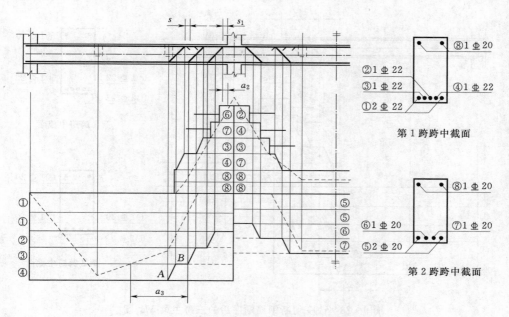

图 9 - 22　三跨主梁配筋与 M_R 图

钢筋放在最上层，最后弯起的钢筋放在最下层；对负弯矩区，则相反。

（3）考虑弯起钢筋弯起过程中的抗弯作用，假定弯起钢筋过了梁截面中心线后才不承担弯矩。如，④号钢筋的点 A 对应其起弯点，弯矩为零的点 B 对应梁截面中心线。

（4）若各截面弯矩设计值 M 均小于纵向钢筋实际能抵抗弯矩 M_u/γ_d，则正截面满足要求。

（5）为保证斜截面抗弯，对弯起钢筋要求：$a \geqslant 0.5h_0$，a 为弯起钢筋充分利用点到起弯点的距离。如图 9 - 22 中的 a_3 就为③号钢筋在正弯矩区中的 a，显然 $a_3 \geqslant 0.5h_0$，说明③号钢筋在正弯矩区能承担弯矩；a_2 为②号钢筋在负弯矩区中的 a，$a_2 < 0.5h_0$，说明②号钢筋在负弯矩区不能承担弯矩，因此②号钢筋在负弯矩区左侧的 M_R 图中未出现。

对切断钢筋，要求：实际切断点至充分利用点的距离要大于 $1.2l_a + h_0$，至理论切断点的距离要同时大于 20d 和 h_0，l_a 为最小锚固长度。若按上述规定确定的截断点仍位于负弯矩受拉区内，则钢筋还应延长。钢筋实际切断点至理论切断点的距离 l_w 应满足 20d 且 $1.3h_0$，至充分利用点的距离应满足 $1.2l_a + 1.7h_0$。

（6）正弯矩区的纵向钢筋可以弯起，但不能切断，未弯起的纵向钢筋伸入支座，并满足锚固长度，且至少要有 2 根。负弯矩区纵向钢筋可以切断，并尽可能早地切断钢筋，以节约钢筋。当过早切断钢筋引起正截面抗弯不能满足要求时，可调整钢筋弯起和切断的顺序。如，在支座右侧，连续切断 3 根钢筋引起⑦号钢筋不能满足正截面抗弯要求（图 9 - 22），则可先弯⑦号钢筋再切断③号钢筋，见图 9 - 23。比较图 9 - 23 和图 9 - 22 知，改变钢筋切断与弯起的顺序后，虽然③号钢筋延长了，但⑦号钢筋正截面与斜截面抗弯都能满足。

213

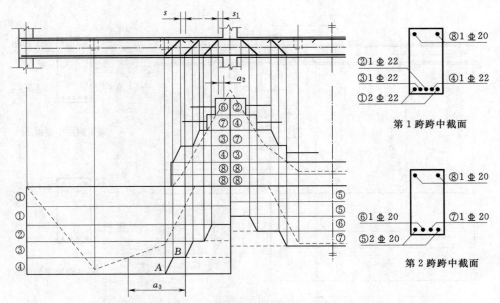

图 9-23　改变切断钢筋顺序后的三跨主梁 M_R 图

9.1.6.3　附加钢筋计算

次梁传给主梁的力不是作用在梁顶，而是作用在次梁与主梁交界的两侧，该力可导致主梁中下部发生斜裂缝。为限制此斜裂缝开展，防止斜裂缝引起的局部破坏，需配附加钢筋。附加钢筋有附加箍筋和附加吊筋两种，见图 9-24。

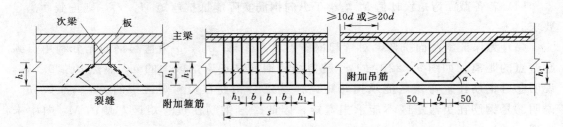

图 9-24　主、次梁交接处的附加箍筋或吊筋

附加钢筋布置的关键是要保证附加箍筋或吊筋的斜段穿过斜裂缝，起到限制裂缝开展的作用。因此，若采用附加箍筋，则附加箍筋应布置在 $s=2h_1+3b$ 范围内的次梁两侧；若采用吊筋，起弯点离开次梁边 50mm，弯起段应伸至梁的上边缘，末端水平长度在受拉区不应小于 $20d$，在受压区不应小于 $10d$。对光圆钢筋，其末端应设置弯钩。

附加钢筋所需面积为 $A_{sv} \geqslant \dfrac{\gamma_d F}{f_{yv}}$（采用箍筋时）或 $A_{sv} \geqslant \dfrac{\gamma_d F}{f_{yv} \sin\alpha}$（采用吊筋时），其中 F 为由次梁传给主梁的集中力设计值，为 $l_1 \times l_2$ 范围内板自重和板上荷载，再加上一根次梁自重；α 为附加吊筋与梁轴线的夹角。需要注意的是，采用附加吊筋时，是附加吊筋的左右两边钢筋共同承担集中力 F，因此要用 $A_{sv}/2$ 来选择附加吊筋的直径和根数。

9.1.7 双向板肋形结构的设计

1. 双向板试验结果

选取四边的简支正方形和长方形板进行试验，板顶作用均布荷载。对正方形板，因跨中两个方向的弯矩相等，主弯矩方向与沿对角线方向一致，第一批裂缝出现在板底面的中间部分，随后沿着对角线的方向朝四角扩展，图 9-25 （a）。对于长方形

（a）板底　　　　　（b）板顶

图 9-25　正方形双向板的破坏形态

板，因 $p_1 > p_2$ ［图 2-26 （a）］，短跨跨中的弯矩大于长跨跨中的弯矩，第一批裂缝出现在板底面中间部分，且平行于长边方向；随着荷载继续增加，这些裂缝逐渐延长，然后沿 45°方向朝四角扩展，图 9-26 （b）。

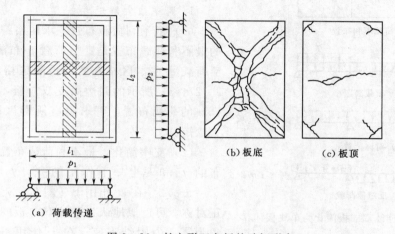

（a）荷载传递

（b）板底　　　　　（c）板顶

图 9-26　长方形双向板的破坏形态

无论是正方形板还是长方形板，接近破坏时，板顶四角出现与对角线垂直的裂缝，见图 9-25 （b）和图 9-26 （c）。这种裂缝的出现，促使板底面对角线方向的裂缝进一步扩展。最后跨中受力钢筋屈服，板破坏。

2. 配筋方式

理论上来说，钢筋应垂直于裂缝的方向配置，但施工困难。试验表明，钢筋布置方向对破坏荷载无显著影响。平行于板边配筋，施工方便，因此工程上板的配筋一般平行板边布置。

简支正方形或矩形板，荷载作用下四角翘起。板传给四边支座的压力中部大，两端小。这说明板中间弯矩大，钢筋应多配；两边弯矩小，钢筋可以少配。因此，双向板分板带配筋，中间板带配筋多，两边板带配筋少。

9.1.8 双向板内力计算与配筋

9.1.8.1 双向板内力计算

双向板的内力计算也有按弹性方法计算和按塑性方法计算两种，按弹性方法计算是根据弹性薄板小挠度理论的假定进行的。在工程设计中，大多根据板的荷载及支承情况利用计算机软件或已制成的表格进行计算。教材中只介绍了按弹性方法查表计算内

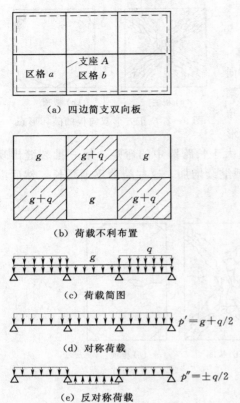

(a) 四边简支双向板

(b) 荷载不利布置

(c) 荷载简图

(d) 对称荷载

(e) 反对称荷载

图 9-27 连续双向板简化为单块板计算

力的情况。

实际工程多为连续板。连续板的内力计算方法是：将连续板中的每个区格简化为单块板计算，对单块板则根据弹性薄板小挠度理论得到均载下的计算表格（教材附录 H），查表计算内力。和单向板一样，双向板也要根据各区格跨中最大弯矩求得相应的板底钢筋，支座最大负弯矩求得支座板顶钢筋。计算各区格跨中最大弯矩和支座最大负弯矩时，将连续板区格简化为单块板的方法是不同的。

1. 跨中最大弯矩

（1）最不利荷载布置。求区格跨中最大弯矩的最不利荷载布置是：恒荷载 g 布满每个区格，活荷载 q 在本区格布置，再隔区格布置。如图 9-27 （a）所示的四边简支双向板，按图 9-27 （b）的荷载布置，可求得有阴影区格的跨中最大弯矩。

（2）支座简化。最不利荷载布置可简化为满布的 p' 和一上一下作用的 p''，$p' = g + q/2$，$p'' = \pm q/2$。在 p' 作用下 ［图 9-27 （d）］，荷载正对称，可近似地认为连续双向板的中间支座转角为零，为固结支座；在 p'' 作用下 ［图 9-27 （e）］，荷载反对称，荷载近似符合反对称关系，可认为中间支座的弯矩等于零，简化为铰支支座。边支座根据实际情况确定。

如，为求图 9-27 （a）中区格 a 跨中最大弯矩，将区格 a 分解为图 9-28 所示两块板，查表计算各自的弯矩 M_x 和 M_y，然后相加。其中，图 9-28 （a）为反对称荷载 p'' 作用下，图 9-28 （b）为对称荷载 p' 作用下。

2. 支座中点最大弯矩

求连续双向板的支座中间弯矩时，可将全部荷载 $p = g + q$ 布满每个区格来计算，并近似认为连续双向板的中间支座都是固定支座。如要求图 9-27 （a）中支座 A 中点最大弯矩，可按图 9-29 所示分别求区格 a 和区格 b 在支座 A 上中点最大弯矩 M_x^0，然后平均。

9.1.8.2 配筋要点

（1）对于周边与梁整体连结的双向板，由于在两个方向受到支承构件的变形约束，整块板内存在穹顶作用，使板内弯矩大大减小，因而其弯矩设计值可折减，具体规定可见教材 9.6.3 节。

（2）双向板两个方向都要配筋。短跨方向弯矩大，顺该跨方向的钢筋放在外层；长跨方向弯矩小，顺该跨方向的钢筋放在内层。

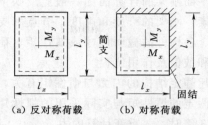
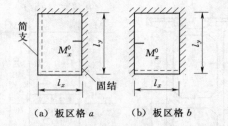

图 9-28　区格 a 跨中最大弯矩查表计算　　　图 9-29　支座 A 跨中最大弯矩查表计算

（3）板底钢筋配置时，在两个方向各划分为三个板带，两个方向边缘板带的宽度均为 $l_1/4$。中间板带按跨中最大弯矩配筋，边缘板带单位宽度内钢筋用量为中间板带的一半，但每米宽度应不少于 3 根。

板顶钢筋配置时，按支座最大弯矩求得的钢筋沿板边均布，不得分带减少。

双向板配筋形式仍有弯起式和分离式两种，但采用弯起式配筋，设计与施工复杂，工程中一般采用分离式配筋。

9.1.9　刚架配筋计算要点

9.1.9.1　计算简图

整体式刚架结构中，纵梁、横梁与柱整体相连，为空间结构。但当两个方向刚度相差较大时，为了设计的方便，可忽略刚度较小方向的整体影响，而把结构偏于安全地当作一系列平面刚架进行分析。如图 9-30 所示的水电站厂房就可能简化成由主梁、柱组成的平面刚架。

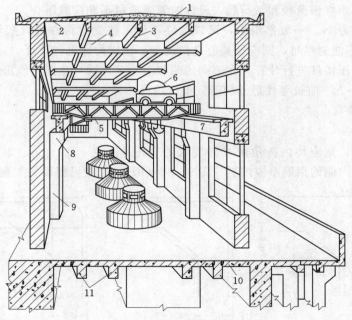

图 9-30　水电站厂房

1—屋面构造层；2—屋面板；3—纵梁；4—屋面大梁；5—吊车；6—小车；

7—吊车梁；8—牛腿；9—柱；10—楼板；11—楼面纵梁

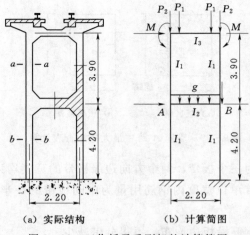

（a）实际结构　　（b）计算简图

图 9-31　工作桥承重刚架的计算简图

平面刚架的计算简图一般应反映下列主要因素：刚架的跨度和高度、节点和支承的形式、各构件的截面尺寸或惯性矩、荷载的形式和数值及作用位置。

超静定结构的内力与惯性矩有关，当计算时假定的惯性矩与实际采用的惯性矩变化超过 3 倍时，需重新计算内力。

图 9-31 为支承工作桥桥面的承重刚架。刚架的轴线采用构件截面重心的连线，立柱和横梁均为刚性连接，柱子与闸墩整体浇筑可看作为固端支承；如果刚架横梁两端设有支托，但其支座截面和跨中截面的高度比值 $h_c/h_0 < 1.6$ 或截面惯性矩比值 $I_c/I < 4$ 时，可不考虑支托的影响，而按等截面横梁刚架计算。

荷载的形式、数值和作用位置根据实际资料确定。如果上部结构传来的荷载主要是集中荷载，横梁和柱自重可转化为节点上的集中力。如图 9-31 中上柱一半长度和下柱一半长度、中横梁一半长度上的自重（图中阴影部分）可简化为作用在点 B 上垂直集中力；上柱一半长度和下柱一半长度（截面 $a-a$ 至截面 $b-b$ 范围内）上的风压可简化为作用在点 A 上的水平集中力。

9.1.9.2　配筋计算

在刚架上作用有恒荷载和活荷载，设计时要考虑最不利荷载组合。

横梁的轴向力 N，一般都很小，可以忽略不计，按受弯构件进行配筋计算。当横梁上的轴向力 N 不能忽略时，则应按偏心受拉或偏心受压构件进行计算。

柱按偏心受压构件进行计算。在不同的荷载组合下，同一截面可能出现不同的内力组合，应利用 N_u-M_u 曲线寻找最不利荷载组合进行计算。

9.1.9.3　构造要求

1. 节点构造

若弯矩较大，则应将内折角做成斜坡状的支托 [图 9-32（a）]。转角处有支托时，横梁底面和立柱内侧的钢筋不应内折 [图 9-32（b）]，而应沿斜面另加直钢筋 [图 9-32

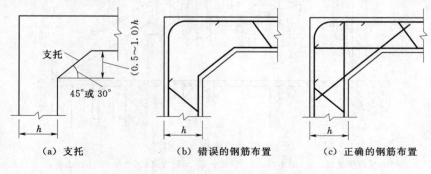

（a）支托　　　　（b）错误的钢筋布置　　　　（c）正确的钢筋布置

图 9-32　转角处的支托

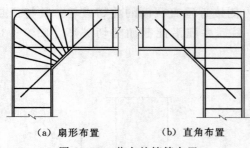

（a）扇形布置　　（b）直角布置

图 9-33　节点的箍筋布置

（c）]。另加的直钢筋沿支托表面放置，其直径和根数不宜少于横梁伸入节点内的下部钢筋的直径和根数。

转角处有支托时，节点的箍筋可作扇形布置 [图 9-33（a）]，也可按图 9-33（b）布置。节点处的箍筋要适当加密，以便能牢固地扎结纵向钢筋，同时提高刚架节点的延性。

2. 立柱与基础的连接构造

刚架立柱与基础的连接有现浇和杯口连接两种。在地基上现浇框架时，从基础内伸出插筋与柱内钢筋相连接，然后浇筑柱子的混凝土。插筋的直径、根数、间距应与柱内纵筋相同。插筋一般均应伸至基础底部 [图 9-34（a）]。当基础高度 H 较大时，也可仅将柱子四角处的插筋伸至基础底部，而其余插筋只伸至基础顶面以下，满足最小锚固长度 l_a 的要求即可 [图 9-34（b）]。

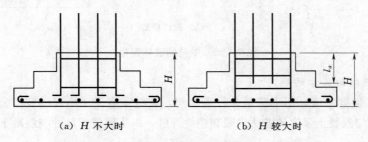

（a）H 不大时　　　　　　（b）H 较大时

图 9-34　现浇框架立柱与基础固接的做法

对于预制框架，立柱与基础可采用杯形基础连接，即按一定要求将预制的立柱插入基础预留的杯口内，周围回填细石混凝土，即可形成固定支座（图 9-35）。回填的细石混凝土宜高于预制混凝土一个强度等级。

9.1.10　钢筋混凝土牛腿设计要点

9.1.10.1　试验结果

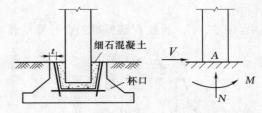

图 9-35　预制框架立柱与基础固接的做法

牛腿是在柱中伸出短悬臂构件，以支承吊车梁，见图 9-36。剪跨比 a/h_0 对牛腿的破坏影响最大，a/h_0 比值越大牛腿承载力越低。随着 a/h_0 的不同，牛腿大致发生以下两种破坏情况。

（1）当 $a/h_0 \geqslant 0.2$ 时，首先出现裂缝①，然后出现裂缝②，在裂缝②的外侧，形成明显的压力带，见图 9-36（a）。当在压力带上产生许多相互贯通的斜裂缝，或突然出现一条与斜裂缝②大致平行的斜裂缝③时，就预示着牛腿即将破坏。斜裂缝出现后，牛腿可看作是一个以纵向钢筋为拉杆，混凝土斜向压力带为压杆的三角桁架 [图 9-36（b）]。破坏时，纵向钢筋受拉屈服，混凝土斜压破坏。

（2）当 $a/h_0 < 0.2$ 时，一般发生沿加载板内侧接近垂直截面的剪切破坏，其特征是在牛腿与下柱交接面上出现一系列短斜裂缝，最后牛腿沿此截面剪切破坏 [图 9-36（c）]。这时牛腿内纵向钢筋应力相对较低。

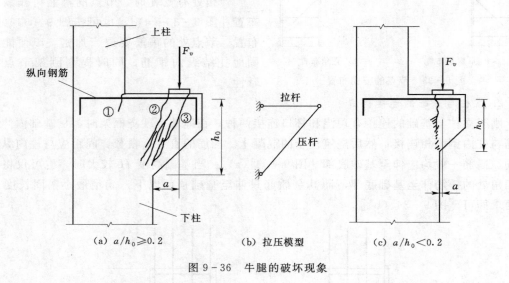

图 9-36 牛腿的破坏现象

9.1.10.2 牛腿截面尺寸的确定

牛腿需控制裂缝宽度，但牛腿是非杆系结构，裂缝宽度无法用裂缝宽度公式计算，这时用控制牛腿尺寸与混凝土强度的方法来限制裂缝开展，即牛腿截面尺寸与混凝土强度应满足：

$$F_{vk} \leqslant \beta \left(1 - 0.5 \frac{F_{hk}}{F_{vk}}\right) \frac{f_{tk} b h_0}{0.5 + \dfrac{a}{h_0}} \qquad (9-4)$$

式中：F_{vk}、F_{hk} 为按荷载标准组合计算的作用于牛腿顶面的竖向力和水平拉力；f_{tk} 为混凝土抗拉强度标准值。

由于式（9-4）的作用是为控制牛腿的裂缝宽度，所以荷载与强度都采用标准值。

为满足混凝土局部承压的要求，牛腿尺寸除满足式（9-4）外，还需满足下列条件：

（1）牛腿外边缘高度 $h_1 \geqslant h/3$，且不应小于 200mm（图 9-37）；吊车梁外边缘至牛腿外缘的距离不应小于 100mm。

（2）牛腿顶面在竖向力设计值 F_v 作用下，其局部受压应力不应超过 $0.90 f_c$，否则应采取加大受压面

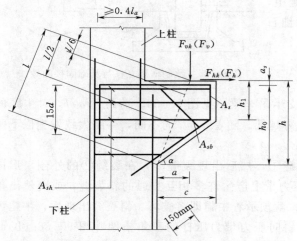

图 9-37 牛腿的外形及钢筋配置

积，提高混凝土强度等级或配置钢筋网片等有效措施。

9.1.10.3　牛腿的配筋计算与构造

牛腿的破坏形态有两种，配筋方法也有两种。

1. 剪跨比 $a/h_0 \geqslant 0.2$

这种破坏在斜裂缝出现后，牛腿可近似看作是以纵向钢筋为水平拉杆，以混凝土为斜压杆的三角形桁架，钢筋用量按下式计算：

$$A_s \geqslant \gamma_d \left(\frac{F_v a}{0.85 f_y h_0} + 1.2 \frac{F_h}{f_y} \right) \tag{9-5}$$

纵向受力钢筋 A_s 由两部分组成，上式括号中的第一项为承受竖向力 F_v 所需的受拉钢筋，第二项为承受水平拉力 F_h 所需的锚筋。这些钢筋放置在牛腿的顶面。

当 $a/h_0 \geqslant 0.2$ 时，牛腿除在顶面配置纵向受力钢筋 A_s 外，还需要另外按构造要求设置水平箍筋，详细可见教材 9.8.3 节或规范。

2. 剪跨比 $a/h_0 < 0.2$

当 $a/h_0 < 0.2$ 时，牛腿承载力由顶部纵向受力钢筋、水平箍筋与混凝土三者共同提供，因而牛腿应在全高范围内设置水平钢筋，承受竖向力 F_v 所需水平钢筋截面面积按下式计算：

$$A_{sh} \geqslant \frac{\gamma_d F_v - f_t b h_0}{f_y (1.65 - 3a/h_0)} \tag{9-6}$$

配筋时，应将 A_{sh} 的 $60\% \sim 40\%$（剪跨比较大时取大值，较小时取小值）作为牛腿顶部纵向受拉钢筋，集中配置在牛腿顶面；其余的则作为水平箍筋均匀配置在牛腿全高范围内。注意：式（9-6）得到的 A_{sh} 是指牛腿上的全部水平钢筋，包括牛腿顶部和中下部的钢筋。

当牛腿顶面作用有水平拉力 F_h 时，则顶部受力钢筋还应包括承受水平拉力所需的锚筋在内，锚筋的截面面积按 $1.2\gamma_d F_h / f_y$ 计算，和 $a/h_0 \geqslant 0.2$ 时相同。

9.2　综　合　练　习

9.2.1　单项选择题

1. 对于四边均有支承的板，当梁格布置使板的长、短跨之比（　　）时，则板上荷载绝大部分沿短跨 l_1 方向传到次梁上，因此，可仅考虑板在短跨方向受力，按单向板设计。

A. $l_2/l_1 < 2$　　　　　B. $l_2/l_1 \geqslant 3$　　　　　C. $l_2/l_1 \geqslant 2$　　　　　D. $l_2/l_1 < 3$

2. 弹性方法设计的连续梁、板各跨跨度不等，但跨度相差不超过 10% 时，仍作为等跨计算，这时，当计算支座截面弯矩时，则应按（　　）计算。

A. 相邻两跨计算跨度的最大值　　　　　　B. 相邻两跨计算跨度的最小值

C. 相邻两跨计算跨度的平均值　　　　　　D. 无法确定

3. 关于折算荷载的叙述，哪一项不正确（　　）。

A. 为了考虑支座抵抗转动的影响，采用增大恒荷载和相应减少活荷载的办法来处理

B. 板的折算荷载：折算恒荷载 $g' = g + q/2$，折算活荷载 $q' = q/2$

C. 次梁的折算荷载：折算恒荷载 $g'=g+q/4$，折算活荷载 $q'=3q/4$

D. 主梁的折算荷载按次梁的折算荷载采用

4. 关于塑性铰，下面叙述正确的是（　　）。

A. 塑性铰不能传递任何弯矩而能任意方向转动

B. 塑性铰转动开始于混凝土开裂

C. 塑性铰处弯矩不等于 0 而等于该截面的受弯承载力 M_u

D. 塑性铰与理想铰基本相同

5. 对于"n"次超静定的钢筋混凝土多跨连续梁，出现（　　）个塑性铰后，结构成为机动体系而破坏。

A. $n-1$　　　　　　B. n　　　　　　C. $n-2$　　　　　　D. $n+1$

6. 连续梁、板按弯矩调幅法计算内力时，截面的相对受压区计算高度应满足（　　）。

A. $0.10 \leqslant \xi \leqslant \xi_b$　　B. $0.10 \leqslant \xi \leqslant 0.35$　　C. $\xi > \xi_b$　　　　D. $\xi > 0.35$

7. 为防止塑性铰过早出现而使裂缝过宽，应控制弯矩调幅值，在一般情况下不超过按弹性方法计算所得弯矩值的（　　）。

A. 30%　　　　　　B. 25%　　　　　　C. 0%　　　　　　D. 15%

8. 用弯矩调幅法计算，调整后每个跨度两端支座弯矩 M_A、M_B 与调整后跨中弯矩 M_C，应满足（　　）。

A. $\dfrac{M_A+M_B}{2}+M_C \geqslant \dfrac{M_0}{2}$　　　　　　B. $\dfrac{|M_A|+|M_B|}{2}+M_C \geqslant \dfrac{M_0}{2}$

C. $\dfrac{|M_A|+|M_B|}{2}+M_C \geqslant 1.02M_0$　　　D. $\dfrac{|M_A|+|M_B|}{2}+M_C < M_0$

9. 弯矩调幅后，各控制截面的弯矩值不宜小于（　　），M_0 为按简支梁计算的跨中最大弯矩，以保证结构在形成机动体系前能达到设计要求的承载力。

A. $2/3M_0$　　　　B. $M_0/4$　　　　C. $M_0/3$　　　　D. M_0

10. 连续单向板按弯矩调幅法计算时，求跨中弯矩 M_2 的弯矩系数 α_{mp} 为（　　）。

A. 1/11　　　　　　B. 1/12　　　　　　C. 1/14　　　　　　D. 1/16

11. 对于板内受力钢筋的间距，下面哪条是错误的（　　）。

A. 间距 $s \geqslant 70mm$

B. 当板厚 $h \leqslant 200mm$ 时，间距不应大于 200mm

C. 当板厚 $h \leqslant 200mm$ 时，间距不应大于 250mm

D. 当板厚 $h > 1500mm$ 时，间距不应大于 300mm

12. 对于连续板受力钢筋，下面哪条是错误的（　　）。

A. 连续板受力钢筋的弯起和截断，一般可不按弯矩包络图确定

B. 连续板跨中承受正弯矩的钢筋可在距离支座 $l_0/6$ 处切断，或在 $l_0/10$ 处弯起

C. 连续板支座附近承受负弯矩的钢筋，可在距支座边缘不少于 $l_n/4$ 或 $l_n/3$ 的距离处切断

D. 连续板中受力钢筋的配置，可采用弯起式或分离式

13. 和梁整浇的现浇板，在板的上部应配置构造钢筋，下面哪条是错误的（　　）。

A. 钢筋间距不大于 200mm，直径不小于 8mm 的构造钢筋，其伸出墙边的长度不应小于 $l_1/4$（l_1 为板的短边计算跨度）

B. 对两边和梁整浇的板角部分，应双向配置上述构造钢筋，其伸出墙边的长度不应小于 $l_1/4$

C. 沿板的受力方向配置的上部构造钢筋，其截面面积不宜小于该方向跨中受力钢筋截面面积的 2/3

D. 沿板的受力方向配置的上部构造钢筋，其截面面积不宜小于该方向跨中受力钢筋截面面积的 1/3

14. 当现浇板的受力钢筋与梁的肋部平行时，应沿梁肋方向配置板面附加钢筋，下面哪条是错误的（   ）。

A. 板面附加钢筋间距不大于 200mm 且与梁肋垂直

B. 构造钢筋的直径不应小于 8mm

C. 单位长度的总截面面积不应小于板中单位长度内受力钢筋截面面积的 1/2

D. 伸入板中的长度从肋边缘算起每边不小于板计算跨度的 1/4

15. 在单向板肋形楼盖设计中，对于次梁的计算和构造，下面叙述中哪一个不正确（   ）。

A. 承受正弯矩的跨中截面，按 T 形截面考虑

B. 承受负弯矩的支座截面，T 形翼缘位于受拉区，则应按宽度等于梁宽 b 的矩形截面计算

C. 次梁可按塑性内力重分布方法进行内力计算

D. 次梁的高跨比 $h/l = 1/8 \sim 1/4$，一般不必进行使用阶段的挠度验算

9.2.2 多项选择题

1. 单向板肋梁楼盖按弹性方法计算时，关于计算简图的支座情况，下面哪些说法是正确的（   ）。

A. 计算时对于板和次梁不论其支座是墙还是梁，均将其支座视为铰支座

B. 对于两边支座为砖墙，中间支座为钢筋混凝土柱的主梁，若 $i_b/i_c > 5$，可将主梁视作以柱为铰支座的连续梁进行内力分析，否则应按框架横梁计算内力

C. 当连续梁、板各跨跨度不等，如相邻计算跨度相差不超过 20% 时，可作为等跨计算

D. 当连续梁板跨度不等时，计算各跨跨中截面弯矩时，应按各自跨度计算；当计算支座截面弯矩时，则应按相邻两跨计算跨度的最小值计算

2. 单向板肋梁楼盖按弹性方法计算时，连续梁、板的跨数应按（   ）确定。

A. 对于各跨荷载相同，其跨数超过五跨的等跨等刚度连续梁、板将所有中间跨均以五跨连续梁、板的第 3 跨来代替

B. 对于超过五跨的多跨连续梁、板，可按五跨来计算其内力

C. 当梁板跨数少于五跨时，按五跨来计算内力

D. 当梁板跨数少于五跨时，按实际跨数计算

3. 钢筋混凝土超静定结构内力重分布的说法哪些是正确的（   ）。

A. 对于 n 次超静定钢筋混凝土多跨连续梁，出现 $n+1$ 个塑性铰后成为机动体系而破坏

B. 钢筋混凝土超静定结构中某一截面的"屈服"，并不是结构的破坏，其中还有强度储备可以利用

C. 超静定结构的内力重分布贯穿于裂缝产生到结构破坏的整个过程

D. 从开裂到第一个塑性铰出现这个阶段的内力重分布幅度较大

4. 塑性铰的转动限度主要取决于（　　　）。

A. 纵向受拉钢筋种类　　　　　　　　　B. 纵向受拉钢筋配筋率

C. 混凝土的极限压应变　　　　　　　　D. 截面的尺寸

5. 对弯矩进行调整时，应遵循的原则是（　　　）。

A. 宜采用具有较好塑性的 HPB300、HRB400 热轧钢筋

B. 控制弯矩调幅值，截面的弯矩调幅系数 β 不宜超过 0.25

C. 截面相对受压区高度 $\xi = x/h_0 \leqslant \xi_b$

D. 调整后每个跨度两端支座弯矩 M_A、M_B 绝对值的平均值与调整后的跨中弯矩 M_C 之和，应不小于简支梁计算的跨中弯矩 M_0 的一半

6. 对下列结构在进行承载力计算时，不应考虑内力塑性重分布，而按弹性方法计算其内力（　　　）。

A. 处于侵蚀环境中的结构　　　　　　　B. 直接承受动荷载作用的结构

C. 使用阶段允许出现裂缝的构件　　　　D. 要求有较高安全储备的结构

9.2.3　思考题

1. 什么叫单向板？什么叫双向板？它们是如何划分的？它们的受力情况有何主要区别？

2. 单向板肋形结构设计的一般步骤是什么？

3. 试说明单向板肋形结构的传力途径。肋形结构中的板和梁与单跨简支板、梁有区别吗？

4. 整浇单向板肋形结构中的板、次梁和主梁，当其内力按弹性方法计算时，如何确定其计算简图？

5. 为什么连续板梁内力计算时要进行活荷载最不利布置？

6. 连续板梁活荷载最不利布置的原则是什么？

7. 什么是连续梁的内力包络图？

8. 单向板肋形结构按弹性方法计算内力时，梁板的计算简图和实际结构有无差别？为使计算能更与实际相一致，在内力计算中如何加以调整？

9. 什么叫"塑性铰"？钢筋混凝土中的塑性铰与力学中的"理想铰"有何异同？

10. 什么叫"塑性内力重分布"？"塑性铰"与"内力重分布"有何关系？

11. 什么叫"弯矩调幅"？按弯矩调幅法计算钢筋混凝土连续梁的内力时，为什么要控制"弯矩调幅"？

12. 按塑性方法计算钢筋混凝土连续梁的内力时，为什么要限制截面受压区高度？

13. 采用弯矩调幅法设计时要遵守哪些原则？

14. 试说明弯矩调幅法的特点、作用及其适用范围。

15. 按弹性方法和弯矩调幅法计算内力时，计算跨度取值有什么区别？为什么会有这种区别？

16. 单向板有哪些构造钢筋？为什么要配置这些钢筋？

17. 主梁的计算和配筋构造与次梁相比较有些什么特点？

18. 为什么在配置整浇连续板梁的支座截面钢筋时，取支座边缘处的弯矩进行计算？

19. 在主梁设计中，为什么在主次梁相交处需设置附加吊筋或附加箍筋？

20. 如何计算连续双向板各区格的跨中最大弯矩和支座中点最大弯矩？

9.3 设 计 计 算

1. 图 9-38 为钢筋混凝土两跨连续梁，截面尺寸 $b \times h = 250\text{mm} \times 500\text{mm}$，混凝土强度等级为 C30，钢筋采用 HRB400，混凝土保护层厚度 $c = 35\text{mm}$。支座和跨中截面按 $x = 0.35h_0$ 配置等量的钢筋。试计算该梁在即将形成机动体系时的极限荷载 $P_{\max}$ 的数值。

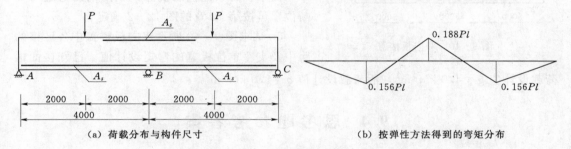

(a) 荷载分布与构件尺寸 (b) 按弹性方法得到的弯矩分布

图 9-38 两跨连续梁

提示：按弯矩调幅法计算，计算时不考虑梁自重，并假定此梁抗剪承载力足够。已知两跨连续梁在跨中集中荷载作用下，按弹性方法计算得到的弯矩图如图 9-38 （b）所示。

2. 某钢筋混凝土框架结构中的三跨等跨连续单向板，结构安全级别为 Ⅱ 级，处于室内干燥环境，板厚 $h = 100\text{mm}$，次梁截面尺寸 $b \times h = 200\text{mm} \times 500\text{mm}$，板支座中到中距离 $l_c = 2.50\text{m}$，净跨 $l_n = 2.30\text{m}$。恒荷载标准值 $g_k = 4.10 \text{ kN/m}^2$（含自重），活荷载标准值 $q_k = 7.0 \text{ kN/m}^2$。混凝土强度等级为 C30，纵向受力钢筋采用 HRB400，试采用弹性方法和 NB/T 11011—2022 规范设计该板，并作配筋图。并解释为什么第 1 跨板底钢筋用量大于第 2 跨？若该连续板为 4 跨，那么距板端第 2 个支座（支座 B）和第 3 个支座（支座 C）相比，哪个支座的板面钢筋用量大，为什么？

提示：在框架结构中，单向板的两端支座、中间支座与次梁整浇。

3. 试采用弯矩调幅法和 NB/T 11011—2022 规范设计上题的单向板，并将计算结果进行比较，可得出什么结论？

4. 某处于室内干燥环境的钢筋混凝土四跨连续次梁，结构安全级别为 Ⅱ 级，结构支承情况及几何尺寸如图 9-39 所示。现浇板厚 80mm，板跨（即次梁的间距）为 2.5m，次梁截面尺寸 $b \times h = 200\text{mm} \times 450\text{mm}$，主梁截面尺寸 $b \times h = 250\text{mm} \times 600\text{mm}$。次梁承

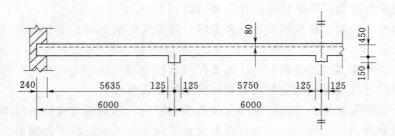

图 9-39 四跨连续次梁

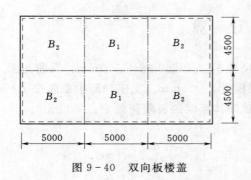

图 9-40 双向板楼盖

受均布恒荷载标准值 $g_k = 8.50\text{kN/m}$（含自重），活荷载标准值 $q_k = 10.50\text{kN/m}$。混凝土强度等级为 C30，纵向受力钢筋和箍筋均采用 HRB400。试采用弹性方法和 NB/T 11011—2022 规范进行承载力计算，并作配筋图。

提示：可只配箍筋抗剪；纵向钢筋弯起与切断位置可按第 12 章的图 12-2 确定。

5. 试求图 9-40 所示双向板楼盖中各区格的跨中及支座单位板宽的弯矩设计值。已知楼面恒荷载设计值 $g = 4.0\text{ kN/m}^2$，活荷载设计值 $q = 8.0\text{ kN/m}^2$。

9.4 思考题参考答案

1. 在设计中仅考虑在短边方向的受弯，对于长向的受弯只作局部的构造处理的板叫做"单向板"；在设计中必须考虑长向与短向两向受弯的板叫做"双向板"。对于四边均有支承的板，当梁格布置使板的长、短跨之比 $l_2/l_1 \geqslant 3$ 时，则板上荷载绝大部分沿短跨 l_1 方向传到次梁上，因此，可仅考虑板在短跨方向受力，故称为单向板；当梁格布置使板的长、短跨之比 $l_2/l_1 \leqslant 3$ 时，则板上荷载将沿两个方向传到四边的支承梁上，计算时应考虑两个方向受力，故这种板称为双向板。当 $2 < l_2/l_1 < 3$ 时，宜按双向板计算；工程有时将其作为沿短跨方向受力的单向板计算，此时板沿长跨方向应配置足够数量的构造钢筋。

2. 单向板肋形结构设计的一般步骤是：

（1）选择结构布置方案。

（2）确定结构计算简图并进行荷载计算。

（3）板、次梁、主梁或刚架分别进行内力计算。

（4）板、次梁、主梁或刚架分别进行截面配筋计算。

（5）根据计算和构造的要求绘制结构施工图。

3. 在单向板肋形结构中，荷载的传递路线是：板→次梁→主梁→柱或墙，也就是说，板的支座为次梁，次梁的支座为主梁，主梁的支座为柱或墙。由于板、次梁和主梁整体浇筑在一起，因此肋形结构中的板和梁往往形成多跨连续结构，在计算上和构造上与单跨简支板、梁均有较大区别，这是现浇肋形结构在设计和施工中必须注意的一个重要特点。

4. 连续梁、板的计算简图，主要应解决支座简化、计算跨数和计算跨度三个问题。

(1) 支座简化：对于板和次梁，不论其支座是砌体还是现浇的钢筋混凝土梁，均可简化成铰支座。主梁与钢筋混凝土柱现浇在一起，若梁线刚度比柱线刚度大很多（如大于5），可将主梁视为铰支的连续梁进行计算，否则应按刚架结构设计主梁。

(2) 计算跨数：对于等刚度、等跨度的连续梁、板，当实际跨数超过五跨时，可简化为五跨计算，即所有中间跨的内力和配筋均按第 3 跨处理；当梁、板的跨数少于五跨时，则按实际跨数计算。

(3) 计算跨度：对于板，当两端与梁整体连接时，取 $l_0 = l_c$；当两端搁支在墙上时，取 $l_0 = l_n + h \leqslant l_c$；当一端与梁整体连接，另一端搁支在墙上时，取 $l_0 = l_n + h/2 + b/2 \leqslant l_c$。

对于梁，当两端与梁或柱整体连接时，取 $l_0 = l_c$；当两端搁支在墙上时，取 $l_0 = 1.05 l_n \leqslant l_c$；当一端与梁或柱整体连接，另一端搁支在墙上时，取 $l_0 = 1.025 l_n + b/2 \leqslant l_c$。

计算剪力时，计算跨度取为 l_n。

5. 活荷载最不利荷载布置目的是为了求板梁截面的最不利内力。在肋形结构的荷载中，恒荷载是一直存在的不变荷载，活荷载则是可变的，它有可能出现，也有可能不出现，或仅在连续板梁的某几跨出现。对单跨梁，很明显活荷载全跨布满时梁的内力（M 和 V）最大。然而对于多跨连续板梁，并不是活荷载在所有跨同时布满时板梁的内力最不利，而是当某些跨布满活荷载时引起梁上某一个或几个截面出现最大内力，在另一组活荷载分布时引起另一个或几个截面出现最大内力。通常在连续板梁设计时，需要计算各跨跨间可能产生的最大正弯矩，在支座处可能产生的最大负弯矩及最大剪力。因此需要研究活荷载如何布置将使连续板梁的这些控制截面出现最不利内力的一般规律。

6. 活荷载最不利布置的原则如下：

(1) 求某跨跨中截面最大正弯矩时，应该在本跨内布置活荷载，然后隔跨布置。

(2) 求某跨跨中截面最小正弯矩（或最大负弯矩）时，本跨不布置活荷载，而在相邻跨布置活荷载，然后隔跨布置。

(3) 求某一支座截面最大负弯矩时，应在该支座左右两跨布置活荷载，然后隔跨布置。

(4) 求某支座左、右边的最大剪力时，活荷载布置与该支座截面最大负弯矩时的布置相同。

7. 将恒荷载在各截面上产生的内力叠加上各相应截面最不利活荷载所产生的内力，便得出各截面的 M 和 V 图；最后将各种活荷载不利布置的弯矩图与剪力图分别叠画在同一张坐标图上，则这一叠加图的最外轮廓线就代表了任意截面在任意活荷载布置下可能出现的最大内力。最外轮廓所围的内力图称为内力包络图。弯矩包络图用来计算和配置梁的各截面的纵向钢筋；剪力包络图则用来计算和配置箍筋及弯起钢筋。

8. 在进行单向板肋形结构连续板梁内力计算时，一般假设板梁的支座为铰接，没有考虑次梁对板、主梁对次梁转动的约束作用，这样确定的板、次梁计算简图和实际结构是有差别的。为了考虑支座抵抗转动对板、次梁内力的影响，目前一般采用增大恒荷载和相应减小活荷载的办法来处理，即以折算荷载来代替实际计算荷载。主梁是以梁柱线刚度比来判别简化为连续梁还是刚架计算，因此主梁荷载不进行折算。

9. 当梁板采用塑性较好的钢筋，且其纵向受拉配筋率较小时，梁板的 $M - \phi$ 曲线会出现接近水平的延长段。该延长段表示在 M 增加极少的情况下，截面相对转角剧增，截面产生很大的转动，好像出现一个铰一样，称之为"塑性铰"。它可以在弯矩几乎不增加的情况下继续转动。

塑性铰与结构力学中的理想铰两者有以下三点主要区别：

（1）理想铰不能承受任何弯矩，塑性铰则能承受定值的弯矩 M_u。

（2）理想铰在两个方向都可产生无限的转动，而塑性铰却是单向铰，只能沿弯矩 M_u 作用方向作有限的转动。

（3）理想铰集中于一点，塑性铰则是有一定长度的。

10. 钢筋混凝土连续板、梁是超静定结构，在其加载的全过程中，由于材料的非弹性性质的发展，各截面间内力的分布规律会发生变化，这种情况称为塑性内力重分布。

塑性内力重分布可以概括为两个过程：第一个过程主要发生在混凝土开裂到第一个塑性铰形成之前，由于截面弯曲刚度比值的改变而引起的塑性内力重分布；第二个过程发生于第一个塑性铰形成以后直到形成机动体系，结构破坏，由于结构计算简图的改变而引起塑性内力重分布。显然，第二个过程的塑性内力重分布比第一个过程显著得多，通常所说的塑性内力重分布是指第二个过程。

在钢筋混凝土超静定结构中，每形成一个塑性铰，就相当于减少一次超静定次数，内力发生一次较大的重分布。塑性铰的形成会改变结构的传力性能，所以超静定结构的内力重分布很大程度上来自于塑性铰形成到结构破坏这个阶段。

11. 所谓弯矩调幅法，是调整（一般降低）按弹性方法计算得到的某些截面的最大弯矩值，再由这些截面弯矩根据静力平衡条件求得其他截面的弯矩。然后，按调整后的内力进行截面设计和配筋构造，是一种实用的设计方法。设计时要控制弯矩调幅值，在一般情况下弯矩调幅值不超过按弹性方法计算所得弯矩值的 25%，即调幅系数 $\beta \leqslant 0.25$；降低连续梁各支座截面弯矩的 β 不宜超过 0.20。因为调幅过大，则塑性铰出现得比较早，塑性铰产生很大的转动，会使裂缝开展过宽，挠度过大而影响使用。

12. 为了使塑性内力重分布过程得以充分发挥，必须保证在调幅截面形成的塑性铰具有足够的转动能力。塑性铰的转动能力主要与纵向受拉钢筋配筋率有关，而配筋率可由相对受压区计算高度 ξ 来反映。ξ 越大，截面塑性铰转动能力就越小，因而要求调幅截面的 $\xi = x/h_0 \leqslant 0.35$，同时为避免发生少筋破坏，$\xi$ 不能过小，要求 $\xi \geqslant 0.10$。

13. 采用弯矩调幅法设计时，应遵循以下几个原则：

（1）为保证先形成的塑性铰具有足够的转动能力，必须限制截面的纵向受拉钢筋配筋率，即要求调幅截面的相对受压区高度满足 $0.10 \leqslant \xi \leqslant 0.35$。同时宜采用塑性较好的 HPB300、HRB400 热轧钢筋，混凝土强度等级宜在 C20～C45 范围内。

（2）为防止塑性铰过早出现而使裂缝过宽，截面的弯矩调幅系数 β 不宜超过 0.25，即调整后的截面弯矩不宜小于按弹性方法计算所得弯矩的 75%。降低连续板、梁各支座截面弯矩的调幅系数 β 不宜超过 0.20。

（3）弯矩调幅后，板、梁各跨两支座弯矩平均值的绝对值与跨中弯矩之和，不应小于按简支梁计算的跨中最大弯矩 M_0 的 1.02 倍，各控制截面的弯矩值不宜小于 $M_0/3$，以保证结构在形成机动体系前能达到设计要求的承载力。

（4）为了保证结构在实现弯矩调幅所要求的内力重分布之前不发生剪切破坏，连续梁在下列区段内应将计算得到的箍筋用量增大 20%：对集中荷载，取支座边至最近集中荷载之间的区段；对均布荷载，取支座边至距支座边 $1.05h_0$ 的区段，其中 h_0 为梁的有效高度。此外，还要求配箍率 $\rho_{sv} \geqslant 0.3f_t/f_{yv}$，其中 f_t 为混凝土轴心抗拉强度设计值，f_{yv} 为箍筋抗拉强度设计值。

14. 采用弯矩调幅法，可以使结构内力分析和截面的承载力计算协调一致，更符合实际地估算构件的承载力和使用阶段的变形及裂缝宽度；调低支座弯矩，尤其是第二支座的弯矩调低后，支座负弯矩纵向钢筋将减少，这对保证支座截面的混凝土浇筑质量非常有利。而且，考虑塑性内力重分布的设计方法，由于利用了塑性铰出现后的强度储备，也比用弹性方法设计节省材料，但也不可避免地会导致在正常使用状态下构件的变形较大、纵向受拉钢筋应力较高、裂缝宽度也较宽。因此对下列结构在承载力计算时，不应考虑塑性内力重分布，而应按弹性方法计算其内力：

（1）直接承受动力荷载和重复荷载的结构。

（2）在使用阶段不允许有裂缝产生或对裂缝宽度及变形有严格要求的结构。

（3）处于侵蚀环境中的结构。

（4）预应力结构和二次受力的叠合结构。

（5）要求有较高安全储备的结构。

15. 按弹性方法和弯矩调幅法计算内力时，计算跨度按下列规定取用，其中 l_c 为支座中心线间的距离，$l_c = l_n + b$；l_n 为净跨；b 为支座宽度；h 为板厚；a 为板、梁在墩墙上的搁支宽度。

①当按弹性方法计算内力时：

对于板，当两端与梁整体连接时，取 $l_0 = l_c$；当两端搁支在墙上时，取 $l_0 = l_n + h \leqslant l_c$；当一端与梁整体连接，另一端搁支在墙上时，取 $l_0 = l_n + h/2 + b/2 \leqslant l_c$。

对于梁，当两端与梁或柱整体连接时，取 $l_0 = l_c$；当两端搁支在墙上时，取 $l_0 = 1.05l_n \leqslant l_c$；当一端与梁或柱整体连接，另一端搁支在墙上时，取 $l_0 = 1.025l_n + b/2 \leqslant l_c$。

②当按塑性方法计算内力时：

对于板，当两端与梁整体连接时，取 $l_0 = l_n$；当两端搁支在墙上时，取 $l_0 = l_n + h \leqslant l_c$；当一端与梁整体连接，另一端搁支在墙上时，取 $l_0 = l_n + h/2 \leqslant l_n + a/2$。

对于梁，当两端与梁或柱整体连接时，取 $l_0 = l_n$；当两端搁支在墙上时，取 $l_0 = 1.05l_n \leqslant l_c$；当一端与梁或柱整体连接，另一端搁支在墙上时，取 $l_0 = 1.025l_n \leqslant l_n + a/2$。

比较上述取值可知，当构件与梁或柱整体连接，按弹性方法计算内力时支座长度一般取二分之一搁支长度，按塑性方法计算时支座长度取为零。之所以有这种差别是因为：按塑性方法计算时假定梁在支座边缘出现塑性铰，最大负弯矩出现在支座边缘；而按弹性计算内力时假定最大负弯矩出现在支座中间。

16. 单向板有下列构造钢筋：

(1) 分布钢筋：单向板除在受力方向配置受力钢筋外，还要在垂直于受力钢筋的长跨方向配置分布钢筋，其作用是：抵抗混凝土收缩和温度变化所引起的内力；浇筑混凝土时，固定受力钢筋的位置；将板上作用的局部荷载分散在较大宽度上，以使更多的受力钢筋参与工作；对四边支承的单向板，可承受在计算中没有考虑的长跨方向上实际存在的弯矩。

(2) 嵌入墙内或与混凝土边梁整浇的板，其板面的附加钢筋：嵌固在承重墙内或与边梁整浇的板，由于砖墙和边梁的约束作用，板在墙边或梁边会产生一定的负弯矩，因此会在墙边或梁边沿支承方向板面上产生裂缝；对两边嵌固在墙内的板角处，除因传递荷载使板两向受力而引起负弯矩外，还由于收缩和温度影响而产生板角拉应力，引起板面产生与边缘成 45° 的斜裂缝。为了防止上述裂缝，对嵌固在墙内或与边梁整浇的板，在板的上部应配置构造钢筋。

(3) 垂直于主梁的板面附加钢筋：在单向板中，虽然板上荷载基本上沿短跨方向传给次梁，但在主梁附近，部分荷载将由板直接传给主梁，而在主梁边缘附近沿长跨方向产生负弯矩，因此在板与主梁相接处的板面上，需沿与主梁垂直方向配置附加钢筋。

(4) 在温度、收缩应力较大的现浇板区域内，布置必要的构造钢筋，并应在板的未配筋表面布置温度收缩钢筋。

(5) 因使用要求开设一些孔洞的板，这些孔洞削弱了板的整体作用，因此在洞口周围应布置钢筋予以加强。

17. 主梁的计算和配筋构造与次梁相比，有如下特点：

(1) 主梁除自重和直接作用在主梁上的荷载外，主要承受由次梁传来的集中荷载，为简化计算，可将主梁的自重折算成集中荷载计算。

(2) 截面设计时与次梁相同，跨中正弯矩按 T 形截面计算，支座负弯矩则按矩形截面计算。

(3) 主梁是比较重要的构件，要求在使用荷载作用下，挠度及裂缝开展不宜过大。

(4) 在主梁支座处，次梁与主梁支座负弯矩钢筋相互交叉，通常次梁负弯矩钢筋放在主梁负弯矩钢筋上面，因此计算主梁支座负弯矩钢筋时，截面有效高度较大，单层钢筋时可取 $h_0 = h - a_s = h - 40 - c_s$ (mm)，为双层布置时可取 $h_0 = h - a_s = h - 60 - c_s$ (mm)。

18. 按弹性方法计算连续板、梁的内力时，若板、梁与支座整浇，其计算跨度取支座中心线间的距离，因而其支座最大负弯矩将发生在支座中心处，但该处截面尺寸较大，而支座边界处虽然弯矩减小，但截面高度却较支座中心要小得多，危险截面是在支座边缘处，故实际在计算连续板梁的支座截面钢筋时应取支座边缘处的弯矩。

如果板、梁直接搁支在墩墙上时，则不存在上述支座弯矩削减的问题。

19. 在次梁与主梁相交处，次梁传来的集中荷载通过其受压区的剪切传至主梁的腹中部分。此集中荷载将产生与梁轴垂直的局部应力，荷载作用点以上为拉应力，荷载作用点以下则为压应力，此局部应力在荷载两侧 0.5～0.65 倍梁高范围内逐渐消失，由该局部应力产生的主拉应力将在梁腹引起斜裂缝，为防止这种斜裂缝引起的局部破坏，应在主梁承受次梁传来的集中力处设置附加横向钢筋（箍筋或吊筋），将上述的集中荷载有效地传递到主梁的上部受压区域,限制斜裂缝的开展。

20. 承受均布荷载的连续双向板,可将连续双向板每个区格简化为单块双向板,利用附录 H 表格进行计算。其中,求区格跨中及支座弯矩时的荷载布置和支座简化是不同的,具体如下。

(1) 求跨中最大弯矩。与单向板肋形楼盖相似,应考虑活荷载的最不利布置。当求某区格跨中最大弯矩时,应在该区格布置活荷载,然后在其左右、前后每隔一区格布置活荷载,通常称为棋盘形荷载布置,如图 9-41 (a) 所示的荷载布置可求得有阴影区格跨中最大弯矩。图 9-41 (b) 表示 1-1 剖面中第二跨、第四跨区格产生最大跨中弯矩时的最不利荷载布置。

为了能利用单跨双向板的计算表格,可将图 b 所示的最不利荷载布置情况,分解为布满各跨的荷载(对称荷载)$p' = g + q/2$ [图 9-41 (c)] 和向下作用与向上作用逐跨交替布置的荷载(反对称荷载)$p'' = \pm q/2$ [图 9-41 (d)]。图 9-41 (c) 和图 9-41 (d) 叠加与图 9-41 (b) 等效。

在对称荷载 p' 作用下,板在中间支座处基本上没有转动,可近似地认为板的中间支座均为固定支座;在反对称荷载 p'' 作用下,支座弯矩很小,基本上等于零,可近似地认为板的中间支座均为简支;边支座则按实际情况考虑。最后,将上述两种情况求得的弯矩相叠加,便可得到在活荷载最不利布置下板的跨中最大弯矩。

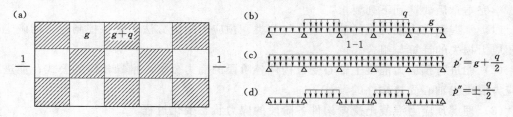

图 9-41 双向板跨中弯矩的最不利活荷载布置

(2) 求支座最大弯矩。近似地假定全板各区格均满布 $(g + q)$ 时求得的支座弯矩为支座最大弯矩。这时,所有中间支座均可视为固定支座,边支座则按实际情况考虑,然后可利用单块板弯矩系数求得支座弯矩。若相邻两块板的支座情况不同(如一个是四边固定,另一个是三边固定一边简支的板)或计算跨度不相等时,则支座弯矩可取两边板计算结果的平均值。

第 10 章　预应力混凝土结构

本章介绍预应力混凝土结构构件的设计计算问题。由前面的学习可以知道，钢筋混凝土结构构件一般是带裂缝工作的，为了控制裂缝宽度小于裂缝宽度限值，钢筋混凝土结构构件就不能采用高强钢筋。采用预应力混凝土，不仅能提高结构构件的抗裂性能或减小裂缝宽度，而且能采用高强钢筋及高强混凝土，节约钢材，减轻结构构件自重，适应大跨度、重荷载结构的需要。因此，预应力混凝土结构构件应用是比较广泛的。本章主要学习内容有：

（1）预应力混凝土结构的基本概念。

（2）张拉控制应力及预应力损失值的确定。

（3）预应力混凝土轴心受拉构件的应力分析及设计。

（4）预应力混凝土受弯构件的应力分析及设计。

（5）预应力混凝土构件的一般构造要求。

学完本章后要达到下列要求：

（1）掌握预应力混凝土的基本概念与分类、预应力施加方法、张拉控制应力的确定以及预应力损失的计算与组合。

（2）能进行预应力混凝土轴心受拉构件各阶段的应力分析，推导相应的公式；能进行预应力混凝土轴心受拉构件的设计。

（3）理解预应力混凝土受弯构件各阶段的应力状态变化过程。

（4）能推导预应力混凝土受弯构件使用阶段正截面受弯承载力计算公式，理解其斜截面受剪承载力的组成。

（5）理解预应力混凝土受弯构件使用阶段正常使用极限状态验算和施工阶段验算的相关公式。

（6）了解针对预应力混凝土构件提出的张拉工艺、锚固方式、钢筋布置形式及放置位置等方面的一些构造要求。

（7）掌握先张法和后张法预应力混凝土构件的区别，以及预应力混凝土构件与钢筋混凝土构件的区别。

10.1　主 要 知 识 点

10.1.1　预应力混凝土的基本概念与预应力的建立方式

10.1.1.1　预应力混凝土的基本概念

1. 预应力混凝土定义

所谓预应力混凝土结构，是在外荷载作用之前先对使用荷载作用下的受拉混凝土预加压力，使其产生压应力，以抵消使用荷载所引起的部分或全部拉应力的结构构件。

如图 10-1（b）所示的两点加载简支梁，如果在使用荷载作用以前，先对梁施加一对偏心压力 N，使梁下缘产生预压应力 [图 10-1（a）]，这样就能抵消或减小使用荷载在梁下缘引起的拉应力 [图 10-1（c）]，裂缝就能延缓或不会发生，即使发生了，裂缝宽度也不会开展过宽。

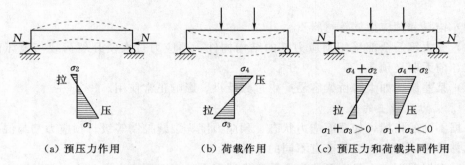

（a）预压力作用　　　　（b）荷载作用　　　　（c）预压力和荷载共同作用

图 10-1　预应力简支梁的基本受力原理

对于预应力混凝土结构，由于在施工期混凝土就处于有应力状态，因此其设计除与钢筋混凝土结构一样，需进行使用阶段的承载力计算与正常使用验算外，还需验算施工阶段（制作、运输、安装）的混凝土强度和抗裂性能。

2. 预应力混凝土的作用

预应力混凝土的作用有两个：一是提高抗裂度或减小裂缝宽度，二是可利用高强钢筋、节约钢材。

（1）提高抗裂度或减小裂缝宽度。混凝土容易开裂，除偏心距较小的偏压构件外，一般的钢筋混凝土结构构件总会出现裂缝，但只要裂缝宽度不大于规范规定的限值（0.20～0.40mm），并不影响结构使用和耐久性。

若结构构件需严格限制裂缝宽度或不允许出现裂缝，如高压输水管道为小偏心受拉构件，一旦出现裂缝就会渗水，采用钢筋混凝土结构有时就不能满足要求，这时就需应用预应力混凝土结构。

（2）可利用高强钢筋、节约钢材。钢筋混凝土正常使用时，裂缝宽度不应大于 0.20～0.40mm，纵向受拉钢筋应力在 220N/mm² 左右。因而，在钢筋混凝土构件中采用高强钢筋，若要使正常使用时钢筋应力控制在 220N/mm² 左右，就不能充分利用高强钢筋的强度，造成浪费；若要充分利用高强钢筋的强度，裂缝宽度就无法满足规范规定的限值要求。因此，钢筋混凝土构件是不能采用高强钢筋的。预应力混凝土能使用高强钢筋，或者说预应力混凝土为建立有效的预应力必须使用高强钢筋，从而节约钢材 30%～50%。但预应力混凝土增加了张拉、锚具等，造价增加。

3. 预应力混凝土的优缺点

预应力混凝土的优点除前面已经提到的，能提高构件抗裂度或减小裂缝宽度，能利用高强钢筋、节约钢材外，还有下列其他优点：

（1）为和高强钢筋相配套，需采用强度等级较高的混凝土，这可使截面尺寸减小、自重减轻,能建大跨结构。如体育场看台、高架桥、大型渡槽等。

(2) 施工期建立预应力时构件有反拱,使用期混凝土不开裂,提高了构件刚度,使构件挠度减小。

但也有下列缺点:

(1) 预应力混凝土施工工序多,如预应力筋的张拉与锚固、预应力筋与混凝土之间的灌浆等。

(2) 锚具和预应力筋等材料贵。

(3) 受力钢筋全部采用预应力筋的结构构件,预应力过大使开裂荷载与破坏荷载接近,破坏前无明显预兆。

(4) 某些结构如大跨桥梁容易产生过大反拱,影响正常使用。

4. 预应力混凝土的分类

根据不同的指标,如截面应力状态、预应力度、裂缝控制等级、预应力筋与混凝土之间有无黏结等,预应力混凝土有不同的分类。

(1) 根据截面应力状态可分为全预应力混凝土、有限预应力混凝土、部分预应力混凝土三种。

1) 全预应力混凝土:荷载标准组合下截面不出现拉应力。

2) 有限预应力混凝土:荷载标准组合下截面拉应力不超过混凝土规定的抗拉强度,荷载准永久组合下截面不出现拉应力。

3) 部分预应力混凝土:允许出现裂缝,但最大裂缝宽度不超过允许的限值。

(2) 根据预应力度 δ 可分为 $\delta \geqslant 1$、$\delta < 1$ 两种。所谓预应力度就是控制截面上的消压内力和使用内力(荷载产生的内力)的比值。

1) 当 $\delta \geqslant 1$,消压内力大于使用内力,截面不出现拉应力,相当于全预应力混凝土。

2) 当 $0 < \delta < 1$,消压内力小于使用内力,截面出现拉应力,有可能开裂,有可能不开裂,相当于有限预应力混凝土和部分预应力混凝土。

(3) 根据裂缝控制等级可分为 3 个级别。在我国,预应力混凝土是根据裂缝控制等级来分类设计的,规范规定预应力混凝土设计时应根据环境类别选用不同的裂缝控制等级。

1) 一级:严格要求不出现裂缝的构件,要求构件受拉边缘混凝土不应产生拉应力,相当于全预应力混凝土。

2) 二级:一般要求不出现裂缝的构件,要求构件受拉边缘混凝土的拉应力不超过拉应力限值,相当于有限预应力混凝土。

3) 三级:允许出现裂缝的构件,要求裂缝宽度不超过限值,相当于部分预应力混凝土。

在我国常将有限预应力混凝土和部分预应力混凝土归为一类,称为部分预应力混凝土。因此,上述一级控制的预应力混凝土结构也常称为全预应力混凝土结构,二级与三级控制的也常称为部分预应力混凝土结构。

预应力度不是越高越好。二级、三级和一级相比,可减少预应力筋数量,降低造价,减少过大的反拱,特别是可增加结构的延性。

(4) 按预应力筋与混凝土的黏结状况可分为有黏结预应力混凝土和无黏结预应力混凝

土两种。

1) 有黏结预应力混凝土：预应力筋与周围的混凝土有可靠的黏结强度，使得预应力筋与混凝土在荷载作用下有相同的变形。先张法和灌浆的后张法都是有黏结预应力混凝土。

2) 无黏结预应力混凝土：预应力筋与混凝土之间没有黏结。无黏结预应力混凝土施工非常方便，已广泛应用于高层建筑的楼板，但水工钢筋混凝土规范不提倡采用。这是因为，预应力筋一直处于高应力状态下，只要有微小缺陷就会断裂。若预应力筋与混凝土之间没有黏结，预应力筋只要有一处出现断裂，该预应力筋就完全失效，而水工结构处于潮湿环境，开裂后预应力筋容易出现锈蚀，造成断裂。

虽然水工钢筋混凝土规范不提倡采用，但由于无黏结预应力混凝土施工方便，特别是其预应力筋不需要预留孔道或预留孔道小，方便非预应力筋的布置，所以在水利水电工程中也有应用。

10.1.1.2 施加预应力的方法

预应力混凝土结构一般通过张拉预应力筋来建立预应力。根据张拉预应力筋与混凝土浇筑的先后关系，建立预应力的方法分为先张法与后张法两类。顾名思义，先张法张拉预应力筋在浇筑混凝土之前，后张法则反之。

1. 先张法

在专门的台座上或钢模上张拉预应力筋，并用夹具临时固定在台座或钢模的传力架上。等混凝土养护到设计强度等级的 75% 以上（保证预应力筋与混凝土之间具有足够的黏结力）时，切断或放松预应力筋（简称放张）。处于高应力状态下的预应力筋放松后，发生弹性回缩，与预应力筋黏结在一起的混凝土也一起变形，混凝土就受到预压力，形成预应力混凝土构件。

2. 后张法

后张法不需要专门台座，可以在现场制作，因此多用于大型构件。浇筑混凝土时，在预应力筋的设计位置上预留出孔道，等混凝土养护到设计强度等级的 75% 以上时，将预应力筋穿入孔道。利用穿心千斤顶张拉预应力筋，其反作用力就作用在构件上，一边张拉预应力筋，一边混凝土被压缩。张拉完毕后，这时混凝土变形已完成，再用锚具将预应力筋锚固在构件的两端。若是有黏结预应力混凝土，则对孔道进行灌浆。

从上面看到，先张法与后张法的区别，除张拉预应力筋与浇筑混凝土的先后顺序不同外，还有以下两点主要的不同：

1) 它们的预应力传递方式是不同的，先张法靠钢筋与混凝土之间的黏结力传递预应力，而后张法靠构件两端锚具传递预应力。

2) 后张法在张拉预应力的同时混凝土就受到预压应力，张拉完毕时弹性压缩变化已完成，比先张法少了一个放松预应力筋引起的弹性回缩，所以后张法的预应力损失小于先张法。

10.1.2 张拉控制应力

张拉控制应力是指张拉预应力筋时预应力筋达到的最大应力值，是构件受荷前预应力筋经受的最大应力，以 σ_{con} 表示。

σ_{con} 越高，预应力筋用量就可越少。但 σ_{con} 过高，由于钢筋强度的离散性，操作中可能的超张拉，张拉时可能使钢筋屈服，产生塑性变形，反而达不到预期效果，也容易发生安全事故，故规范规定了它的最大取值，表 10-1 列出了 NB/T 11011—2022 规范规定的 σ_{con} 的限值 $[\sigma_{con}]$。

表 10-1　　　　　**NB/T 11011—2022 规范规定的张拉控制应力限值 $[\sigma_{con}]$**

项次	钢筋种类	张拉控制应力
1	消除应力钢丝、钢绞线	$0.75f_{ptk}$
2	预应力螺纹钢筋	$0.85f_{pyk}$
3	预应力中强度钢丝	$0.70f_{ptk}$

从表 10-1 看到，$[\sigma_{con}]$ 是以预应力筋的强度标准值 f_{ptk} 或 f_{pyk} 给出的，这是因为张拉预应力筋时仅涉及材料本身，与构件设计无关。要知道，强度设计值只用于承载能力极限状态的计算，是为保证承载能力极限状态的可靠度设置的。f_{ptk} 的下标 p 表示预应力，t 表示极限强度，说明消除应力钢丝、钢绞线、预应力中强度钢丝为硬钢，k 表示标准值；f_{pyk} 的下标 y 表示屈服强度，说明预应力螺纹钢筋属于软钢。

表 10-2 列出了 SL 191—2008 规范的 $[\sigma_{con}]$ 限值。从表 10-2 看到，SL 191—2008 规范规定的 σ_{con} 还与张拉方式有关。对某一些预应力筋，先张法要求的 σ_{con} 较后张法大，这是因为先张法比后张法多了一个放松预应力筋引起的弹性回缩，当 σ_{con} 相等时，先张法构件所建立的预应力值比后张法为小。要使先张法建立的预应力值和后张法相近，先张法的 σ_{con} 需取得大一些。

表 10-2　　　　　**SL 191—2008 规范规定的张拉控制应力限值 $[\sigma_{con}]$**

项次	预应力筋种类	张拉方法	
		先张法	后张法
1	消除应力钢丝、钢绞线	$0.75f_{ptk}$	$0.75f_{ptk}$
2	预应力螺纹钢筋	$0.75f_{ptk}$	$0.70f_{ptk}$
3	钢棒	$0.70f_{ptk}$	$0.65f_{ptk}$

另外，在某些情况下表 10-1 和表 10-2 所列数值可提高 $0.05f_{ptk}$ 或 $0.05f_{pyk}$；σ_{con} 应不小于 $0.4f_{ptk}$ 或 $0.5f_{pyk}$，以充分发挥预应力筋的强度。

10.1.3　预应力损失

10.1.3.1　预应力损失的定义

预应力筋在张拉时所建立的预拉应力，会由于张拉工艺和材料特性（混凝土徐变、钢筋松弛）等种种原因而降低，这种应力降低现象称为预应力损失。只有最终稳定的应力才对构件产生实际的预应力效果，因此如何减小和正确计算预应力损失是设计和施工中的关键问题。

预应力损失与张拉工艺、构件制作、配筋方式和材料特性有关。各影响因素相互制约，确切确定预应力损失十分困难，现行规范以各因素单独造成的预应力损失之和近似作为总的预应力损失。各因素单独造成的预应力损失分为 6 种，它们有的是先张法和后张法构件都有的，有的只存在于先张法构件，有的只存在于后张法构件。

10.1.3.2　各种预应力损失的计算与减小方法

1. 张拉端锚具变形和钢筋内缩引起的预应力损失 σ_{l1}

除去加力装置后，预应力筋会在锚具、夹具中产生滑移，锚具、夹具受挤压后会产生压缩变形，这些因素产生的预应力损失称为 σ_{l1}，先张法和后张法构件都有这种损失。

由于锚固端的锚具在张拉过程中已经被挤紧，σ_{l1} 只考虑张拉端。为减小 σ_{l1}，应尽量减少垫层块数。

2. 预应力筋与孔道壁之间摩擦引起的预应力损失 σ_{l2}

后张法构件在张拉预应力筋时，由于预应力筋与孔道壁之间的摩擦作用，使张拉端到锚固端的实际预拉应力值逐渐减小，减小的应力值即为 σ_{l2}，见图 10-2。

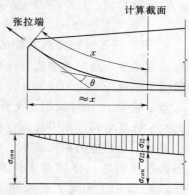

σ_{l2} 存在于后张法构件或预应力筋折线布置的先张法构件中，它由两部分组成：

（1）预留孔道中心与预应力筋中心偏差引起的摩擦力。受混凝土震捣的影响，直线预留孔道总会发生偏移，不再保持直线，引起孔壁与预应力筋的摩擦，见图 10-3（a）。

（2）曲线配筋时，预应力筋对孔壁的径向压力引起的摩擦力，见图 10-3（b）。

σ_{l2} 的大小随计算截面离张拉端的孔道长度（x）、预应力筋张拉端与计算截面曲线孔道部分切线的夹角 θ、预应力筋与孔道摩擦系数 κ 和 μ 的增大而增大，而摩擦系数 κ 和 μ 与孔道成孔的方式有关。

图 10-2　曲线配筋预应力混凝土构件 σ_{l2} 分布示意图

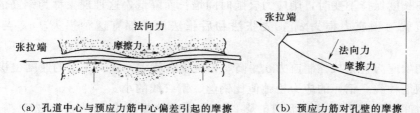

（a）孔道中心与预应力筋中心偏差引起的摩擦　　（b）预应力筋对孔壁的摩擦

图 10-3　σ_{l2} 组成示意图

减小摩擦损失的办法有：

（1）两端张拉：比较图 10-4（a）和图 10-4（b）可知，两端张拉比一端张拉可减小 1/2 摩擦损失值，所以当构件长度超过 18m 或曲线式配筋时常采用两端张拉的施工方法。

（2）超张拉：如图 10-4（c）所示，张拉顺序为：$0 \rightarrow 1.1\sigma_{con} \xrightarrow{\text{停 2min}} 0.85\sigma_{con} \xrightarrow{\text{停 2min}} \sigma_{con}$。当张拉端的张拉应力从 0 超张拉至 $1.1\sigma_{con}$（点 A 到点 E）时，预应力沿 EHD 分布，比较图 10-4（a）和图 10-4（c）的阴影部分可知，这时超张拉锚固端的 σ_{l2} 小于正常张拉

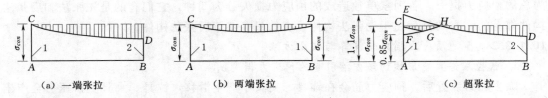

图 10-4　一端张拉、两端张拉及超张拉时曲线预应力筋的应力分布
1—张拉端；2—锚固端

时的 σ_{l2}。当张拉应力从 $1.1\sigma_{con}$ 降到 $0.85\sigma_{con}$（点 E 到点 F）时，由于孔道与预应力筋之间产生反向摩擦，预应力将沿 $FGHD$ 分布。当张拉应力再次张拉至 σ_{con} 时，预应力沿 $CGHD$ 分布，比较图 10-4（a）和图 10-4（c）的阴影部分可知，超张拉预应力的分布比正常张拉均匀，且产生的 σ_{l2} 减小。

3. 预应力筋与台座之间的温差引起的预应力损失 σ_{l3}

σ_{l3} 只存在于采用蒸汽养护的先张法构件中。在养护的升温阶段，混凝土尚未结硬，台座长度不变，预应力筋因温度升高而伸长，预应力筋的拉紧程度变松，应力减少，这减小的应力值就为预应力损失 σ_{l3}。

为了减少 σ_{l3}，可采用二次升温加热的养护制度。先在略高于常温下养护，待混凝土达到一定强度后再逐渐升高温度养护。由于混凝土未结硬前温度升高不多，预应力筋受热伸长很小，故预应力损失较小；混凝土初凝后再次升温，此时因预应力筋与混凝土两者的线热胀系数相近，即使温度较高也不会引起应力损失。如，采用一次升温 $75\sim80℃$，$\sigma_{l3}=150\sim160\mathrm{N/mm^2}$；若采用二次升温，先升温 $20\sim25℃$，待混凝土强度达到 $7.5\sim10\mathrm{N/mm^2}$ 后，再升温 $55℃$ 养护，计算 σ_{l3} 时只取 $\Delta t=20\sim25℃$，σ_{l3} 只有 $40\sim50\mathrm{N/mm^2}$。

4. 预应力筋应力松弛引起的预应力损失 σ_{l4}

当钢筋长度保持不变时，则应力会随时间增长而降低，这种现象称为钢筋的松弛，减小的应力值就为预应力损失 σ_{l4}，先张法和后张法构件都有这种损失。σ_{l4} 与下列因素有关：

（1）初始应力：张拉控制应力 σ_{con} 高，松弛损失就大，损失发生的速度也快。

（2）钢筋种类：钢棒的应力松弛值比钢丝、钢绞线的小。

（3）时间：预应力筋张拉后 1h 及 24h 时的松弛损失分别约占总松弛损失的 50% 和 80%。

（4）温度：温度高松弛损失大。

可采用超张拉的方式来减小 σ_{l4}，它可比正常张拉减小（2%～10%）σ_{con} 的松弛损失。这是因为初始应力越大，松弛损失发生的速度越快。在高应力状态下短时间所产生的松弛损失，可达到在低应力状态下需经过较长时间才能完成的松弛数值，经过超张拉部分松弛已经完成。

5. 混凝土收缩和徐变引起的预应力损失 σ_{l5}

预应力混凝土构件因混凝土收缩和徐变长度将缩短，预应力筋也随之回缩，预应力减小，这减小的应力值就为预应力损失 σ_{l5}，先张法和后张法构件都有这种损失。

由于徐变与混凝土龄期以及所受应力大小有关，因此 σ_{l5} 和施加预应力时的混凝土立方体抗压强度 f'_{cu} 成反比，与预应力筋位置的混凝土法向应力 σ_{pc} 成正比。当 σ_{pc} 与 f'_{cu} 比值过大时，混凝土会发生非线性徐变，因此过大的预加应力和放张时过低的混凝土抗压强度均是不妥的。

由于后张法构件在张拉预应力筋前混凝土的部分收缩已经完成，因此后张法构件的 σ_{l5} 比先张法构件要小。

σ_{l5} 很大，约占全部预应力损失的 $40\%\sim50\%$，所以应当重视采取各种有效措施减少混凝土的收缩和徐变。为了减小 σ_{l5}，可采用高强度等级水泥，减少水泥用量，降低水胶比，振捣密实，加强养护，并应控制 $\sigma_{pc}/f'_{cu}<0.5$。

应注意：教材所列 σ_{l5} 计算公式是有适用条件的，要求 $\sigma_{pc}/f'_{cu}\leqslant0.5$（$\sigma'_{pc}/f'_{cu}\leqslant0.5$）。

6. 螺旋式预应力筋挤压混凝土引起的预应力损失 σ_{l6}

环形结构构件的混凝土被螺旋式预应力筋箍紧，混凝土受预应力筋的挤压会发生局部压陷，构件直径将减小，使得预应力筋回缩，预应力减小，这减小的应力值就为预应力损失 σ_{l6}。

σ_{l6} 只存在于后张法的环形结构构件，它的大小与构件直径有关，构件直径越小，压陷变形的影响越大，预应力损失也就越大。当结构直径大于 3m 时，损失就可不计；当结构直径不大于 3m 时，σ_{l6} 可取为 $\sigma_{l6}=30\text{N/mm}^2$。

10.1.3.3 第一批和第二批预应力损失

上述 6 种预应力损失并不是同时出现，为以后应力分析的方便，将预应力损失分成两批。通常将混凝土预压完成前（先张法指放张前，后张法指去千斤顶前）出现的损失称为第一批应力损失，用 σ_{lI} 表示；混凝土预压完成后出现的损失称为第二批应力损失，用 σ_{lII} 表示。总的损失 $\sigma_l=\sigma_{lI}+\sigma_{lII}$。

以先张法为例，张拉预应力筋至张拉控制应力 σ_{con}，然后用夹具将预应力筋锚固在台座上，这时预应力筋发生内缩，夹具发生变形，σ_{l1} 出现。由于要等混凝土强度达到 75%设计强度等级才能放松预应力筋，而预应力筋松弛 1d 可发生 80%，因此 σ_{l4} 也已大部分出现。若需区分 σ_{l4} 在第一批和第二批损失中所占的比例，可按实际情况确定，一般将 σ_{l4} 归到第一批。若采用蒸汽养护，则有 σ_{l3}。因此，$\sigma_{lI}=\sigma_{l1}+\sigma_{l3}+\sigma_{l4}$。放张后，混凝土受到预压应力，发生徐变，$\sigma_{l5}$ 产生。因此，$\sigma_{lII}=\sigma_{l5}$。

当先张法构件采用折线形预应力筋时，由于预应力筋与转向装置发生摩擦，故在损失值中应计入 σ_{l2}，其值可按实际情况确定。各阶段预应力损失的组合见表 10-3。

表 10-3　　　　　　　　　　　　各阶段预应力损失值的组合

项次	预应力损失值的组合	先张法构件	后张法构件
1	混凝土预压完成前（第一批）的损失	$\sigma_{l1}+\sigma_{l2}+\sigma_{l3}+\sigma_{l4}$	$\sigma_{l1}+\sigma_{l2}$
2	混凝土预压完成后（第二批）的损失	σ_{l5}	$\sigma_{l4}+\sigma_{l5}+\sigma_{l6}$

考虑到预应力损失的计算值与实际值可能有误差，为确保构件的安全，按上述各项损失计算得出的总损失值 σ_l 小于下列数值时，则按下列数值采用：

先张法构件　　　　　　　　　　　　100N/mm^2

后张法构件   80N/mm²

这里看到，先张法构件的预应力损失要大于后张法构件。

10.1.4 先张法预应力混凝土轴心受拉构件的应力分析

10.1.4.1 构件应力分析的目的

要设计预应力混凝土构件，首先要了解预应力混凝土构件的应力变化过程，只有了解它在开裂前、即将开裂时、开裂后、破坏时各阶段的应力状态，才能列出抗裂、裂缝宽度验算公式，以及承载力计算公式。

在实际工程中，预应力混凝土轴心受拉构件是很少见的，教学上介绍轴心受拉构件是为介绍受弯构件做准备的。这是因为轴心受拉构件相对比较简单，容易理解，方便初学者建立相关的概念。预应力混凝土构件应力分析时公式和符号较多，似乎有些难度，但只要遵循以下三点就很容易理解和掌握。

（1）混凝土开裂前，若钢筋与混凝土之间有黏结，由于混凝土与钢筋应变相同，则钢筋应力的变化是混凝土应力变化 σ_{pc} 的 α_E 倍，钢筋截面面积可折算成 α_E 倍 A_s 的混凝土面积，其中 α_E 为钢筋与混凝土弹性模量比。

（2）轴心受拉构件混凝土开裂后，对于裂缝面，混凝土应力为零，和消压状态相比，所增加的轴力全由纵向钢筋承担，因此预应力筋与非预应力筋应力的变化为 $\Delta N/(A_s + A_p)$，其中 ΔN 为当前轴力与消压轴力之间的增量，A_p 和 A_s 分别为预应力筋与非预应力筋的截面面积。

（3）轴心受拉构件破坏时，预应力筋与非预应力筋都达到了相应的强度。

先张法构件从张拉钢筋开始到构件破坏，分施工和使用两个阶段，每个阶段又各包含3个应力状态。

10.1.4.2 施工阶段的应力分析

1. 应力状态 1——预应力筋放张前

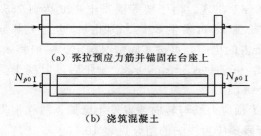

(a) 张拉预应力筋并锚固在台座上

(b) 浇筑混凝土

图 10-5 先张法构件应力状态 1——
预应力筋放张前

张拉预应力筋到张拉控制应力 σ_{con}，将预应力筋锚固在台座上 ［图 10-5 (a)］，然后浇筑混凝土 ［图 10-5 (b)］。这时，由于锚具变形和预应力筋内缩产生预应力损失 σ_{l1}，预应力筋松弛产生预应力损失 σ_{l4}，若采用蒸汽养护则产生预应力损失 σ_{l3}，即产生了第一批应力损失 $\sigma_{lI} = \sigma_{l1} + \sigma_{l3} + \sigma_{l4}$，预应力筋应力由张拉控制应力 σ_{con} 减小到 $\sigma_{p0I} = \sigma_{con} - \sigma_{lI}$，混凝土应力和非预应力筋的应力均为零。

预应力筋产生的轴力为 $N_{p0I} = \sigma_{p0I} A_p = (\sigma_{con} - \sigma_{lI})A_p$，作用在台座上，见图 10-5 (b)。

这时的应力状态：

混凝土	$\sigma_{c0} = 0$
预应力筋	$\sigma_{p0I} = \sigma_{con} - \sigma_{lI}$ （受拉为正）
非预应力筋	$\sigma_{s0} = 0$

2. 应力状态 2——预应力筋放张后

从台座（或钢模）上放松预应力筋（工程上称"放张"），张紧的预应力筋就要回缩，由于先张法中预应力筋与混凝土之间有黏结，非预应力筋也与混凝土之间有黏结，因此混凝土、非预应力筋也随预应力筋一起回缩，且回缩的应变和预应力筋相同，混凝土受到预压应力 $\sigma_{pc\,I}$，预应力筋和非预应力筋受到预压应力 $\alpha_E\sigma_{pc\,I}$，即这时的应力状态：

混凝土 $\sigma_{pc\,I}$（受压为正）

预应力筋 $\sigma_{pe\,I}=\sigma_{p0\,I}-\alpha_E\sigma_{pc\,I}=\sigma_{con}-\sigma_{l\,I}-\alpha_E\sigma_{pc\,I}$ （受拉为正）

非预应力筋 $\sigma_{s\,I}=\alpha_E\sigma_{pc\,I}$（受压为正）

混凝土的预压应力 $\sigma_{pc\,I}$ 可由截面内力平衡条件求得，在一个截面内，内力平衡，拉力与压力相等，预应力筋承受拉力，非预应力筋和混凝土承受压力，因而有

$$\sigma_{pe\,I}A_p=\sigma_{pc\,I}A_c+\sigma_{s\,I}A_s \tag{a1}$$

$$(\sigma_{con}-\sigma_{l\,I}-\alpha_E\sigma_{pc\,I})A_p=\sigma_{pc\,I}A_c+\alpha_E\sigma_{pc\,I}A_s \tag{a2}$$

$$\sigma_{pc\,I}=\frac{(\sigma_{con}-\sigma_{l\,I})A_p}{A_c+\alpha_E A_s+\alpha_E A_p} \tag{10-1a}$$

由第 8 章知识，分母为换算截面面积 $A_0=A_c+\alpha_E A_s+\alpha_E A_p$，不同品种的钢筋应分别取用不同的弹性模量计算 α_E 值。因而式（10-1a）可写为

$$\sigma_{pc\,I}=\frac{(\sigma_{con}-\sigma_{l\,I})A_p}{A_0} \tag{10-1b}$$

注意到，式（10-1）中分子就为放张前的预应力筋的轴力 $N_{p0I}=(\sigma_{con}-\sigma_{l\,I})A_p$，因而式（10-1）也可理解为：放张后，原来作用在台座上的预应力筋轴力 N_{p0I} 就作用在构件截面上，使构

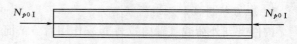

图 10-6 先张法构件应力状态 2——
预应力筋放张后

件产生压应力，该压应力就等于轴力 N_{p0I} 与构件截面面积的比值，见图 10-6。在这个构件截面上不但有混凝土，而且有预应力筋和非预应力筋，且它们之间有黏结力，一起变形，由此截面的面积为换算面积 A_0。

3. 应力状态 3——全部预应力损失出现

混凝土受到压应力，随着时间的增长又发生收缩和徐变，使预应力筋产生第二批应力损失。对先张法来说，第二批应力损失为 $\sigma_{l\,II}=\sigma_{l5}$。此时，总的应力损失为 $\sigma_l=\sigma_{l\,I}+\sigma_{l\,II}$。

混凝土发生收缩和徐变后，构件缩短，预应力筋应力降低，相应的混凝土预压应力也降低为 $\sigma_{pc\,II}$。在 $\sigma_{pc\,II}$ 作用下，混凝土产生瞬时压应变 $\sigma_{pc\,II}/E_c$ 和徐变 σ_{l5}/E_s。瞬时压应变 $\sigma_{pc\,II}/E_c$ 使得预应力筋和非预应力筋产生 $\alpha_E\sigma_{pc\,II}$ 的压应力，徐变 σ_{l5}/E_s 使得预应力筋和非预应力筋产生 σ_{l5} 的压应力，则这时的应力状态：

混凝土 $\sigma_{pc\,II}$（受压为正）

预应力筋 $\sigma_{pe\,II}=\sigma_{con}-\sigma_l-\alpha_E\sigma_{pc\,II}$（受拉为正）

非预应力筋 $\sigma_{s\,II}=\alpha_E\sigma_{pc\,II}+\sigma_{l5}$（受压为正）

其中，徐变使得预应力筋产生的 σ_{l5} 压应力包括在总应力损失 σ_l 中。

同样可由截面内力平衡条件：

$$\sigma_{pe\text{II}}A_p = \sigma_{pc\text{II}}A_c + \sigma_{s\text{II}}A_s \qquad (\text{b1})$$

$$(\sigma_{con} - \sigma_l - \alpha_E\sigma_{pc\text{II}})A_p = \sigma_{pc\text{II}}A_c + (\alpha_E\sigma_{pc\text{II}} + \sigma_{l5})A_s \qquad (\text{b2})$$

$$\sigma_{pc\text{II}} = \frac{(\sigma_{con} - \sigma_l)A_p - \sigma_{l5}A_s}{A_0} = \frac{N_{p0\text{II}}}{A_0} \qquad (10-2)$$

式中：$N_{p0\text{II}}$ 为预应力损失全部出现后，混凝土法向预应力为零时的预应力筋与非预应力筋的合力。

式（10-2）同样也可理解为放张后，将钢筋回弹力 $N_{p0\text{II}}$ 看成外力（轴向压力），作用在整个构件的换算截面 A_0 上，由此截面混凝土产生 $\sigma_{pc\text{II}}$ 的压应力。可以想象，施加外力后，当外力为 $N_{p0\text{II}}$ 时，构件上的应力为零。

$\sigma_{pe\text{II}}$ 为全部预应力损失完成后，预应力筋的有效预拉应力，其中符号下标中的"p"表示预应力，"e"表示有效，"Ⅱ"表示第二批（所有的）预应力损失出现。$\sigma_{pc\text{II}}$ 为在混凝土中所建立的"有效预压应力"，其中符号下标中的"c"表示混凝土，其他和 $\sigma_{pe\text{II}}$ 相同。$\sigma_{pc\text{II}}$ 值越大，构件抗裂性能越好。

由上可知，在外荷载作用以前，预应力混凝土中的预应力筋与非预应力筋、混凝土的应力都不等于零，混凝土受到很大的压应力，而预应力筋受到很大拉应力，这是预应力混凝土与钢筋混凝土本质的区别。

10.1.4.3　使用阶段的应力分析

1. 应力状态 4——消压状态

构件受到外荷载（轴向拉力 N）作用后，截面上的压应力逐渐减小，见图 10-7。当 N 产生的拉应力正好抵消截面上混凝土的预压应力 $\sigma_{pc\text{II}}$ 时，混凝土应力为零，该状态称为消压状态，此时的轴向拉力 N 也称为消压轴力 N_0。这时混凝土由 $\sigma_{pc\text{II}}$ 压应力变为零，相当于增加了 $\sigma_{pc\text{II}}$ 的拉应力，则预应力筋和非预应力筋产生了 $\alpha_E\sigma_{pc\text{II}}$ 的拉应力，这时的应力状态：

混凝土　　　　　　　　0

预应力筋　　　　　　　$\sigma_{p0} = \sigma_{con} - \sigma_l - \alpha_E\sigma_{pc\text{II}} + \alpha_E\sigma_{pc\text{II}} = \sigma_{con} - \sigma_l$（受拉为正）

非预应力筋　　　　　　$\sigma_{s0} = \alpha_E\sigma_{pc\text{II}} + \sigma_{l5} - \alpha_E\sigma_{pc\text{II}} = \sigma_{l5}$（受压为正）

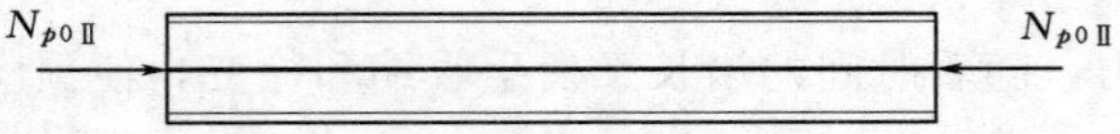

（a）加载前

（b）加载至消压状态

图 10-7　先张法消压阶段

而这时的轴力，也就是消压轴力 N_0，等于截面的内力。由于混凝土应力等于零，则截面内力就为预应力筋的拉力减去非预应力筋的压力，即

$$N_0 = (\sigma_{con} - \sigma_l)A_p - \sigma_{l5}A_s \qquad (10-3\text{a})$$

由于 N_0 作用，混凝土增加了 $\sigma_{pc\text{II}}$ 的拉应力，即组合截面 A_0 增加了 $\sigma_{pc\text{II}}$ 的拉应力，

因而 N_0 也可以写为

$$N_0 = \sigma_{pcII} A_0 \qquad (10-3b)$$

消压状态是预应力混凝土轴心受拉构件中，混凝土应力将由压应力转为拉应力的一个标志。如果 $N < N_0$ 则构件的混凝土处于受压状态；若 $N > N_0$ 则混凝土将出现拉应力，以后拉应力的增量就和钢筋混凝土轴心受拉构件受外荷载后产生的拉应力增量一样。

2. 应力状态 5——即将开裂与开裂状态

(1) 即将开裂时。随着荷载进一步增加，混凝土应力从零（消压状态）逐渐增加，当达到混凝土轴心抗拉强度标准值 f_{tk} 时，构件即将开裂，因而开裂荷载 N_{cr} 就为在消压轴力 N_0 的基础上增加 $f_{tk} A_0$，即

$$N_{cr} = N_0 + f_{tk} A_0 = (\sigma_{con} - \sigma_l) A_p - \sigma_{l5} A_s + f_{tk} A_0 \qquad (10-4a)$$

也可写成：

$$N_{cr} = (\sigma_{pcII} + f_{tk}) A_0 \qquad (10-4b)$$

由上式可见，预应力混凝土构件的抗裂能力由于多了 N_0 这一项而比钢筋混凝土构件大大提高。这时的应力状态：

混凝土 $\qquad\qquad f_{tk}$ （受拉为正）

预应力筋 $\qquad\qquad \sigma_p = \sigma_{con} - \sigma_l + \alpha_E f_{tk}$ （受拉为正）

非预应力筋 $\qquad\qquad \sigma_s = \sigma_{l5} - \alpha_E f_{tk}$ （受压为正）

(2) 开裂后。开裂后，和消压状态相比，裂缝截面的混凝土应力都为零，但轴力增加了 $N - N_0$，该轴力增量由预应力筋和非预应力筋承担，则它们的应力增量为 $(N - N_0)/(A_p + A_s)$。这时裂缝截面的应力状态：

混凝土 $\qquad\qquad 0$

预应力筋 $\qquad\qquad \sigma_p = \sigma_{con} - \sigma_l + \dfrac{N - N_0}{A_p + A_s}$ （受拉为正）

非预应力筋 $\qquad\qquad \sigma_s = \sigma_{l5} - \dfrac{N - N_0}{A_p + A_s}$ （受压为正）

3. 应力状态 6——破坏状态

当预应力筋、非预应力筋的应力达到各自抗拉强度时，构件就发生破坏。此时的外荷载为构件的极限承载力 N_u，即

$$N_u = f_{py} A_p + f_y A_s \qquad (10-5)$$

10.1.5 后张法预应力混凝土轴心受拉构件的应力分析

后张法构件的应力分布除施工阶段因张拉工艺与先张法不同而有所区别外，使用阶段、破坏阶段的应力分布均与先张法相同，它仍可分施工和使用两个阶段，但只有 5 个应力状态。

10.1.5.1 施工阶段的应力分析

1. 应力状态 1——第一批预应力损失出现

后张法构件在张拉预应力的同时混凝土就受到预压应力，张拉完毕时弹性压缩变化已

完成。和先张法相比，少了预应力筋放张前这一应力状态，因此它的应力状态 1 就相当于先张法的应力状态 2。

在应力状态 1，第一批预应力损失出现，这时的应力状态：

混凝土　　　　　　$\sigma_{pc\,I}$（受压为正）

预应力筋　　　　　$\sigma_{pe\,I} = \sigma_{con} - \sigma_{l\,I}$（受拉为正）

非预应力筋　　　　$\sigma_{s\,I} = \alpha_E \sigma_{pc\,I}$（受压为正）

同样由截面内力平衡条件有

$$\sigma_{pe\,I} A_p = \sigma_{pc\,I} A_c + \sigma_{s\,I} A_s \tag{c1}$$

$$(\sigma_{con} - \sigma_{l\,I}) A_p = \sigma_{pc\,I} A_c + \alpha_E \sigma_{pc\,I} A_s \tag{c2}$$

$$\sigma_{pc\,I} = \frac{(\sigma_{con} - \sigma_{l\,I}) A_p}{A_c + \alpha_E A_s} = \frac{(\sigma_{con} - \sigma_{l\,I}) A_p}{A_n} \tag{10-6}$$

2. 应力状态 2——第二批预应力损失出现

第二批预应力损失出现后，相应的混凝土预压应力降低为 $\sigma_{pc\,II}$，这时的应力状态：

混凝土　　　　　　$\sigma_{pc\,II}$（受压为正）

预应力筋　　　　　$\sigma_{pe\,II} = \sigma_{con} - \sigma_l$（受拉为正）

非预应力筋　　　　$\sigma_{s\,II} = \alpha_E \sigma_{pc\,II} + \sigma_{l5}$（受压为正）

同样可由截面内力平衡条件：

$$\sigma_{pe\,II} A_p = \sigma_{pc\,II} A_c + \sigma_{s\,II} A_s \tag{d1}$$

$$(\sigma_{con} - \sigma_l) A_p = \sigma_{pc\,II} A_c + (\alpha_E \sigma_{pc\,II} + \sigma_{l5}) A_s \tag{d2}$$

$$\sigma_{pc\,II} = \frac{(\sigma_{con} - \sigma_l) A_p - \sigma_{l5} A_s}{A_c + \alpha_E A_s} = \frac{(\sigma_{con} - \sigma_l) A_p - \sigma_{l5} A_s}{A_n} \tag{10-7}$$

比较式（10-6）和式（10-1）、式（10-7）和式（10-2）知，两式的分子相同，分母不同，后张法比先张法少了 $\alpha_E A_p$。其原因是后张法构件比先张法少了一个放松预应力筋时的回缩，使预应力筋应力少减小 $\alpha_E \sigma_{pc}$。也可以理解为在施工阶段，先张法中的预应力筋和非预应力筋都与混凝土有黏结，协同变形，预应力筋和非预应力筋可以分别折算成 $\alpha_E A_p$ 和 $\alpha_E A_s$ 的混凝土，故用折算面积 $A_0 = A_c + \alpha_E A_s + \alpha_E A_p$。在后张法中，非预应力筋与混凝土有黏结，可以折算成 $\alpha_E A_s$；预应力筋与混凝土无黏结，不能折算成 $\alpha_E A_p$ 的混凝土，故用净面积 $A_n = A_c + \alpha_E A_s$。

10.1.5.2　使用阶段的应力分析

在使用阶段，预应力孔道已灌浆，预应力筋与混凝土已有黏结。和先张法构件一样，后张法构件在使用阶段仍可分消压状态、即将开裂与开裂状态、破坏状态 3 个应力状态，其分析方法也与先张法构件一样，这里不再一一介绍。表 10-4 给出了先张法构件与后张法构件各应力状态的相关公式。

比较表 10-4 所列公式知，后张法和先张法构件的非预应力筋应力、破坏轴力的表达式是相同的，但施工期的混凝土应力、预应力筋应力、消压轴力、开裂轴力不同：①$\sigma_{pc\,I}$ 和 $\sigma_{pc\,II}$ 计算式的分母，后张法构件比先张法构件少加了 $\alpha_E A_p$；②预应力筋应力，后张法构件比先张法构件多加了 $\alpha_E \sigma_{pc}$；③消压轴力和开裂轴力，后张法构件比先张法构件多加

了 $\alpha_E \sigma_{pc\,\mathrm{II}} A_p$。其原因是后张法构件比先张法少了一个放松预应力筋时的回缩，使预应力筋应力少减小 $\alpha_E \sigma_{pc}$。

表 10 - 4   先张法构件与后张法构件各应力状态下的应力与轴力

阶段	应力状态	先张法构件 应力与轴力	应力状态	后张法构件 应力与轴力
施工阶段	1	$\sigma_{c0} = 0$ $\sigma_{p0\,\mathrm{I}} = \sigma_{con} - \sigma_{l\,\mathrm{I}}$ $\sigma_{s0} = 0$		
施工阶段	2	$\sigma_{pc\,\mathrm{I}} = \dfrac{(\sigma_{con} - \sigma_{l\,\mathrm{I}})\,A_p}{A_c + \alpha_E A_s + \alpha_E A_p}$ $\sigma_{pe\,\mathrm{I}} = \sigma_{con} - \sigma_{l\,\mathrm{I}} - \alpha_E \sigma_{pc\,\mathrm{I}}$ $\sigma_{s\,\mathrm{I}} = \alpha_E \sigma_{pc\,\mathrm{I}}$	1	$\sigma_{pc\,\mathrm{I}} = \dfrac{(\sigma_{con} - \sigma_{l\,\mathrm{I}})\,A_p}{A_c + \alpha_E A_s}$ $\sigma_{pe\,\mathrm{I}} = \sigma_{con} - \sigma_{l\,\mathrm{I}}$ $\sigma_{s\,\mathrm{I}} = \alpha_E \sigma_{pc\,\mathrm{I}}$
施工阶段	3	$\sigma_{pc\,\mathrm{II}} = \dfrac{(\sigma_{con} - \sigma_{l})\,A_p - \sigma_{l5} A_s}{A_c + \alpha_E A_s + \alpha_E A_p}$ $\sigma_{pe\,\mathrm{II}} = \sigma_{con} - \sigma_{l} - \alpha_E \sigma_{pc\,\mathrm{II}}$ $\sigma_{s\,\mathrm{II}} = \alpha_E \sigma_{pc\,\mathrm{II}} + \sigma_{l5}$	2	$\sigma_{pc\,\mathrm{II}} = \dfrac{(\sigma_{con} - \sigma_{l})\,A_p - \sigma_{l5} A_s}{A_c + \alpha_E A_s}$ $\sigma_{pe\,\mathrm{II}} = \sigma_{con} - \sigma_{l}$ $\sigma_{s\,\mathrm{II}} = \alpha_E \sigma_{pc\,\mathrm{II}} + \sigma_{l5}$
使用阶段	4	$\sigma_{c0} = 0$ $\sigma_{p0} = \sigma_{con} - \sigma_{l}$ $\sigma_{s0} = \sigma_{l5}$ $N_0 = (\sigma_{con} - \sigma_{l})\,A_p - \sigma_{l5} A_s$	3	$\sigma_{c0} = 0$ $\sigma_{p0} = \sigma_{con} - \sigma_{l} + \alpha_E \sigma_{pc\,\mathrm{II}}$ $\sigma_{s0} = \sigma_{l5}$ $N_0 = (\sigma_{con} - \sigma_{l} + \alpha_E \sigma_{pc\,\mathrm{II}})\,A_p - \sigma_{l5} A_s$
使用阶段	5 - 1	$\sigma_c = f_{tk}$ $\sigma_p = \sigma_{con} - \sigma_{l} + \alpha_E f_{tk}$ $\sigma_s = \sigma_{l5} - \alpha_E f_{tk}$ $N_{cr} = (\sigma_{con} - \sigma_{l})\,A_p - \sigma_{l5} A_s + f_{tk} A_0$		$\sigma_c = f_{tk}$ $\sigma_p = \sigma_{con} - \sigma_{l} + \alpha_E \sigma_{pc\,\mathrm{II}} + \alpha_E f_{tk}$ $\sigma_s = \sigma_{l5} - \alpha_E f_{tk}$ $N_{cr} = (\sigma_{con} - \sigma_{l} + \alpha_E \sigma_{pc\,\mathrm{II}})\,A_p - \sigma_{l5} A_s + f_{tk} A_0$
使用阶段	5 - 2	$\sigma_c = 0$ $\sigma_p = \sigma_{con} - \sigma_{l} + \dfrac{N - N_0}{A_p + A_s}$ $\sigma_s = \sigma_{l5} - \dfrac{N - N_0}{A_p + A_s}$	4	$\sigma_c = 0$ $\sigma_p = \sigma_{con} - \sigma_{l} + \alpha_E \sigma_{pc\,\mathrm{II}} + \dfrac{N - N_0}{A_p + A_s}$ $\sigma_s = \sigma_{l5} - \dfrac{N - N_0}{A_p + A_s}$
使用阶段	6	$\sigma_s = f_y$ $\sigma_p = f_{py}$ $N_u = f_{py} A_p + f_y A_s$	5	$\sigma_s = f_y$ $\sigma_p = f_{py}$ $N_u = f_{py} A_p + f_y A_s$

10.1.6 预应力混凝土构件与钢筋混凝土构件受力性能比较

预应力混凝土构件与钢筋混凝土构件受力性能有如下异同：

（1）受外荷载以前，钢筋混凝土构件中的钢筋和混凝土的应力全为零，而预应力混凝土构件中的预应力筋与非预应力筋、混凝土的应力都不为零，混凝土受到很大的压应力，而预应力筋处于高应力状态之中。

（2）若两类构件采用相同的材料，则它们的承载力是相同的，但钢筋混凝土构件不能采用高强钢筋，否则构件就会在不大的拉力下因裂缝过宽而不满足正常使用极限状态的要求，只有采用预应力才能发挥高强钢筋的作用。

（3）由于预应力混凝土构件存在着消压轴力，使得它的开裂轴力大大提高，远大于钢筋混凝土构件的开裂轴力。

预应力混凝土构件的开裂荷载与破坏荷载比值可达 0.9 以上，这既是它的优点也是它的缺点。优点是抗裂性能好；缺点是开裂荷载与破坏荷载过于接近后，构件一开裂就会破坏，破坏呈脆性。

钢筋混凝土构件的开裂荷载与破坏荷载比值在 0.10～0.15 左右，这既是它的缺点也是它的优点。缺点是抗裂性能差；优点是开裂到破坏有很长的过程，破坏呈延性。

（4）混凝土开裂前钢筋应力变化较小，预应力混凝土构件开裂内力大，因而更适合于受疲劳荷载作用下的构件，例如铁路桥、公路桥等。

10.1.7　预应力混凝土轴心受拉构件使用阶段的设计

预应力混凝土轴心受拉构件的设计，包括使用阶段承载力计算、抗裂验算或裂缝宽度验算，以及施工阶段的验算。在使用阶段设计时，首先要进行承载能力极限状态的计算，然后进行抗裂验算或裂缝宽度的正常使用极限状态验算。

1. 承载力计算

在承载能力极限状态，轴拉构件整个截面开裂，混凝土不承担拉力，预应力筋和非预应力筋都达到了强度设计值，正截面受拉承载力计算公式如下：

$$\gamma_d N \leqslant N_u = f_{py}A_p + f_y A_s \qquad (10-8)$$

式中 γ_d、N 的取值与计算方法与钢筋混凝土构件相同。

2. 抗裂验算及裂缝宽度验算

预应力混凝土构件按所处环境类别和使用要求，应有不同的裂缝控制要求。规范将预应力混凝土构件划分为三个裂缝控制等级进行验算。

（1）一级——严格要求不出现裂缝的构件，要求按荷载标准组合计算的混凝土应力应满足：

$$\sigma_{ck} - \sigma_{pcII} \leqslant 0 \qquad (10-9)$$

（2）二级——一般要求不出现裂缝的构件，要求按荷载标准组合计算的混凝土应力应满足：

$$\sigma_{ck} - \sigma_{pcII} \leqslant 0.7 f_{tk} \qquad (10-10)$$

式中，$\sigma_{ck} = \dfrac{N_k}{A_0}$，$N_k$ 的计算方法与钢筋混凝土构件相同；$A_0 = A_c + \alpha_E A_p + \alpha_E A_s$。

对有黏结预应力混凝土构件，在使用阶段后张法构件的预应力孔道已经灌浆，预应力筋与混凝土之间已有黏结，所以无论先张法还是后张法构件计算 σ_{ck} 时都用 A_0。而 σ_{pcII} 的计算，先张法构件与后张法构件是不同的：

先张法构件　$\sigma_{pcII} = \dfrac{(\sigma_{con}-\sigma_l)A_p - \sigma_{l5}A_s}{A_c + \alpha_E A_s + \alpha_E A_p} = \dfrac{(\sigma_{con}-\sigma_l)A_p - \sigma_{l5}A_s}{A_0}$

后张法构件　$\sigma_{pcII} = \dfrac{(\sigma_{con}-\sigma_l)A_p - \sigma_{l5}A_s}{A_c + \alpha_E A_s} = \dfrac{(\sigma_{con}-\sigma_l)A_p - \sigma_{l5}A_s}{A_n}$

（3）三级——允许出现裂缝的构件，按荷载标准组合计算并考虑长期作用影响的最大计算裂缝宽度 w_{max} 应满足：

$$w_{max} \leqslant w_{lim} \qquad (10-11)$$

预应力混凝土轴心受拉构件在加外荷载前，截面受到 σ_{pcII} 压应力 [图 10-8（a）]。随外荷载 N 的增大，N 产生的拉应力逐渐抵消混凝土中的预压应力，当 N 达到了消压轴力 N_0 时，混凝土应力为零 [图 10-8（b）]，这时的混凝土应力状态相当于受载之前的钢筋混凝土轴心受拉构件。当 $N > N_0$ 时，$(N-N_0)$ 使混凝土产生拉应力 [图 10-8（c）]，此时构件是否开裂，开裂后裂缝宽度有多大取决于 $(N-N_0)$。因此，对于允许出现裂缝的轴心受拉构件，其裂缝宽度计算公式可参照钢筋混凝土构件相关公式给出，但需取钢筋的应力 $\sigma_{sk} = \dfrac{N_k - N_0}{A_p + A_s}$。

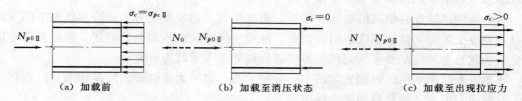

图 10-8　预应力混凝土轴心受拉构件使用期应力变化

式（10-12）为 NB/T 11011—2022 规范预应力混凝土构件的最大裂缝宽度计算公式，它的形式和钢筋混凝土构件的最大裂缝宽度计算公式完全一样。但注意以下不同：

1）裂缝截面纵向钢筋应力 $\sigma_{sk} = \dfrac{N_k - N_0}{A_p + A_s}$，而不是钢筋混凝土构件的 $\sigma_{sk} = \dfrac{N_k}{A_s}$。

2）考虑构件受力特征系数 α_{cr} 的取值与钢筋混凝土构件不同。

3）纵向钢筋的相对黏结特性系数 ν 值不但和钢筋表面形状有关，而且和预应力张拉方法有关。

$$w_{max} = \alpha_{cr} \psi \frac{\sigma_{sk} - \sigma_0}{E_s} l_{cr} (mm) \qquad (10-12)$$

其中

$$\psi = 1 - 1.1 \frac{f_{tk}}{\rho_{te} \sigma_{sk}} \qquad (10-13)$$

$$l_{cr} = 2.2 c_s + 0.09 \frac{d_{eq}}{\rho_{te}} (30mm \leqslant c_s \leqslant 65mm) \qquad (10-14a)$$

或

$$l_{cr} = 65 + 1.2 c_s + 0.09 \frac{d_{eq}}{\rho_{te}} (65mm < c_s \leqslant 150mm) \qquad (10-14b)$$

$$d_{eq} = \frac{\sum n_i d_i^2}{\sum n_i \nu_i d_i} \qquad (10-15)$$

10.1.8　预应力混凝土轴心受拉构件施工阶段的验算

当先张法构件放张预应力筋或后张法构件张拉预应力筋完毕时，混凝土将受到最大的预压应力 σ_{cc}，而这时混凝土强度通常仅达到设计强度的 75%，构件承载力是否足够，应予验算。预应力混凝土施工阶段的验算包括张拉（或放张）预应力筋时构件的承载力验算及后张法构件端部锚固区局部受压的计算。

10.1.8.1　张拉（或放张）预应力筋时构件的承载力验算

为了保证在张拉（或放张）预应力筋时混凝土不被压碎，混凝土的预压应力应满足：

$$\sigma_{cc} \leqslant 0.8 f'_{ck} \tag{10-16}$$

式中：f'_{ck} 为张拉（或放张）预应力筋时的混凝土轴心抗压强度标准值；σ_{cc} 为施工期混凝土受到的最大预压应力。

先张法构件仅按第一批损失出现后计算 σ_{cc}，$\sigma_{cc}=\dfrac{(\sigma_{con}-\sigma_{l1})A_p}{A_0}$；后张法构件按张拉预应力筋完毕未及时锚固考虑，即不考虑预应力损失值计算 σ_{cc}，$\sigma_{cc}=\dfrac{\sigma_{con}A_p}{A_n}$。注意，此时后张法构件的预应力孔道尚未灌浆，用 A_n 计算。

10.1.8.2　后张法构件端部局部受压承载力计算

后张法构件端部在锚具的局部挤压下，端部锚具下的混凝土处于高应力状态下的三向受力，混凝土截面又被预留孔道削弱较多，混凝土强度又未达到设计强度，因此存在着局部受压承载力是否满足要求的问题，需要进行局部受压承载力计算。

通常需在局部受压区内配置如图 10-9 所示的方格网式或螺旋式间接钢筋，以约束混凝土的横向变形，从而提高局部受压承载力。

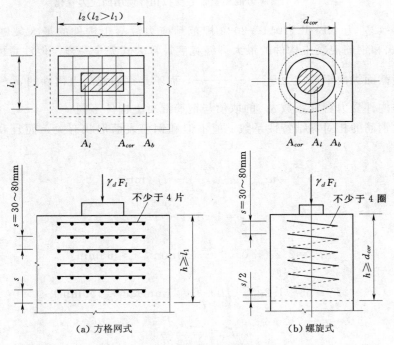

图 10-9　局部受压区间接钢筋配筋图

1. 局部受压承载力计算公式所需的变量

下面以教材中例 10-1 为例来介绍局部受压承载力计算公式所需的各个变量。例 10-1 为预应力混凝土屋架下弦杆，见图 10-10。

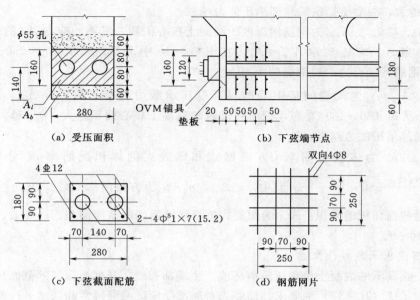

(a) 受压面积   (b) 下弦端节点

(c) 下弦截面配筋   (d) 钢筋网片

图 10-10　屋架下弦

(1) A_l、A_b 与 β_l。A_l 为混凝土局部受压面积。对于图 10-10 所示屋架下弦，A_l 按应力沿锚具边缘在垫板中以 45° 角扩散后传到混凝土的受压面积计算，即 $A_l = 280 \times (120+20+20) = 280 \times 160 \text{mm}^2$，其中 280mm 为梁宽，120mm 为锚具边缘高度，20mm 为锚具垫板厚度。

A_b 为局部受压时的计算底面积，由图 10-11 按与 A_l 面积同心、对称的原则取用。A_b 的高度按图 10-11 可取 A_l 高度的 3 倍（$3 \times 160 \text{mm}$），但该屋架中 A_l 下边缘距离梁下边缘只有 60mm，所以只能取 60mm，再按与 A_l 同心、对称的原则，A_b 的高度取为 ($60+A_l$ 的高度$+60$)（mm），即 $A_b = 280 \times (60+160+60)$，其中 280mm 为屋架下弦杆的宽度。

$\beta_l = \sqrt{A_b/A_l}$ 为混凝土局部受压时的强度提高系数。从式 (10-18) 可知，计算底面

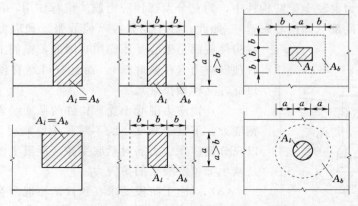

图 10-11　确定局部受压计算底面积 A_b 示意图

积越大 β_l 越大，混凝土提供的局部承压能力越强。

（2）A_{cor} 与 β_{cor}。A_{cor} 为钢筋网以内的混凝土核心面积，其重心应与 A_l 的重心重合，$A_{cor} \leqslant A_b$，当 $A_{cor} > A_b$ 时取 $A_{cor} = A_b$。在图 10-10 中，$A_{cor} = 250\text{mm} \times 250\text{mm}$，其中 250mm 为钢筋网最外边两根钢筋的距离。

$\beta_{cor} = \sqrt{A_{cor}/A_l}$ 为配置间接钢筋的局部受压承载力提高系数，若 $A_{cor}/A_l \leqslant 1.25$，$\beta_{cor} = 1.0$。从式（10-18）看到，钢筋网以内的混凝土核心面积越大，β_{cor} 越大，间接配筋提供的局部承压能力越强。

（3）ρ_v。ρ_v 为体积配筋率，方格网式和螺旋式的体积配筋率 ρ_v 分别为 $\rho_v = \dfrac{n_1 A_{s1} l_1 + n_2 A_{s2} l_2}{A_{cor} s}$ 和 $\rho_v = \dfrac{4 A_{ss1}}{d_{cor} s}$。其中，$n_1 A_{s1}$、$n_2 A_{s2}$ 为方格网沿 l_1、l_2 方向的钢筋根数与单根钢筋截面面积的乘积；A_{ss1} 为螺旋式单根间接钢筋的截面面积；s、d_{cor}、l_1、l_2 的意义见图 10-9。

2. 局部受压承载力计算

为防止锚具下的混凝土出现压陷破坏或产生端部裂缝，局部受压区的截面尺寸与混凝土强度要满足式（10-17）的要求，即要先对局部受压区截面尺寸和强度进行验算。

$$\gamma_d F_l \leqslant 1.5 \beta_l f_c A_{ln} \tag{10-17}$$

式中：F_l 为局部压力设计值，按 $F_l = \gamma_G \sigma_{con} A_p$ 计算，γ_G 可取 1.10；A_{ln} 为混凝土局部受压净面积，由 A_l 扣除预留孔道面积得到。

一般是先布置间接钢筋，再运用局部受压承载力计算公式［式（10-18）］验算所布置的间接钢筋能否满足局部承压的要求。布置间接钢筋时，要满足间接钢筋布置范围 h、片数（圈数）、片与片（圈与圈）的间距等构造要求，见图 10-9。采用钢筋网时，钢筋网两个方向上单位长度内的钢筋截面面积比不宜大于 1.5，以避免网格长、短边两个方向配筋相差过大导致钢筋强度不能充分发挥。

$$\gamma_d F_l \leqslant (\beta_l f_c + 2 \rho_v \beta_{cor} f_y) A_{ln} \tag{10-18}$$

10.1.9　预应力混凝土受弯构件的截面形式与钢筋布置

预应力混凝土受弯构件的截面形式与钢筋布置有以下特点：

（1）在预应力混凝土受弯构件中，为充分发挥预应力筋的抗弯作用，预应力筋的重心布置在靠近梁的底部（即偏心布置）。如此，施工期张拉（或放张）预应力筋引起的压力对构件截面是偏心受压作用，因此，截面上的混凝土不仅有预压应力（在梁底部），而且有可能有预拉应力（在梁顶部，又称预拉区）。

（2）预应力混凝土受弯构件的截面经常设计成上翼缘宽度大、下翼缘宽度小的不对称 I 形截面，见图 10-12，以充分发挥预应力筋对梁底受拉区混凝土的预压作用，以及减小梁顶混凝土的拉应力。

（3）对施工阶段要求在预拉区不能开裂的构件，通常还需在梁上部设置预应力筋，以防止张拉（或放张）预应力筋时截面上部开裂。

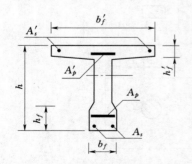

图 10-12　预应力混凝土受弯构件的截面与配筋示意图

（4）在梁的受拉区和受压区常设置非预应力筋，以适当减少预应力筋的数量，增加构件的延性，满足施工、运输和吊装各阶段的受力及控制裂缝宽度的需要。

10.1.10　预应力混凝土受弯构件应力分析

预应力混凝土受弯构件各阶段的应力变化规律基本与轴心受拉构件所述类同，也分施工和使用两个阶段，每个阶段的应力状态个数也相同；应力分析的方法相同，也是采用材料力学方法推导公式，但因受力方式不同，因而也有它自己的特点。

预应力混凝土受弯构件为偏心受力构件，在应力公式推导时不但要考虑轴力，还要考虑偏心力引起的弯矩，下面以图 10 - 13 所示的先张法构件来说明。

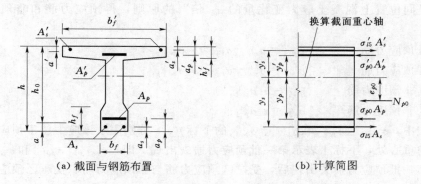

(a) 截面与钢筋布置　　　　　　　(b) 计算简图

图 10 - 13　先张法 I 形截面预应力混凝土受弯构件

10.1.10.1　施工阶段

1. 应力状态 1——预应力筋放张前

张拉受拉区和受压区预应力筋到张拉控制应力 σ_{con} 和 σ'_{con}，将预应力筋锚固在台座上 [图 10 - 14 (a)]，然后浇筑混凝土 [图 10 - 14 (b)]，出现第一批预应力损失。此时，预应力筋的张拉力为 $(\sigma_{con}-\sigma_{l\mathrm{I}})A_p$ 及 $(\sigma'_{con}-\sigma'_{l\mathrm{I}})A'_p$，合力为 $N_{p0\mathrm{I}}=(\sigma_{con}-\sigma_{l\mathrm{I}})A_p+(\sigma'_{con}-\sigma'_{l\mathrm{I}})A'_p$，由台座（或钢模）支承平衡，混凝土应力为零。

2. 应力状态 2——预应力筋放张后

放张预应力筋后，$N_{p0\mathrm{I}}$ 反过来作用在混凝土截面上，使混凝土产生法向应力。和轴心受拉构件类似，可把 $N_{p0\mathrm{I}}$ 视为外力（偏心压力），作用在换算截面 A_0 上，见图 10 - 15，按偏心受压公式计算截面上各点的混凝土法向预应力：

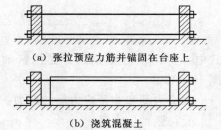

(a) 张拉预应力筋并锚固在台座上

(b) 浇筑混凝土

图 10 - 14　先张法构件应力状态 1
——预应力筋放张前

$$\left.\begin{array}{c}\sigma_{pc\mathrm{I}}\\\sigma'_{pc\mathrm{I}}\end{array}\right\}=\frac{N_{p0\mathrm{I}}}{A_0}\pm\frac{N_{p0\mathrm{I}}e_{p0\mathrm{I}}}{I_0}y_0 \qquad (10-19)$$

式中：A_0 为换算截面面积，$A_0=A_c+\alpha_E A_p+\alpha_E A_s+\alpha_E A'_p+\alpha_E A'_s$，不同品种钢筋应分别取用不同的弹性模量计算 α_E 值；I_0 为换算截面 A_0 的惯性矩；$e_{p0\mathrm{I}}$ 为预应力筋合力点至换算截面重心的距离；y_0 为换算截面重心至所计算纤维层的距离。

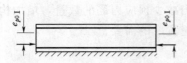

图 10-15 先张法构件应力状态 2
——预应力筋放张后

偏心距 $e_{p0\,I}$ 可由受拉区和受压区预应力筋各自合力对换算截面重心取矩得到：

$$N_{p0\,I}\,e_{p0\,I} = (\sigma_{con} - \sigma_{l\,I})A_p y_p - (\sigma'_{con} - \sigma'_{l\,I})A'_p y'_p \qquad (e)$$

$$e_{p0\,I} = \frac{(\sigma_{con} - \sigma_{l\,I})A_p y_p - (\sigma'_{con} - \sigma'_{l\,I})A'_p y'_p}{N_{p0\,I}} \qquad (10-20)$$

式中：y_p、y'_p 为受拉区、受压区预应力筋各自合力点至换算截面重心的距离，见图 10-13。

和轴心受拉构件类似，根据"在混凝土开裂前，当混凝土与钢筋有黏结时，钢筋应力的变化量是同位置上混凝土应力变化量的 α_E 倍"的原则，得预应力筋和非预应力筋的应力：

受拉区预应力筋　　　　$\sigma_{pe\,I} = \sigma_{con} - \sigma_{l\,I} - \alpha_E \sigma_{pc\,I\,p}$

受压区预应力筋　　　　$\sigma'_{pe\,I} = \sigma'_{con} - \sigma'_{l\,I} - \alpha_E \sigma'_{pc\,I\,p}$

受拉区非预应力筋　　　$\sigma_{s\,I} = \alpha_E \sigma_{pc\,I\,s}$

受压区非预应力筋　　　$\sigma'_{s\,I} = \alpha_E \sigma'_{pc\,I\,s}$

上列式中，$\sigma_{pc\,I\,p}$、$\sigma'_{pc\,I\,p}$ 和 $\sigma_{pc\,I\,s}$、$\sigma'_{pc\,I\,s}$ 的下标 p、s 分别表示该应力位于预应力筋、非预应力筋的重心处，下标 I 表示第一批预应力损失出现。即，$\sigma_{pc\,I\,p}$、$\sigma_{pc\,I\,s}$ 和 $\sigma'_{pc\,I\,p}$、$\sigma'_{pc\,I\,s}$ 分别表示第一批预应力损失出现后，受拉区预应力筋与非预应力筋、受压区预应力筋与非预应力筋重心处的混凝土法向预应力值。

3. 应力状态 3——全部应力损失出现

全部应力损失出现后，由轴心受拉构件 $N_{p0\,II} = (\sigma_{con} - \sigma_l)A_p - \sigma_{l5}A_s$ 知，受弯构件的预应力筋和非预应力筋的合力 $N_{p0\,II} = (\sigma_{con} - \sigma_l)A_p + (\sigma'_{con} - \sigma'_l)A'_p - \sigma_{l5}A_s - \sigma'_{l5}A'_s$，此时截面各点的混凝土法向预应力按偏压构件计算：

$$\begin{matrix}\sigma_{pc\,II}\\\sigma'_{pc\,II}\end{matrix} = \frac{N_{p0\,II}}{A_0} \pm \frac{N_{p0\,II}\,e_{p0\,II}}{I_0}y_0 \qquad (10-21)$$

偏心距 $e_{p0\,II}$ 可按下式求得

$$e_{p0\,II} = \frac{(\sigma_{con} - \sigma_l)A_p y_p - (\sigma'_{con} - \sigma'_l)A'_p y'_p - \sigma_{l5}A_s y_s + \sigma'_{l5}A'_s y'_s}{N_{p0\,II}} \qquad (10-22)$$

式中：y_s、y'_s 为受拉区、受压区非预应力筋各自合力点至换算截面重心的距离，见图 10-13。

预应力筋和非预应力筋的应力：

受拉区预应力筋　　　　$\sigma_{pe\,II} = \sigma_{con} - \sigma_l - \alpha_E \sigma_{pc\,II\,p}$

受压区预应力筋　　　　$\sigma'_{pe\,II} = \sigma'_{con} - \sigma'_l - \alpha_E \sigma'_{pc\,II\,p}$

受拉区非预应力筋　　　$\sigma_{s\,II} = \sigma_{l5} + \alpha_E \sigma_{pc\,II\,s}$

受压区非预应力筋　　　$\sigma'_{s\,II} = \sigma'_{l5} + \alpha_E \sigma'_{pc\,II\,s}$

10.1.10.2　使用阶段

1. 应力状态 4——消压状态

在消压弯矩 M_0 作用下，截面下边缘拉应力刚好抵消下边缘混凝土的预压应力，见

图 10 - 16，即

$$\frac{M_0}{W_0} - \sigma_{pc\,\mathrm{II}} = 0 \tag{f}$$

所以

$$M_0 = \sigma_{pc\,\mathrm{II}} W_0 \tag{10-23}$$

式中：W_0 为换算截面对受拉边缘的弹性抵抗矩。

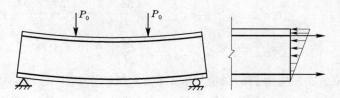

图 10 - 16　先张法构件应力状态 4——消压状态

与轴心受拉构件不同的是，消压弯矩 M_0 仅使受拉边缘处的混凝土应力为零，截面上其他部位的应力均不为零。

此时受拉区预应力筋的拉应力 σ_{p0} 在 $\sigma_{pe\,\mathrm{II}}$ 基础上增加 $\alpha_E M_0 y_p / I_0$，受压区预应力筋的拉应力 $\sigma'_{pe\,\mathrm{II}}$ 在 $\sigma'_{pe\,\mathrm{II}}$ 基础上减少 $\alpha_E M_0 y'_p / I_0$，即

$$\sigma_{p0} = \sigma_{pe\,\mathrm{II}} + \alpha_E \frac{M_0}{I_0} y_p = \sigma_{con} - \sigma_l - \alpha_E \sigma_{pc\,\mathrm{II}\,p} + \alpha_E \frac{M_0}{I_0} y_p \approx \sigma_{con} - \sigma_l \tag{g1}$$

$$\sigma'_{p0} = \sigma'_{pe\,\mathrm{II}} - \alpha_E \frac{M_0}{I_0} y'_p = \sigma'_{con} - \sigma'_l - \alpha_E \sigma'_{pc\,\mathrm{II}\,p} - \alpha_E \frac{M_0}{I_0} y'_p \tag{g2}$$

相应地，受拉区非预应力筋的压应力 σ_{s0} 在 $\sigma_{s\,\mathrm{II}}$ 基础上减少 $\alpha_E M_0 y_s / I_0$，受压区非预应力筋的压应力 σ'_{s0} 在 $\sigma'_{s\,\mathrm{II}}$ 基础上增加 $\alpha_E M_0 y'_s / I_0$。

2. 应力状态 5——即将开裂

如外荷载继续增加，$M > M_0$，则截面下边缘混凝土将转化为受拉，当截面下边缘混凝土拉应变达到极限拉应变时，混凝土即将出现裂缝，见图 10 - 17，此时截面上受到的弯矩即为开裂弯矩 M_{cr}：

$$M_{cr} = M_0 + \gamma f_{tk} W_0 = (\sigma_{pc\,\mathrm{II}} + \gamma f_{tk}) W_0 \tag{10-24a}$$

也可用应力表示为

$$\sigma_{cr} = \sigma_{pc\,\mathrm{II}} + \gamma f_{tk} \tag{10-24b}$$

式中：γ 为受弯构件的截面抵抗矩塑性影响系数，和钢筋混凝土构件一样取用。

在裂缝即将出现的瞬间，受拉区预应力筋的拉应力在 σ_{p0} 基础上增加 $\alpha_E \gamma f_{tk}$（近

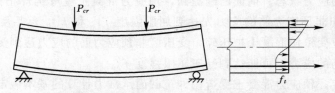

图 10 - 17　先张法构件应力状态 5——即将开裂状态

似），即

$$\sigma_{pcr} \approx \sigma_{p0} + \alpha_E \gamma f_{tk} = \sigma_{con} - \sigma_l + \alpha_E \gamma f_{tk}$$

而受压区预应力筋的拉应力则在 σ'_{p0} 基础上减少 $\alpha_E \dfrac{M_{cr} - M_0}{I_0} y'_p$，即

$$
\begin{aligned}
\sigma'_{pcr} &= \sigma'_{p0} - \alpha_E \frac{M_{cr} - M_0}{I_0} y'_p \\
&= \sigma'_{con} - \sigma'_l - \alpha_E \sigma'_{pc\,\mathrm{II}\,p} - \alpha_E \frac{M_0}{I_0} y'_p - \alpha_E \frac{M_{cr} - M_0}{I_0} y'_p \\
&= \sigma'_{con} - \sigma'_l - \alpha_E \sigma'_{pc\,\mathrm{II}\,p} - \alpha_E \frac{M_{cr}}{I_0} y'_p
\end{aligned}
\tag{h}
$$

相应地，受拉区非预应力筋的压应力 σ_{scr} 在 σ_{s0} 基础上减少 $\alpha_E \gamma f_{tk}$，受压区非预应力筋的压应力 σ'_{scr} 在 σ'_{s0} 基础上增加 $\alpha_E \dfrac{M_{cr} - M_0}{I_0} y'_s$。

3. 应力状态 6——破坏状态

当外荷载继续增大至 M 大于 M_{cr} 时，受拉区就出现裂缝，裂缝截面受拉混凝土退出工作，全部拉力由钢筋承担。当外荷载增大至构件破坏时，截面受拉区预应力筋和非预应力筋的应力先达到屈服强度 f_{py} 和 f_y，然后受压区边缘混凝土应变达到极限压应变致使混凝土被压碎，构件达到极限承载力，见图 $10-18$。此时，受压区非预应力筋的应力可达到受压屈服强度 f'_y，预应力筋的应力 σ'_p 可能是拉应力，也可能是压应力，但不可能达到受压屈服强度 f'_{py}。

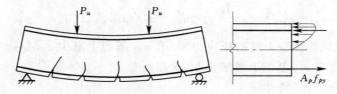

图 $10-18$ 先张法构件应力状态 6——破坏状态

10.1.11 预应力混凝土受弯构件使用阶段承载能力极限状态计算

10.1.11.1 正截面受弯承载力计算

1. 计算应力图形

要进行正截面受弯承载力计算，首先要已知破坏时预应力筋与非预应力筋的应力、受压区混凝土应力图形，以及如何引入基本假定得到计算应力图形与相对界限受压区计算高度 ξ_b。

（1）破坏时的应力状态。前面已经提到，预应力混凝土受弯构件正截面破坏过程为：受拉区预应力筋和非预应力筋的应力先达到屈服强度 f_{py} 和 f_y，然后受压区边缘混凝土应变达到极限压应变致使混凝土被压碎，受压区非预应力筋的应力达到受压屈服强度 f'_y，但受压区预应力筋的应力不可能达到受压屈服强度 f'_{py}。

（2）基本假定。预应力混凝土受弯构件正截面承载力计算的基本假定与钢筋混凝土受弯构件相同，仍有 4 个假定，即平截面假定、不计受拉区混凝土工作、钢筋与混凝土应力-

应变曲线采用规定的设计曲线等。和钢筋混凝土受弯构件一样，混凝土受压区应力图形仍等效为矩形，矩形应力图中的应力取为混凝土轴心抗压强度 f_c，且混凝土受压区计算高度 x 为受压区实际高度 x_0 的 0.8 倍，即 $x=0.8x_0$，见图 10-19。

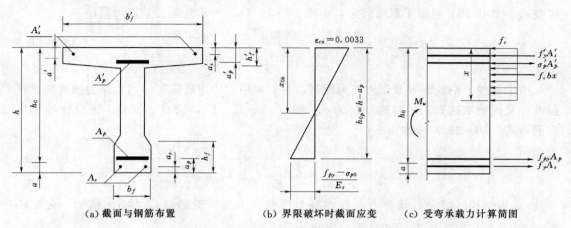

(a) 截面与钢筋布置　　　　(b) 界限破坏时截面应变　　　(c) 受弯承载力计算简图

图 10-19　界限受压区高度及计算应力图形

（3）破坏时受压区预应力筋的应力 σ'_p。构件未受到荷载作用前，受压区预应力筋已有拉应变为 $\sigma'_{pe \, \text{II}}/E_s$，该处混凝土压应变为 $\sigma'_{pc \, \text{II} \, p}/E_c$。构件破坏时，受压区边缘混凝土应变达到极限压应变 $\varepsilon_{cu}=0.0033$；若满足 $x \geqslant 2a'$ 条件，受压区预应力筋处的混凝土压应变可按 $\varepsilon'_c=0.002$ 取值。那么，从加载前至构件破坏时，受压区预应力筋处的混凝土压应变增量为 $\left(\varepsilon'_c - \dfrac{\sigma'_{pc \, \text{II} \, p}}{E_c}\right)$。由于受压区预应力筋和混凝土变形一致，也产生 $\left(\varepsilon'_c - \dfrac{\sigma'_{pc \, \text{II} \, p}}{E_c}\right)$ 的压应变，则受压区预应力筋在构件破坏时的应变为 $\varepsilon'_p = \dfrac{\sigma'_{pe \, \text{II}}}{E_s} - \left(\varepsilon'_c - \dfrac{\sigma'_{pc \, \text{II} \, p}}{E_c}\right)$，所以对先张法构件有

$$\begin{aligned}
\sigma'_p &= \varepsilon'_p E_s = \sigma'_{pe \, \text{II}} + \alpha_E \sigma'_{pc \, \text{II} \, p} - \varepsilon'_c E_s \\
&= \sigma'_{con} - \sigma'_l - \alpha_E \sigma'_{pc \, \text{II} \, p} + \alpha_E \sigma'_{pc \, \text{II} \, p} - \varepsilon'_c E_s = \sigma'_{con} - \sigma'_l - \varepsilon'_c E_s
\end{aligned} \tag{i}$$

而 $\varepsilon'_c E_s$ 即为预应力筋抗压强度设计值 f'_{py}，因此可得

$$\sigma'_p = \sigma'_{con} - \sigma'_l - f'_{py} \tag{10-25a}$$

同样，对后法构件有　　　$\sigma'_p = \sigma'_{con} - \sigma'_l + \alpha_E \sigma'_{pc \, \text{II} \, p} - f'_{py}$　　　(10-25b)

由于 $\sigma'_{con} - \sigma'_l$ 和 $\alpha_E \sigma'_{pc \, \text{II} \, p}$ 为拉应力，所以 σ'_p 在构件破坏时可能是拉应力，也可能是压应力（但一定比 f'_{py} 要小）。若构件破坏时，σ'_p 为拉应力，则对受压区钢筋施加预应力相当于在受压区放置了受拉钢筋，也相当于对受压区施加了一个拉力，这个拉力存在会使构件截面的承载力有所降低。同时，对受压钢筋施加预应力也减弱了使用阶段的截面抗裂性。因此，受压区预应力筋只是为了要保证构件在预压时，构件上边缘不发生裂缝才配置的。

2. 相对界限受压区计算高度 ξ_b

当受拉区预应力筋的合力点处混凝土法向应力为零时，预应力筋中已存在拉应力 σ_{p0}，

相应的应变为 $\varepsilon_{p0} = \sigma_{p0}/E_s$。随受拉区预应力筋合力点处混凝土应力从零到构件破坏，受拉区预应力筋的应力增加了 $(f_{py} - \sigma_{p0})$，相应的应变增量为 $(f_{py} - \sigma_{p0})/E_s$。当发生界限破坏时，在受拉区预应力筋的应力达到 f_{py} 的同时受压区边缘混凝土应变也达到极限压应变 $\varepsilon_{cu} = 0.0033$。根据平截面假定，由图 10-19（b）所示几何关系，可写出：

$$\xi_b = \frac{x_b}{h_{0p}} = \frac{0.8x_{0b}}{h_{0p}} = \frac{0.8\varepsilon_{cu}}{\varepsilon_{cu} + \frac{f_{py} - \sigma_{p0}}{E_s}} = \frac{0.8}{1 + \frac{f_{py} - \sigma_{p0}}{0.0033E_s}} \quad (10-26a)$$

由于钢丝、钢绞线等预应力筋为硬钢，它们采用"协定流限"（$\sigma_{0.2}$）作为强度的设计标准，又因硬钢达到 $\sigma_{0.2}$ 时的应变为 $\varepsilon_{py} = 0.002 + f_{py}/E_s$，故对于钢丝、钢绞线等预应力筋，式（10-26a）应改为

$$\xi_b = \frac{0.8 \times 0.0033}{0.0033 + \left(0.002 + \frac{f_{py} - \sigma_{p0}}{E_s}\right)} = \frac{0.8}{1.6 + \frac{f_{py} - \sigma_{p0}}{0.0033E_s}} \quad (10-26b)$$

σ_{p0} 为受拉区预应力筋合力点处混凝土法向应力为零时的预应力筋的应力，先张法 $\sigma_{p0} = \sigma_{con} - \sigma_l$，后张法 $\sigma_{p0} = \sigma_{con} - \sigma_l + \alpha_E \sigma_{pc\,II\,p}$。

可以看出，预应力混凝土受弯构件的 ξ_b 除与钢材性质有关外，还与预应力值 σ_{p0} 的大小有关。需要指出的是，当截面受拉区内配有不同种类或不同预应力值的钢筋时，受弯构件的相对界受压区计算高度 ξ_b 应分别计算，并取其最小值。

3. 正截面承载力计算公式

预应力混凝土 I 形截面受弯构件的计算方法，和钢筋混凝土 T 形截面的计算方法相同，首先应判别属于哪一类 T 形截面；然后再按第一类 T 形截面公式或第二类 T 形截面公式进行计算，并满足适筋构件的条件。

（1）判别 T 形截面的类别。和钢筋混凝土 T 形截面一样，取 $x = h_f'$ 列平衡方程，有

$$M_u = f_c b_f' h_f' \left(h_0 - \frac{h_f'}{2}\right) + f_y' A_s' (h_0 - a_s') - \sigma_p' A_p' (h_0 - a_p') \quad (j1)$$

$$f_y A_s + f_{py} A_p = f_c b_f' h_f' + f_y' A_s' - \sigma_p' A_p' \quad (j2)$$

因此若满足下列两式，说明 $x \leqslant h_f'$，属于第一种 T 形截面；反之属于第二种 T 形截面。其中，截面设计时采用式（10-27），截面复核时采用式（10-28）。

$$\gamma_d M \leqslant f_c b_f' h_f' \left(h_0 - \frac{h_f'}{2}\right) + f_y' A_s' (h_0 - a') - \sigma_p' A_p' (h_0 - a_p') \quad (10-27)$$

$$f_y A_s + f_{py} A_p \leqslant f_c b_f' h_f' + f_y' A_s' - \sigma_p' A_p' \quad (10-28)$$

（2）第一类 T 形截面承载力计算公式。当满足式（10-27）或式（10-28），即混凝土受压区计算高度 $x \leqslant h_f'$ 时，对受拉纵向钢筋（包括预应力筋与非预应力筋）合力点取矩及取力的平衡，并满足承载能力极限状态的计算要求，就得到正截面受弯承载力计算的两个基本公式：

$$\gamma_d M \leqslant f_c b_f' x \left(h_0 - \frac{x}{2}\right) + f_y' A_s' (h_0 - a_s') - \sigma_p' A_p' (h_0 - a_p') \quad (10-29)$$

$$f_c b_f' x = f_y A_s - f_y' A_s' + f_{py} A_p + \sigma_p' A_p' \quad (10-30)$$

（3）第二类 T 形截面承载力计算公式。当不满足式（10-27）、式（10-28），即混凝

土受压区高度 $x>h'_f$ 时，同样有：

$$\gamma_d M \leqslant f_c bx\left(h_0-\frac{x}{2}\right)+f_c(b'_f-b)h'_f\left(h_0-\frac{h'_f}{2}\right)+f'_y A'_s(h_0-a'_s)-\sigma'_p A'_p(h_0-a'_p)$$

$$(10-31)$$

$$f_c bx+f_c(b'_f-b)h'_f=f_y A_s-f'_y A'_s+f_{py}A_p+\sigma'_p A'_p \qquad (10-32)$$

（4）适用条件。为保证适筋破坏和受压区钢筋处混凝土应变 ε'_c 不小于 0.002，受压区计算高度 x 应满足：

$$x\leqslant\xi_b h_0 \qquad (10-33)$$
$$x\geqslant 2a' \qquad (10-34)$$

式中：a' 为受压区纵向钢筋（包括预应力筋与非预应力筋）合力点至受压区边缘的距离。

当受压区预应力筋的应力 σ'_p 为拉应力或 $A'_p=0$ 时，式（10-34）应改为 $x\geqslant 2a'_s$。

当不满足式（10-34）时，和钢筋混凝土构件一样，假定受压混凝土合力点与受压区非预应力筋合力点重合，对受压区非预应力筋合力点取矩，并考虑可靠度要求就可得到承载力计算公式：

$$\gamma_d M\leqslant f_{py}A_p(h-a_p-a'_s)+f_y A_s(h-a_s-a'_s)+\sigma'_p A'_p(a'_p-a'_s) \qquad (10-35)$$

10.1.11.2 斜截面受剪承载力计算

试验表明，混凝土的预压应力可使斜裂缝的出现推迟，骨料咬合力增强，裂缝开展延缓，混凝土剪压区高度加大，这些都使构件的斜截面受剪承载力提高。预应力混凝土受弯构件斜截面受剪承载力计算公式，是在钢筋混凝土受弯构件斜截面承载力计算公式的基础上，考虑了：①预压应力对抗剪能力的提高，该值等于 $V_p=0.05N_{p0}$；②曲线预应力筋的抗剪作用 $0.8f_{py}A_{pb}\sin\alpha_p$。因而有

$$\gamma_d V\leqslant V_{cs}+0.8f_{yb}A_{sb}\sin\alpha_s+V_p+0.8f_{py}A_{pb}\sin\alpha_p \qquad (10-36)$$
$$V_p=0.05N_{p0} \qquad (10-37)$$

式中：A_{pb} 为同一弯起平面的预应力弯起钢筋的截面面积；α_p 为斜截面上预应力弯起钢筋的切线与构件纵向轴线的夹角；V_{cs} 为混凝土和箍筋总的受剪承载力，计算取值见第 4 章；N_{p0} 为计算截面上混凝土法向预应力为零时的预应力筋和非预应力筋的合力。对先张法：$N_{p0}=(\sigma_{con}-\sigma_l)A_p+(\sigma'_{con}-\sigma'_l)A'_p-\sigma_{l5}A_s-\sigma'_{l5}A'_s$；对后张法：$N_{p0}=(\sigma_{con}-\sigma_l+\alpha_E\sigma_{pcⅡp})A_p+(\sigma'_{con}-\sigma'_l+\alpha_E\sigma'_{pcⅡp})A'_p-\sigma_{l5}A_s-\sigma'_{l5}A'_s$。同时，计算 $V_p=0.05N_{p0}$ 公式中的 N_{p0} 时，不考虑预应力弯起钢筋的作用。当 $N_{p0}>0.3f_c A_0$ 时取 $N_{p0}=0.3f_c A_0$。

需注意，当 N_{p0} 引起的截面弯矩与外荷载产生的弯矩方向相同时，以及对允许出现裂缝的预应力混凝土构件，取 $V_p=0$。

还需注意，对于先张法预应力混凝土受弯构件，由于在构件端部预应力筋和混凝土的有效预应力值均为零，需要通过一段 l_{tr} 长度上黏结应力的积累以后，应力才由零逐步分别达到 σ_{pe} 和 σ_{pc}，因此计算 N_{p0} 时应考虑端部存在预应力传递长度 l_{tr} 的影响。

10.1.12 预应力混凝土受弯构件使用阶段抗裂验算与裂缝宽度验算

1. 验算标准

对一级和二级裂缝控制的预应力混凝土受弯构件，应进行正截面和斜截面抗裂验算；对三级裂缝控制的预应力混凝土受弯构件应验算裂缝宽度。

（1）一级——严格要求不出现裂缝的构件，要求按荷载标准组合计算的混凝土应力应满足：

$$\sigma_{ck} - \sigma_{pc\,\text{II}} \leqslant 0 \text{（正截面）} \tag{10-38}$$

$$\sigma_{tp} \leqslant 0.85 f_{tk} \text{（斜截面）} \tag{10-39}$$

（2）二级——一般要求不出现裂缝的构件，要求按荷载标准组合计算的混凝土应力应满足：

$$\sigma_{ck} - \sigma_{pc\,\text{II}} \leqslant 0.7\gamma f_{tk} \text{（正截面）} \tag{10-40}$$

$$\sigma_{tp} \leqslant 0.95 f_{tk} \text{（斜截面）} \tag{10-41}$$

为了避免在双向受力时压应力过大导致混凝土抗拉强度降低过多和裂缝过早出现，对以上两类构件还要求按荷载标准组合计算的混凝土应力应满足：

$$\sigma_{cp} \leqslant 0.60 f_{ck} \tag{10-42}$$

式中：σ_{ck} 为按荷载标准组合下构件抗裂验算边缘的混凝土法向应力；γ 为截面抵抗矩塑性影响系数，取值和钢筋混凝土受弯构件相同；$\sigma_{pc\,\text{II}}$ 为扣除全部预应力损失后在抗裂验算边缘的混凝土预压应力；σ_{tp}、σ_{cp} 为荷载标准组合下混凝土的主拉应力和主压应力。

（3）三级——允许出现裂缝的构件，按荷载标准组合并考虑长期作用影响的最大计算裂缝宽度 $w_{\max}$ 应满足：

$$w_{\max} \leqslant w_{\lim} \tag{10-43}$$

2. 混凝土应力计算

对先张法预应力混凝土受弯构件：

$$\sigma_{pc\,\text{II}} = \frac{N_{p0\,\text{II}}}{A_0} + \frac{N_{p0\,\text{II}} e_{p0\,\text{II}}}{I_0} y_0 \tag{10-44a}$$

对后张法预应力混凝土受弯构件：

$$\sigma_{pc\,\text{II}} = \frac{N_{p\,\text{II}}}{A_n} + \frac{N_{p\,\text{II}} e_{pn\,\text{II}}}{I_n} y_n \tag{10-44b}$$

其中
$$N_{p0\,\text{II}} = (\sigma_{con} - \sigma_l)A_p + (\sigma'_{con} - \sigma'_l)A'_p - \sigma_{l5}A_s - \sigma'_{l5}A'_s$$

$$e_{p0\,\text{II}} = \frac{(\sigma_{con} - \sigma_l)A_p y_p - (\sigma'_{con} - \sigma'_l)A'_p y'_p - \sigma_{l5}A_s y_s + \sigma'_{l5}A'_s y'_s}{N_{p0\,\text{II}}}$$

$$N_{p\,\text{II}} = (\sigma_{con} - \sigma_l)A_p + (\sigma'_{con} - \sigma'_l)A'_p - \sigma_{l5}A_s - \sigma'_{l5}A'_s$$

$$e_{pn\,\text{II}} = \frac{(\sigma_{con} - \sigma_l)A_p y_{pn} - (\sigma'_{con} - \sigma'_l)A'_p y'_{pn} - \sigma_{l5}A_s y_{sn} + \sigma'_{l5}A'_s y'_{sn}}{N_{p\,\text{II}}}$$

在式（10-44）中，A_0 与 A_n、I_0 和 I_n 的区别是，前者包含了预应力筋的折算面积，后者则没有包含。

需要注意，对受弯构件，在施工阶段预拉区（即构件顶部）出现裂缝的区段，其使用阶段正截面的抗裂能力会降低。因此，对这些区段进行抗裂验算时，式（10-40）中的 $\sigma_{pc\,\text{II}}$ 和 f_{tk} 应乘以系数 0.9。

还应当指出，对先张法预应力混凝土构件，在验算构件端部预应力传递长度 l_{tr} 范围内的正截面及斜截面抗裂时，也应考虑 l_{tr} 范围内实际预应力值的降低。

由于斜裂缝出现以前，构件基本上还处于弹性阶段工作，主拉应力 σ_{tp} 和主压应力 σ_{cp} 可用材料力学公式计算。

3. 裂缝宽度计算

最大裂缝宽度的计算公式仍采用式（10-12）～式（10-15），但有关系数按受弯构件取用，σ_{sk} 取 N_{p0} 和外弯矩 M_k 共同作用下受拉区钢筋的应力增加量。

10.1.13 预应力混凝土受弯构件使用阶段挠度计算

预应力混凝土受弯构件使用阶段的挠度由两部分组成：①外荷载产生的挠度；②预压应力引起的反拱值。两者可以互相抵消，故预应力混凝土构件的挠度比钢筋混凝土构件小得多。

1. 外荷载作用下产生的挠度 f_{1k}

计算外荷载作用下产生的挠度，仍可利用材料力学的公式进行计算：

$$f_{1k} = S \frac{M_k l_0^2}{B} \tag{10-45}$$

式中：B 为预应力混凝土受弯构件的刚度，和钢筋混凝土构件一样，对翼缘在受拉区的倒 T 形截面取 $B=0.50B_{ps}$，其他截面取 $B=0.65B_{ps}$。

和钢筋混凝土受弯构件一样，允许开裂与不允许开裂的预应力混凝土受弯构件的短期刚度 B_{ps} 计算公式不同。对预压时预拉区允许出现裂缝的构件，B_{ps} 应降低 10%。

2. 预应力产生的反拱值 f_2

计算预压应力引起的反拱值，可按偏心受压构件的挠度公式计算。考虑到预压应力这一因素是长期存在的，所以反拱值取为 $2f_2$。

对永久荷载所占比例较小的构件，应考虑反拱过大对使用上的不利影响。

10.1.14 预应力混凝土受弯构件施工阶段验算

预应力混凝土受弯构件的施工阶段是指构件制作、运输和吊装的阶段。施工阶段验算包括混凝土法向应力的验算与后张法构件锚固端局部受压承载力计算，后者的计算方法和轴心受拉构件相同，可参见 10.1.8 节，这里只介绍混凝土法向预应力的验算。

预应力混凝土受弯构件在制作时，混凝土受到偏心的预压力，使构件处于偏心受压状态 ［图 10-20 (a)］，构件的下边缘受压，上边缘可能受拉，这就使预应力混凝土受弯构件在施工阶段所形成的预压区和预拉区位置正好与使用阶段的受拉区和受压区相反。但在运输、吊装时 ［图 10-20 (b)］，自重及施工荷载在吊点截面产生负弯矩 ［图 10-20 (d)］，

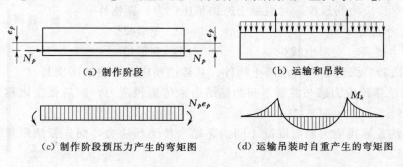

(a) 制作阶段　　　　　　　　(b) 运输和吊装

(c) 制作阶段预压力产生的弯矩图　　(d) 运输吊装时自重产生的弯矩图

图 10-20　预应力混凝土受弯构件制作、吊装时的弯矩图

与预压力产生的负弯矩方向相同［图 10 - 20（c）］，使吊点截面成为最不利的受力截面。因此，预应力混凝土受弯构件必须进行施工阶段混凝土法向应力的验算，并控制验算截面边缘的应力值不超过规范规定的允许值。一般是在求得截面应力值后，按是否允许施工阶段出现裂缝而分为两类，分别对混凝土应力进行控制，具体规定可见教材 10.7.3 节。

10.2　综 合 练 习

10.2.1　选择题

1. 若先张法构件和后张法构件的预应力筋采用相同的张拉控制应力，则（　　）。

A. 在先张法构件中建立的预应力值较大

B. 在后张法构件中建立的预应力值较大

C. 在两种构件中建立的预应力值相同

2. 以下有关预应力混凝土的表述，何项不正确（　　）。

A. 预应力筋的张拉控制应力允许值 $[\sigma_{con}]$ 均以其强度设计值给出

B. $[\sigma_{con}]$ 不应低于 $0.4 f_{ptk}$ 或 $0.5 f_{pyk}$

C. 为了部分抵消由于应力松弛、摩擦、钢筋分批张拉以及预应力筋与张拉台座之间的温差因素产生的预应力损失，规范规定的 $[\sigma_{con}]$ 取值尚可适当提高

3. 张拉控制应力允许值 $[\sigma_{con}]$ 不宜取得过低，否则会因各种应力损失使预应力筋的回弹力减小，不能充分利用预应力筋的强度。因此，钢丝、钢绞线等预应力筋的 σ_{con} 应不小于（　　）。

A. $0.45 f_{ptk}$　　　　B. $0.50 f_{ptk}$　　　　C. $0.55 f_{ptk}$　　　　D. $0.40 f_{ptk}$

4. 减少由于锚具变形和预应力筋回缩引起的预应力损失的措施不正确的是（　　）。

A. 尽量少用垫板　　B. 选择锚具变形小的或使预应力筋内缩小的锚具

C. 增加台座长度　　D. 在钢模上张拉预应力筋

5. 减少由于混凝土收缩、徐变引起的预应力损失的措施不正确的是（　　）。

A. 提高水灰比、增加水泥用量

B. 采用高强度等级水泥、减少水泥用量、降低水胶比

C. 振捣密实、加强养护

D. 控制混凝土的压应力 σ_{pc}、σ'_{pc} 值不超过 $0.5 f'_{cu}$

6. 通过对预应力筋预拉，对混凝土施加预压应力，则构件（　　）。

A. 承载力提高　　　　　　　　　　B. 变形减少

C. 承载力提高、变形也减少　　　　D. 变形增大

7. 先张法和后张法预应力混凝土构件，其传递预应力方法的区别是（　　）。

A. 先张法靠预应力筋与混凝土间的黏结力来传递预应力，而后张法则靠工作锚具来传递预应力

B. 后张法是靠预应力筋与混凝土间的黏结来传递预应力，而先张法则靠工作锚具来传递预应力

C. 先张法依靠传力架传递预应力，而后张法则靠千斤顶来传递预应力

8. 配置非预应力筋的先张法预应力混凝土轴心受拉构件，完成第二批预应力损失之后，在混凝土中建立的有效预压应力 σ_{pcII} 为（   ）。

A. $\dfrac{(\sigma_{con}-\sigma_l)A_p-\sigma_{l5}A_s}{A_0}$ B. $\dfrac{(\sigma_{con}-\sigma_l)A_p}{A_0}$

C. $\dfrac{\sigma_{con}-\sigma_l-\alpha_E\sigma_{pcII}}{A_0}$

9. 配置有预应力筋与非预应力筋的先张法预应力混凝土轴心受拉构件，在外荷载作用下，当截面上混凝土应力为零时，所施加的轴向拉力 N 为（   ）。

A. $(\sigma_{con}-\sigma_l-\alpha_E\sigma_{pcII})A_p$ B. $(\sigma_{con}-\sigma_l)A_p$

C. $(\sigma_{con}-\sigma_l)A_p-\sigma_{l5}A_s$

10. 先张法预应力混凝土轴心受拉构件，当加荷至构件即将开裂时，预应力筋的拉应力 σ_p 为（   ）。

A. $\sigma_{con}-\sigma_l+\alpha_E f_{tk}$ B. $\sigma_{con}-\sigma_l-\alpha_E\sigma_{pcII}+\alpha_E f_{tk}$

C. $\sigma_{con}-\sigma_l+2\alpha_E f_{tk}$ D. $\sigma_{con}-\sigma_l-\alpha_E f_{tk}$

11. 在先张法预应力混凝土轴心受拉构件中，混凝土受到的最大预压应力是发生在（   ）。

A. 预应力筋的应力达到控制应力时   B. 第一批预应力损失出现时

C. 放松预应力筋混凝土受到预压时   D. 预应力损失全部出现时

12. 对后张法预应力混凝土轴心受拉构件，混凝土受到的最大预压应力是发生在（   ）。

A. 张拉预应力筋达到控制应力时   B. 第一批损失出现后

C. 第二批损失出现后

13. 配置预应力筋与非预应力筋的后张法预应力混凝土轴心受拉构件在施工阶段全部预应力损失出现后，预应力筋的合力 N_{pII} 为（   ）。

A. $(\sigma_{con}-\sigma_l)A_p-\sigma_{l5}A_s$ B. $\sigma_{pcII}A_0$

C. $\sigma_{pcII}A_n$ D. $(\sigma_{con}-\sigma_l)A_p$

14. 当后张法预应力混凝土轴心受拉构件加荷至混凝土应力为零时，所施加的外荷载 N_{p0} 为（   ）。

A. $(\sigma_{con}-\sigma_l+\alpha_E\sigma_{pcII})A_p$ B. $(\sigma_{con}-\sigma_l+\alpha_E\sigma_{pcII})A_p-\sigma_{l5}A_s$

C. $(\sigma_{con}-\sigma_l)A_p-\sigma_{l5}A_s$ D. $\sigma_{pcII}A_0$

15. 当先张法和后张法预应力混凝土轴心受拉构件施工阶段预应力损失全部出现后，在计算混凝土受到的有效预压应力 σ_{pcII} 时，所用表达式不完全相同的原因是（   ）。

A. 此时后张法构件尚未对孔道进行灌浆，需扣除预留孔道面积所致

B. 后张法构件混凝土受到预压应力 σ_{pcII} 时，预应力筋的应力不减少 $\alpha_E\sigma_{pcII}$ 这一项所致

C. 后张法构件此时虽对孔道进行了灌浆，但认为预应力筋与混凝土尚未完全黏结在一起，不能共同变形所致

D. 后张法构件与先张法构件的预应力损失组合不同所致

16. 对预应力筋施加预应力，对预应力混凝土受弯构件正截面开裂弯矩和破坏弯矩的影响是（   ）。

A. 对受拉区预应力筋施加预应力会提高开裂弯矩和破坏弯矩，而对受压区预应力筋施加预应力则将降低开裂弯矩和破坏弯矩

B. 对受拉区预应力筋和受压区预应力筋施加预应力都会提高开裂弯矩和破坏弯矩，其中前者的效果更好些

C. 对受拉区预应力筋施加预应力会提高开裂弯矩，但不影响破坏弯矩；对受压区预应力筋施加预应力将降低开裂弯矩和破坏弯矩

17. 两个轴心受拉构件，其截面形状、大小、配筋数量及材料强度完全相同，但一个为预应力混凝土构件，一个为钢筋混凝土构件，则（　　　）。

A. 预应力混凝土构件比钢筋混凝土构件的承载力大

B. 预应力混凝土构件比钢筋混凝土构件的承载力小

C. 预应力混凝土构件与钢筋混凝土构件的承载力相等

18. 条件相同的钢筋混凝土轴心受拉构件和预应力混凝土轴心受拉构件相比（　　　）。

A. 前者的承载力高于后者　　　　　　　B. 前者的抗裂度比后者差

C. 前者的承载力和抗裂度均低于后者　　D. 前者与后者的承载力和抗裂度均相同

19. 所谓"一般要求不出现裂缝"的预应力混凝土受弯构件，正截面抗裂验算时，按荷载标准组合计算的受拉边缘混凝土应力（　　　）。

A. 大于 0　　　　　　　B. 小于 0　　　　　　　C. 等于 0

20. "严格要求不出现裂缝"的预应力混凝土受弯构件，正截面抗裂验算时，按荷载标准组合计算的受拉边缘混凝土应力应满足（　　　）。

A. $\sigma_{ck} - \sigma_{pcII} \leqslant \alpha_{ct} \gamma f_{tk}$　　　　　　　B. $\sigma_{ck} - \sigma_{pcII} \leqslant 0$

C. $\sigma_{ck} - \sigma_{pcII} \leqslant f_{tk}$　　　　　　　D. $\sigma_{ck} - \sigma_{pcII} \leqslant \gamma f_{tk}$

21. 在预应力混凝土受弯构件使用阶段的受压区布置预应力筋的目的是（　　　）。

A. 为了防止施工阶段预拉区发生裂缝

B. 为了增加构件的受弯承载能力

C. 为了减少受压区高度，保证受拉区钢筋应力能达到其强度设计值

D. 为了增加构件使用阶段的抗裂性

22. "严格要求不出现裂缝"的预应力混凝土受弯构件，斜截面抗裂验算时，按荷载标准组合计算的混凝土应力应满足（　　　）。

A. $\sigma_{tp} \leqslant 0.85 f_{tk}$　　　B. $\sigma_{tp} \leqslant 0.95 f_{tk}$　　　C. $\sigma_{tp} \leqslant 0.75 f_{tk}$　　　D. $\sigma_{tp} \leqslant 0.65 f_{tk}$

23. 验算后张法预应力混凝土轴心受拉构件端部局部承压时，局部压力设计值 F_l 取为（　　　）。

A. $1.20\sigma_{con} A_p$　　　B. $\sigma_{con} A_p$　　　C. $1.10\sigma_{con} A_p$

24. 关于先张法构件预应力筋的预应力传递长度 l_{tr}，下列叙述哪一个不正确（　　　）。

A. 预应力传递长度 l_{tr} 与放张时预应力筋的有效预应力成正比

B. 采用骤然放松预应力筋的施工工艺时，l_{tr} 的起点应从距构件末端 $0.5 l_{tr}$ 处开始计算

C. 预应力传递长度 l_{tr} 与预应力筋的公称直径成正比

D. 对先张法预应力混凝土构件端部进行斜截面受剪承载力计算以及正截面、斜截面

抗裂验算时，应考虑预应力筋在其预应力传递长度 l_{tr} 范围内实际应力值的变化

25. 后张法预应力筋预留孔道间的净距应满足（　　）。

A. 不小于 30mm

B. 不小于 25mm

C. 不小于 50mm

D. 不大于 50mm

10.2.2 思考题

1. 什么是预应力混凝土？为什么要对构件施加预应力？为什么预应力混凝土构件必须采用高强钢筋及强度等级较高的混凝土？

2. 预应力混凝土结构的主要优缺点是什么？

3. 什么是部分预应力混凝土？它的优点是什么？

4. 什么是无黏结预应力混凝土？它的主要受力特征是什么？

5. 什么是先张法和后张法预应力混凝土？它们的主要区别是什么？它们的特点及适用的范围如何？

6. 预应力混凝土结构对材料的性能分别有哪些要求？为什么要有这些要求？

7. 什么是张拉控制应力 σ_{con}？为什么要规定张拉控制应力的上、下限值？

8. 哪些原因会引起预应力损失？分别采取什么措施可以减少这些损失？先张法、后张法预应力混凝土构件分别会发生哪几种预应力损失？

9. 先张法、后张法构件的第一批预应力损失 σ_{lI} 及第二批预应力损失 σ_{lII} 分别是如何组合的？

10. 先张法预应力混凝土轴心受拉构件在施工阶段，当混凝土受到预压应力作用后，为什么预应力筋的拉应力除因预应力损失而降低之外，还将进一步减少？

11. 什么是混凝土的有效预压应力？先、后张法的混凝土有效预压应力 σ_{pcII} 值是否一样？

12. 完成填写表 10-5 配有预应力筋和非预应力筋的先张法轴心受拉构件各受阶段的截面应力图形以及预应力筋、非预应力筋、混凝土的应力值。

13. 什么是预应力混凝土构件的换算截面面积 A_0 和净截面面积 A_n？为什么计算先张法预应力轴心受拉构件在施工阶段的混凝土预压应力时用 A_0，而计算后张法轴心受拉构件在相应阶段的混凝土预压应力时用 A_n？为什么后张法预应力轴心受拉构件在计算外荷载产生的应力时又改用 A_0？

14. 轴心受拉构件施加预应力后，它的承载能力、裂缝宽度、开裂轴力有什么变化？

15. 在受弯构件截面受压区配置预应力筋对正截面受弯承载力有何影响？受拉区和受压区设置非预应力筋的作用是什么？

16. 预应力混凝土受弯构件和钢筋混凝土受弯构件，在计算相对界限受压区计算高度 ξ_b 时，为什么不同？

17. 预应力受弯构件正截面受弯承载力计算基本公式的适用条件是什么？为何要规定这样的适用条件？

18. 为什么预应力受弯构件斜截面受剪承载力比钢筋混凝土受弯构件的高？什么情况下不考虑因预应力而提高的受剪承载力 V_p？

19. 什么情况下应考虑预应力筋在其预应力传递长度 l_{tr} 范围内实际应力值变化的影响？这种应力的变化如何取值？

表 10 - 5 先张法预应力轴心受拉构件的应力分析

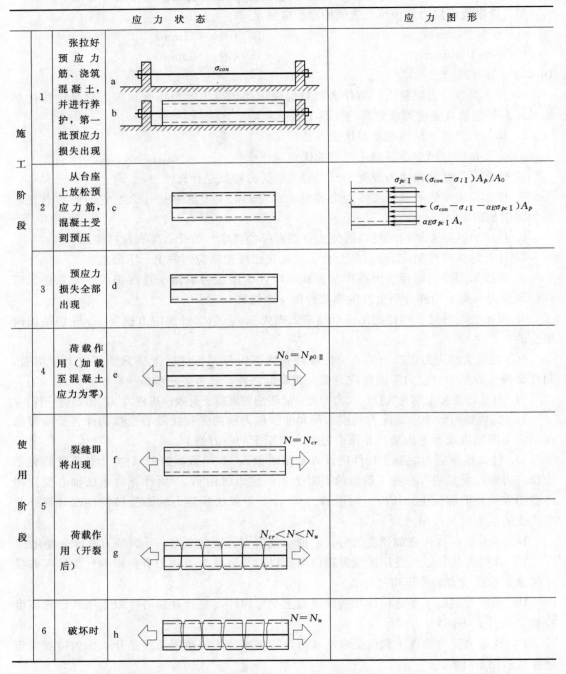

20. 预应力混凝土构件开裂内力计算公式是以哪个应力状态得出的？试用开裂内力计算公式比较说明预应力混凝土构件的抗裂度高于钢筋混凝土构件。

21. 为什么在预应力混凝土受弯构件中预应力筋常布置成曲线形状？

22. 计算预应力混凝土受弯构件由预应力引起的反拱和因外荷载产生的挠度时，是否采用同样的截面刚度？为什么？

23. 为什么要对预应力混凝土受弯构件施工阶段的混凝土法向应力进行验算？一般应取何处作为计算截面？为什么此时采用第一批损失出现后的混凝土法向应力 σ_{pcI}（σ'_{pcI}），而不采用全部损失出现后的 σ_{pcII}（σ'_{pcII}）？

24. 为什么要对后张法构件的端部进行局部受压承载力计算？

25. 为什么要对预应力混凝土构件的端部局部加强？

26. 学完本章内容之后，你认为预应力混凝土与钢筋混凝土之间的主要异同点是什么？

10.3 设 计 计 算

1. 某 24.0m 长的预应力混凝土轴心受拉构件，截面尺寸 $b \times h = 240mm \times 240mm$，混凝土强度等级为 C50。先张法直线一端张拉，台座张拉距离 25.0m，采用消除应力钢丝 $12 \Phi^H 9$（$f_{ptk} = 1570N/mm^2$）和钢丝束镦头锚具（张拉端锚具变形和预应力筋内缩值 $a = 5.0mm$），张拉控制应力 $\sigma_{con} = 0.75 f_{ptk} = 0.75 \times 1570 = 1178N/mm^2$。混凝土加热养护时，受张拉的预应力筋和承受拉力的设备之间的温差为 25℃。混凝土达到 80% 设计强度时，放松预应力筋，试按 NB/T 11011—2022 规范求各项预应力损失及总预应力损失。

2. 已知一预应力混凝土先张法轴心受拉构件，结构安全级别为 Ⅱ 级，截面尺寸 $b \times h = 280mm \times 220mm$，混凝土强度等级为 C60。预应力筋采用 $f_{ptk} = 1570N/mm^2$ 的消除应力钢丝 $16 \Phi^H 7$，$\sigma_{con} = 0.75 f_{ptk} = 0.75 \times 1570 = 1178N/mm^2$，预应力总损失值为 $\sigma_l = 151.20N/mm^2$。永久荷载标准值 $N_{Gk} = 315.0kN$，可变荷载标准值 $N_{Qk} = 106.0kN$，试按 NB/T 11011—2022 规范求：

（1）开裂荷载 N_{cr} 是多少？

（2）验算使用阶段承载力是否满足要求？

3. 已知 24.0m 长的预应力混凝土屋架下弦拉杆，如图 10-21 所示。混凝土强度等级为 C60，截面尺寸 $b \times h = 280mm \times 180mm$。每个孔道布置 4 束 $\Phi^S 1 \times 7$，公称直径 $d = 12.7mm$ 的钢绞线（$f_{ptk} = 1860N/mm^2$）；非预应力筋采用 4 Φ 12。采用后张法一端张拉预应力筋，张拉控制应力 $\sigma_{con} = 0.75 f_{ptk} = 0.75 \times 1860 = 1395 N/mm^2$；孔道直径 45mm，采用夹片式锚具（有顶压），预埋钢管成孔，混凝土强度达到设计强度的 80% 时施加预应力。试按 NB/T 11011—2022 规范计算：

（1）净截面面积 A_n、换算截面面积 A_0。

（2）预应力的总损失值。

4. 截面尺寸、配筋及材料强度同题 3。该屋架下弦拉杆处于二类环境，安全级别为 Ⅱ 级。在使用期，永久荷载作用下的轴力标准值 $N_{Gk} = 852.0kN$，可变荷载作用下的轴力标准值 $N_{Qk} = 204.0kN$ 时，试验算此构件正截面的裂缝控制

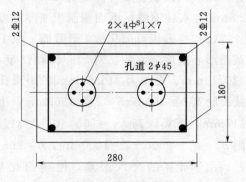

图 10-21 屋架下弦拉杆

等级。

5. 某先张法预应力简支空心板面板处于二类环境，结构安全级别为 Ⅱ 级。该板长 6.70m、净跨 6.30m、设计板宽 2.0m、板厚 500mm，圆形开孔直径 250mm，圆孔圆心至截面底边 275mm，上表面铺设 10.0mm 耐磨层（容重 $\gamma = 24.0\text{kN/m}^3$），见图 10-22 (a)。混凝土采用 C40，放张时及施工阶段验算中混凝土实际强度取 $f'_{cu} = 0.75 f_{cu}$；非预应力筋采用 HRB400，预应力筋采用中强度螺旋肋预应力钢丝（$f_{ptk} = 1270\text{N/mm}^2$），张拉控制应力取 $\sigma_{con} = 0.70 f_{ptk}$。台座张拉距离 7.0m，一端张拉，取夹具变形值 $a = 3.0\text{mm}$；采用钢模浇筑，钢模与构件一同进入养护池养护。在使用期，该面板承受均布可变荷载 $q_k = 28.0\text{kN/m}^2$，试验算该面板在使用期的正截面受弯承载力和正截面裂缝控制等级。

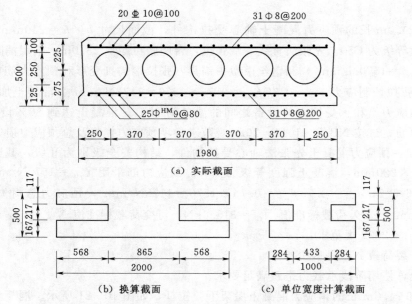

图 10-22　预应力混凝土空心板实际截面和换算截面

说明：

(1) 该预制板设计宽度为 2.0m，为避免尺寸误差导致安装困难，预制板之间应留 20mm 左右伸缩缝，因而预制板实际宽度为 1980mm，但为计算方便仍取 2000mm 计算。

(2) 空心板可简化成 I 形截面，取 1m 宽度计算。本题空心板简化成 I 形截面时，按截面形心高度、面积、对形心转动惯量相同的条件将直径 250mm 的圆孔换算为宽度为 226.73mm、高度为 216.51mm 的矩形孔，取整后分别为 227mm 和 217mm。换算后 I 形截面肋宽 $b = 2000 - 5 \times 227 = 865\text{mm}$，上翼缘高 $h'_f = 225 - 0.5 \times 217 = 116.5\text{mm}$，取整为 117mm，下翼缘高 $h_f = 275 - 0.5 \times 217 = 166.5\text{mm}$，取整为 167mm。取单位宽度计算，则 $b'_f = b_f = 2000 \div 2 = 1000\text{mm}$，$b = 865 \div 2 = 432.5\text{mm}$，取整为 433mm。

由于计算的舍入误差，使得简化后的空心板在高度方向上"$117 + 217 + 167 = 501\text{mm}$"，大于原空心板的高度"500mm"；在宽度方向上"$284 + 284 + 433 = 1001\text{mm}$"，

大于原空心板一半设计宽度"1000mm"。

10.4 思考题参考答案

1. 预应力混凝土结构是在外荷载作用之前，先对构件预加压力，造成人为的应力状态的结构。对构件预加压力后，预加压力在混凝土上所产生的预压应力能抵消外荷载所引起的部分或全部拉应力，达到使裂缝推迟出现或根本不出现的目的。

混凝土预压应力的大小，取决于预应力筋张拉应力的大小。由于构件在制作过程中会出现各种预应力损失，如果不采用高强钢筋，就无法克服由于各种因素造成的预应力损失，也就不能有效地建立预应力。同时，只有强度等级较高的混凝土才能有效地承受巨大的预压应力，减小构件截面尺寸和减轻自重。特别是先张法构件，其预应力是靠预应力筋与混凝土之间的黏结力传递的，而黏结强度一般是随混凝土强度的提高而增加。所以，预应力混凝土构件必须采用高强钢筋及强度等级较高的混凝土。

2. 和钢筋混凝土结构相比，预应力混凝土结构的主要优点有：

（1）不会过早地出现裂缝，抗裂性高，甚至可保证使用荷载下不出现裂缝，从根本上解决了裂缝问题。

（2）能合理有效地利用高强钢筋和高强混凝土，从而节约钢材、减轻结构自重。它比钢筋混凝土结构一般可节约钢材 30%～50%，减轻结构自重达 30% 左右，特别在大跨度承重结构中更为经济。

（3）由于混凝土不开裂或较迟开裂，故结构的刚度大，在预加应力时又产生反拱，因而结构的总挠度较小。

（4）扩大了混凝土结构的应用范围。由于强度高、截面小、自重轻，能建造大跨度承重结构或桥梁；由于抗裂性能好，可建造储水结构和其他不渗漏结构，如压力容器及核电站的安全壳等。此外，抗裂性能好，对于处在侵蚀性环境中的结构也是一大优点。

（5）由于使用荷载下不开裂或裂缝处于闭合状态，提高了结构的耐久性。

（6）疲劳性能好。因为结构预先造成了人为应力状态，减小了重复荷载下钢筋应力的变化幅度，所以可提高结构承受重复荷载的能力。

（7）预加应力还可作为结构的一种拼装手段和加固措施。

由于预应力混凝土结构具有上述一系列优点，所以它成为土木、水利水电和水运工程中应用较广的一种结构。在水利水电工程中，常应用于渡槽、闸墩。

预应力混凝土结构的主要缺点是：

（1）和钢筋混凝土结构相比，预应力混凝土结构的延性要差一些。

（2）施工工艺复杂，对材料、设备和技术水平等的要求都比较高。

（3）预应力混凝土结构的单位造价也较高。

（4）设计计算较复杂。

3. 部分预应力混凝土是相对于全预应力混凝土而言的，它的定义是：在全部使用荷载作用下，允许受拉边缘混凝土产生拉应力甚至出现宽度不大的裂缝的预应力混凝土结构。

可以看出，部分预应力混凝土是介于全预应力混凝土和钢筋混凝土之间的一种预应力混凝土，它有如下的一些优点：

（1）由于部分预应力混凝土所施加的预应力比较小，可比全预应力混凝土少用预应力筋，或可用一部分中强度的非预应力筋来代替高强度的预应力筋（混合配筋），这将使总造价降低；

（2）部分预应力混凝土可以减少过大的反拱度；

（3）从抗震的观点来说，全预应力混凝土的延性较差，而部分预应力混凝土的延性较好。

4. 无黏结预应力混凝土是指预应力筋沿其全长与混凝土接触表面之间不存在黏结作用，两者滑移自由。由于预应力筋外部有专用的防腐润滑涂层和塑料护套包裹，制作时不需预留孔道和灌浆，可将它像普通钢筋一样放入模板即可浇筑混凝土，且张拉工序简单，因此施工非常方便。

无黏结预应力混凝土的主要受力特征是：无黏结预应力筋和混凝土之间能发生纵向的相对滑动；无黏结预应力筋中的应力沿构件长度近似相等（如忽略摩阻力影响，则可认为是相等的）。无黏结预应力混凝土结构设计时，为了综合考虑对结构性能的要求，必须配置一定数量的有黏结的非预应力筋。也就是说，无黏结预应力钢筋更适合于采用混合配筋的部分预应力混凝土。

5. 先张法是浇筑混凝土之前在台座上张拉预应力筋，而后张法是在获得足够强度的混凝土结构构件上张拉预应力筋。可见，两者不仅在张拉预应力筋的先后程序上不同，而且张拉的台座也不一样，后者是把构件本身作为台座的。

在先张法中，首先将预应力筋张拉到需要的程度，并临时锚固于台座上，然后浇筑混凝土，待混凝土达到一定的强度之后（混凝土设计强度的 75% 以上），放松预应力筋。这时形成的预应力筋和混凝土之间的黏结约束着预应力筋的回缩，使混凝土得到了预压应力。

在后张法中，首先浇筑混凝土构件，同时在构件中预留孔道，在混凝土达到规定的设计强度之后，通过孔道穿入要张拉的预应力筋，然后利用构件本身作台座张拉预应力筋。在张拉的同时，混凝土受到压缩。张拉完毕后，构件两端都用锚具锚固住预应力筋，最后向孔道内压力灌浆。

先张法和后张法的主要区别：

（1）施工工艺不同。先张法在浇筑混凝土之前张拉预应力筋，而后张法是在混凝土结硬后在构件上张拉预应力筋。

（2）预应力传递方式不同。先张法中，预应力是靠预应力筋与混凝土间的黏结力传递的；后张法是通过构件两端的锚具传递预应力的。

先张法和后张法的特点及适用范围：

先张法的生产工艺比较简单，质量较易保证，不需要永久性的工作锚具，生产成本较低，台座越长，一次生产构件的数量就越多，适合工厂化成批生产中、小型预应力混凝土构件。但需要台座设备，第一次投资费用较大，且只能固定在一处，不能移动。后张法不需要台座，比较灵活，构件可在现场施工，也可在工厂预制，但由于构件是一个个地进行张拉，工序较复杂，又需安装永久性的工作锚具，耗钢量大，成本较高。所以后张法适用于运输不便、现场成型的大型预应力混凝土构件。

6. 在预应力混凝土构件中对预应力筋有下列一些要求：

（1）强度要高。预应力筋的张拉应力在构件的整个制作和使用过程中会出现各种预应力损失。这些损失的总和有时可达到 $200N/mm^2$ 以上，如果所用的预应力筋强度不高，那么张拉时所建立的预应力甚至会损失殆尽。

（2）与混凝土要有较好的黏结力。特别是在先张法中，预应力筋与混凝土之间必须有较高的黏结自锚强度。对一些高强度的光面钢丝就要经过"刻痕""压波"或"扭结"，使它变成刻痕钢丝、波形钢丝及扭结钢丝，增加与混凝土之间的黏结力。

（3）要有足够的塑性和良好的加工性能。钢材强度越高，其塑性（拉断时的伸长率）越低。钢筋塑性太低时，特别当处于低温和冲击荷载条件下，就有可能发生脆性断裂。良好的加工性能是指焊接性能好，以及采用镦头锚板时，钢筋头部镦粗后不影响原有的力学性能等。

在预应力混凝土构件中，对混凝土有下列一些要求：

（1）强度要高，以与高强度的预应力筋相适应，保证预应力筋充分发挥作用，并能有效地减小构件截面尺寸和减轻自重。

（2）收缩、徐变要小，以减少预应力损失。

（3）快硬、早强，使能尽早施加预应力，加快施工进度，提高设备利用率。

预应力混凝土结构构件的混凝土强度等级不宜低于C40，且不应低于C30。

7. 张拉控制应力是指张拉时预应力筋达到的最大应力值，也就是张拉设备（如千斤顶）所控制的张拉力除以预应力筋截面面积所得的应力值，以 σ_{con} 表示。

设计预应力混凝土构件时，为了充分发挥预应力的优点，σ_{con} 宜尽可能地定得高一些，以减小预应力筋用量，但是 σ_{con} 也不能定得过高。

σ_{con} 定得过高，可能发生危险。因为为了减少预应力损失，张拉操作时往往要实行超张拉，同时由于预应力筋的实际强度并非每根相同，如果把 σ_{con} 定得过高，很可能在超张拉过程中会有个别预应力筋达到屈服强度，甚至发生断裂，发生事故。因此，张拉控制应力 σ_{con} 应定得适当，以留有余地。

从经济方面考虑，张拉控制应力应有下限值。否则，若张拉控制应力过低，则张拉的预应力被各项预应力损失所抵消，达不到预期的预应力效果。因此规范规定，预应力筋的张拉控制应力值 σ_{con} 不应小于 $0.4f_{ptk}$ 或 $0.5f_{pyk}$。

在先张法中，当从台座上放松预应力筋使混凝土受到预压时，预应力筋随着混凝土的压缩而回缩，因此在混凝土受到预压应力时，预应力筋的预拉应力已经小于 σ_{con} 了。在后张法中，在张拉预应力筋的同时，混凝土即受挤压，当预应力筋张拉达到 σ_{con} 时，混凝土的弹性压缩也已经完成，不必考虑由于混凝土的弹性压缩而引起预应力筋应力值的降低。所以，当 σ_{con} 相等时，后张法构件所建立的预应力值比先张法为大。因此，SL 191—2008规范及以往的规范将先张法的 σ_{con} 限值 $[\sigma_{con}]$ 定得比后张法大。

8. 引起预应力损失的原因，也就是预应力损失的分类，以及减少这些损失的措施如下。

（1）张拉端锚具变形和预应力筋内缩引起的预应力损失 σ_{l1}

不论先张法还是后张法施工，张拉端锚、夹具对构件或台座施加挤压力是通过钢筋回缩带动锚、夹具来实现的。由于预应力筋回弹方向与张拉时拉伸方向相反，因此，只要一卸去千斤顶，就会因预应力筋在锚夹具中的滑移（内缩）、锚夹具受挤压后的压缩变形（包括接触面间的空隙）、采用垫板时垫板间缝隙的挤紧，使得原来拉紧的预应力筋发生内缩。钢筋内缩，应力就会有所降低。由此造成的预应力损失称为 σ_{l1}。

由于锚固端的锚具在张拉过程中已经被挤紧，所以这种损失仅发生在张拉端。

减少此项损失的措施有：

1）选择变形小或使预应力筋内缩小的锚具、夹具。

2）尽量少用垫板，因为每增加一块垫板，张拉端锚具变形和预应力筋内缩值就将增加 1mm。

（2）预应力筋与孔道壁之间摩擦引起的预应力损失 σ_{l2}

后张法构件在张拉预应力筋时由于钢筋与孔道壁之间的摩擦作用，使张拉端到锚固端的实际预拉应力值逐渐减小，减小的应力值即为 σ_{l2}。摩擦损失包括两部分：由预留孔道中心与预应力筋（束）中心的偏差引起上述两种不同材料间的摩擦阻力；曲线配筋时由预应力筋对孔道壁的径向压力引起的摩阻力。

减少此项损失的措施有：

1）对于较长的构件可在两端进行张拉，则计算中的孔道长度可减少一半，但会增加 σ_{l1}。

2）采用超张拉。

（3）预应力筋与台座之间的温差引起的预应力损失 σ_{l3}

对于先张法构件，预应力筋在常温下张拉并锚固在台座上，为了缩短生产周期，浇筑混凝土后常进行蒸汽养护。在养护的升温阶段，台座长度不变，预应力筋因温度升高而伸长，因而预应力筋的部分弹性变形就转化为温度变形，预应力筋的拉紧程度就有所变松，张拉应力就有所减少，形成的预应力损失即为 σ_{l3}。在降温时，混凝土与预应力筋已黏结成整体，能够一起回缩，由于这两种材料线热胀系数相近，相应的应力就不再变化。

减少此项损失的措施有：

1）采用二次升温养护。先在略高于常温下养护，待混凝土达到一定强度后再逐渐升高温度养护。由于混凝土未结硬前温度升高不多，预应力筋受热伸长很小，故预应力损失较小，而混凝土初凝后的再次升温，此时因预应力筋与混凝土两者的线热胀系数相近，故即使温度较高也不会引起应力损失。

2）在钢模上张拉预应力筋。由于预应力筋是锚固在钢模上的，升温时两者温度相同，可以不考虑此项损失。

（4）预应力筋应力松弛引起的预应力损失 σ_{l4}

钢筋在高应力作用下，变形具有随时间而增长的特性。当钢筋长度保持不变（由于先张法台座或后张法构件长度不变）时，应力会随时间增长而降低，这种现象称为钢筋的松弛。钢筋应力松弛使预应力值降低，造成的预应力损失称为 σ_{l4}。

减少此项损失的措施有：

1）超张拉。

2）采用低松弛损失的钢材。

（5）混凝土收缩和徐变引起的预应力损失 σ_{l5}

预应力混凝土构件由于在混凝土收缩（混凝土结硬过程中体积随时间增加而减小）和徐变（在预应力筋回弹压力的持久作用下，混凝土压应变随时间增加而增加）的综合影响下长度缩短，使预应力筋也随之回缩，从而引起预应力损失。混凝土的收缩和徐变引起预应力损失的现象是类似的，为了简化计算，将此两项预应力损失合并考虑，即为 σ_{l5}。

减少此项损失的措施有：

1）采用高强度等级水泥，减少水泥用量，降低水胶比。

2）振捣密实，加强养护。

3）控制混凝土的预压应力 σ_{pc}、σ_{pc}' 值不超过 $0.5f_{cu}'$，f_{cu}' 为施加预应力时的混凝土立方体抗压强度。

（6）螺旋式预应力筋挤压混凝土引起的预应力损失 σ_{l6}

环形结构构件的混凝土被螺旋式预应力筋箍紧，混凝土受预应力筋的挤压会发生局部压陷，构件直径将减少，使得预应力筋回缩，引起的预应力损失称为 σ_{l6}。环形构件直径越小，压陷变形的影响越大，预应力损失也就越大。当结构直径大于 3m 时，损失就可不计。

先张法构件的预应力损失包括：锚具变形与预应力筋内缩损失 σ_{l1}、折线配筋时孔道摩擦损失 σ_{l2}、温差损失 σ_{l3}、钢筋松弛损失 σ_{l4}、混凝土收缩和徐变损失 σ_{l5}。

后张法构件的预应力损失包括：锚具变形与预应力筋内缩损失 σ_{l1}、孔道摩擦损失 σ_{l2}、钢筋松弛损失 σ_{l4}、混凝土收缩和徐变损失 σ_{l5}、用螺旋式预应力筋作配筋的环形构件因混凝土局部挤压而引起的损失 σ_{l6}。

9. 各项预应力损失并不同时发生，而是按不同张拉方式分阶段发生的。通常把在混凝土预压完成前出现的损失称为第一批预应力损失 σ_{lI}（先张法指放张前，后张法指卸去千斤顶前的损失），混凝土预压完成后出现的损失称为第二批预应力损失 σ_{lII}，总的损失 $\sigma_l = \sigma_{lI} + \sigma_{lII}$。各批的预应力损失的组合见表 10-6。

表 10-6　　　　　　　　　各阶段预应力损失值的组合

项次	预应力损失值的组合	先张法构件	后张法构件
1	混凝土预压完成前（第一批）的损失	$\sigma_{l1}+\sigma_{l2}+\sigma_{l3}+\sigma_{l4}$	$\sigma_{l1}+\sigma_{l2}$
2	混凝土预压完成后（第二批）的损失	σ_{l5}	$\sigma_{l4}+\sigma_{l5}+\sigma_{l6}$

注　1. 先张法构件第一批损失值计入 σ_{l2} 是指有折线式配筋的情况。

　　2. 先张法构件，σ_{l4} 在第一批和第二批损失中所占的比例，如需区分，可按实际情况确定。

10. 先张法构件制作时，从台座（或钢模）上放松预应力筋（放张），混凝土受到预应力筋回弹力的挤压而产生预压应力。混凝土受压后产生压缩变形 σ_{pcI}/E_c。钢筋因与混凝土黏结在一起也随之回缩同样数值。按弹性压缩应变协调关系可得到非预应力筋和预应力筋产生的压应力为 $\alpha_E\sigma_{pcI}$（$\varepsilon_c E_s = \sigma_{pcI}E_s/E_c = \alpha_E\sigma_{pcI}$；$\alpha_E = E_s/E_c$，称为换算比，即非预应力筋、预应力筋与混凝土两者弹性模量之比）。所以，预应力筋的拉应力将进一步减少 $\alpha_E\sigma_{pcI}$。混凝土受压缩后，随着时间的增长又发生收缩和徐变，使预应力筋产生了第二批应力损失，在预应力损失全部出现后，预应力筋的拉应力又进一步减少 $\alpha_E \sigma_{pc\text{II}}$。

11. 预应力混凝土构件完成全部预应力损失后，混凝土所受到的预压应力，称为混凝土有效预应力。

$\sigma_{pc\text{II}}$ 的计算公式，先张法和后张法的形式相同，只是：①预应力损失 σ_l 的具体计算值不同；②公式中的分母，先张法构件用换算截面面积 A_0，后张法构件用净截面面积 A_n。如果先张法和后张法采用相同的 σ_{con}，其他条件也相同，由于 $A_0 > A_n$，则后张法构件的有效预压应力值 $\sigma_{pc\text{II}}$ 要高些。

12. 具体见下表。

表 10 - 7　　　　　　　　　先张法预应力轴心受拉构件的应力分析

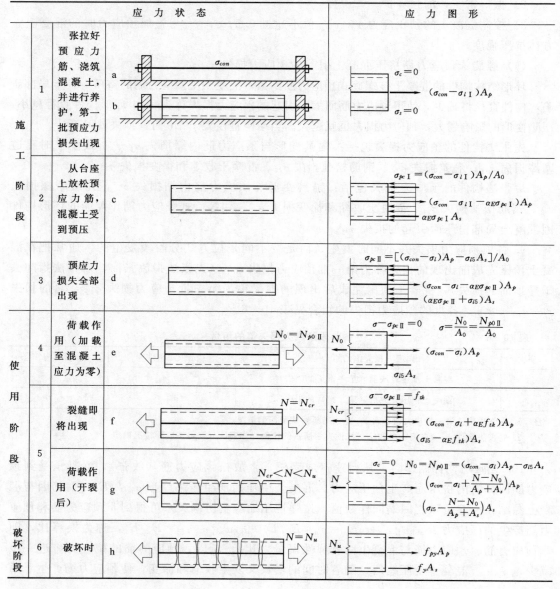

13. A_n 为构件截面中不包括预应力筋截面面积和预应力筋孔道面积在内的净截面面积。当配有非预应力筋时，A_n 包括混凝土面积和非预应力筋的换算截面面积，即 $A_n = A_c + \alpha_E A_s$，此时 $A_c = A - A_s - A_{孔道}$。A_0 为构件的换算截面面积，等于混凝土面积再加上非预应力筋和预应力筋的换算截面面积，即 $A_0 = A_c + \alpha_E A_s + \alpha_E A_p$，此时 $A_c = A - A_s - A_p$。

由混凝土预压应力 σ_{pc} 公式推导过程可知，先张法构件在预压前（放松预应力筋前）混凝土与预应力筋已产生黏结，在预压过程中预应力筋与混凝土同时发生压应变，共同承受预压力，因此，应将预应力筋换算成混凝土，用 A_0 计算施工过程各阶段的混凝土预压力 σ_{pc}。后张法构件在预压时，混凝土与预应力筋无黏结，仅由混凝土以及非预应力筋承受预压力。因此，对后张法构件采用净截面面积 A_n 计算施工阶段的混凝土预压应力 σ_{pc}。

计算后张法构件外荷载产生的应力时，由于孔道已经灌浆，预应力筋与混凝土共同变形，所以与先张法相同，截面应取用换算截面面积 A_0。

14. 轴心受拉构件施加预应力后，承载力不变，裂缝宽度减小，开裂轴力增大。

15. 受弯构件截面受压区内的预应力筋，在施工张拉阶段的预拉应力很高，在外荷载作用下拉应力逐渐减小，当构件破坏时，多数情况下仍为拉应力。若破坏时受压区预应力筋受拉，则相当于在受压区放置了受拉钢筋，这会使构件截面的承载力有所降低。同时，对受压区钢筋施加预应力也减弱了使用阶段的截面抗裂性。因此，只有在施工时单面配置预应力筋可能引起预拉区（即受压区）出现过大裂缝的构件中，才对受压区（预拉区）配置预应力筋。

受拉、压区设置非预应力筋的作用是：适当减少预应力筋的数量；增加构件的延性；满足施工、运输和吊装各阶段的受力及控制裂缝宽度的需要。

16. 预应力混凝土受弯构件的相对界限受压区计算高度 ξ_b 的计算和钢筋混凝土受弯构件类似，仍由平截面假定求得。所不同的是，当受拉区预应力筋合力点处混凝土法向应力为零时，预应力筋已存在拉应力 σ_{p0}，相应的应变为 $\varepsilon_{p0} = \sigma_{p0}/E_s$。从受拉区预应力筋合力点处混凝土应力为零这一状态到界限破坏，受拉区预应力筋的应力增加了 $(f_{py} - \sigma_{p0})$，相应的应变增量为 $(f_{py} - \sigma_{p0})/E_s$。在受拉区预应力筋应力达到 f_{py} 时，受压区边缘混凝土应变也同时达到极限压应变 $\varepsilon_{cu} = 0.0033$。根据平截面假定，由应变图形的几何关系，可写出：

$$\xi_b = \frac{0.8}{1 + \dfrac{f_{py} - \sigma_{p0}}{0.0033 E_s}}$$

可以看出，与钢筋混凝土受弯构件明显不同的是，预应力混凝土构件的 ξ_b 除与钢材性质有关外，还与预应力值 σ_{p0} 大小有关。

对钢丝和钢绞线等无明显屈服点的预应力筋，因钢筋达到"协定流限"（$\sigma_{0.2}$）时的应变为 $\varepsilon_{py} = 0.002 + f_{py}/E_s$，故上式应改为

$$\xi_b = \frac{0.8}{1.6 + \dfrac{f_{py} - \sigma_{p0}}{0.0033 E_s}}$$

若将上二式中的 f_{py} 改为 f_y，且取 $\sigma_{p0}=0$，就变为钢筋混凝土构件 ξ_b 的计算公式。

17. 预应力受弯构件正截面受弯承载力计算基本公式的适用条件是：$x \leqslant \xi_b h_0$，$x \geqslant 2a'$。

前一条件是防止发生超筋破坏。因为超筋破坏时，受压区混凝土在受拉区预应力筋的应力达到屈服强度之前就先被压碎，使构件破坏，与钢筋混凝土受弯构件同样属于脆性破坏，所以在设计中应当避免。

后一条件是为保证当加荷至受压区边缘混凝土应变达到极限压应变 $\varepsilon_{cu}=0.0033$ 时，受压区钢筋处混凝土的压应变可达到 $\varepsilon_u'=0.002$。

在 SL 191—2008 规范，要求满足 $x \leqslant 0.85\xi_b h_0$，$x \geqslant 2a'$。

18. 由于混凝土中的预压应力和剪应力的复合作用可使斜裂缝的出现推迟，骨料咬合力增强，裂缝开展延缓，混凝土剪压区高度加大。因此，预应力混凝土构件斜截面受剪承载力比钢筋混凝土构件要高。

与钢筋混凝土梁斜截面受剪承载力计算公式相比较，增加了两项：一是由预压应力所提高的受剪承载力 V_p；二是由曲线预应力筋所提供的受剪承载力 V_{pb}。公式中其他各项均与钢筋混凝土梁斜截面受剪承载力的计算公式相同。

当 N_{p0} 引起的截面弯矩与外荷载产生的弯矩方向相同时，以及对允许出现裂缝的预应力混凝土构件，均取 $V_p=0$。

19. 对先张法预应力混凝土受弯构件端部进行斜截面受剪承载力计算以及正截面、斜截面抗裂验算时，应计入预应力筋在其预应力传递长度 l_{tr} 范围内实际应力值的变化。按照黏结滑移关系，在构件端部，预应力筋和混凝土的有效预应力值均为零。通过一段 l_{tr} 长度上黏结应力的积累以后两者应变相等时，应力才由零逐步分别达到 σ_{pe} 和 σ_{pc}（如采用骤然放松的张拉工艺，对于光圆钢丝，则 l_{tr} 应由端部 $0.25l_{tr}$ 处开始算起）。为计算方便，在传递长度 l_{tr} 范围内假定应力为线性变化，则在距构件端部 $x \leqslant l_{tr}$ 处，预应力筋实际应力为 $\sigma_{pex}=(x/l_{tr})\sigma_{pe}$。因此，在 l_{tr} 范围内求得的 V_p 值要降低。预应力筋的预应力传递长度 l_{tr} 值与预应力筋的公称直径、放张时预应力筋的有效预应力等有关，可按教材式（10-105）计算。

20. 预应力混凝土构件开裂内力计算公式是以使用阶段加荷至构件即将出现裂缝这一应力状态为依据，由平衡方程得出的。

由开裂轴力 $N_{cr}=(\sigma_{pcII}+f_{tk})A_0$ 和开裂弯矩 $M_{cr}=(\sigma_{pcII}+\gamma f_{tk})W_0$ 表明，由于预压应力 σ_{pcII} 的作用（σ_{pcII} 比 f_{tk} 大得多），使预应力混凝土构件的 N_{cr}、M_{cr} 比钢筋混凝土的 N_{cr}、M_{cr} 大得多，这就是预应力混凝土构件抗裂性能高的原因所在。

21. 受弯构件的预应力筋常布置成曲线形状的原因是多方面的。一方面，支座附近弯矩剪力很大，曲线预应力筋的竖向分量将大大有助于提高梁的斜截面抗裂性和受剪承载力，也可减小反拱值。另一方面，在支座附近弯矩很小，没有必要都把预应力筋全部配置在梁的下边缘，而且预应力筋曲线布置后，有利于解决局部承压问题，也有利于梁端锚具的布置。

22. 两者采用不同的刚度，因为两种情况下的构件截面应力阶段和受力状态是不同的。在计算预应力引起的反拱时，可认为构件受压混凝土处于弹性阶段，且预拉区没有开裂，因此，构件的截面刚度可取用弹性刚度 $E_c I_0$。而在计算外荷载作用下产生的挠度时，应考虑混凝土的塑性影响，对于不出现裂缝的构件，取 $0.85 E_c I_0$。对于允许出现裂缝的构件，则还应考虑裂缝引起的刚度降低，其具体计算可参见教材 10.7.2.4 节。

此外，在计算反拱时，应考虑预应力的长期作用，反拱的长期增长系数取用 2.0。

23. 预应力受弯构件在制作时，混凝土受到偏心的预压力，使构件处于偏心受压状态，构件的下边缘受压，上边缘受拉。在运输、吊装时自重及施工荷载在吊点截面产生负弯矩与预压力产生的负弯矩方向相同，使吊点截面成为最不利的受力截面。因此，预应力混凝土受弯构件必须取吊点截面作为计算截面进行施工阶段混凝土法向应力的验算，并控制验算截面边缘的应力值不超过规范规定的允许值。

由于构件在制作、运输和吊装阶段，只出现了第一批预应力损失，第二批预应力损失还未出现，所以在验算时应采用第一批预应力损失出现后的混凝土法向应力 σ_{pcI}（σ'_{pcI}）。

24. 后张法构件混凝土的预压应力是由预应力筋回缩时通过锚具对构件端部混凝土施加局部挤压力来建立并维持的。在构件端部，混凝土截面被预留孔道削弱较多，张拉时挤压力很大，因此端部锚具下的混凝土处于高应力状态下的三向受力，不仅纵向有较大压应力 σ_z，而且在径向、环向还产生拉应力 σ_r、σ_θ。同时由于放张时混凝土强度又较低，端部锚具下的混凝土容易被局部压坏。所以验算构件端部局部受压承载力极为重要，工程中常因疏忽而导致不该发生的质量事故。

25. 先张法：先张法预应力混凝土构件的预应力是靠预应力筋和混凝土之间的黏结力来传递的，在传递长度 l_{tr} 范围内，应保证预应力筋与混凝土之间有可靠的黏结力，所以端部应当局部加强。

后张法：后张法构件的预压力是通过锚具经垫板传给混凝土的，由于预压力往往很大，而锚具下的垫板与混凝土的传力接触面积往往很小，因此锚具下的混凝土将承受较大的局部压力。在局部压力作用下，构件端部会产生裂缝，甚至会发生因混凝土局部受压强度不足而破坏，所以端部要局部加强。

26. 预应力混凝土与钢筋混凝土之间的主要异同点有：

(1) 采用的材料不同。因为预应力筋传给混凝土的预压应力较高，所以用于预应力混凝土结构中的混凝土强度等级必须比钢筋混凝土结构中的高；同时，为了克服预应力损失，产生较好的预应力效果，预应力筋的预加应力需要达到相当高的程度，因此，用于预应力混凝土结构的预应力筋强度要高，而用于钢筋混凝土结构的普通钢筋强度较低，不适合预加应力。

(2) 使用荷载下的工作性能不同。预应力程度较高的预应力混凝土结构，在使用荷载作用下通常是不开裂的，即使在偶然超载时有裂缝出现，但只要卸去一部分荷载，裂缝就会闭合。因而在使用荷载下，预应力程度较高的预应力混凝土结构的工作性能接近线性，而钢筋混凝土结构基本上是非线性的。

(3) 使用荷载下的挠度不同。预应力混凝土结构由于裂缝出现迟或较迟，因而它的刚度较大；同时，预加应力会使结构产生反拱，因而它挠度很小。而钢筋混凝土结构中的裂缝出现早，刚度降低多，所以挠度较大。

(4) 使用阶段，内力臂的变化不同。在出现裂缝的钢筋混凝土梁中，随着外荷载的增加，钢筋应力增长，而内力臂的变化较小，即抵抗弯矩的增大主要靠钢筋应力的增长。在预应力混凝土梁中，随外载的增加，受拉的预应力筋与受压的混凝土之间的内力臂明显增大，而预应力筋的应力增长速度却相对较小。这是因为外荷载产生的内力小于消压内力之前，外荷载产生的内力主要用于抵消混凝土中的预压力。

（5）正截面受弯、受拉承载力相同。一旦预应力被克服之后，预应力混凝土和钢筋混凝土之间没有本质的不同。因而，无论是轴拉构件的正截面受拉承载力，还是受弯构件的正截面受弯承载力，预应力混凝土构件（仅在受拉区布置预应力筋）与钢筋混凝土构件两者是相同的。

（6）斜截面受剪承载力不同。由于混凝土的预压应力和剪应力的复合作用可使斜裂缝的出现推迟，骨料咬合力增强，裂缝开展延缓，混凝土剪压区高度加大。因此，预应力混凝土构件斜截面受剪承载力比钢筋混凝土构件要高。因而，预应力混凝土梁的腹板可做得较薄，从而可减轻自重。

第 11 章 NB/T 11011—2022 规范与我国其他规范设计表达式的比较

各个国家经济发展水平不同，工程实践传统也不同，因此各国的混凝土设计规范不尽相同。即使在同一国家，各行业有其行业自身的特点，因此各行业有自己的混凝土结构设计规范，这些规范之间也有一定差别。但混凝土结构又是一门以实验为基础，利用力学知识研究钢筋混凝土及预应力混凝土结构的科学。因此，各国之间、各行业之间的混凝土结构设计规范有共同的基础，它们之间的共性是主要的，差异是次要的。

2015 年版《混凝土结构设计规范》（GB 50010—2010）由住房和城乡建设部发布实施，是我国混凝土结构设计的国家标准，适用于房屋和一般构筑物的钢筋混凝土、预应力混凝土等结构的设计。该规范反映了我国在混凝土结构设计方面当时的最新研究成果和工程实践经验，与相关的标准、规范进行了合理的分工和衔接，在我国混凝土结构设计中发挥了重要的技术支撑作用。

《水运工程混凝土结构设计规范》（JTS 151—2011）由交通运输部发布实施，该规范总结和吸纳了我国水运工程混凝土结构设计的实践经验，结合我国当时水运工程建设的现状和发展需要编制而成，主要用于港口工程、修造船厂等水运工程混凝土结构设计。

本章首先简要介绍 GB 50010—2010 和 JTS 151—2011 的实用设计表达式，比较这两本规范和 NB/T 11011—2022 规范在实用设计表达式上的异同；然后以受弯构件为例说明这两本规范承载力计算、裂缝宽度和挠度验算的方法，并与 NB/T 11011—2022 规范比较。之所以选择这两本规范和 NB/T 11011—2022 规范进行比较，是因为 GB 50010—2010 是我国混凝土结构设计的国家标准，而 JTS 151—2011 规范服务的水运工程和水利水电行业相近。

通过本章学习，同学们会发现虽然各规范之间有所差异，但它们的计算原则、所依据的混凝土结构基础知识和解决问题思路是相同的，只要通过一本规范的学习掌握了这些基础知识，其他规范通过自学就能很快掌握和应用。

11.1 GB 50010—2010 规范与 NB/T 11011—2022 规范的比较

11.1.1 实用设计表达式

目前我国所有的混凝土结构设计规范都采用极限状态法，以实用设计表达式进行设计，因此实用设计表达式是混凝土设计规范的基础。本节首先介绍 GB 50010—2010 规范的实用设计表达式❶，再比较它与 NB/T 11011—2022 规范的区别❷。

通过教材第 2 章 NB/T 11011—2022 规范的学习，我们已知道水工混凝土结构设计分为持久、短暂和偶然三种设计状况。持久状况是指结构在长期运行过程中出现的设计状况；短暂状况是指结构在施工、安装、检修期出现的设计状况或在运行期短暂出现的设计状况；偶然状况是结构在运行过程中出现的概率很小且持续时间很短的设计状况，如遭遇地震或校核洪水位。对三种状况都要进行承载能力极限状态计算，对持久状况尚应进行正常使用极限状态验算，对短暂状况可根据需要进行正常使用极限状态验算，对偶然状况可不进行正常使用极限状态验算。

在 GB 50010—2010 规范中，分为持久、短暂、地震和偶然四种设计状况。持久、短暂设计状况的定义和 NB/T 11011—2022 规范相同；地震状况是指遭遇地震作用时的状况；偶然状况是指在结构使用过程中出现概率很小，且持续时间很短的状况，如火灾、爆炸、撞击等。对持久状况，应进行承载能力极限状态计算和正常作用极限状态验算。对短暂状况，应进行承载能力极限状态计算，且根据需要进行正常作用极限状态验算。对有抗震设防要求的结构，应进行地震状况下的承载能力极限状态设计。对于可能遭遇偶然作用且倒塌后可能引起后果的重要结构，宜进行该状况的承载能力极限状态设计，防止结构连续倒塌。

11.1.1.1　承载能力极限状态设计表达式

1. NB/T 11011—2022 规范

对于承载能力极限状态，NB/T 11011—2022 规范采用的是以 5 个分项系数表达的实用设计表达式，如式（11-1）所示，这 5 个系数分别是结构重要性系数 γ_0、设计状况系数 ψ、结构系数 γ_d、荷载分项系数 γ_G 和 γ_Q、材料分项系数 γ_c 和 γ_s。

$$\gamma_0 \psi S \leqslant \frac{1}{\gamma_d} R(f_c, f_y, a_k \cdots) \tag{11-1}$$

式中：γ_0 为结构重要性系数，对应于 Ⅰ 级、Ⅱ 级、Ⅲ 级结构安全级别，γ_0 取值分别不小于 1.1、1.0、0.9；ψ 为设计状况系数，对应于持久、短暂和偶然状况，ψ 分别取为 1.0、0.95 和 0.85；γ_d 为结构系数，对钢筋混凝土与预应力混凝土结构，$\gamma_d = 1.20$；f_c、f_y 表示混凝土和钢筋的材料强度设计值。

对持久和短暂设计状况，采用荷载基本组合，其设计值表达式为

$$S = \gamma_G S_{Gk} + \gamma_{Q1} S_{Q1k} + \gamma_{Q2} S_{Q2k} \tag{11-2}$$

对于偶然设计状况，采用荷载偶然组合，其设计值表达式为

$$S = \gamma_G S_{Gk} + \gamma_{Q1} S_{Q1k} + \gamma_{Q2} S_{Q2k} + S_{Ak} \tag{11-3}$$

在式（11-2）和式（11-3）中：γ_G 和 S_{Gk} 为永久荷载的荷载分项系数和标准值产

---

❶　以往，所有混凝土结构设计规范将极限状态分为承载能力和正常使用两种极限状态。目前，《建筑结构可靠性设计统一标准》（GB 50068—2018）将耐久性极限状态从正常使用极限状态中分列出来，将极限状态分为承载能力、正常使用和耐久性三种极限状态。但由于《混凝土结构设计规范》（GB 50010）尚未修订，本章仍以 GB 50010—2010 规定的承载能力和正常使用两种极限状态进行比较。

❷　在本书第 2 章与教材第 2 章，已经详细比较了 SL 191—2008 规范与 NB/T 11011—2022 规范的区别，因此本节只比较 GB 50010—2010 规范和 NB/T 11011—2022 规范的区别。

生的荷载效应，$\gamma_G = 1.10$；γ_{Q1}、S_{Q1k} 为一般可变荷载的荷载分项系数和标准值产生的荷载效应，$\gamma_{Q1} = 1.30$；γ_{Q2}、S_{Q2k} 为可控制可变荷载的荷载分项系数和标准值产生的荷载效应，$\gamma_{Q2} = 1.20$；S_{Ak} 为偶然荷载代表值产生的荷载效应，在偶然组合中每次只考虑一种偶然荷载。

2. GB 50010—2010 规范

在 GB 50010—2010 规范（2015 版）中，对持久、短暂和地震设计状况，承载能力极限状态实用设计表达式为

$$\gamma_0 S \leqslant R(f_c, f_y, a_k \cdots)/\gamma_{Rd} \tag{11-4}$$

式中：γ_0 为结构重要性系数，对应于 I 级、II 级、III 级结构安全级别，γ_0 取值分别不小于 1.1、1.0、0.9；γ_{Rd} 为结构构件的抗力模型不定性系数，静力设计时 γ_{Rd} 取 1.0，对不确定性较大的结构构件根据具体情况取大于 1.0 数值，抗震设计时用抗震承载力调整系数 γ_{RE} 代替。

对持久状况和短暂状况，按荷载基本组合计算。在建筑行业，荷载效应的计算表达式并不是由 GB 50010—2010 规范规定，而是由《建筑结构可靠性设计统一标准》《建筑结构荷载规范》和《建筑抗震设计规范》规定。

在《建筑结构荷载规范》（GB 50009—2012）中，基本组合进一步划分为由可变荷载效应控制的组合和由永久荷载效应控制的组合，设计时取两者的最不利值。

由可变荷载效应控制的组合：

$$S = \gamma_G S_{Gk} + \gamma_{Q1} S_{Q1k} + \sum_{i=2}^{n} \gamma_{Qi} \psi_{ci} S_{Qik} \tag{11-5}$$

由永久荷载效应控制的组合：

$$S = \gamma_G S_{Gk} + \sum_{i=1}^{n} \gamma_{Qi} \psi_{ci} S_{Qik} \tag{11-6}$$

式中：γ_G 和 S_{Gk} 分别为永久荷载的荷载分项系数和标准值产生的荷载效应，式（11-5）的 $\gamma_G = 1.20$，式（11-6）中的 $\gamma_G = 1.30$；γ_{Qi}、S_{Qik} 分别为可变荷载的荷载分项系数和标准值产生的荷载效应，对于标准值大于 $4.0 \mathrm{kN/m^2}$ 的工业厂房楼面可变荷载 $\gamma_{Qi} = 1.30$，其他情况 $\gamma_{Qi} = 1.40$；S_{Q1k} 为主导可变荷载标准值产生的荷载效应；ψ_{ci} 为可变荷载组合系数，$\psi_{ci} < 1.0$。

而 2018 年发布的《建筑结构可靠性设计统一标准》（GB 50068—2018）以及 2021 年发布的《工程结构通用规范》（GB 55001—2021）加大了荷载分项系数的取值：$\gamma_G = 1.30$、$\gamma_Q = 1.50$，且不再区分式（11-5）和式（11-6）两种情况，只按式（11-5）计算。《工程结构通用规范》（GB 55001—2021）是强制性规范，《建筑结构可靠性设计统一标准》层次高于《建筑结构荷载规范》，因而虽然《建筑结构荷载规范》尚未修订，但工程上已按 $\gamma_G = 1.30$、$\gamma_Q = 1.50$ 和式（11-5）进行设计。

对地震状况，荷载效应采用地震组合。根据 2016 年版《建筑抗震设计规范》（GB 50011—2010），有

$$S = \gamma_G S_{GE} + \gamma_{Eh} S_{Ehk} + \gamma_{Ev} S_{Evk} + \psi_w \gamma_w S_{wk} \tag{11-7}$$

式中：S_{GE} 为重力荷载代表值的效应；S_{Ehk}、S_{Evk} 分别为水平、竖向地震作用标准值的效

应，γ_{Eh}、γ_{Ev} 分别为水平、竖向地震作用分项系数，S_{wk} 为风荷载标准值的效应，ψ_w、γ_w 分别为风荷载组合值系数和分项系数。一般情况下 $\psi_w = 0$，风荷载起控制作用的建筑应取 $\psi_w = 0.2$。

对偶然作用下的结构进行承载能力极限状态设计时，作用效应 S 按偶然组合计算：

$$S = S_{Gk} + S_A + \psi_{f1}S_{Q1k} + \sum_{i=2}^{n} \psi_{qi}S_{Qik} \tag{11-8}$$

式中：S_A 为偶然荷载标准值算得的荷载效应；ψ_{f1} 为主导可变荷载的频遇值系数；ψ_{qi} 为可变荷载的准永久值系数。

可见，GB 50010—2010 规范和 NB/T 11011—2022 规范承载能力极限状态实用设计表达式的基本思路是一致的，只是在分项系数及取值方面有所不同，主要有下列几点。

（1）设计状况不同

在 NB/T 11011—2022 规范中，将地震作用作为偶然作用的一种，将遭遇地震作用的状况归到偶然设计状况，没有将遭遇地震作用的状况单列为一个设计状况。

（2）荷载分项系数取值不同

采用 GB 50010—2010 规范设计时，取 $\gamma_G = 1.30$、$\gamma_Q = 1.50$。在 NB/T 11011—2022 规范中，$\gamma_G = 1.10$；可变荷载分为两类，一类为一般可变荷载 Q_1，$\gamma_{Q1} = 1.30$；另一类为可控制的可变荷载 Q_2，$\gamma_{Q2} = 1.20$。

（3）荷载效应组合不同

GB 50010—2010 规范采用了可变荷载组合系数 ψ_{ci}，除主导可变荷载 Q_1 未折减外，其余可变荷载都进行了折减；NB/T 11011—2022 规范不采用可变荷载组合系数 ψ_{ci}，不对任何可变荷载进行折减。

（4）GB 50010—2010 规范中没有设计状况系数 ψ 和结构系数 γ_d

GB 50010—2010 规范与 NB/T 11011—2022 规范一样，也设有持久和短暂设计状况，但对这两种状况的可靠度要求是相同的。NB/T 11011—2022 规范则用设计状况系数 ψ 来反映持久和短暂设计状况可靠度要求的不同，对持久设计状况取 $\psi = 1.0$，对短暂设计状况取 $\psi = 0.95$。

在 NB/T 11011—2022 规范中，结构系数 $\gamma_d = 1.20$，可以理解为把 GB 50010—2010 规范的荷载分项系数（1.30 及 1.50）分为荷载分项系数（1.10 及 1.30）和结构系数（1.20）两个部分，这两个部分的乘积也就相当于 GB 50010—2010 规范的荷载分项系数。

两本规范承载能力极限状态计算时分项系数取值的对比见表 11-1。从表 11-1 看到，两本规范的重要性系数、材料分项系数是相同的。

表 11-1　　　　　　承载能力极限状态计算时分项系数取值比较

分项系数	γ_0			γ_G	γ_Q	γ_s	γ_c	γ_d	ψ		
	I	II	III						持久	短暂	偶然
NB/T 11011—2022	1.1	1.0	0.9	1.10	1.30 (1.20)	1.1	1.40	1.20	1.0	0.95	0.85
GB 50010—2010	1.1	1.0	0.9	1.30	1.50	1.1	1.40	无	1.0	1.0	$1/\gamma_{RE}$

11.1.1.2　正常使用极限状态设计表达式

1. NB/T 11011—2022 规范

在 NB/T 11011—2022 规范中，正常使用极限状态的设计表达式为

$$\gamma_0 S_k \leqslant C \tag{11-9}$$

式中：C 为结构构件达到正常使用要求的规定限值；S_k 为正常使用极限状态荷载组合效应值。

S_k 只考虑标准组合，且不考虑荷载组合系数，全部荷载都采用标准值，即

$$S_k = S_{Gk} + S_{Qk} \tag{11-10}$$

2. GB 50010—2010 规范

在 GB 50010—2010 规范中：

$$S \leqslant C \tag{11-11}$$

式中：S 为正常使用极限状态荷载组合的效应设计值。

根据《工程结构通用规范》（GB 55001—2021）和《建筑结构可靠性设计统一标准》（GB 50068—2018），GB 50010—2010 规范按不同的设计要求，将 S 分为标准组合、频遇组合和准永久组合。

对于标准组合：

$$S = S_{Gk} + S_{Q1k} + \sum_{i=2}^{n} \psi_{ci} S_{Qik} \tag{11-12a}$$

即在标准组合中，永久荷载和主导可变荷载采用标准值，其他可变荷载采用组合值。

对于频遇组合：

$$S = S_{Gk} + \psi_{f1} S_{Q1k} + \sum_{i=2}^{n} \psi_{qi} S_{Qik} \tag{11-12b}$$

即在频遇组合中，永久荷载采用标准值，主导可变荷载采用频遇值，其他可变荷载采用准永久值。

对于准永久组合：

$$S = S_{Gk} + \sum_{i=1}^{n} \psi_{qi} S_{Qik} \tag{11-12c}$$

即在准永久组合中，永久荷载采用标准值，可变荷载采用准永久值。

除预应力混凝土结构外，钢筋混凝土结构构件的挠度计算及裂缝宽度计算时，均只考虑准永久组合。

在正常使用极限状态验算时，GB 50010—2010 规范和 NB/T 11011—2022 规范实用设计表达式的主要异同点如下：

（1）NB/T 11011—2022 规范列有结构重要性系数 γ_0，GB 50010—2010 规范没有列入 γ_0。

（2）两本规范荷载分项系数和材料分项系数都取为 1.0。

（3）GB 50010—2010 规范考虑了荷载效应的标准组合、频遇组合和准永久组合；NB/T 11011—2022 规范只考虑标准组合。

11.1.2　承载能力极限状态计算

以上讨论了两本规范在设计表达式及荷载效应 S 计算方面的异同点，下面以钢筋混

凝土矩形截面受弯构件为例，来讨论承载能力极限状态计算时构件的承载力，即实用表达式右边项 R 计算中的异同。

11.1.2.1　正截面受弯承载力计算

在计算构件正截面承载力时，两本规范的基本假定相同，即都采用下列 4 个假定：

(1) 平截面假定。

(2) 不考虑受拉区混凝土的工作。

(3) 受压区混凝土的应力应变关系采用设计曲线。

(4) 钢筋应力取钢筋应变与弹性模量的乘积，但不超过强度设计值；纵向受拉钢筋的极限拉应变为 0.01。

同时都将曲线分布的混凝土受压区应力图形，简化为等效的矩形应力图形来计算混凝土的合力。

1. GB 50010—2010 规范

以单筋截面为例。在 GB 50010—2010 规范中，正截面受弯承载力计算基本公式为

$$M \leqslant M_u = \alpha_1 f_c bx \left(h_0 - \frac{x}{2} \right) \tag{11-13}$$

$$\alpha_1 f_c bx = f_y A_s \tag{11-14}$$

式中：M 为弯矩设计值，为荷载设计值产生的弯矩与结构重要性系数 γ_0 的乘积；M_u 为截面极限弯矩；b 为矩形截面宽度；x 为混凝土受压区计算高度；h_0 为截面有效高度，$h_0 = h - a_s$，h 为截面高度，a_s 为纵向受拉钢筋合力点至截面受拉边缘的距离；α_1 为矩形应力图形压应力等效系数，和混凝土强度等级有关；f_c 为混凝土轴心抗压强度设计值；f_y 为钢筋抗拉强度设计值；A_s 为纵向受拉钢筋截面面积。

为了保证构件是适筋破坏，应用基本公式时应满足下列两个适用条件：

$$x \leqslant \xi_b h_0 \tag{11-15}$$

$$\rho \geqslant \rho_{min} \tag{11-16}$$

式中：ξ_b 为相对界限受压区计算高度，取值和混凝土强度等级和钢筋级别有关；ρ 为纵向受拉钢筋配筋率；ρ_{min} 为受弯构件纵向受拉钢筋最小配筋率。

式（11-15）是为了防止纵向受钢筋配筋过多而发生超筋破坏，式（11-16）是为了防止纵向受钢筋配筋过少而发生少筋破坏。如计算出的配筋率 $\rho < \rho_{min}$ 且截面尺寸不宜减小时，则应按 ρ_{min} 配筋。

2. NB/T 11011—2022 规范

在 NB/T 11011—2022 规范，单筋截面正截面受弯承载力计算基本公式为

$$\gamma_d M \leqslant M_u = f_c bx \left(h_0 - \frac{x}{2} \right) \tag{11-17}$$

$$f_c bx = f_y A_s \tag{11-18}$$

式中：M 为弯矩设计值，为荷载设计值产生的弯矩与结构重要性系数 γ_0、设计状况系数 ψ 的乘积；其余符号意义同前。

上述两式的适用条件同式（11-15）和式（11-16）。

由此可见，对于受弯构件正截面受弯承载力计算，两本规范的计算公式几乎完全一

样。不同之处仅是:

(1) NB/T 11011—2022 规范中有 $\gamma_d = 1.20$ 这个系数, GB 50010—2010 规范则没有。应注意, 两本规范的弯矩设计值 M 在数值上是完全不同的, 这是因为两者所取的荷载分项系数 γ_G、γ_Q 是不同的。

(2) 在 GB 50010—2010 规范中, 还存在一个有关混凝土强度的修正系数 α_1 ($\alpha_1 = 1.0 \sim 0.94$)。混凝土强度等级不高于 C50 时, α_1 取 1.0; 高于 C50 时, α_1 取值小于 1.0。在水工结构中, 一般不会采用高强混凝土, 所以 NB/T 11011—2022 规范和 SL 191—2008 规范都不列入系数 α_1, 以简化计算。

(3) 当混凝土强度等级不高于 C50 时, 两本规范受弯构件正截面承载力计算结果是十分相近的, 这是因为: ①两本规范混凝土和主要钢筋的强度设计值取值是相同的; ②GB 50010—2010 规范中的 M 与 NB/T 11011—2022 规范 $\gamma_d M$ 是相近的, NB/T 11011—2022 规范 $\gamma_d M$ 中的 $\gamma_d = 1.20$ 与 $\gamma_Q = 1.30$、$\gamma_G = 1.10$ 的乘积等于 1.56 和 1.32, 与 GB 50010—2010 规范中的 $\gamma_Q = 1.50$、$\gamma_G = 1.30$ 相近。

(4) 两本规范纵向钢筋配筋率的定义不同。以往我国的混凝土结构设计规范, 受弯构件纵向受拉钢筋配筋率采用 $\rho = \dfrac{A_s}{bh_0}$ 计算, ρ_{min} 取为固定值。从 1989 年颁布的《混凝土结构设计规范》(GBJ 10—89) 开始,《混凝土结构设计规范》采用 "$M_u = M_{cr}$" 的原则来确定 ρ_{min}, 不再采用 $\rho = \dfrac{A_s}{bh_0}$ 来计算受弯构件的配筋率, 而取 $\rho = \dfrac{A_s}{A_\rho}$, A_ρ 为全截面面积扣除受压翼缘后的面积, 对矩形截面就为 $\rho = \dfrac{A_s}{bh}$。同时, 最小配筋率 ρ_{min} 不再取固定值, 而取为 0.20% 和 0.45 $\dfrac{f_t}{f_y}$ 的较大值, 即 ρ_{min} 与混凝土和纵向受拉钢筋的抗拉强度有关。

采用 $\rho = \dfrac{A_s}{bh_0}$ 的好处在于可以建立 ρ-ξ 之间的关系, $\rho = \xi \dfrac{\alpha_1 f_c}{f_y}$。当界限破坏时 $\xi = \xi_b$, ρ 达到最大配筋率 ρ_{max}, $\rho_{max} = \xi_b \dfrac{\alpha_1 f_c}{f_y}$。有了 ρ_{max}, 就可以通过控制配筋率来避免发生少筋破坏和超筋破坏: 要求 $\rho \geqslant \rho_{min}$, 用于防止少筋破坏; 要求 $\rho \leqslant \rho_{max}$, 用于防止超筋破坏。如此, 可更容易建立 "适筋破坏要求纵向受拉钢筋不多不少" 的概念。因而, 现行水工混凝土结构设计规范仍采用 $\rho = \dfrac{A_s}{bh_0}$ 计算纵向钢筋配筋率。

11.1.2.2 斜截面受剪承载力计算

1. GB 50010—2010 规范

在 GB 50010—2010 规范中, 斜截面受剪承载力计算公式为

$$V \leqslant V_u = \alpha_{cv} f_t b h_0 + f_{yv} \frac{A_{sv}}{s} h_0 + 0.8 f_{yb} A_{sb} \sin\alpha \qquad (11-19)$$

式中: V 为剪力设计值, 为荷载设计值产生的剪力与结构重要性系数 γ_0 的乘积; α_{cv} 为斜截面混凝土受剪承载力系数, 对一般受弯构件, 取 $\alpha_{cv} = 0.7$, 对集中荷载作用 (包括有多种荷载作用, 其中集中荷载对支座截面或节点边缘所产生的剪力值占总剪力 75% 以上的

情况) 的独立梁，取 $\alpha_{cv}=\dfrac{1.75}{\lambda+1}$；$\lambda$ 为计算截面剪跨比，可取 $\lambda=a/h_0$，a 为集中荷载作用点至支座或节点边缘的距离，$\lambda<1.5$ 时，取 $\lambda=1.5$，$\lambda>3$ 时，取 $\lambda=3$。

2. NB/T 11011—2022 规范

在 NB/T 11011—2022 规范中，斜截面受剪承载力计算公式为

$$\gamma_d V \leqslant V_u = 0.5\beta_h f_t bh_0 + f_{yv}\frac{A_{sv}}{s}h_0 + 0.8f_{yb}A_{sb}\sin\alpha_s \tag{11-20}$$

式中：V 为剪力设计值，为荷载设计值产生的剪力与结构重要性系数 γ_0、设计状况系数 ψ 三者的乘积；β_h 为截面高度影响系数，用于考虑受剪承载力的尺寸效应，取值和截面高度有关，$\beta_h \leqslant 1.0$。

对比式 (11-19) 和式 (11-20)，可见：

(1) 两本规范的受剪承载力计算方法在原则上是一致的，受剪承载力都是由混凝土与箍筋的受剪承载力和弯起钢筋的受剪承载力组成。

(2) 弯起钢筋受剪承载力项的系数，两本规范都取为 0.8，即认为斜截面破坏时部分弯起钢筋达不到屈服。

(3) 对于集中荷载为主的情况，GB 50010—2010 规范对混凝土受剪承载力 V_c 项中考虑了剪跨比 λ 的影响，当 $\lambda=1.5\sim3$ 时，$V_c=(0.7\sim0.44)f_t bh_0$；NB/T 11011—2022 规范则将 V_c 简化为 $0.5f_t bh_0$。同时为了使用上方便，NB/T 11011—2022 规范不再区分一般梁和受集中荷载为主的梁，统一采用式 (11-20) 计算。

(4) GB 50010—2010 规范没有引入用于考虑受剪承载力尺寸效应的截面高度影响系数 β_h，这是因为在房屋建筑中受弯构件的截面尺寸一般不会很大。

由于受剪破坏试验结果的离散性，加之各行业混凝土构件截面尺寸取值范围的不同，以及各行业荷载效应组合的不同、对脆性破坏可靠度要求的不同，两本规范受剪承载力计算公式孰优孰劣是无法加以论证的。

11.1.3　正常使用极限状态验算

在 GB 50010—2010 规范中，构件的抗裂验算按荷载标准组合进行；裂缝宽度验算，对钢筋混凝土构件按荷载准永久组合进行，对预应力混凝土构件按荷载标准组合和准永久组合进行；挠度验算，钢筋混凝土构件按荷载准永久组合进行，预应力混凝土构件按荷载标准组合进行。NB/T 11011—2022 规范对这三种验算都是按荷载标准组合进行的。这一方面是由于水工荷载的复杂性和多样性，《水工建筑物荷载标准》(GB/T 51394—2020) 未能给出可变荷载准永久值和频遇值系数，也就不可能进行准永久组合、频遇组合的计算；另一方面是由于在水工结构中裂缝宽度计算公式的局限性，过分细分荷载组合没有必要。

11.1.3.1　钢筋混凝土受弯构件挠度验算

1. GB 50010—2010 规范

在 GB 50010—2010 规范中，受弯构件挠度按下列公式计算：

$$f = S\frac{M_q l_0^2}{B} \leqslant [f] \tag{11-21}$$

$$B = \frac{B_s}{\theta} \tag{11-22}$$

$$B_s = \frac{E_s A_s h_0^2}{1.15\psi + 0.2 + \dfrac{6\alpha_E\rho}{1+3.5\gamma_f'}} \tag{11-23}$$

式中：B 为考虑长期作用影响的构件抗弯刚度；B_s 为构件的短期抗弯刚度；M_q 为按荷载准永久组合计算的弯矩；θ 为考虑部分荷载长期作用对挠度增大影响系数，当 $\rho'=0$ 时 $\theta=2.0$，当 $\rho'=\rho$ 时 $\theta=1.6$，当 ρ' 为中间值时 θ 按线性内插法取用，此处，$\rho'=\dfrac{A_s'}{bh_0}$，$\rho=\dfrac{A_s}{bh_0}$；γ_f' 为受压翼缘截面面积与腹板有效截面面积的比值，$\gamma_f'=\dfrac{(b_f'-b)h_f'}{bh_0}$，其中 b_f'、h_f' 分别为受压翼缘的宽度、高度，$h_f'>0.2h_0$ 时取 $h_f'=0.2h_0$；ψ 为裂缝间纵向受拉钢筋应变不均匀系数，$\psi<0.2$ 取 $\psi=0.2$，$\psi>1.0$ 取 $\psi=1.0$，对直接承受重复荷载的构件取 $\psi=1.0$；α_E 为钢筋弹性模量与混凝土弹性模量之比；其余符号意义同前。

式 (11-23) 为半经验半理论公式，其计算结果与试验资料具有很好的符合性。

2. NB/T 11011—2022 规范

NB/T 11011—2022 规范的挠度验算，其原则及方法与 GB 50010—2010 规范是完全一样的，但为方便计算将短期抗弯刚度 B_s 作了大幅度的简化，计算公式为

构件不开裂时
$$B_s = 0.85 E_c I_0 \tag{11-24}$$

构件开裂时
$$B_s = (0.02 + 0.30\alpha_E\rho)(1 + 0.55\gamma_f' + 0.12\gamma_f)E_c bh_0^3 \tag{11-25}$$

式中：E_c 为混凝土的弹性模量；I_0 为换算截面对重心轴的惯性矩；γ_f 为受拉翼缘面积与腹板有效面积的比值，$\gamma_f=\dfrac{(b_f-b)h_f}{bh_0}$，其中 b_f、h_f 分别为受拉翼缘的宽度、高度。其余符号意义同前。

同时，由于水工荷载规范未能给出可变荷载准永久值系数，也就得不到荷载准永久组合下的弯矩值 M_q。考虑到在一般情况下 $B=(0.59\sim0.81)B_s$，同时参考《公路钢筋混凝土及预应力混凝土桥涵设计规范》（JTG 3362—2018）中取 $B=0.625B_s$ 的规定，取

$$B = 0.65 B_s \tag{11-26}$$

11.1.3.2 钢筋混凝土受弯构件裂缝宽度验算

1. GB 50010—2010 规范

在 GB 50010—2010 规范中，最大裂缝宽度按下列公式计算：

$$w_{\max} = \alpha_{cr}\psi\frac{\sigma_s}{E_s}\left(1.9c_s + 0.08\frac{d_{eq}}{\rho_{te}}\right)(\mathrm{mm}) \tag{11-27}$$

$$\psi = 1.1 - 0.65\frac{f_{tk}}{\rho_{te}\sigma_s} \tag{11-28}$$

$$d_{eq} = \frac{\sum n_i d_i^2}{\sum n_i \nu_i d_i}(\mathrm{mm}) \tag{11-29}$$

$$\rho_{te} = \frac{A_s}{A_{te}} \tag{11-30}$$

式中：α_{cr} 为构件受力特征系数，受弯构件 $\alpha_{cr}=1.9$；σ_s 为按荷载准永久组合计算的钢筋混凝土构件纵向受拉钢筋的应力；c_s 为最外层纵向受拉钢筋外边缘至受拉区底边的距离；d_{eq} 为纵向钢筋的等效直径；ν_i 为第 i 种纵筋的相对黏结特性系数，光圆钢筋取 0.7，带肋钢筋取 1.0；A_{te} 为有效受拉混凝土截面面积，对受弯构件，$A_{te}=0.5bh+(b_f-b)h_f$；其余符号意义同前。

2. NB/T 11011—2022 规范

在 NB/T 11011—2022 规范中，最大裂缝宽度按下列公式计算：

$$w_{max}=\alpha_{cr}\psi\frac{\sigma_{sk}-\sigma_0}{E_s}l_{cr}\,(\mathrm{mm}) \tag{11-31}$$

其中

$$\psi=1-1.1\frac{f_{tk}}{\rho_{te}\sigma_{sk}} \tag{11-32}$$

$$l_{cr}=2.2c_s+0.09\frac{d_{eq}}{\rho_{te}}\,(30\mathrm{mm}\leqslant c_s\leqslant 65\mathrm{mm}) \tag{11-33a}$$

或

$$l_{cr}=65+1.2c_s+0.09\frac{d_{eq}}{\rho_{te}}\,(65\mathrm{mm}<c_s\leqslant 150\mathrm{mm}) \tag{11-33b}$$

$$d_{eq}=\frac{\sum n_i d_i^2}{\sum n_i\nu_i d_i} \tag{11-34}$$

$$\rho_{te}=A_s/A_{te} \tag{11-35}$$

式中：α_{cr} 为构件受力特征系数，受弯构件 $\alpha_{cr}=1.85$；其余符号意义同前。

对比两本规范的裂缝宽度计算公式，可见两本规范所依据的裂缝开展宽度计算原理是基本一样的，所不同的有下列几点：

（1）NB/T 11011—2022 规范针对水工混凝土结构特点，允许考虑长期处于水下的结构因混凝土湿胀而在钢筋中产生的初始应力 σ_0，σ_0 可取为 20N/mm²。

（2）计算公式中所采用的一些系数，两本规范取值有所不同。

（3）NB/T 11011—2022 规范针对水工混凝土结构中，纵向钢筋混凝土保护层 c_s 普遍较大的特点，将裂缝间距 l_{cr} 分成两个档次来计算，这是为了避免保护层较大时计算出的 w_{max} 过分偏大。

（4）两本规范所规定的裂缝宽度限值 w_{lim} 略有差异。

（5）两本规范所定义的有效受拉混凝土截面面积 A_{te} 有很大不同。如对矩形受弯构件，NB/T 11011—2022 规范取 $A_{te}=2a_s b$，为纵向受拉钢筋合力作用点到截面受拉边缘形成面积的 2 倍；GB 50010—2010 规范取 $A_{te}=0.5bh$，为截面面积的一半，比 NB/T 11011—2022 规范定义的 A_{te} 大许多。

（6）两本规范计算裂缝宽度时采用的荷载效应组合不同，NB/T 11011—2022 规范采用按荷载标准组合，它是永久荷载标准值与可变荷载标准值的组合。GB 50010—2010 规范采用荷载准永久组合，它是永久荷载标准值与可变荷载准永久值的组合，参与组合的可变荷载要小于 NB/T 11011—2022 规范。

由于裂缝宽度计算值的离散性极大，实际工程中出现的裂缝大部分更与温度干缩及施工养护质量等非荷载因素有关，不是上述理论计算公式所能正确表达的，所以两本规范的裂缝计算公式孰优孰劣是无法加以论证的。

11.2 JTS 151—2011 规范与 NB/T 11011—2022 规范的比较

11.2.1 实用设计表达式

在《水运工程混凝土结构设计规范》(JTS 151—2011)中,将设计状况分为持久、短暂、地震和偶然 4 种。偶然状况是指偶发的,使结构产生异常状态的设计状况,包括非正常撞击、火灾和爆炸。对持久状况,应进行承载能力极限状态计算和正常作用极限状态验算。对短暂状况,应进行承载能力极限状态计算,且根据需要进行正常作用极限状态的验算。对有抗震设防要求的结构,应进行地震状况下的承载能力极限状态设计。有特殊要求时,也可对偶然状况进行承载能力极限状态设计与防护设计。

11.2.1.1 承载能力极限状态设计表达式

承载能力极限状态设计时,JTS 151—2011 规范规定:应采用荷载效应的持久组合、短暂组合和地震组合,有特殊要求时可采用偶然组合,承载能力极限状态设计表达式为

$$\gamma_0 S_d \leqslant R(f_c, f_s, a_d) \tag{11-36}$$

持久组合的荷载效应设计值为

$$S_d = \gamma_G S_G + \gamma_{Q_1} S_{Q_{1k}} + \sum_{j>1} \gamma_{Q_j} \psi_{cj} S_{Q_{jk}} \tag{11-37a}$$

短暂组合的荷载效应设计值为

$$S_d = \gamma_G S_G + \sum_{j \geqslant 1} \gamma_{Q_j} S_{Q_{jk}} \tag{11-37b}$$

式中符号意义同前。

考虑地震组合时,地震作用的荷载分项系数取 1.0;偶然组合时,偶然荷载的分项系数取 1.0,与偶然荷载同时出现的可变荷载取标准值计算。

从式(11-37)看到:

(1) JTS 151—2011 规范对持久组合采用可变荷载组合系数,考虑了可变荷载折减;对短暂状况不考虑可变荷载折减,但规定荷载分项系数可以减 0.1 取用。虽然没有明确用公式列出荷载效应由可变荷载控制或永久荷载控制两种情况,但规定:当结构自重、固定设备重、土重等作用为主时,其荷载分项系数应增大为不小于 1.30。NB/T 11011—2022 规范不对荷载进行折减。

(2) 与 GB 50010—2010 规范相同,JTS 151—2011 规范的实用设计表达中只有结构重要性系数 γ_0、荷载分项系数(γ_G、γ_Q)和材料分项系数(γ_s、γ_c),没有设计状况系数 ψ 和结构系数 γ_d。

此处需要单独说明的是,JTS 151—2011 规范中是存在结构系数 γ_d 的,但与 NB/T 11011—2022 规范不同,这个 γ_d 不直接出现在实用设计表达中,而仅出现于某些计算公式中。

(3) JTS 151—2011 规范对不同的设计状况是通过调整荷载分项系数来实现不同的可靠度要求,如计算短暂组合时荷载分项系数可按原规定减 0.1 取用;NB/T 11011—2022

规范是通过设计状况系数 ψ 来体现不同的可靠度要求，如持久设计状况时 $\psi=1.0$，短暂设计状况时 $\psi=0.95$。

（4）对大多数荷载，JTS 151—2011 规范的荷载分项系数取值低于 GB 50010—2010 规范采用的荷载分项系数，也低于 NB/T 11011—2022 规范中的荷载分项系数和结构系数的乘积。例如，在 JTS 151—2011 规范中，自重等永久荷载的分项系数 $\gamma_G=1.20$、人群荷载的分项系数 $\gamma_Q=1.40$。

（5）GB 50010—2010、JTS 151—2011 和 NB/T 11011—2022 三本规范的重要性系数 γ_0 取值是相同的，混凝土和主要钢筋的强度设计值是一样的。

11.2.1.2　正常使用极限状态设计表达式

对于正常使用极限状态，JTS 151—2011 规范的实用表达式为

$$S_d \leqslant C \tag{11-38}$$

式中：C 意义与 GB 50010—2010 规范和 NB/T 11011—2022 规范相同；S_d 为荷载组合的效应设计值。

从式（11-38）看到，JTS 151—2011 规范在进行正常使用极限状态验算时，与 GB 50010—2010 规范比较相似，都未考虑结构重要性系数 γ_0。同时，JTS 151—2011 规范考虑荷载标准组合、频遇组合和准永久组合，也和 GB 50010—2010 规范相同，但它们的可变荷载频遇值系数 ψ_f 和准永久值 ψ_q 系数取值是不同的。而 NB/T 11011—2022 规范考虑结构重要性系数 γ_0，且只验算荷载标准组合。

11.2.2　承载能力极限状态计算

下面主要以钢筋混凝土矩形截面受弯构件为例，讨论 JTS 151—2011 规范承载力极限状态计算实用表达式右边项 R 的计算。

11.2.2.1　受弯构件正截面受弯承载力计算

在构件正截面承载力时，JTS 151—2011 规范仍采用和 NB/T 11011—2022 规范相同的 4 个基本假定，也是将曲线分布的混凝土受压区应力图形，简化为等效的矩形应力图形来计算混凝土的合力。

对于矩形截面钢筋混凝土单筋截面受弯构件，正截面受弯承载力的基本计算公式为

$$M \leqslant M_u = \alpha_1 f_c bx \left(h_0 - \frac{x}{2} \right) \tag{11-39}$$

$$\alpha_1 f_c bx = f_y A_s \tag{11-40}$$

基本公式的适用条件为

$$x \leqslant \xi_b h_0 \tag{11-41}$$

$$x \geqslant 2a_s' \tag{11-42}$$

式（11-39）～式（11-42）在形式上与 NB/T 11011—2022 规范几乎完全相同，但在计算上，JTS 151—2011 规范与 NB/T 11011—2022 规范还是有一些差别：

（1）由于两本规范中的荷载分项系数含义不同，取值不同，因而弯矩设计值 M 在数值上是完全不同。

（2）JTS 151—2011 规范考虑了高强混凝土的应用，因而基本公式中出现了混凝土强度的修正系数 α_1，取值与 GB 50010—2010 规范相同。

11.2.2.2   受弯构件斜截面受剪承载力的计算

对一般受弯构件,斜截面受剪承载力计算公式为

$$\gamma_0 \leqslant V_u = \frac{1}{\gamma_d}(V_{cs} + 0.8f_{yb}A_{sb}\sin\alpha_s) \tag{11-43}$$

$$V_{cs} = 0.7\beta_h f_t b h_0 + f_{yv}\frac{A_{sv}}{s}h_0 \tag{11-44}$$

对受集中荷载为主的独立梁,式(11-44)改为

$$V_{cs} = \frac{1.75}{\lambda+1.5}\beta_h f_t b h_0 + f_{yv}\frac{A_{sv}}{s}h_0 \tag{11-45}$$

由式(11-43)~式(11-45),比较 GB 50010—2010 规范和 NB/T 11011—2022 规范中相应的计算公式,可看出三本规范的受剪承载力计算公式是相似的,但 JTS 151—2011 规范也有一些与其他两本规范的差异需要注意:

(1)与正截面承载力公式相比,计算斜截面受剪承载力时 JTS 151—2011 规范还考虑了结构系数 γ_d,取值为 $\gamma_d=1.1$,这意味着 JTS 151—2011 规范进一步提高了斜截面受剪承载力极限状态的可靠度,这和其他两本规范是不同的。

(2)计算弯起钢筋的受剪承载力时,JTS 151—2011 规范考虑 0.8 的折减系数,这与 GB 50010—2010 和 NB/T 11011—2022 规范相同。

(3)对承受集中荷载为主的矩形截面独立梁,JTS 151—2011 规范与 GB 50010—2010 规范相同,对混凝土受剪承载力 V_c 项中考虑了剪跨比 λ 的影响,但它们的取值是不同的,前者取 $\frac{1.75}{\lambda+1.5}$,后者取 $\frac{1.75}{\lambda+1.0}$;NB/T 11011—2022 规范则将 V_c 简化为 $0.5f_t b h_0$,且所有梁都取为 $0.5f_t b h_0$。

(4)和 NB/T 11011—2022 规范一样,引入 β_h 来考虑斜截面受剪承载力的尺寸效应。

11.2.3   正常使用极限状态验算

JTS 151—2011 规范规定,钢筋混凝土构件应根据使用条件进行裂缝宽度或变形验算,预应力混凝土构件应根据使用条件进行抗裂或变形验算。也就是说,在 JTS 151—2011 规范中预应力混凝土构件是不允许开裂的,这和 GB 50010—2010 规范及 NB/T 11011—2022 规范不同。在 GB 50010—2010 规范和 NB/T 11011—2022 规范中,三级裂缝控制的预应力混凝土构件是允许开裂的。

在 JTS 151—2011 规范中,抗裂验算按荷载标准组合和准永久组合进行;裂缝宽度验算按荷载准永久组合进行,当有必要考虑频遇组合时,可采用荷载频遇组合值代替准永久组合值;挠度验算按荷载准永久组合进行。

11.2.3.1   钢筋混凝土受弯构件的挠度验算

在 JTS 151—2011 规范中,长期刚度 B_l 计算公式:

$$B_l = \frac{B_s}{\theta} \tag{11-46}$$

式中,θ、B_s 的意义与 GB 50010—2010 规范相同。

当构件不开裂时 $B_s = 0.85E_c I_0$ \hfill (11-47)

当构件开裂时　　$B_s = (0.025 + 0.28\alpha_E\rho)(1 + 0.55\gamma'_f + 0.12\gamma_f)E_c bh_0^3$ 　　　(11-48)

由式（11-46）～式（11-48）可看出，JTS 151—2011 规范短期刚度计算公式的形式与 NB/T 11011—2022 规范相同，但系数有些差别；考虑荷载长期影响的方法与 GB 50010—2010 规范相同。

11.2.3.2　钢筋混凝土受弯构件裂缝宽度验算

JTS 151—2011 规范规定，在一般情况下采用准永久组合验算最大裂缝宽度，有必要考虑荷载频遇组合时可采用频遇组合值代替准永久组合值。

最大裂缝宽度计算公式为

$$W_{max} = \alpha_1\alpha_2\alpha_3 \frac{\sigma_s}{E_s}\left(\frac{c_s + d}{0.30 + 1.4\rho_{te}}\right) \qquad (11-49)$$

式中：W_{max} 为最大裂缝宽度；α_1 为构件受力特征系数，受弯构件取 1.0；α_2 为考虑钢筋表面形状的影响系数，光圆钢筋取 1.4，带肋钢筋取 1.0；α_3 为考虑作用的准永久组合或重复荷载影响的系数，一般取 1.5，对短暂状况的正常使用极限状态作用组合取 1.0～1.2，对施工期可取 1.0；其余符号意义与 GB 50010—2010 规范和 NB/T 11011—2022 规范相同，但取值有所不同。

JTS 151—2011 规范最大裂缝宽度计算公式的形式与 GB 50010—2010 规范及 NB/T 11011—2022 规范不同，这是因为它们属于不同类型。JTS 151—2011 规范的裂缝宽度公式属于数理统计公式，而 GB 50010—2010 规范和 NB/T 11011—2022 规范属于半经验半理论的公式，但它们所考虑的裂缝宽度影响因素是相同的。此外，还需注意以下与另两本规范的异同：

（1）在式（11-49）中，纵向受拉钢筋保护层厚度 c_s 最大取值为 50mm，超过 50mm 时按 50mm 计算。

（2）计算有效配筋率 ρ_{te} 时，有效受拉混凝土截面面积取法与 GB 50010—2010 规范不同，与 NB/T 11011—2022 规范不完全相同。

（3）JTS 151—2011 规范给出的裂缝宽度限值与 GB 50010—2010 规范及 NB/T 11011—2022 规范均不相同。

第 12 章　水工钢筋混凝土结构课程设计

12.1　肋形楼盖设计参考资料

12.1.1　概述

肋形结构是土木水利工程中应用非常广泛的一种平面结构形式。它常用于钢筋混凝土楼盖、屋盖，也用于地下室基础底板或建筑底部的满堂基础、挡土墙面板、桥梁和码头的上部结构、储水池的池顶与池底、隧洞进水口的工作平台等结构。

楼盖是房屋建筑的重要组成部分，大多采用钢筋混凝土结构。按施工方法可将楼盖分为：整体现浇楼盖、装配式楼盖及装配整体式楼盖。整体现浇楼盖整体性好，结构布置灵活。按梁板的布置方式，整体现浇楼盖又可分为：肋形楼盖、无梁楼盖、井式楼盖及密肋楼盖等。

肋形楼盖属于肋形结构，是整体现浇楼盖中使用最普遍的一种，由板、次梁和主梁（有时没有主梁）组成，三者整体浇筑。肋形楼盖的特点是用钢量较少，楼板上留洞方便，但支模较复杂。

12.1.2　结构布置

结构布置的要求如下：

（1）柱网和梁格的布置首先要满足使用要求，如厂房设备布置、生产工艺要求等。

（2）在满足使用要求的基础上，梁格布置应尽量求得技术和经济上的合理。

1）由于板的面积较大，为节省材料，降低造价，在保证安全的前提下，尽量采用板厚较薄的楼板。

2）由于楼板较薄，应尽量避免重大的集中荷载直接作用在楼板上，一般大型设备应直接由梁来承受，在大孔洞边、非轻质隔墙下宜布置支承梁。

3）梁格布置力求规整，梁系尽可能连续贯通，板厚和梁的截面尺寸尽可能统一。

4）主梁可沿房屋横向布置，也可沿房屋纵向布置。当主梁沿房屋横向布置时，房屋横向刚度较大；同时主梁搁支在纵墙的窗间墙或柱上，可以提高窗顶过梁的梁底高度，增加窗的面积，有利于室内采光。当主梁沿房屋纵向布置时，虽然房屋横向刚度小，也不利于室内采光，但可增加房屋使用空间的净高。

5）在砖混结构中，梁的支承点应避开门窗洞口。

6）梁板尽量布置为跨度相等的多跨连续梁板，有需要的情况下，在梁板的端部可适当外挑，以改善边跨梁板弯矩的不均匀性。

12.1.3　材料的选用和梁板截面尺寸初步选定

12.1.3.1　材料选用

混凝土：C25 或 C30。

钢筋：梁内纵向受力钢筋、箍筋采用 HRB400；板内纵向受力钢筋一般采用 HRB400，也可采用 HPB300；构造钢筋一般采用 HPB300，也可采用 HRB400。

12.1.3.2　板、梁的构造截面尺寸

板、梁的截面尺寸，主要与其结构类型和跨度大小有关，同时要考虑荷载大小和建筑模数的要求。荷载与跨度较大时截面尺寸取其估算值的较大值，否则取较小值。

1. 板

在一般建筑中，板的厚度为 80～150mm；水电站厂房发电机层的楼板，板厚常采用 150～200mm。建筑基础底板厚度与地基条件、基础和上部结构型式、柱的间距等多方面因素有关，初步取值时可按建筑的层数估算（按每层 50mm 计）。底板厚度一般不小于 200mm，当有防水要求时不小于 250mm。按照刚度要求，板的经济跨度、板厚取值范围分别见表 12-1 和表 12-2；板的常用厚度见表 12-3。板厚取值时，先按刚度要求由表 12-2 初步确定板厚，再按表 12-3 选择合适的厚度。

表 12-1　　　　　　　　　　　**板 的 经 济 跨 度**　　　　　　　　　　　单位：mm

类别	单跨简支板	多跨连续板	悬臂板	楼梯梯段板
单向板	1500～2700	2000～3000	1200～1500	3000～3300
双向板	3500～4500	4000～5000		

注　表中双向板的数值为板短跨计算长度。

表 12-2　　　　　　　　　　　**板 厚 取 值 范 围**

类别	单跨简支板	多跨连续板	悬臂板	楼梯梯段板
单向板	$\left(\dfrac{1}{35}\sim\dfrac{1}{30}\right)l$	$\left(\dfrac{1}{40}\sim\dfrac{1}{35}\right)l$	$\left(\dfrac{1}{12}\sim\dfrac{1}{10}\right)l$	$\left(\dfrac{1}{25}\sim\dfrac{1}{20}\right)l$
双向板	$\left(\dfrac{1}{45}\sim\dfrac{1}{40}\right)l$	$\left(\dfrac{1}{50}\sim\dfrac{1}{45}\right)l$		

注　表中双向板的 l 为板短跨计算长度。

表 12-3　　　　　　　　　　　**板 的 常 用 厚 度**　　　　　　　　　　　单位：mm

板厚≤100	100<板厚≤200	板厚>200（基础板）
80、90、100	120、140、150、160、180、200	250、300、350、400、450、500、600、700、800、900、1000、1200、1500 等

2. 梁

按照刚度要求，主梁及次梁的经济跨度、梁高取值范围分别见表 12-4 和表 12-5。梁高的常见尺寸见表 12-6。梁宽取梁高的 1/3～1/2，即 $b=(1/3\sim1/2)h$。与板一样，梁高取值时先按刚度要求由表 12-5 初步确定梁高，再按表 12-6 选择合适的梁高。

表 12-4   梁 的 经 济 跨 度   单位：mm

类别	次梁	主梁	悬臂梁	井字梁
单跨	4000~5000	5000~8000	1500~2000	15000~20000
多跨连续梁	4000~6000	5000~9000		

表 12-5   梁 高 取 值 范 围

类别	次梁	主梁	悬臂梁	井字梁
单跨	$\left(\dfrac{1}{12}\sim\dfrac{1}{8}\right)l$	$\left(\dfrac{1}{12}\sim\dfrac{1}{8}\right)l$	$\left(\dfrac{1}{6}\sim\dfrac{1}{5}\right)l$	$\left(\dfrac{1}{20}\sim\dfrac{1}{15}\right)l$
多跨连续梁	$\left(\dfrac{1}{15}\sim\dfrac{1}{12}\right)l$	$\left(\dfrac{1}{15}\sim\dfrac{1}{10}\right)l$		

表 12-6   梁 的 常 见 尺 寸   单位：mm

类别	梁高≤700	700<梁高≤1000	梁高>1000
梁高	300、350、400、450、500、550、600、650、700	800、900、1000	1200、1500、1600、2000
梁宽	120、150、200、250、300	200、250、300、350	350、400、450、500、550、600

注 主梁或框架梁梁宽不宜小于200mm。

12.1.4 单向板肋形楼盖设计要点

12.1.4.1 计算简图

1. 支座与跨数

在内框架结构中，房屋内部由梁、柱组成为框架承重体系，外部由砖墙承重，楼（屋）面荷载通过板传递给框架与砖墙共同承担。这时，板是以边墙和次梁为铰支座的多跨连续板；次梁是以边墙和主梁为铰支座的多跨连续梁；主梁的中间支座是柱，当主梁线刚度与柱线刚度比大于等于5时可把主梁看作是以边墙和柱为铰支座的连续梁，否则应作为刚架进行计算。需要指出的是，在整体现浇楼盖中为考虑板的作用，梁线刚度按梁尺寸计算后应乘放大系数，中间梁放大系数取2.0，边梁取1.5。

由于钢筋混凝土与砖两种材料的弹性模量不同，两者的刚度、变形不协调，内框架结构的整体性与整体刚度都较差，抗震性能差，对有抗震设防要求的房屋不应采用。在我国，一些经济发达地区已不容许使用内框架结构。

在框架结构中，房屋内部和四周都为梁、柱结构，房屋墙体不承重，仅起围护作用。对于板与次梁，按弹性理论计算时边支座仍可简化为铰支座，但须加强边支座上部钢筋的构造要求，以抵抗实际存在的负弯矩；按塑性理论计算时，边支座的负弯矩可查表得到。对于主梁，工程上直接按框架梁设计，即将主梁与柱作为刚架来设计。考虑到同学们尚未有框架结构的概念和课程设计学时的限制，课程设计时仍可将梁柱线刚度比大于等于5的主梁作为以铰为支座的连续梁计算。需要强调的是，这仅是满足教学训练的需要。

对于五跨和五跨以内的连续梁（板），计算跨数取实际跨数；对于五跨以上等跨等刚度连续梁（板），可近似按五跨连续梁（板）计算。中间各跨内力，取与第三跨相同。

对于跨度相差不超过 10% 的不等跨连续梁（板），内力可按等跨计算；对于相邻跨截面惯性矩比值不大于 1.5 的不等刚度连续梁（板），也可作为等刚度梁（板）计算内力，即可不考虑不同刚度对内力的影响。

2. 计算跨度

计算弯矩时，计算跨度取为 l_0，l_0 按下列数值采用。其中：l_c 为支座中心线间的距离，$l_c = l_n + b$；l_n 为净跨；b 为支座宽度；h 为板厚；a 为板、梁在墩墙上的搁支宽度。计算剪力时，计算跨度取为 l_n。

（1）当按弹性方法计算内力时：

对于板，当两端与梁整体连接时，取 $l_0 = l_c$；当两端搁支在墙上时，取 $l_0 = l_n + h \leqslant l_c$；当一端与梁整体连接，另一端搁支在墙上时，取 $l_0 = l_n + h/2 + b/2 \leqslant l_c$。

对于梁，当两端与梁或柱整体连接时，取 $l_0 = l_c$；当两端搁支在墙上时，取 $l_0 = 1.05 l_n \leqslant l_c$；当一端与梁或柱整体连接，另一端搁支在墙上时，取 $l_0 = 1.025 l_n + b/2 \leqslant l_c$。

（2）当按塑性方法计算内力时：

对于板，当两端与梁整体连接时，取 $l_0 = l_n$；当两端搁支在墙上时，取 $l_0 = l_n + h \leqslant l_c$；当一端与梁整体连接，另一端搁支在墙上时，取 $l_0 = l_n + h/2 \leqslant l_n + a/2$。

对于梁，当两端与梁或柱整体连接时，取 $l_0 = l_n$；当两端搁支在墙上时，取 $l_0 = 1.05 l_n \leqslant l_c$；当一端与梁或柱整体连接，另一端搁支在墙上时，取 $l_0 = 1.025 l_n \leqslant l_n + a/2$。

3. 荷载

板和梁上荷载一般有永久荷载（恒荷载）和可变荷载（活荷载）两种，荷载设计时应考虑活荷载的最不利布置。主梁以承受集中荷载为主，为简化计算，可将主梁自重也简化为集中荷载。

当按弹性方法计算内力时，将板与次梁的中间支座均简化为铰支座，没有考虑次梁对板、主梁对次梁的转动约束能力，其效果是把板、次梁的跨中正弯矩值算大了。设计中常用调整荷载的办法来近似考虑次梁（或主梁）抗扭刚度对连续板（或次梁）内力的有利影响，以调整后的折算荷载代替实际作用的荷载进行最不利组合及内力计算。折算荷载见表 12-7。需要注意的是，主梁支座是根据其线刚度与柱线刚度比值来简化的（当梁柱线刚度比不大于 5 时按刚架计算，否则可简化为以铰为支座的连续梁），因此主梁不采用折算荷载。

表 12-7　　　　　　　　　　　　折 算 荷 载

构件类别	折算永久荷载	折算可变荷载
板	$g' = g + \dfrac{1}{2}q$	$q' = \dfrac{1}{2}q$
次梁	$g' = g + \dfrac{1}{4}q$	$q' = \dfrac{3}{4}q$

12.1.4.2　按弹性理论计算连续梁、板内力

对于承受均布荷载的等跨连续梁（板），其内力可利用图表进行计算（计算方法见教

材 9.2 节）。计算出恒荷载作用下内力和各活荷载最不利布置情况下内力后，可绘出连续梁的内力包络图，连续板一般不需绘制内力包络图。

整体浇筑的梁板，其支座的最危险截面在支座边缘，所以支座截面的配筋设计应按支座边缘处的内力和截面尺寸进行。

12.1.4.3 考虑塑性变形内力重分布方法计算连续板、次梁内力

计算方法见教材 9.3 节。

12.1.4.4 连续梁板的截面设计

1. 楼板

按单筋矩形截面进行正截面受弯承载力计算。当单向连续板的周边与钢筋混凝土梁整体连接时，除边跨跨内和第一内支座外，各中间跨中和支座的弯矩值均可减少 20%，但水工混凝土结构的单向板按弹性方法设计时一般不考虑这种弯矩值的减小。

楼板一般能满足斜截面受剪承载力要求，不必进行斜截面受剪承载力计算。

楼板一般按单位宽度计算内力与钢筋用量。

2. 次梁

多跨连续次梁正截面受弯承载力计算时，跨中截面按 T 形截面梁进行，支座截面按 $b \times h$ 的矩形截面梁进行。

通常次梁的剪力不大，配置一定数量的箍筋即可满足斜截面受剪承载力要求，故一般仅需进行箍筋计算。

3. 主梁

主梁的正截面受弯承载力计算同次梁。由于在主梁支座（柱）处，板、次梁和主梁的纵向钢筋重叠交错，故截面有效高度在支座处减小。当钢筋单层布置时 $h_0 = h - a_s = h - 40 - c_s$（mm），双层布置时 $h_0 = h - a_s = h - 60 - c_s$（mm），$c_s$ 为板纵向钢筋混凝土保护层厚度。

主梁承受集中荷载，剪力图呈矩形。如果在斜截面受剪承载力计算中，要利用弯起钢筋抵抗部分剪力，则弯起钢筋的排数一般较多，应考虑跨中有足够根数的纵向钢筋可供弯起。若跨中纵向钢筋可供弯起的根数不够，则应在支座设置专门抗剪的斜筋。

若按弯矩调幅法计算内力时，板、梁跨中和支座截面须满足 $0.1 \leqslant \xi \leqslant 0.35$ 的要求。

12.1.4.5 连续梁、板的构造要求

1. 楼板

板的支承长度应满足其受力钢筋在支座内的锚固要求，且一般不小于板厚，当板搁支在砖墙上时，不小于 120mm。

楼板中受力钢筋一般采用 HRB400，常用直径为 6mm、8mm、10mm，最小间距为 70mm，最大间距可取 200mm。

连续板的配筋形式有两种：弯起式和分离式。对于承受均布荷载的等跨连续板，钢筋布置（确定弯起点和切断点）可按构造要求处理，详见教材图 9-21（弯起式）或图 9-22（分离式）。

当采用弯起式配筋时，楼板的跨中受力钢筋可弯起 1/2（最多不超过 2/3）到支座上部以承担负弯矩，弯起角度一般为 30°，当板厚 $h > 120$mm 时可采用 45°。钢筋弯起后，余留的钢筋间距不应大于 400mm，且应全部伸入支座。

板中下部受力钢筋伸入支座的锚固长度不应小于 5d，且宜伸过支座中心线，d 为伸入支座的钢筋直径。

按简支边设计的现浇混凝土板，当与混凝土梁、墙整体浇筑或嵌固在墙体内时，应设置板面构造钢筋，并符合下列要求：

（1）钢筋直径不宜小于 8mm，间距不宜大于 200mm。在受力方向，单位宽度内的配筋面积不宜小于跨中相应方向板底钢筋截面面积的 1/3。若板与混凝土梁、墙整体浇筑，则非受力方向的配筋面积尚不宜小于受力方向跨中板底钢筋面积截面的 1/3。

（2）钢筋从支座边界伸入板内的长度不宜小于 $l_1/4$（钢筋从混凝土墙边、梁边和柱边伸入板内）或 $l_1/7$（钢筋从砌体支座处伸入板内），l_1 为板的短边计算跨度，详见教材图 9-23。

（3）在板角附近，两个方向都应有构造钢筋伸出，形成双向配置钢筋网。

除了以上板面构造钢筋外，楼板中的构造钢筋还有：分布钢筋和垂直于主梁的板面附加钢筋，具体规定见教材图 9-24。

2. 次梁

多跨连续次梁的一般构造，如截面尺寸、纵向受力钢筋（直径、净距、根数、层数、锚固），箍筋（直径、间距）、架立筋等构造与单跨梁要求基本相同。梁中受力钢筋的弯起与切断，原则上应按弯矩包络图确定。对于跨度相差不超过 20%，承受均布荷载的次梁，当活荷载与恒荷载之比不大于 3 时可按构造图 12-1 和图 12-2 进行布置。

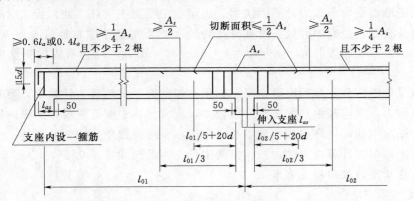

图 12-1　次梁的钢筋布置（无弯起筋）

在图 12-1 和图 12-2 中，若支座上部受力钢筋面积为 A_s，则第一批切断钢筋面积不得大于 $A_s/2$，切断点至支座边缘距离不得小于 $l_0/5+20d$；第二批切断钢筋面积不得大于 $A_s/4$，切断点至支座边缘距离不得小于 $l_0/3$。其中，l_0 为梁的计算跨度，d 为钢筋直径。

在图 12-2 中，中间支座有负钢筋弯起，第一排的上弯点距支座边缘距离为 50mm，第二排和第三排上弯点距支座边缘为 h 和 2h，h 为截面高度。由于第一排上弯点距支座边缘距离只有 50mm，因此该钢筋在支座的起弯侧只是为了抗剪弯起，不能抵抗负弯矩，即该钢筋面积不能计入支座起弯侧上部纵向受力钢筋面积 A_s 中。

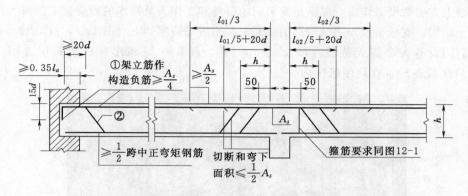

图 12-2 次梁的钢筋布置（有弯起筋）

梁底部纵向受拉钢筋伸入支座的锚固长度 l_{as} 按教材 4.5.2.2 节要求确定。梁上部纵向受拉钢筋的锚固与支座尺寸、支座形式以及计算时如何简化约束条件有关。图 12-1 左端支座为固结支座（梁与梁整浇），若直线锚固长度能满足最小锚固长度 l_a，则直锚；不然，钢筋直线伸入再弯折。弯折锚固时，对于直线锚固段，计算中按简支考虑时应不小于 $0.4l_a$，计算中按固结考虑时应不小于 $0.6l_a$；弯折段长度取 $15d$。图 12-2 左端为梁伸入砖墙，非完全固结支座，其上部纵向受力钢筋伸入支座的锚固长度可小于固结支座，直线锚固段应不小于 $0.35l_a$，弯折段长度仍取 $15d$。

3. 主梁

主梁纵向受力钢筋的弯起与切断，应根据弯矩包络图和剪力包络图来确定。通过绘制抵抗弯矩图来校核纵向钢筋弯起位置是否合适，并确定支座顶面纵向受力钢筋的切断位置。

主梁简化为以铰为支座的连续梁时，忽略了柱对主梁弯曲转动的约束作用，梁柱线刚度比越大，这种约束作用越小。内支座因节点不平衡弯矩较小，约束作用较小可忽略。对于边支座，在内框架结构中外墙对主梁约束较小，仍可忽略；但在框架结构中，柱对边支座约束不可忽略，其支座负弯矩可采用如下方法来估算：

(1) 先假定主梁边支座为固结，计算该支座不利荷载布置下的固端弯矩 M_A。

(2) 按梁柱线刚度比计算主梁边支座承担的弯矩 $M_{AB} = M_A - \dfrac{i}{i+2\times 1}M_A = \dfrac{2}{i+2}M_A$，其中 i 为梁柱线刚度比。

主梁和次梁边支座上部纵向钢筋还应满足下列构造要求：截面面积不应小于梁跨中下部纵向受力钢筋计算所需截面面积的 1/4，且不应小于 2 根；自支座边缘向跨内伸出长度不应小于 $l_0/5$，l_0 为梁的计算跨度。

主次梁交接处应设置附加横向钢筋，计算方法和构造规定见教材 9.4.2.2 节。

12.2　水闸工作桥设计参考资料

12.2.1　概述

低水头水闸依靠闸门的启闭实现泄水与挡水的功能。闸门启闭由专门设备控制，因此在闸墩门槽上方要架设工作桥，以满足安装启闭设备和工作人员操作的需要。工作桥大多为钢筋混凝土结构，支承于位于闸墩顶部的钢筋混凝土墩墙或刚架上（图 12-3 和图 12-4）。在过去，启闭设备大多露天放置［图 12-3（a）］，现在一般都建有启闭机房［图 12-3（b）］，启闭设备放置在启闭机房内。

（a）墩墙支承

（b）刚架支承

图 12-3　水闸工作桥

　　工作桥的高程主要取决于所采用的闸门形式、闸门高度和闸门启闭方式。闸门开启后，闸门底缘应高于水闸上游最高泄水位，以免阻碍过闸流量。对于一般平面闸门，采用固定启闭机时，由于闸门开启后悬挂的需要，工作桥纵梁底部高程应为：闸墩顶高程＋闸门高度＋0.5～0.6m 的富裕高度。有抗震设防要求的水闸应尽量降低工作桥高程，以减小地震作用。

　　工作桥除进行承载能力极限状态设计外，还应进行裂缝宽度和变形验算，以免工作桥纵梁产生过大的挠度而影响启闭设备的正常工作，以及裂缝宽度过大影响外观与耐久性。

　　工作桥的混凝土强度等级不应低于 C25。工作桥板梁和支撑结构的纵向受力钢筋、梁柱中的箍筋常用 HRB400；板的分布钢筋及其他构造钢筋可用 HPB300，也可用 HRB400。

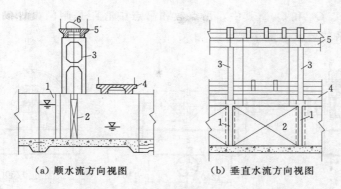

（a）顺水流方向视图　　　　　（b）垂直水流方向视图

图 12-4　露天水闸工作桥结构布置示意图

1—闸墩；2—闸门；3—工作桥刚架；4—公路桥；5—工作桥；6—启闭机

12.2.2　启闭机的型式与基本参数

工作桥属于水闸闸室结构的主要构件，其跨数和跨度由水闸的泄排水功能决定，专业课"水工建筑物"会有详细的介绍。工作桥的主要功能是安置启闭设备，提供工作人员操作启闭设备需要的空间。因此启闭设备重、人群荷载和其自重是工作桥的主要竖向荷载。闸门重量和吊点数、吊点中心距、启闭机型号和容量是工作桥设计的基本资料。

启闭机是一种专门用来启闭闸门（拦污栅）用的起重机械，是一种循环间隔吊运机械。启闭机按传动形式可分为机械传动和液压传动两大类，机械传动的启闭机按布置形式又可分为固定式和移动式两类。固定式启闭机根据机械传动类型的不同，有卷扬式、螺杆式、链式、连杆式等。卷扬式启闭机最为常见，广泛用于平面闸门和弧形闸门上，国内已有 QP、QPK、QPG 等系列化产品。此外，QPQ 作为一种通用的平面闸门启闭机，虽然尚未正式批准为部颁标准，国内还在普遍采用，本课程设计就是采用 QPQ 系列卷扬式启闭机。

启闭机的基本参数有启闭力、工作速度、扬程、跨度、吊点中心距、工作级别、分档等。对工作桥设计而言，关心的是吊点中心距和启闭力。启闭力是启闭机的额定容量，它相当于通用起重机的额定起重量，单位为千牛（kN），如果是双吊点，则称 $2×$ 多少千牛（kN）。启闭力是根据闸门启闭需要的启门力、持住力和闭门力综合计算确定的，其额定值应采用《水利水电工程启闭机设计规范》（SL 41—2018）中规定的标准系列，启闭机的工作速度、扬程、跨度、吊点间距、工作级别、分档等参数可参见文献《闸门与启闭设备》。

平面直升闸门的起吊中心线应与闸门竖向重心位置一致。双吊点闸门的启闭机应设置同步装置。

固定式卷扬启闭机又被称为绳鼓式启闭机，它主要由电动机、减速箱、传动轴和绳鼓组成，绳鼓固定在传动轴上，绳鼓上回绕钢丝绳，并穿过桥面板的孔洞连接在闸门吊点上。启闭闸门时，通过电动机、减速箱和传动轴使绳鼓转动，带动闸门升降。图 12-5 为启闭机构造示意图，图 12-6 为 $2×250$kN 卷扬式 QPQ 型启闭机主要参数，给出了吊点数、吊点中心距、启闭机平面尺寸和地脚螺栓的位置，以及作用在地脚螺栓位置上的集中

力设计值 Q_1、Q_2、Q_3 和 Q_4。其中，吊点数和吊点中心距是闸门设计确定的，吊孔尺寸是启闭设备满足吊装要求的最小尺寸。

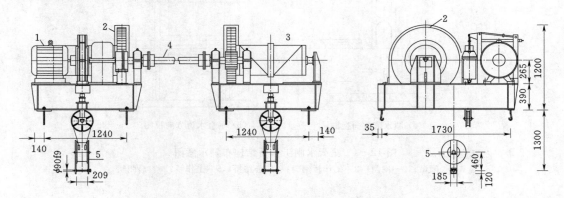

图 12-5 启闭机构造示意图（单位：mm）

1—电动机；2—联轴齿轮；3—绳鼓；4—连接轴；5—活动转轮

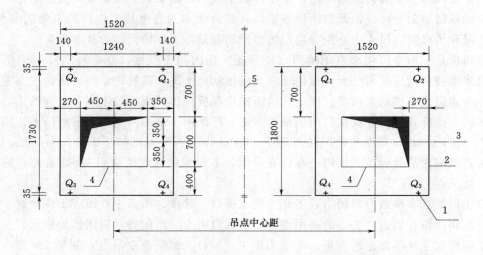

图 12-6 2×250kN 卷扬式 QPQ 型启闭机地脚螺栓位置示意图和机座尺寸（单位：mm）

1—地脚螺栓（8-M24×400）；2—机架基础轮廓线；3—闸门竖向重心线；

4—最小吊孔边界线；5—启闭机中心线

$Q_{1k}=59.60\text{kN}$；$Q_{2k}=54.80\text{kN}$；$Q_{3k}=84.0\text{kN}$；$Q_{4k}=76.60\text{kN}$

$Q_1=70.90\text{kN}$；$Q_2=65.10\text{kN}$；$Q_3=100.20\text{kN}$；$Q_4=91.30\text{kN}$

不同型号的启闭设备自重和启门力的具体数据可参见正规启闭机生产企业的产品目录。在 2×250kN 卷扬式 QPQ 型启闭机中，启闭机自重为 50.0kN，启门力为 2×250kN，集中力设计值 Q_1、Q_2、Q_3 和 Q_4 是取启闭机自重和启门力的荷载分项系数分别为 1.10（永久荷载）和 1.20（可控制的可变荷载）得到的。

需要指出的是，即使型号和额定容量相同的启闭机，不同企业的产品其地脚螺栓位置和集中力的大小分配亦不完全相同。工作桥施工前必须核实工程所选用厂家的启闭机与图纸设计时选用启闭机是否一致，如果存在较大差异应及时告知设计单位，以便校核或调整工作桥纵横梁位置，这一点在施工图设计说明中要特别强调。

12.2.3 工作桥（启闭机房）结构型式及尺寸拟定

随着经济的发展，目前新建的大中型水闸多在工作桥上方建造启闭机房，将启闭设备置于室内，方便操作和自动化控制及启闭设备的养护，图 12-7 为卷扬式启闭机房实景。工作桥结构有现浇的，也有预制装配的，带启闭机房的工作桥结构多为现浇。

图 12-7 卷扬式启闭机房实景

12.2.3.1 启闭机房结构布置

启闭机房的宽度取决于启闭机的型式、容量和操作需要，启闭机选定以后，机房的总宽度可按下式计算：

$$总宽度＝基座宽度＋2×操作宽度＋2×墙体厚度$$

式中，基座宽度可由启闭机的有关参数表中查取，对于图 12-6 所示的 $2×250kN$ 卷扬式启闭机，基座宽度为 1.80m；操作宽度取 0.80～1.20m；墙体厚 240mm。

启闭机房的长度与水闸垂直水流方向的总宽度相等，此外启闭机房的一端或两端应设置楼梯间或露天楼梯，以满足管理人员进出启闭机房的交通要求。水闸垂直水流方向的总宽由水闸过水净宽和闸墩厚度组成。闸墩厚度必须满足强度刚度要求，其类型有边墩、中墩和半缝墩等，见图 12-8。一般情况下，平面直升闸门的主门槽深度为 0.25～0.35m，宽度为 0.40～1.0m，门槽颈部厚度一般不小于 0.50m。中墩厚度为 1.10～1.30m，边墩厚度为 0.60～0.80m，半缝墩厚度不小于 0.60m。

启闭机房一般为砖混结构，启闭机房的层高为 3.0～3.30m，螺杆式启闭机需要根据其行程要求适当增加室内层高，或在螺杆

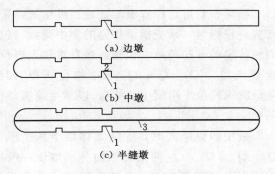

(a) 边墩

(b) 中墩

(c) 半缝墩

图 12-8 闸墩类型示意图
1—主门槽；2—门槽颈部；3—闸室沉陷缝

对应部位在屋面板开设孔洞。启闭机房屋面可以采用平屋面也可以采用坡屋面，根据水闸所处位置是否有景观要求确定。坡屋面或平屋面的屋面板厚度都是依据板的四边支承性质（单向板或双向板）和模数确定，屋面板四周需设置圈梁与砖砌墙体连接，在启闭机房横向还需布置一系列横梁以改善屋面板的受力状态或满足机房局部吊装要求，横梁间距2.50～3.50m。

12.2.3.2　启闭机层纵横梁布置

闸门开启时启闭机各个地脚螺栓所在部位将承受较大集中力，其对应位置的面板下方必须设置横梁或纵梁，启闭机房四周墙体传递其自重和屋面板重量，楼面板的四周也必须设置横梁或纵梁。楼面板与其下方设置的纵横梁整体浇筑，且在闸门吊点处设置孔洞，其尺寸由启闭机型式和容量确定。下面以某水闸为例说明启闭机房纵横梁布置的一般步骤。

1. 设计资料

该闸室为三孔一联整体式结构，每孔净宽 8.0m，中墩厚度 1.10m，边墩厚度0.70m，不设缝墩，水闸垂直水流方向总宽度为 27.60m。闸墩主闸门槽深度 0.30m，宽度 0.66m，门槽颈部厚度 0.50m，工作桥排架垂直水流方向厚度 0.50m。双吊点平面直升钢闸门，吊点中心距为 3.50m，2×250kN 卷扬式启闭机。启闭机房总长度 27.60m，启闭机两侧操作宽度各取 0.81m，两侧砖墙厚度 240mm，则启闭机房横向宽度为 3.90m。

2. 纵横梁布置

由于纵横梁设置于地脚螺栓下方，因此纵横梁布置时，首先要确定地脚螺栓 Q_1、Q_2、Q_3 和 Q_4 的位置，这可根据下列两个条件，由图 12-6 所示尺寸确定。

（1）启闭机一般沿工作桥纵向（长度方向）对称布置，因此工作桥纵向中心线与图12-6 所示的启闭机中心线重合。由此条件，再由图 12-6 所示尺寸就可确定地脚螺栓Q_2-Q_3、Q_1-Q_4、Q_1-Q_4 和 Q_2-Q_3 沿工作桥纵向的位置。

（2）闸门竖向重心线是由闸墩设计确定的，当闸墩设计完成后闸门竖向重心线在闸墩门槽中的位置是固定的，参见图 12-49。由此条件，再由图 12-6 所示尺寸就可确定$Q_2-Q_1-Q_1-Q_2$ 和 $Q_3-Q_4-Q_4-Q_3$ 沿工作桥横向的位置。

对于三孔一联整体式水闸，启闭机房楼面纵梁可设置为三跨连续梁，或每跨两端与工作桥排架刚性连接的单跨两端固支梁，或者设为三个简支梁，这里纵梁采用简支梁。

纵梁布置可选择双纵梁式或四纵梁式。采用双纵梁时，在启闭机房纵向墙面下方分别布置一根纵梁，承受横梁传递的集中荷载（包括作用在地脚螺栓上的集中力和横梁自重），面板传递的分布荷载（包括面板自重和人群荷载），以及墙体和屋面板的自重。沿地脚螺栓 Q_2-Q_3、Q_1-Q_4、Q_1-Q_4 和 Q_2-Q_3 四组力所在位置下方分别布置一根横梁（尽量使地脚螺栓位于横梁中心线），以承受地脚螺栓上的集中力，并与两纵梁联系成整体，见图 12-9（a）。

采用四纵梁式时，除了墙体以下两个纵向主梁以外，还在沿着 $Q_2-Q_1-Q_1-Q_2$、$Q_3-Q_4-Q_4-Q_3$ 两组力纵向分别增设一根纵梁，这两根纵梁轴距可以取地脚螺栓集中力作用点的距离 1.73m，使地脚螺栓位于纵梁的中心线上（参见图 12-6）；也可以取1.70m，虽然地脚螺栓略偏离纵梁中心线上，但纵梁轴距易于控制，便于施工放样。为将四根纵梁联系成整体，仍需布置横梁。横梁可沿地脚螺栓 $Q_2—Q_3$、$Q_1—Q_4$、$Q_1—Q_4$ 和 $Q_2—Q_3$ 四组力轴线位置布置，也可在其他位置布置，见图 12-9（b）。

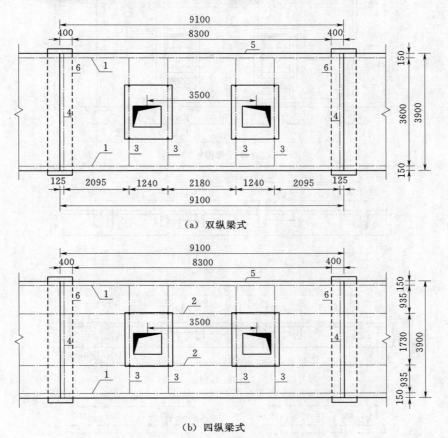

（a）双纵梁式

（b）四纵梁式

图 12-9　启闭机层纵横梁轴线布置图（单位：mm）

1—边纵梁；2—中纵梁；3—中横梁；4—端部横梁；5—启闭机房外轮廓；6—支座边缘线

纵梁采用排架或墩墙支撑，对于四纵梁式采用墩墙支撑较为合理。

12.2.3.3　启闭机房尺寸的确定

1. 面板尺寸的确定

面板厚度可按照面板类型参照表 12-2 和表 12-3 确定，考虑到检修期启闭机房楼板可能有集中力作用，可选较大值。

2. 纵横梁尺寸的确定

工作桥纵梁承受整个桥跨包括启门力在内的全部荷载，因此截面尺寸比较大。纵横梁初步拟定尺寸时，可根据梁的类型参照表 12-5 和表 12-6 确定。屋面横梁高度取其跨度的 1/12～1/8，屋面四周圈梁高度一般取 240mm（加高时取 360mm），宽度为 240mm。图 12-10 和图 12-11 分别给出了双纵梁式和四纵梁式启闭机房楼面纵横梁布置。需要说明的是：

（1）启闭机设备提供的开洞尺寸是设备要求的最小尺寸，实际洞口尺寸可以结合纵横

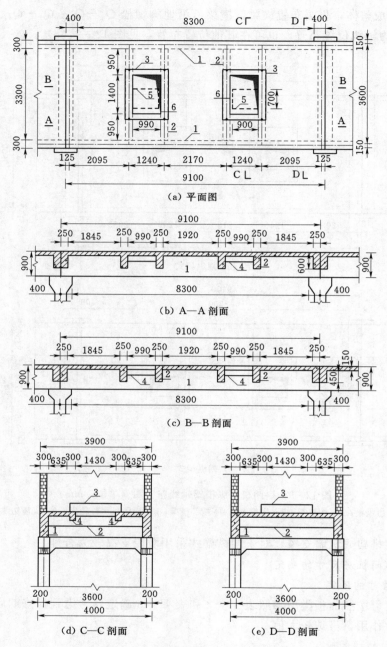

图 12-10　双纵梁式纵横梁布置图（单位：mm）

1—纵梁；2—横梁；3—机架轮廓；4—洞口边缘次梁；5—设备要求洞口；6—实际洞口

梁的间距，将洞口宽度增大为横梁间距，长度增大为纵梁间距，避免在纵横梁边缘布置无用且施工困难的小尺寸面板。这一方面方便施工，另一方面可保证洞口四边都有梁，各区格面板都是四边支承结构。

（2）为加强启闭机房楼面的整体性，一般在启闭机房两端布置横梁。

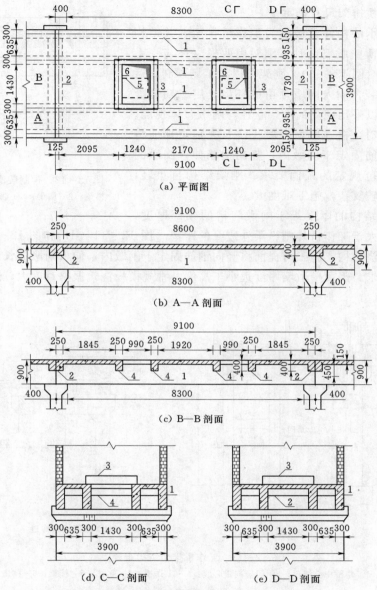

（a）平面图

（b）A—A 剖面

（c）B—B 剖面

（d）C—C 剖面　　　　　　　（e）D—D 剖面

图 12-11　四纵梁式纵横梁布置图（单位：mm）

1—纵梁；2—端横梁；3—机架轮廓；4—洞口边缘横梁；5—设备要求洞口；6—实际洞口

12.2.3.4　装配式结构

目前水闸多采用整体现浇，若工作桥位置较高，架设模板不够方便，也可采用预制结构。预制工作桥常做成每孔单跨简支梁式，在工地平地预制，然后吊装安装。如果水闸较大，工地吊装能力有限，工作桥可做成预制装配式结构，每孔工作桥沿纵向划分成两个装配单元（两根纵梁），横梁和面板均分成两半做成悬臂式，拼装后再加以可靠的刚性连接，如图 12-12 所示。为了保证工作桥在启闭闸门时的整体刚度和能承受振动荷载，应特别注意两个装配单元之间的拼装连接。

12.2.4　工作桥排架尺寸确定

工作桥支承的构件常被称为工作桥排架，其结构型式有刚架和薄壁墩墙两种。刚架由两根立柱与一系列的横梁组成（图 12-13）。刚架可以在工场预制，运到工地进行吊装，插入闸墩预留的杯口，用二期混凝土固定；也可以采用现浇结构，立柱与闸墩整体现浇。采用整体现浇时，需在闸墩混凝土浇筑之前，提前将立柱的竖向钢筋固定于闸墩内，竖向钢筋伸入闸墩的长度不小于规范规定的锚固要求。刚架结构自重轻，杆件多，模板较复杂，施工难度大。

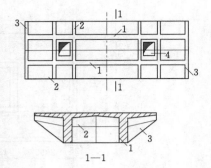

图 12-12　预制装配式工作桥
1—纵梁；2—横梁；3—端横梁；4—吊孔

薄壁墩墙结构的厚度等于闸墩门槽的颈部厚度，宽度等于或略大于工作桥外侧纵梁外边缘的距离 [图 12-11 (d) 和图 12-11 (e)]。薄壁墩墙多为现浇结构，施工时提前将竖向钢筋固定于闸墩内，伸入闸墩的长度不小于规范规定的锚固要求。因薄壁墩墙厚度远小于高度，常规模板浇筑振捣难度大，通常采用滑动模板连续浇筑。

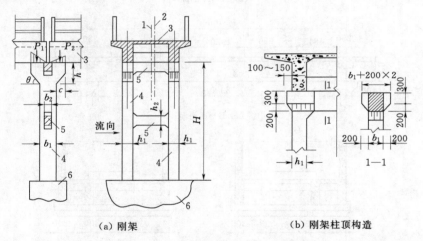

（a）刚架　　　　　　　　　　（b）刚架柱顶构造

图 12-13　工作桥排架结构布置图
1—工作桥中心线；2—闸门竖向重心线；3—工作桥；4—立柱；5—横梁；6—闸墩

刚架高度 H 小于 5m 时，常采用单层刚架；高度 H 在 5m 以上时，宜采用双层刚架或多层刚架。立柱的中心线一般取与工作桥纵梁中心线相重合，如图 12-13 (a) 所示。立柱纵向（垂直于水流方向）的截面尺寸 b_1 常为 400~600mm；横向（顺水流方向）的截面尺寸 h_1 常用 300~500mm。立柱的顶部可加做短悬臂（牛腿），以增加顶部的支承长度。短悬臂尺寸：长度 $c \geqslant 0.5b_1$，高度 $h \geqslant b_1$，倾角 $\theta = 30° \sim 45°$。对于双层刚架或多层刚架，横梁一般等间距布置，其间距等于或大于立柱距离。横梁的宽度 b_2 不应超过闸墩门槽颈部的厚度（大中型水闸闸墩的门槽颈部的厚度不小于 500mm），最好采用 $b_2 = b_1$，其优点在于施工预制方便，当闸门要出槽检修时，只要拆去活动门槽，闸门就可外移；也有采用 $b_2 < b_1$ 的。横梁的高度 h_2 常用 300~500mm。为减少横梁与立柱连接处的应力集

中现象，改善交角处的应力状态，在横梁与立柱的连接处常设置支托，支托高度约为（0.5～1.0）h（h 为柱截面的高度），斜面与水平线常成 45°或 30°，如图 12-14 所示。

排架高度确定原则是：当闸门完全打开时，闸门底应高出最高洪水位，闸门顶必须在纵梁底缘之下，且有一定的富裕高度，以便于闸门需要维修或更换时顺利取出。富裕高度一般取 0.5～0.6m。

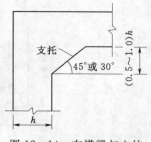

图 12-14　在横梁与立柱
连接处设置支托

12.2.5　启闭机房板梁的配筋计算

12.2.5.1　面板

启闭机房面板荷载除板的自重外，还受到楼面活荷载以及安装或检修启闭机时放置启闭机部件的集中荷载。面板自重可由结构尺寸确定；桥面活荷载可取 4.0kN/m²；安装或检修荷载可考虑为一个绳鼓（启闭机最重部件）重量，并相应考虑它的着地面积。

面板与纵、横梁为整体现浇结构，各区格的板均为四边支承板，可根据各区格面板长短跨的比值，判断其属于单向板或双向板，当长短跨的跨长比 $l_2/l_1 \geqslant 3$ 时，按板在短跨方向受力的单向板计算；当 $l_2/l_1 \leqslant 2$ 时，按照两个方向受力的双向板计算；当 $2 < l_2/l_1 < 3$ 时，宜按双向板计算，工程上有时将其作为沿短跨方向受力的单向板计算，此时沿长跨方向应配置足够数量的构造钢筋。

当面板可以简化为单向板时，考虑到面板是以纵梁梁肋为支承，该支承既非自由支承又非完全固定，而属于弹性支承。为了简化内力计算，工程实用上近似地取：跨中弯矩可按简支板跨中弯矩的 0.7 倍计算，支座弯矩可按简支板跨中弯矩的 0.5 倍计算。

对于双纵梁结构，根据各区格面板长短跨之比，按照双向板或单向板计算内力。对于四纵梁式结构，面板为三跨结构，边跨按单向板计算；中跨仍根据各区格面板长短跨之比，按照双向板或单向板计算内力。为方便施工，根据各区格控制内力对面板进行统一配筋。

对于单向板，当仅有均布荷载作用时，可取一米板宽计算。当有集中荷载作用时，除了直接承受荷载的板带外，每边不小于 $l_0/6$ 的相邻板带也参加工作，见图 12-15（a），即承受集中荷载的板带工作宽度取为 $b = a + l_0/3$（但不小于 $2/3l_0$），其中 a 为绳鼓着地宽度，l_0 为板的计算跨度。这时，均布荷载也按板带工作宽度 b 布置，并将计算所得弯矩值除以板带的工作宽度 b，换算为相应于一米板宽上弯矩。

对于悬臂板，集中荷载的工作宽度 $b = a + 2c$ [图 12-5（c）]，即每米上的弯矩为 $Pc/(a+2c)$。

板中受力钢筋直径不小于 8mm，间距不宜大于 200mm；分布钢筋直径常用 6～8mm，间距不大于 250mm。

桥面板的斜截面受剪承载力可不作计算。

12.2.5.2　横梁

对于双纵梁式结构，只需设计启闭机地脚螺栓下面的横梁，位于启闭机房两端部的横梁仅起联系纵梁的作用，所受外力很小无需计算配筋，可按构造要求配置纵筋和腹筋即可。地脚螺栓下面的横梁除承受自重和机墩重量外，还承受启闭机机座地脚螺栓传来的作

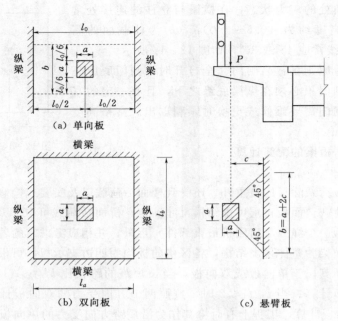

图 12-15　绳鼓作用在面板示意图

用力（包括启闭机重量和启门力，见图 12-6 中的 Q_1、Q_2、Q_3 和 Q_4）。前两项荷载可由结构尺寸估计，后一项作用力可按启闭机的型号确定。

横梁以两根纵梁为支座，计算跨度取为梁肋中线之间的距离，横梁两端实际为半固定状态，为简化计算起见，横梁的跨中弯矩可按简支梁跨中弯矩的 0.7 倍计算，支座弯矩可按简支梁跨中弯矩的 0.5 倍计算。根据跨中与支座的弯矩值，分别确定跨中及支座的钢筋用量。当计算得到的受力钢筋用量很小时，可在梁顶和梁底分别配置两根直径不小于 14mm 的直钢筋。横梁腹筋按抗剪计算配置。

对于四纵梁式结构，启闭机地脚螺栓的集中力全部作用于中间纵梁上，所有横梁所受外力很小无需计算，可按构造要求配置纵筋和腹筋。

12.2.5.3　纵梁

1. 荷载

作用在纵梁上的荷载可分为恒荷载和活荷载两部分。

（1）恒荷载包括启闭机房屋面板重、上下游四周墙体重、楼板重、纵梁自重以及由横梁传给它的集中荷载。前四项可以合并成一项均布恒荷载 g，以 kN/m 计；最后一项对于位于地脚螺栓下方的横梁有：横梁自重、机墩重以及启闭机重量（通过地脚螺栓）传递给纵梁的集中荷载 G_1 和 G_2，以 kN 计，对于启闭机房楼面两端横梁则有传递给纵梁的集中荷载 G_3，以 kN 计。G_3 包括横梁自重以及该端墙体重。

（2）活荷载包括两项，一是由横梁传递给纵梁或者由启闭机机座（通过地脚螺栓）直接作用在纵梁上的集中启门力 P_1 和 P_2，以 kN 计；二是桥面活荷载 p，以 kN/m 计。

2. 计算简图

纵梁可设置为与闸室结构段相适应的连续梁，启闭机房沉陷缝的设置与闸室结构一致。例如闸室结构为两孔一联或三孔一联的整体结构，纵梁可设为两跨或三跨连续梁。为简化计算，课程设计时可将工作桥纵梁在每个工作桥排架处设置伸缩缝，纵梁即可简化为以刚架或墩墙顶部为支座的单跨简支梁，其支座最小搁支宽度满足表 12-8 的要求。

表 12-8　　　　　　　　　　　　支座最小搁支宽度

桥跨 L/m	10～15	16～20	21～30	31～40
最小搁支宽度 a/mm	250	300	350	400

注　当支承墩柱高度大于 10m 时，表列 a 值宜适当增大。

弯矩计算跨度取 $l_0 = 1.05l_n \leqslant l_c = l_n + a$，$a$ 为一边的支承宽度，l_n 为净跨度，l_c 为支座中心线间的距离；剪力计算跨度用净跨度 l_n。纵梁的计算简图如图 12-16 所示。

3. 截面设计

对于双纵梁式结构，可取两根纵梁中受力大的一根纵梁进行计算，另一根纵梁配筋与其相同。对于四纵梁式结构，两边纵梁受力相同，配筋相同；中间两根纵梁可取受力大的一根纵梁进行计算，另一根纵梁配筋与其相同。

纵梁设计除应进行承载能力极限状态计算外（包括正截面受弯承载力与斜截面受剪承载力），还应进行正常使用极限状态的验算，验算挠度及裂缝宽度是否满足要求。双纵梁结构和四纵梁结构横断面均可简化为 Ⅱ 形截面，按 T 形梁计算。纵向受力钢筋和腹筋的布置，应符合有关梁的构造要求。

12.2.5.4　吊装验算

若工作桥采用预制结构，还需对工作桥和排架进行吊装验算。吊点位置可设在距端点约 $0.2l$（l 为梁的全长）处，以减小吊装高度。在吊装时，吊点截面（发生最大负弯矩和最大剪力）与跨中截面（发生最大正弯矩）均为最不利的受力截面，必须进行承载力验算。

对于预制装配式工作桥（图 12-12），为简单起见，可取半个桥身计算。吊装中它所受的荷载为纵梁自重 g（均布荷载）和半跨横梁自重 G（集中荷载），以及其他一些吊装前已经安置的构件自重。计算荷载应考虑动力系数，动力系数可取 1.50，也可根据构件吊装时的实际受力情况适当增减。计算荷载确定后，按双悬臂简支梁（图 12-17）计算其内力。由配置在纵梁内的钢筋，验算跨中和支座两个截面是否满足承载力要求。

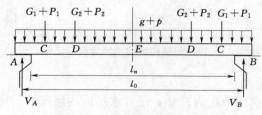

图 12-16　纵梁计算简图

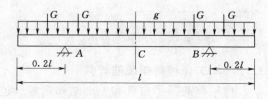

图 12-17　吊装计算简图

对预制整体式工作桥，吊装时应取整个桥身计算。

在此应指出，实际工程中吊装构件有时不用吊环，而在构件上预留穿钢丝绳的洞孔，吊装时吊绳穿过洞孔直接捆绑在构件上代替预埋吊环。

12.2.5.5　吊环计算

若工作桥采用吊环吊装，还需进行吊环设计。吊环布置及起吊方式如图 12-18 所示。吊环必须采用 HPB300 钢筋或 Q235B 圆钢制作，严禁采用冷加工钢筋。

在构件自重标准值作用下，每个吊环按两个截面计算的吊环应力不应大于 $60 \mathrm{N/mm^2}$（HPB300 钢筋）或 $45 \mathrm{N/mm^2}$（Q235B 圆钢），即应满足：

吊环采用 HPB300 钢筋时

$$\sigma_s = \frac{T_k}{2A_s} \leqslant 60 \mathrm{~N/mm^2} \tag{12-1a}$$

吊环采用 Q235B 圆钢时

$$\sigma_s = \frac{T_k}{2A_s} \leqslant 45 \mathrm{~N/mm^2} \tag{12-1b}$$

式中：T_k 为一个吊环所受的拉力，$T_k = \dfrac{G_k}{n \sin\alpha}$，$G_k$ 为工作桥在吊装时的自重标准值，n 为吊环个数（当一个构件上设有四个吊环时，设计中应按三个吊环发挥作用考虑），α 为吊索倾角（一般宜采用 45~60°）。

以上钢筋应力允许值是按吊环钢筋的抗拉强度设计值乘以折减系数确定的。在折减系数中考虑的因素有：构件自重的荷载分项系数 1.10，吸附作用引起的超载系数 1.20，结构系数 1.20，钢筋弯折后引起的应力集中系数 1.40，动力系数 1.50，钢丝绳角度对吊环承载力的影响系数 1.40。当吊环采用 HPB300 钢筋时，钢筋强度设计值 $f_y = 270 \mathrm{N/mm^2}$，$f_y$ 除以上述系数后得吊环允许应力 $\sigma_s \leqslant 60 \mathrm{~N/mm^2}$。

吊环埋入方向宜与吊索方向基本一致，埋入深度不应小于 $30d$（d 为吊环钢筋直径），且应焊接或绑扎在构件的钢筋骨架上（图 12-19）。

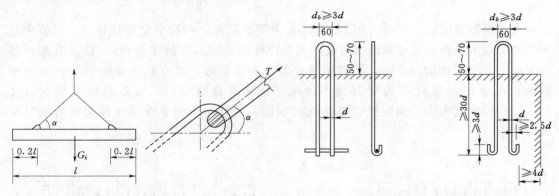

图 12-18　吊环布置及起吊方式　　　　图 12-19　预制构件的吊环埋设（单位：mm）

12.2.6　工作桥排架配筋计算

排架荷载除了自重和上部结构重量（包括启门力在内）外，还有水平向的风压力。风压力是指作用于工作桥（含启闭机房）、闸门和排架上的风荷载，参照《水工建筑物荷载标准》（GB/T 51394—2020）的规定计算。排架的计算可分为横向和纵向两个方向。

12.2.6.1 横向计算

排架横向受力最不利情况是闸门开到最高，工作桥上没有人群荷载，此时竖向力为工作桥排架及其上部结构自重和闸门重。排架底部与闸墩相连，一般按固定端考虑，顶端因工作桥大梁搁支在排架上，并非完全自由，为安全起见，排架顶端简化为自由端考虑。

1. 刚架结构

以工作桥上部结构采用双纵梁式为例说明。刚架结构计算简图由立柱和横梁轴线所组成，立柱底部一般按固定端考虑，各项荷载简化且作用于节点上，如图 12-20 所示。

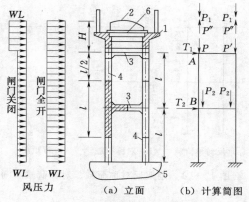

图 12-20　刚架横向计算简图
1—工作桥；2—启闭机；3—横梁；
4—立柱；5—闸墩；6—机墩

作用于刚架的荷载有水平荷载和垂直荷载。水平荷载是指作用于工作桥、立柱和闸门上的风压力。

作用在工作桥上总的风压力 T_0 标准值可按下式计算：

$$T_0 = w_k A = \beta_z \mu_s \mu_z w_0 A \tag{12-2}$$

式中：A 为工作桥的受风面积；w_k 为风荷载标准值，kN/m^2；β_z 为高度 z 处的风振系数；μ_s 为风荷载体型系数；μ_z 风压高度变化系数；w_0 为基本风压值，kN/m^2。

β_z、μ_s、μ_z 和 w_0 均可按《建筑结构荷载规范》（GB 50009—2012）规范计算查取。在此，建议取 $\mu_s = 1.3$ 和 $\mu_z = 1.15 \sim 1.25$，$\beta_z = 1.5$。

对于露天工作桥，受风面积 $A = (0.75 \sim 0.80)HL$。式中，$0.75 \sim 0.80$ 为实际受风面积系数；H 为纵梁底面至启闭机顶的高度，即纵梁高、机墩高与启闭机高之和，对于 QPQ-2×250 型启闭机，启闭机高 1200mm，见图 12-5；L 为工作桥相邻跨中至跨中的距离。

对于带启闭机房的工作桥，受风面积 $A = HL$。式中，H 为纵梁底面至启闭机房屋顶之间的高度，L 为启闭机房相邻跨中至跨中的距离。

作用在刚架立柱上的风压力，其计算公式与上式相同，但式中 A 取为立柱在垂直于水流方向的受风面积。

如闸门提升到最高位置后靠于立柱上，则立柱还受到闸门传来的风压力，计算公式亦同上式，但式中 A 取为闸门的受风面积。

为便于刚架的内力计算，可将作用在工作桥、立柱和闸门上的风压力化为节点荷载 T_1、T_2。如图 12-20 (b) 所示，T_1 等于工作桥的风压力 T_0 和节点 A 下半柱范围内的风压力之和，T_2 为节点 B 上半柱和下半柱范围内的风压力之和。

垂直荷载包括：①工作桥纵梁传来的压力 P 和 P'；②作用在工作桥（启闭机房）上的风压力通过纵梁支座在立柱顶形成等量反对称的力 P''，它等于工作桥（启闭机房）上的总风压力对顶横梁中心取矩再除以两立柱轴线距离；③刚架自重，计算中可化为节点荷载 P_1 和 P_2。如图 12-20 (b) 左边的 P_2 等于图 12-20 (a) 绘有阴影线部分的立柱和横

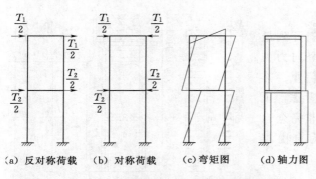

(a) 反对称荷载　(b) 对称荷载　(c) 弯矩图　(d) 轴力图

图 12-21　刚架反对称荷载、对称荷载和刚架内力图

梁重量之和。P_1 可按 P_2 类似方法计算。

必须指出，上述刚架荷载需考虑加以组合，以求最不利的内力。刚架受力最为不利的情况是闸门开启到最高位置，并且在工作桥上无桥面活荷载。

垂直的节点荷载 P、P'、P''、P_1、P_2 只使立柱产生轴向力，对刚架不引起弯矩。

水平的荷载 T_1 和 T_2 可分为反对称 [图 12-21 (a)] 和对称 [图 12-21 (b)] 两组荷载。对称荷载只引起横梁轴力；反对称荷载使整个刚架产生弯矩、剪力和轴力，其计算可采用结构力学方法。

刚架的内力图（弯矩图和轴力图）如图 12-21 (c)、(d) 所示。立柱和横梁的剪力一般不大，可不必计算。

刚架柱中的内力主要是弯矩 M 和轴向力 N，可按偏心受压构件进行计算。在不同的荷载组合下，同一截面可能出现不同的内力，应按可能出现的最不利荷载组合进行计算。对于正截面受压承载力，可由偏心受压构件正截面承载力 $N_u - M_u$ 关系确定用于计算的内力组合；对于斜截面受压承载力，可选择 V_{max} 和相应 N、N_{min} 和相应 V 进行计算。由于风向是可变的，所以立柱在横向应当采用对称配筋，而且立柱中的竖向钢筋上下可全部直通，刚架横向每一层立柱的计算长度为两横梁轴线之间的距离。

横梁为偏心受压构件。当横梁的轴向压力较小时，可不考虑轴向压力影响，按受弯构件进行配筋计算。

刚架中横梁和立柱的配筋构造要求与一般的梁和柱一样，节点构造可参阅教材 9.7.2 节和规范。

2. 墩墙结构

墩墙结构横向计算时，为一端固定一端自由的偏心受压构件，底部内力最大，为计算截面。

上部结构对称布置时，其自重和楼面荷载产生的垂直力都为轴心压力。由于启门力大小和沿横向作用点位置都不对称，会对墩墙底部截面形心产生弯矩。

闸门全开时，作用于闸门和工作桥（启闭机房）的横向风压力会在墩墙底部产生较大弯矩。各横向风压力仍按式（12-2）计算，以其合力作用点位置与墩墙底面之间的距离为力臂，对墩底截面形心取矩便可求得横向风压力在墩墙底部产生的弯矩。

将所有垂直力相加，便得到偏压构件的轴向压力；将垂直荷载和水平荷载在墩墙底部产生的弯矩相加，便得到偏压构件的弯矩。由于风向是可变的，横向风压力会使墩墙底部弯矩改变方向，而由于启门力大小和沿横向作用点位置不对称在墩墙底部截面产生的弯矩方向是固定的，故要考虑垂直荷载和水平荷载在墩墙底部产生的弯矩的最不利组合。

12.2.6.2 纵向计算

刚架结构的立柱在纵向可视为独立的柱,所受荷载有立柱自重、横梁自重和工作桥纵梁传来的压力。工作桥纵梁传来的压力可按三角形分布考虑,如图 12-13（a）。对于中墩上的立柱,计算纵梁传来的作用力和确定立柱的受力状态时,需考虑相邻两孔闸门的开启方式。

（1）一孔闸门刚开启,另一孔未开启,此时相邻两孔纵梁传来的压力不相等,如图 12-13（a）所示,应按偏心受压构件计算。必须注意:荷载计算时,未开启的一孔不考虑桥面活荷载。

（2）两孔闸门同时开启,此时相邻两孔纵梁传来的压力相等,应按轴心受压构件计算。

当边孔闸门刚开启时,边墩上的立柱受有较大的偏心荷载,应按偏心受压构件计算。

在纵向计算中,可以不考虑风荷载对立柱的作用。

考虑纵向弯曲时,立柱可视为下端固定,上端工作桥纵梁对它有一定的约束作用,建议取柱的计算长度 $l_0 = 1.5H$（H 为刚架高度）。

中墩立柱受到相邻两孔纵梁传来的压力,可能是墩左一孔闸门开启,墩右一孔未开启,也可能是与前项相反。因此,中墩立柱应设计成对称配筋。

纵向计算中还需考虑施工期的验算。当一跨工作桥已吊装完毕,相邻一跨尚未吊装,刚架受到如图 12-22 所示的偏心荷载 P,此时立柱应按对称配筋的偏心受压构件验算。偏心荷载 P 包括半跨工作桥自重和施工荷载,计算时假定施工荷载布满整个桥面。

应当指出,立柱还有一种受力状态,即一孔闸门开启,另一孔闸门关闭。在闸门开启的一孔,立柱受到闸门传来的风压力,在闸门关闭的一孔无风压力作用。此时立柱两边纵梁传来的压力也不相等。所以立柱还应当按双向偏心受压构件复核其承载力（本设计从略）。

墩墙结构纵向受力状态与刚架结构相同,计算工况和计算方法相同。此处不再详述。

12.2.6.3 吊装验算

当采用装配式工作桥时,刚架是平放在地面上预制的,在吊装中,刚架一端刚离开地面时,刚架受力最不利,应对此进行验算。总高度 H 在 15m 以内的刚架,常用两点吊（图 12-23）,其吊点位置设在立柱和横梁相交的节点附近,并宜使立柱承受的正负弯矩相等或接近相等,以充分发挥材料的受力作用。

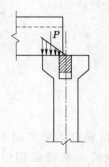

图 12-22 刚架受偏心荷载

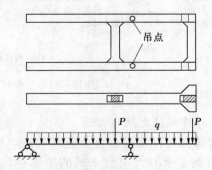

图 12-23 两点吊示意图

当刚架刚起吊时，吊点为刚架的一个支点，刚架的下端贴地为另一个支点。两点吊时刚架为带悬臂的简支梁，可取半个刚架计算。所受荷载为立柱自重 g 和半跨横梁自重 P，计算中需考虑动力系数（动力系数可取 1.5，也可根据构件吊装时的实际受力情况适当增减）。根据在刚架纵向计算时已配置的钢筋，按受弯构件验算跨中和支座两个截面是否能够满足承载力要求。

12.2.7　工作桥及其支承的若干构造

12.2.7.1　工作桥横梁的连接

当工作桥采用预制结构，且由沿纵向分开的两个装配单元组成时，其横向连接最好采用刚性连接，使接头牢固可靠。这样，工作桥才能具有较好的整体稳定性和整体刚度，以保证闸门的正常启闭，并有利于抗震。

如图 12 - 24 （a）所示工作桥，为了便于拼接，预制时应将钢板埋在横梁接头处，待拼装好后再将连接钢板贴焊在预埋的钢板上，然后用水泥砂浆灌满缝隙，并用水泥砂浆抹平接缝处的凹槽如图 12 - 24 （b），以避免钢板外露。面板纵向缝隙可用改性沥青油毡充填。

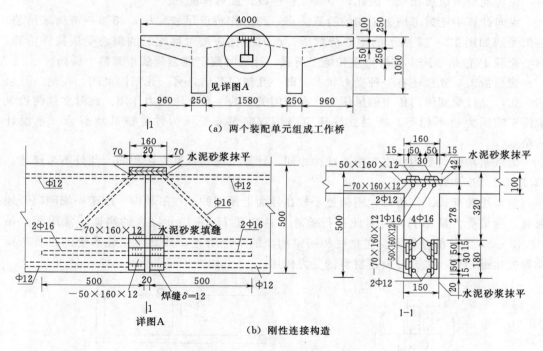

图 12 - 24　工作桥横梁的连接

12.2.7.2　工作桥纵梁支座的构造

工作桥与排架之间应处理好支座的构造，特别是对有抗震设防要求的水闸工作桥更为必要。对简支支承的大中型水闸的工作桥，应将每跨纵梁一端做成固定支座，另一端做成活动支座。固定支座用来固定桥身位置，通过铰接作用，桥身可以转动但不能移动；活动支座可以保证在温度变化，混凝土收缩和荷载作用下桥身能自由转动和移动。

图 12-25 是一种比较简单的支座形式，它适用于一般跨径的工作桥，由于纵梁一端与支承结构以粗钢筋相连接，所以对工作桥抗震也是有利的。

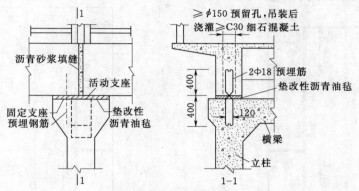

图 12-25　工作桥支座

对有抗震设防要求的工作桥，为防止其震落或错位，可在刚架顶横梁上做防震挡块，其位置须由纵梁决定（图 12-26）。应当注意，在纵梁与防震挡块间应有安装缝隙，工作桥吊装就位后再用沥青砂浆填缝，防震挡块内应配置构造钢筋。

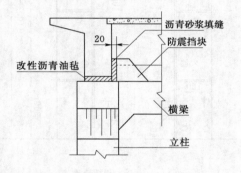

图 12-26　防震挡块示意图

12.2.7.3　活动门槽及与排架的连接

在工作桥排架上需设置活动门槽，它的位置与闸墩门槽一致。活动门槽仅起限位和导向作用，因此受力不大，常用角钢、铸铁制作，采用对销螺栓将其固定在工作桥排架上，确保闸门需要调出门槽检修时活动门槽能够顺利拆卸。图 12-27 给出了角钢结构活动门槽大样。

12.2.7.4　刚架、墩墙与闸墩连接

当工作桥的支承结构采用现浇刚架或墩墙时，需在闸墩混凝土浇筑之前预先将刚架立柱或墩墙竖向钢筋固定到闸墩的钢筋骨架上，其伸入闸墩顶面的长度应满足最小锚固长度 l_a 要求，见图 12-28。

当工作桥的支承结构采用预制刚架时，立柱与闸墩的连接常用杯形基础连接（图 12-29）。

采用杯形基础连接时，预先在闸墩上预留杯形孔，立柱的插入深度 h_1 大体在 $(1.2 \sim 0.8)h$（h 为立柱截面长边尺寸）；杯口壁厚取值与 h 有关，随 h 的加大而加大，且不应小于 $150 \sim 200mm$。h_1 及 t 的具体要求详见《建筑地基基础设计规范》（GB 50007—2011）。

刚架安装前，先在杯形孔底部垫 50mm 厚细石混凝土，立柱吊装定位后再用强度等

级比闸墩混凝土高一等级的细石混凝土将杯形孔四周浇灌密实。杯壁是否配筋，以及是否按构造配筋与柱的受力状态、壁厚大小有关，详见《建筑地基基础设计规范》（GB 50007—2011）。

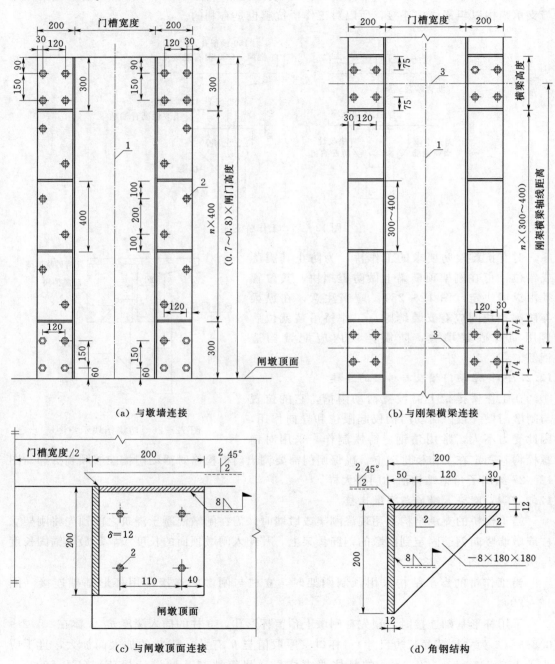

（a）与墩墙连接　　　　　　　　　　　　　　（b）与刚架横梁连接

（c）与闸墩顶面连接　　　　　　　　　　　　　　（d）角钢结构

图 12-27　角钢活动门槽及其连接方式

1—门槽轴线；2—M14×150 膨胀螺栓；3—刚架横梁轴线

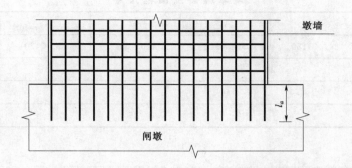

图 12-28　墙墙与闸墩固接的做法

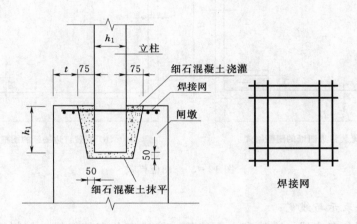

图 12-29　杯形基础连接

12.3　施工图绘制

　　水利水电工程各阶段设计成果都依靠相应的图纸来表达。图纸是设计者与施工者之间交流的语言，它应达到线条粗细分明、投影关系准确、尺寸标注齐全和说明清楚完整的要求，便于施工人员理解设计意图，按图施工。本节依据《水利水电工程制图标准　基础制图》（SL 73.1—2013）和《水利水电工程制图标准　水工建筑图》（SL 73.2—2013）等制图规范，给出与本章课程设计相关的制图要求。

12.3.1　施工图绘制的基本要求

12.3.1.1　图纸幅面与边框

　　土建结构设计图纸有基本幅面和加长幅面，基本幅面有 A0、A1、A2、A3、A4 等5 种，它们的图纸尺寸、图框至边界距离见表 12-9，表中 B、L、e、c、a 的含义见图 12-30。

表 12 - 9 　　　　　　　　　　基 本 幅 面 及 图 框 尺 寸

幅面代号	A0	A1	A2	A3	A4
$B \times L$	841×1189	594×841	420×594	297×420	210×297
e	20			10	
c		10		5	
a			25		

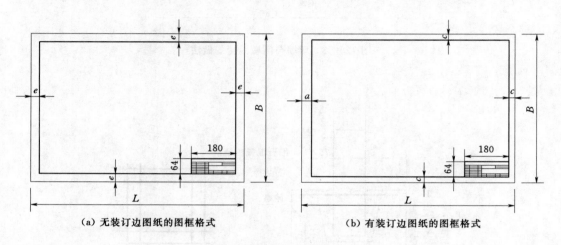

（a）无装订边图纸的图框格式　　　　　　（b）有装订边图纸的图框格式

图 12 - 30　图框样式

12. 3. 1. 2　线条表示与线宽

图线按线型分有实线、虚线和点画线等；按线宽分有特粗线、加粗线、粗线、中粗线、细线等。线宽取值与图纸幅面大小有关，见表 12 - 10。如在 A1 图纸中，粗线线宽为 1.0mm（b），中粗线线宽为 $b/2＝0.5mm$；在 A2 图纸中，粗线线宽为 0.7mm（b），中粗线线宽为 $b/2＝0.35mm$。另外，所有文本均采用 0.18mm 线宽。手工制图时，所绘线条若达不到规定的粗细要求，也应粗细分明。

表 12 - 10 　　　　　　　　　土建结构设计图纸中常用的图线

线宽号	线宽/mm	图　幅				
		A0	A1	A2	A3	A4
7	2.0	特粗线	特粗线			
6	1.4	加粗线	加粗线	特粗线	特粗线	
5	1.0	粗线（b）	粗线（b）	加粗线	加粗线	特粗线
4	0.7			粗线（b）	粗线（b）	加粗线
3	0.5	中粗线（$b/2$）	中粗线（$b/2$）			粗线（b）
2	0.35			中粗线（$b/2$）	中粗线（$b/2$）	

线宽号	线宽/mm	图 幅				
		A0	A1	A2	A3	A4
1	0.25	细线（$b/4$）	细线（$b/4$）			中粗线（$b/2$）
0	0.18			细线（$b/4$）	细线（$b/4$）	细线（$b/3$）

表 12-11 给出了本章课程设计可能要用到的线条表示。

表 12-11 土建结构设计图纸中的线条表示

线 条 表 示	线型名称		线 型
图纸内框线	实线	加粗	————————
外轮廓线、主要轮廓线、钢筋、结构分缝线、剖切符号、标题栏外框线	实线	粗	————————
次要外轮廓线、表格外框线	实线	中粗	————————
尺寸线、尺寸边界线、断面线、钢筋图的构件轮廓线、引出线、折断线、表格分格线、图纸外框线	实线	细	————————
不可见的外轮廓线、结构分缝线	虚线	中粗	– – – – – –
定位轴线、对称线、中心线	单点长画线	细	—·—·—·—
断开界线	折断线或波浪线	细	∿∿∿

12.3.1.3 字型与字号

在同一图纸上，应采用一种型式的字体，建议采用仿宋字。在同一行标注中，汉字、字母和数字应采用同一字号。用作指数、分数、极限偏差、脚注和上标的数字和字母应采用小一号字体。

土建结构设计图纸中最大字号 20，最小为 2.5，各字号对应的字高、字宽以及适用图幅见表 12-12。手工制图时，书写的汉字、数字、字母等均应字体端正、排列整齐、间隔均匀，大小和规定的相近。

表 12-12 土建结构设计图纸中常用的字号

字号	字高/mm	字宽/mm	图 幅				
			A0	A1	A2	A3	A4
20	20	14	总标题				
14	14	10		总标题			
10	10	7	小标题		总标题		
7	7	5		小标题		总标题	
5	5	3.5	说明	说明	小标题	小标题	标题

319

续表

字号	字高/mm	字宽/mm	图　幅				
			A0	A1	A2	A3	A4
3.5	3.5	2.5	数字、尺寸	数字、尺寸	说明	说明	
2.5	2.5	1.8			数字、尺寸	数字、尺寸	数字、尺寸、说明

注　当 A0、A1 图幅中线条或文字、数字很密集时，其字号组合可以按 A2 图幅规定选择。

12.3.1.4　结构设计制图比例尺

土建结构设计制图比例尺依据实际结构范围和图幅大小选定，见表 12-13。

表 12-13　　　　　　　土建结构设计图纸中采用的制图比例

图　类	比　例
结构图	1∶500、1∶200、1∶100、1∶50
钢筋图	1∶100、1∶50、1∶20
细部构造图	1∶20、1∶10、1∶5、1∶2、1∶1、2∶1、5∶1、10∶1

12.3.1.5　标注

结构布置图应绘出各主要建筑物的中心线或定位线，标注各建筑物之间、建筑物和原有建筑物关系的尺寸和建筑物控制点的大地坐标。尺寸标注的详细程度可根据各设计阶段的不同和图样表达内容详略程度而定。标高、桩号以 m 为单位，结构尺寸以 mm 为单位，若采用其他尺寸单位应在图纸中加以说明。

尺寸界线应采用细实线，可在图形轮廓线或中心线沿其延长线方向引出，或从轮廓线段的转折点引出。尺寸界线宜与被标注的线段垂直，轮廓线、轴线或中心线也可作为尺寸界线。由轮廓线延长线引出的尺寸界线与轮廓线之间留有 2～3mm 的间隙，并超出尺寸线 2～3mm。尺寸起止符号可采用箭头形式或 45°斜细实线绘制，其高度 $h = 3mm$，见图 12-31，手工制图时一般采用 45°斜细实线。

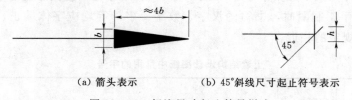

（a）箭头表示　　　　（b）45°斜线尺寸起止符号表示

图 12-31　标注尺寸起止符号样式

尺寸线应用细实线绘制，其两端应指到尺寸界线，不可用图样中的轮廓线、轴线、中心线等其他图线及其延长线代替尺寸线。

标注引出线采用细实线，同时引出几个相同部分的引线应采用平行线或集中于一点的放射线，引出线与水平成 30°、45°、60°或 90°直线再折为水平线，文字可以注写在水平线上方或端部之后，见图 12-32（a）和图 12-32（b），索引编号、详图编号的引线应对准圆心，见图 12-32（c）。尺寸数字不可被任何图线或符号所通过，否则应将图线或符号断开。

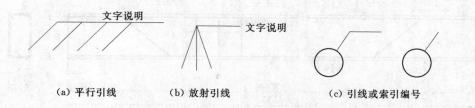

（a）平行引线　　　　（b）放射引线　　　　（c）引线或索引编号

图 12－32　标注引出线起止符号样式

12.3.2　钢筋图的绘制

12.3.2.1　钢筋图一般表示方法

1. 钢筋图例

钢筋图中结构轮廓应用细实线表示，钢筋用粗实线表示，钢筋的截面应用小黑圆点表示，钢筋接头和弯钩参照图例确定，表 12－14 给出了普通钢筋的图例。

表 12－14　　　　　　　　　　　　　普 通 钢 筋 图 例

序号	名　称	图　例	说　明
1	钢筋横断面	●	
2	无弯钩的钢筋端部		下图表示长短钢筋投影重叠时，短钢筋的端部用 45°斜线表示
3	带半圆形弯钩的钢筋弯部		
4	带直钩的钢筋端部		
5	带丝扣的钢筋端部		
6	无弯钩的钢筋搭接		
7	带半圆弯钩的钢筋搭接		
8	带直钩的钢筋搭接		
9	机械连接的钢筋接头		

2. 钢筋编号与标注

钢筋采用编号进行分类。相同型式、规格和长度的钢筋应编号相同，编号用阿拉伯数字，编号外的小圆圈和引出线采用细实线。钢筋编号顺序应有规律可循，宜自下而上，自左至右，先主筋后分布筋。指向钢筋的引出线画箭头或 45°短线，指向钢筋截面的小黑圆点的引出线不画箭头，钢筋图中钢筋的标注形式见图 12－33 和图 12－34。

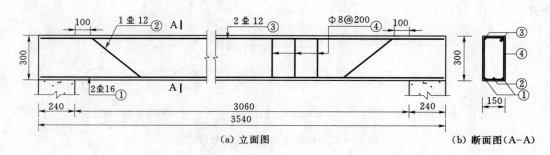

（a）立面图　　　　　　　　　　　　　　　　　（b）断面图（A-A）

图 12-33　钢筋图

图 12-34　钢筋标注形式

　　箍筋尺寸应为内皮尺寸，弯曲钢筋的弯起高度应为外皮尺寸，单根钢筋的长度应为钢筋中心线的长度，见图 12-35。单根钢筋的标注形式见图 12-36，详细可见教材4.6 节。

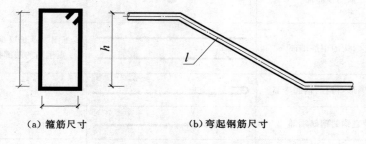

（a）箍筋尺寸　　　　　　　（b）弯起钢筋尺寸

图 12-35　箍筋和弯起钢筋尺寸

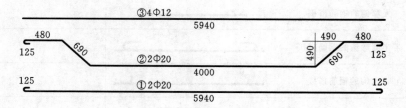

图 12-36　单根钢筋的标注形式

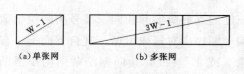

（a）单张网　　　　　　（b）多张网

图 12-37　钢筋焊接网编号

　　钢筋焊接网的编号，可标注在网的对角线上或直接标注在网上，见图 12-37。钢筋焊接网的数量应与网的编号写在一起，其标注形式见图 12-37（b），如图中 3W-1，3 表示网的数量，W 表示网的代号，1 表示网的编号。

3. 钢筋表与材料表

为确保施工方便和便于钢筋用量统计，钢筋图中应附有钢筋表，其格式可见教材
4.6节。钢筋表的左下方注明：施工单位钢筋下料前应根据钢筋图复核其形状、型号、长
度和数量。

4. 钢筋图剖面表示方法

为清楚表达变形构件的配筋情况，钢筋图可采用全剖（图12-33）、半剖 [图12-38
(a)]、阶梯剖 [图12-38（b）]、局部剖视（图12-39）等方式表示。

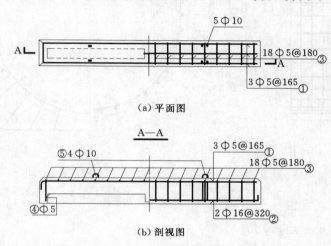

(a) 平面图

(b) 剖视图

图 12-38 半剖及阶梯剖

5. 双层钢筋平面表示方法

平面图中配置双层钢筋的底层钢筋向上或
向左弯折，见图12-40（a）；顶层钢筋向下或
向右弯折，见图12-40（b）。配筋双层钢筋的
墙体钢筋立面图中，远面钢筋向上或向左弯折，
近面钢筋下或向右弯折，见图12-40（c），
并应标注远面的代号"YM"和近面的代号
"JM"。

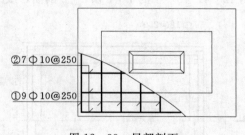

图 12-39 局部剖面

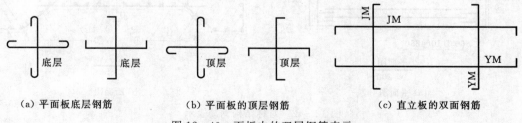

(a) 平面板底层钢筋　　　(b) 平面板的顶层钢筋　　　(c) 直立板的双面钢筋

图 12-40 面板中的双层钢筋表示

6. 曲面构件的钢筋绘制

曲面对称构件可以将对称方向的两个钢筋断面图可各画一半，合成一个图形，中间以

对称线为界，其钢筋可按投射绘制钢筋图，见图 12-41。非圆弧渐变曲面、曲线钢筋宜分段按给出曲线坐标的方式标注，大曲率半径的钢筋可简化为按线性等差位变化的分组编号的方式标注。

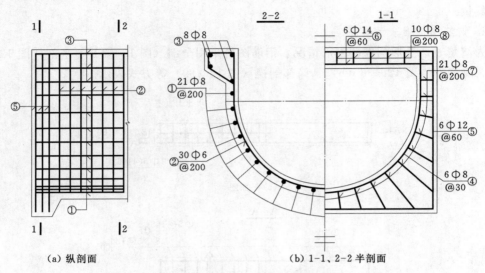

（a）纵剖面　　　　　　　　　　（b）1-1、2-2 半剖面

图 12-41　曲面构件钢筋图

7. 对称结构钢筋表示方法

对称构件对称方向的两个钢筋断面图可各画一半，合成一个图形，中间以对称线为界，如图 12-41（b）中的 1—1 和 2—2 剖面，或图 12-42 中板类构件的面层和底层钢筋平面图。

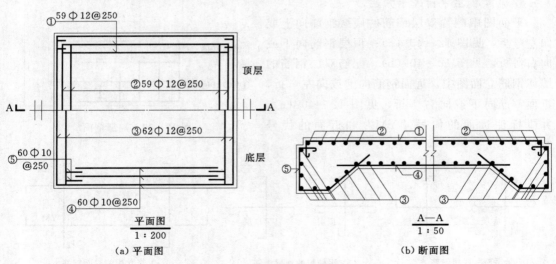

（a）平面图　　　　　　　　　　（b）断面图

图 12-42　对称结构钢筋表示

12.3.2.2　钢筋简化表示

1. 面板配筋简化表示

边界规则面板钢筋可只画出第一根和最末一根，用标注的方法表明其根数、规格、

间距，见图 12-43（a）。平面图中分布钢筋可用粗实线画出其中的一根表示，并用横的细实线表示其余的钢筋，横穿线的两端带 45°短斜线（中粗线）或箭头表示该号钢筋的起止范围，横穿的细线与粗线（钢筋代表线）的相交处用细实线画以小圆圈，见图 12-43（b）。

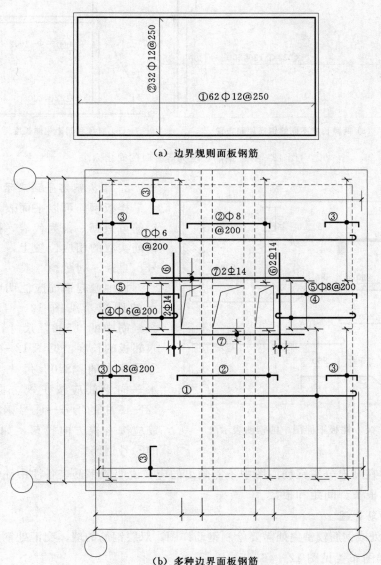

（a）边界规则面板钢筋

（b）多种边界面板钢筋

图 12-43　面板钢筋的简化表示

板类构件中长度不同但间距相同，且相间排列布置的两组钢筋，可分别画出每组的第一根和最末一根的全长，再画出相邻的一根短粗线表示间距，两组钢筋分别注明其根数、规格和间距，见图 12-44（a）。型式、规格相同，长度为按等差数 a 递增或递减的一组钢筋，见图 12-44（b）中的①号钢筋、③号钢筋，可编一个号，并在钢筋表"型式"栏内加注"△＝a"，在"单根长"栏内注写长度范围。

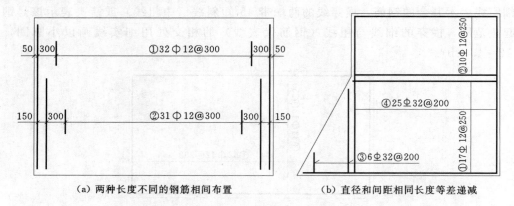

（a）两种长度不同的钢筋相间布置　　　（b）直径和间距相同长度等差递减

图 12-44　钢筋长度为等差时的简化标注

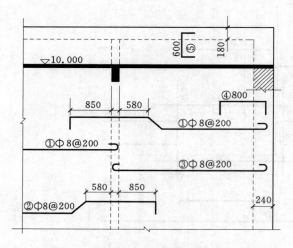

图 12-45　楼板平面图中的钢筋表示法

2. 楼板钢筋平面表示方法

楼板钢筋可以平面表示，每个编号钢筋可只画一根为代表，按其形状画在钢筋实放的相应位置上，并注明钢筋编号、直径、间距。

板中弯起钢筋应注明梁边缘到弯起点的距离，见图 12 - 45 中的①号、②号筋中的"580"尺寸；以及弯筋伸入邻板的长度，见图 12 - 45 中的①号、②号筋中的"850"尺寸。平面图中的水平向钢筋应按正视方向投射，见图 12 - 45 中的①号～④号钢筋；垂直向钢筋应按右视方向投射，如图 12 - 45 中的⑤号钢筋。

平面图中宜画出分布钢筋。图中不能画出的应在说明或钢筋表备注中注写该钢筋的布置、直径、单根长、间距和根数。

12.3.2.3　钢筋详图

构件交叉处或钢筋较密集处需要绘制钢筋详图，双层钢筋的墙体交汇处钢筋见图 12 - 46（a），四肢箍详图布置见图 12 - 46（b）。

12.3.2.4　标题栏与设计说明

制图规范对标题栏（图签）也有具体规定，课程设计时为方便成绩登记可参照图 12 - 47 绘制。

设计说明是施工图的重要组成部分，用来说明无法用图来表示或图中没有表示的内容，常放在图纸的右下角。完整的设计说明应包括：设计依据、结构设计一般情况、上部结构选型与基础选型概述、采用的主要结构材料和特殊材料、需要特别提醒施工注意的问

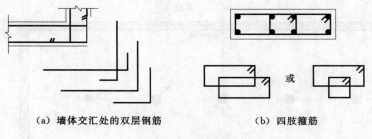

（a）墙体交汇处的双层钢筋　　　　（b）四肢箍筋

图 12-46　钢筋详图

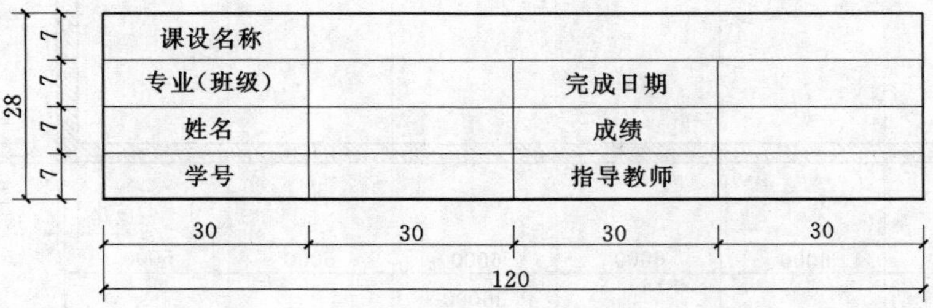

课设名称			
专业（班级）		完成日期	
姓名		成绩	
学号		指导教师	

图 12-47　标题栏样式（图签）

题等。本章中的楼盖和工作桥课程设计只是整体结构设计的一部分，可简单一些，包括以下内容：

（1）本工程设计使用年限、结构安全级别、环境类别。

（2）采用的设计规范。

（3）荷载取值。

（4）混凝土强度等级、钢筋级别与符号。

（5）保护层厚度。

（6）需要特别提醒施工注意的问题，例如钢筋接头的施工依据等。

12.4　钢筋混凝土单向板整浇肋形楼盖课程设计任务书

1. 设计课题

设计图 12-48（a）或图 12-48（b）所示的钢筋混凝土单向板整浇肋形楼盖。其中，图 12-48（a）所示为内框架结构，图 12-48（b）为框架结构。

2. 设计资料

（1）该建筑为多层厂房，无抗震设防要求。

（2）3 级水工建筑物，基本荷载组合。

（3）一类结构环境类别。

（4）楼面做法：20mm 厚水泥砂浆（重度为 20kN/m³）面层，钢筋混凝土现浇板，12mm 厚纸筋石灰（重度为 17kN/m³）粉底。

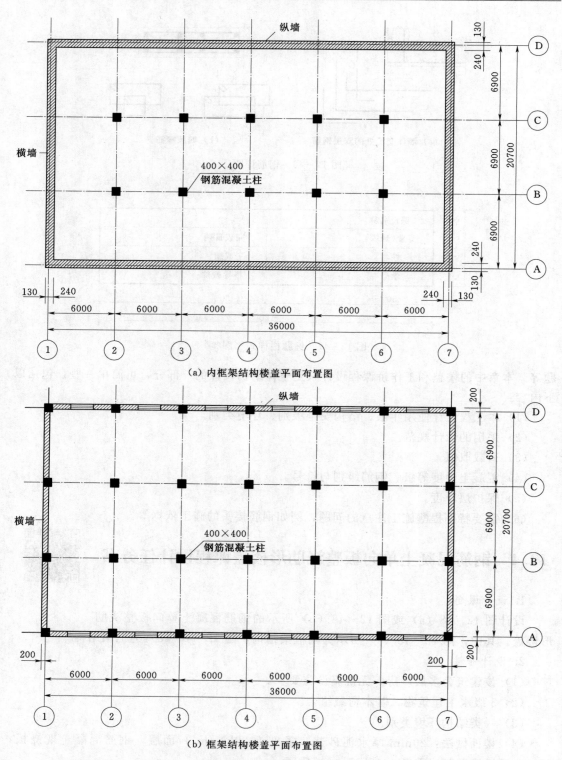

(a) 内框架结构楼盖平面布置图

(b) 框架结构楼盖平面布置图

图 12-48　楼盖平面布置图

（5）楼面活荷载标准值为 8.0kN/m²。

（6）混凝土强度等级取 C30；梁板纵向受力钢筋采用 HRB400，其余钢筋采用 HPB300。

（7）在内框架结构中，外墙厚度 370mm，板在墙上的搁支长度 120mm，次梁在墙上的搁支长度 240mm，主梁在墙上的搁支长度 370mm。在框架结构中，外墙厚度 240mm。

（8）钢筋混凝土柱截面尺寸 400mm×400mm，柱高 5.50m。

（9）设计依据的规范：《水工混凝土结构设计规范》（NB/T 11011—2022）或《水工混凝土结构设计规范》（SL 191—2008）。

3. 设计内容

（1）结构布置方案确定。

1）柱网布置。

2）主梁和次梁布置。

3）各构件的截面尺寸确定。

（2）板设计。

1）计算简图确定。

2）内力计算（弯矩计算）。

3）正截面受弯承载力计算。

（3）次梁设计。

1）计算简图确定。

2）内力计算（弯矩和剪力计算）。

3）正截面受弯承载力计算。

4）斜截面受剪承载力计算。

（4）主梁设计。

1）计算简图确定。

2）内力计算（弯矩和剪力计算、内力包络图绘制）。

3）正截面受弯承载力计算。

4）斜截面受剪承载力计算。

5）抵抗弯矩图绘制。

6）主梁与次梁交接处附加钢筋计算。

7）裂缝宽度与挠度验算。

（5）施工图绘制。

1）结构平面布置和楼板配筋图。

2）次梁配筋图。

3）主梁配筋图。

4）设计说明。

4. 设计要求

（1）完成设计计算书一份，用钢笔书写整齐并装订成册。

（2）绘制施工图一张，图幅为 2 号。用铅笔或墨线绘制，要求布置匀称、比例协调、线条分明、尺寸齐全，文字书写采用仿宋字，严格按制图标准作图。

（3）绘图比例：结构平面布置和楼板配筋图 1：50；次梁配筋图 1：50，剖面图 1：20；主梁配筋图 1：50，剖面图 1：25。

附：表 12-15 三等分集中荷载作用下三跨等跨连续梁的内力系数

弯矩和剪力：

$$M = KPl \qquad V = K_1 P$$

式中：P 为集中荷载；l 为梁的计算跨度；K、K_1 由表 12-15 中相应栏内查得。

表 12-15 集中荷载作用下三跨连续梁的内力和变形系数

荷载简图	跨内最大弯矩		支座弯矩		横向剪力						跨中挠度	
	M_1	M_2	M_B	M_C	V_A	V_B^l	V_B^r	V_C^l	V_C^r	V_D	f_1	f_2
	0.244	0.067	−0.267	−0.267	0.733	−1.267	1.000	−1.000	1.267	−0.733	1.883	0.216
	0.289	—	−0.133	−0.133	0.866	−1.134	0.000	0.000	1.134	−0.866	2.716	−1.667
	—	0.200	−0.133	−0.133	−0.133	−0.133	1.000	−1.000	0.133	0.133	−0.833	1.883
	0.229	0.170	−0.311	−0.089	0.689	−1.311	1.222	−0.778	0.089	0.089	1.605	1.049

12.5 水闸工作桥设计任务书

1. 设计课题

设计某排涝闸现浇钢筋混凝土工作桥，包括支承工作桥的排架结构，但不包括工作桥上的启闭机房。

2. 设计资料

根据初步设计成果，提出设计数据和资料如下。

（1）排涝闸结构图（图 12-49）。

（2）水闸底板高程 0.0m；上游闸墩顶高程 8.60m，下游墩顶高程 6.60m；胸墙高度 2.40m，闸门高度 6.50m。

（3）该闸共 5 孔，每孔净宽 8.50m。

（4）中墩宽度 1.10m，缝墩宽度 1.40m。

（5）闸门采用平面闸门，闸门自重 200.0kN。

（6）工作桥上建有启闭机房，机房高 3.0m。

（7）启闭设备采用五台（每孔一台）卷扬式 QPQ-2×250kN 型启闭机，启门力（标准值）500.0kN。每台启闭机重量（标准值）50.0kN，启闭机形式及主要尺寸见图 12-5

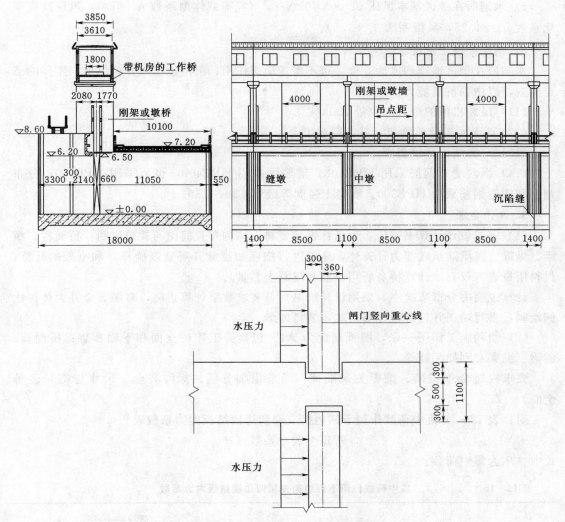

图 12-49 水闸工作桥（带启闭机房）

注：高程以 m 计，尺寸单位以 mm 计。

和图 12-6。

（8）闸门吊点竖向重心线见图 12-6 和图 12-49，吊点中心距离 3.50～4.50m。

（9）设计依据的规范：《水工混凝土结构设计规范》（NB/T 11011—2022）或《水工混凝土结构设计规范》（SL 191—2008）。

（10）荷载。

1）桥面活荷载标准值 4.0kN/m²。

2）启闭机房墙体（含屋面板重和屋面活荷载）标准值 21.50kN/m。

3）安装荷载（最重部件为绳鼓），每个绳鼓重（标准值）6.54kN（考虑着地面积为 350mm×350mm）。

4）施工荷载标准值 6.0kN/m²。

5）水闸所在地区基本风压 $w_0=0.40\text{kN/m}^2$（风荷载体型系数 $\mu_s=1.3$，风压高度变化系数 $\mu_z=1.25$，风振系数 $\beta_z=1.5$）。

6）钢筋混凝土重度 25kN/m^3。

水闸所在地区地震烈度为 6 度，可不考虑地震作用，但应注意工作桥纵梁与刚架的节点构造，以增强抗震能力。

（11）吊装机械的最大起重量 250kN。

（12）3 级水工建筑物级，基本荷载组合。

（13）二类结构环境类别。

（14）纵向受力钢筋采用 HRB400；箍筋可采用 HRB400，也可采用 HPB300；分布钢筋和构造钢筋采用 HPB300。混凝土强度等级取 C30～C35。

3．设计要求

（1）完成设计计算书一份。包括：设计资料；结构布置简图与扼要说明；桥面板、横梁、纵梁（纵梁除承载能力计算外，还应进行挠度和裂缝开展宽度验算）和刚架的计算；材料用量表（仅要求计算桥身所用钢筋和混凝土数量）。

计算说明书分章节次序，采用设计纸书写。要求数字计算正确，草图齐全并大体按比例绘制，书写端正并符合设计书格式，装订成册。

（2）绘制施工详图一张，图纸幅面为 A1。包括：工作桥立面和平面布置；桥面板、横梁、纵梁和刚架配筋等。

要求构造合理正确、投影关系准确、线条粗细分明、标注齐全、尺寸与符号注解全面。

附：表 12-16 集中荷载作用下四边简支和四边固结板内力系数表 ❶

$$弯矩 = 表中系数 \times P$$

式中：P 为集中荷载。

表 12-16　　　　集中荷载作用下四边简支和四边固结板内力系数

$$弯矩 = 表中系数 \times P$$

序号	l_y/l_x	四边简支板		四边固定板			
		M_x	M_y	M_x	M_y	M_x^0	M_y^0
1	1.00	0.146	0.146	0.108	0.108	−0.094	−0.094
2	1.10	0.162	0.143	0.118	0.104	−0.113	−0.083
3	1.20	0.179	0.141	0.128	0.100	−0.126	−0.074

❶ 该表引自：国振喜，张树义等，《实用建筑结构静力计算手册》，北京：机械工业出版社，2009。

泊松比 $\nu = 0$

弯矩＝表中系数×P

序号	l_y/l_x	四边简支板		四边固定板			
		M_x	M_y	M_x	M_y	M_x^0	M_y^0
4	1.30	0.198	0.140	0.136	0.096	−0.139	−0.063
5	1.40	0.214	0.138	0.143	0.092	−0.149	−0.055
6	1.50	0.230	0.137	0.150	0.088	−0.156	−0.047
7	1.60	0.244	0.135	0.156	0.086	−0.162	−0.040
8	1.70	0.258	0.134	0.160	0.083	−0.167	−0.035
9	1.80	0.270	0.132	0.162	0.080	−0.171	−0.030
10	1.90	0.280	0.131	0.165	0.078	−0.174	−0.026
11	2.00	0.290	0.130	0.168	0.076	−0.176	−0.022